# 固体超润滑材料

吉 利 李红轩 陈建敏 编著

科 学 出 版 社

北 京

# 内 容 简 介

　　超润滑是近代摩擦学研究的重要前沿发现，可以实现近零的摩擦能量消耗，有望带来工业文明的变革性进步。本书在描述超润滑技术优势、固体超润滑概念与内涵、固体超润滑发展历程的基础上，介绍了二维层状、球状/卷状分子结构、非晶碳薄膜、过渡金属硫属化合物薄膜固体超润滑材料，以及仿生、自组装、3D 打印、含油等新型固体超润滑材料和机理方面的研究进展，并展望了固体超润滑材料在机械装备、生物医药、防冰、微机电、信息存储等领域的应用价值与潜力。

　　本书可为摩擦学、润滑材料、机械设计、表面工程、纳米材料等领域的高校师生、科研人员和技术人员提供参考。

**图书在版编目（CIP）数据**

固体超润滑材料 / 吉利, 李红轩, 陈建敏编著. —北京: 科学出版社, 2025.3
　ISBN 978-7-03-077372-2

Ⅰ. ①固… Ⅱ. ①吉… ②李… ③陈… Ⅲ. ①固体润滑剂 Ⅳ. ①TE626.3

中国国家版本馆 CIP 数据核字（2024）第 002069 号

责任编辑：祝　洁　罗　瑶 / 责任校对：崔向琳
责任印制：徐晓晨 / 封面设计：陈　敬

**科 学 出 版 社** 出版
北京东黄城根北街 16 号
邮政编码：100717
http://www.sciencep.com

北京中石油彩色印刷有限责任公司印刷
科学出版社发行　各地新华书店经销
＊

2025 年 3 月第 一 版　开本：720×1000　1/16
2025 年 3 月第一次印刷　印张：24 3/4
字数：500 000
**定价：288.00 元**
（如有印装质量问题，我社负责调换）

# 序

　　摩擦是自然界普遍存在的物理现象之一，在人类历史长河中有时起到推动作用，如钻木取火，但多数情况下造成巨大的能量消耗和材料损失。人类社会文明的进步离不开人们对摩擦控制水平的提高。超润滑技术又称超滑技术，是彻底解决摩擦问题的颠覆性技术，可以分为固体超滑技术、液体超滑技术和固液耦合超滑技术。固体超滑源于理论模拟单晶面非公度接触时出现的摩擦消失现象。1983年，Peyrard 和 Aubry 在理论预测晶体表面处于无限长非公度接触情况下摩擦力的演化规律时率先提出"零摩擦"概念；1990年，Hirano 和 Shinjo 正式将这一现象命名为"超滑(superlubricity)"。20世纪90年代，超滑就引起了世界范围的关注，特别是在真空中 $MoS_2$ 层间、氮气气氛中类金刚石膜之间等实验中观察到的固体超滑现象，使固体超滑成为摩擦学前沿研究领域的热点之一。加上液体超滑的突破及固液耦合超滑体系的提出，超滑已经成为当今摩擦学领域一大重要研究方向。无论从科学还是工程的角度看，超滑都具有极其重要的价值。首先，数百年来，人们一直在探究摩擦的起源与本质，这也是摩擦学领域最核心的基础科学问题。对超滑这一摩擦系数接近为零的反常状态开展研究，有望突破对摩擦甚至磨损基本现象本质的认识。其次，全球约 1/3 的一次能源因摩擦被消耗，约 80%的装备因磨损而报废，而超滑状态下摩擦系数和磨损率均接近于零，这对人类建设绿色社会具有重大的应用前景。最后，润滑材料和技术也是航空航天、交通运输、能源、海洋等领域关键性基础材料和技术，显著影响装备的精度、可靠性和使用寿命，超滑技术的出现，有望解决这一重大问题。

　　30多年来，国内外学者在超滑理论、超滑材料和超滑技术方面取得了不少进展，特别是我国学者在超滑承载能力的大幅度提高、大尺寸结构超滑的实现、苛刻条件下超滑的突破及新型超滑体系的提出等方面取得了重要进展，为全球超滑技术的发展做出了重要贡献。当然，目前超滑距离广泛工程应用还具有一定的差距，这一领域的研究工作还有很大的发展空间，尚需付出更多的努力来开展相关理论和应用研究。

　　该书作者团队 20 余年来一直从事固体超滑相关研究，积累了丰富的经验，并取得了一批高水平的研究成果。他们将团队多年来取得的研究成果和长期收集的国内外研究资料精心梳理编写成书。我认为该书比较全面地反映了固体超滑诞生以来的研究成果和进展，是一部具有代表性的学术专著。相信该书对于从事超滑相关研究与应用开发的科研人员和研究生都是一本具有很高价值的参考书，必将推动和促进我国固体超滑研究和相关应用技术的进步。

中国科学院院士　雒建斌

2024 年 11 月 15 日

# 前　言

　　超润滑是指发生相对运动的物体间摩擦力接近为零，甚至完全消失的现象。从工程角度，当材料的摩擦系数较传统润滑降低 1~2 个数量级，达到 $10^{-3}$ 量级及以下，该材料则称为超润滑材料。研究超润滑有利于揭示摩擦现象的起源和本质，建立全新的摩擦学和润滑设计理论。发展超润滑材料与技术是解决摩擦磨损问题的颠覆性途径，将为机械设计和装备可靠运行带来技术革新。经过 30 多年的发展，超润滑研究已取得飞速的进步。超润滑理论和材料体系不断完善，超润滑的获得由微观向宏观，甚至工程尺度不断扩展，超润滑前沿概念也不断向工程应用迈进。我国在超润滑相关理论与应用基础研究方面取得了诸多具有重要影响力的成果。然而，超润滑实际应用过程还受到环境、速度、载荷、温度、介质等众多工况条件的影响与制约，尚需要付出更多的努力来开展相关理论与应用研究。

　　多年来，在国家自然科学基金项目、国家重点基础研究发展计划、科技创新2030 重大项目、中国科学院战略先导专项等项目的支持下，本书作者围绕固体超润滑机制、材料制备与表面/界面结构设计、复杂工况下构效关系与性能调控、高技术示范应用等方面开展了大量研究工作。本书总结了作者团队在固体超润滑理论和应用基础方面的研究成果，参考了国内外相关工作者的研究成果，系统论述固体超润滑技术的优势、概念与内涵、发展历程、主要理论、材料及研究进展与应用，力图全面反映固体超润滑 30 多年的研究进程，成为我国该领域一部具有代表性的学术专著。

　　全书共 8 章，第 1 章介绍了摩擦学与润滑技术的发展趋势和超润滑技术；第 2 章概述了固体超润滑的概念与内涵、发展历程、主要理论和材料；第 3~6章分别详细介绍二维层状、球状/卷状分子结构、非晶碳薄膜、过渡金属硫属化合物薄膜 4 类固体超润滑材料；第 7 章介绍了仿生、自组装、3D 打印、含油等新型固体超润滑材料；第 8 章介绍了固体超润滑材料在机械装备、生物医药、防冰、微机电、信息存储等领域的应用价值与潜力。

　　全书总体结构由吉利(中国科学院兰州化学物理研究所)、李红轩(中国科学院兰州化学物理研究所)和陈建敏(中国科学院兰州化学物理研究所)提出并确定，各章撰写人员如下：第 1 章，陈建敏和崔海霞(中国科学院兰州化学物理研究所)；第 2 章，吉利、朱东翔(中国科学院兰州化学物理研究所)和袁瑞(青海大学)；第 3 章，吉利、李畔畔(中国科学院兰州化学物理研究所)和高雪(洛阳理工学院)；第 4 章，吉利、李畔畔和宋惠(中国科学院宁波材料技术与工程研究所)；第 5 章，李红轩、裴露露(河南科技大学)和刘晓红(中国科学院兰州化学物理研究所)；第 6 章，李红轩、裴露露和刘晓红；第 7 章，陈磊(中国科学院兰州化学物理研究所)、李凤英(中国科学院兰州化学物理研究所)和刘晓红；第 8 章，吉利、朱永琪(中国科学院兰州化学物理研究所)、吴艳霞(太原理工大学)和 Anurag Roy(美国加利福尼亚大学伯克利分校)。中国科学院兰州化学物理研究所的周惠娣、张俊彦、张斌、张广安、王道爱、鲁志斌、麻拴红、王鹏、胡明、王金清、郝俊英、徐书生和乔旦研究员及团队多位老师为本书撰写提供了原始照片、数据资料和修改意见，还有多位研究生(许文举、康富燕、王婉、张亚欣、居世凡、李景锋、李亚军等)参与了本书资料的搜集和整理工作，对他们为本书做出的贡献表示衷心的感谢！在撰写本书过程中，引用了大量国内外同行的资料文献，并得到许多同行专家的支持与帮助，在此一并表示感谢！

　　超润滑是一门涉及多学科交叉的科学与技术，发展迅速，新技术和新进展不断出现，本书对新成果的总结难免会有疏漏，加之作者水平有限，书中可能存在不足之处，敬请广大专家和学者批评指正。

# 目　录

# 第1章 绪 论

润滑是伴随着人类与摩擦斗争而产生的一门技术。摩擦是一种基本的物理现象，广泛存在于自然界和人类生活的方方面面。大到宇宙演变和天体运行，小到分子、原子、电子的运动，无不与摩擦息息相关。人类文明历史的发展进程其实也是一部利用摩擦和与摩擦做斗争的历史，一些重大的里程碑事件，大都与摩擦学知识的应用及润滑技术的进步紧密相连。例如，利用摩擦生热的钻木取火终结了人类茹毛饮血的时代，变滑动摩擦为滚动摩擦的车轮技术大大提升了运输效率[1]，动植物油脂作为润滑剂的应用极大地提高了古代人力车和马车的效率，矿物油脂润滑剂的广泛应用是工业革命的重要技术基础，固体润滑技术的发展为航空航天等现代装备技术的发展提供了重要的技术支撑等[2]。以上种种事例，无不说明摩擦和润滑在人类科技进步中的重要性。

摩擦和润滑是现代机械面临的共性问题。从空间机械到地面装备，从微型机械到超大型航空母舰，只要涉及机械运动，无不涉及摩擦和润滑问题。克服摩擦，提高机械传动效率最主要的技术途径就是润滑。随着现代机械的运行工况越来越苛刻、条件越来越复杂，以及不断提高的高效率、高精度、高可靠性和长寿命等方面的要求，对突破原有润滑材料性能极限的高性能润滑材料和技术的需求也越来越迫切，润滑材料和技术已经成为现代科学技术的基础支撑技术，因此发展高性能新型润滑技术具有至关重要的意义。

人类使用润滑材料已有悠久的历史。中外考古研究表明，早在史前文明时期，动植物油脂就已被广泛用作润滑剂；19 世纪，矿物油脂取代动植物油脂成为主要润滑材料；第二次世界大战以后，随着航空、航天和现代交通等新兴产业的发展，以矿物油脂为代表的传统润滑材料已难以满足日益复杂甚至苛刻工况下机械的润滑要求，进一步发展了多种类型合成润滑油和以固体润滑材料(含自润滑表面工程)为代表的非油脂特种润滑技术；近年来，随着信息技术、微电子技术及纳米科技的飞速发展，分子级纳米润滑技术和纳米润滑材料的研究受到了人们的重视并取得了重要突破[1,3]。

超润滑又称超滑，具有超低摩擦系数，是一种特殊的摩擦现象。超润滑根据摩擦界面的物质形态，又分固体超润滑、液体超润滑和固液耦合超润滑，固体超润滑是指固/固摩擦副直接接触，形成摩擦界面，其摩擦系数显著小于固体润滑，甚至趋于零的摩擦状态；液体超润滑是指在固/固摩擦副之间，存在一层一定厚度的流体层或边界层，但摩擦系数显著低于流体润滑或边界润滑，甚至趋近于零的摩擦状态。超润滑是人类同摩擦做斗争发展到高级阶段的产物，是润滑技术前沿研究中一颗璀璨的明珠。

## 1.1 摩擦学和润滑研究的主要内容和意义

摩擦学是摩擦、磨损与润滑科学的总称，是研究在摩擦与磨损过程中两个相对运动表面之间相互作用、变化及其相关理论与实践的一门学科。通常情况下，摩擦引起系统能量的损耗，磨损导致材料的损耗、表面损伤及部件失效，而润滑是减少摩擦和降低磨损最有效的手段。摩擦、磨损和润滑三者之间有着十分密切的关系。

### 1.1.1 摩擦学和润滑研究的主要内容

(1) 开展对于摩擦学机理和理论的研究。探究摩擦的起源和机理一直是人类认识世界所追求的目标之一。应该说，在科学技术发展日新月异，航天技术已经进入星际探测的今天，人类对自然现象之一——摩擦的认识，还有很长的路要走。尽管前人在相关领域已经有很多努力，但仍然缺乏在分子和原子层面对摩擦机理的深入认识，此外，缺乏统一的理论和模型来描述或精确地预测摩擦和磨损。因此，摩擦学机理和理论研究是现阶段摩擦学基础研究的热点和难点。摩擦学机理和理论研究主要包括摩擦的起因、摩擦机理、磨损和磨屑的形成机理、润滑机制和理论等多方面的内容；从学科分类的角度，包括摩擦物理、摩擦化学、摩擦力学、摩擦电学、摩擦热力学、摩擦声学、生物和仿生摩擦学，以及特殊工况条件下的摩擦学、磨损理论、润滑理论等。对这些问题的深入研究，有助于揭示摩擦磨损和润滑问题的本质，为解决工程实际中存在的摩擦学问题提供理论基础。

(2) 针对工程摩擦学和润滑技术展开研究。摩擦学是一门技术学科，其主要价值体现在为工程服务，解决工程实际中的摩擦学和润滑问题。工程摩擦学和润滑技术研究内容十分丰富，所有机械装备，从天(如航天器)到地(如汽车)、从大(如航母)到小(如微机电)、从陆地(如高铁)到海洋(如舰船)、从生命体(如人体关节)到无生命体(如机器人)，只要有运动，就有摩擦和润滑问题，而解决摩擦和润滑问题最主要的途径就是采用先进的润滑技术。工程摩擦学和润滑技术包括摩擦学设计、摩擦学部件的制造、润滑材料和技术的选择及润滑状态的在线监测、摩擦学和润滑状态的全寿命管理等。工程摩擦学和润滑技术研究的核心是在具体工程或机械中，针对具体的摩擦副部件，应用摩擦学和有关学科知识，综合分析各种因素的影响，进行系统深入地研究，从而将摩擦学设计、润滑技术和机械设计、生产实践和设备的维护管理等联系起来，使机械产品的使用性能、可靠性、寿命等提高建立在科学的基础上。

(3) 针对润滑耐磨表面工程技术开展研究。润滑耐磨表面工程技术，从大的分类上属于工程摩擦学和润滑技术的范畴，表面工程是实现超润滑的重要途径之一。摩擦是材料表面之间的相互作用，润滑效应发生在摩擦界面，因此材料的表面性能对其摩擦学性能，尤其是润滑性能有最直接的影响。聚焦材料的表面(表层)性能，利用物理和化学方法，对材料的表面(表层)进行再设计和制造，是解决摩擦学和润滑问题的有效途径。近几十年，润滑耐磨表面工程技术受到了广泛的重视和发展。据粗略统计，近年来，有关摩擦学方面的国际和国内会议中，与润滑耐磨表面工程技术相关的论文占总数的三分之一以上，说明润滑耐磨表面工程技术已经成为摩擦学研究的重要分支。在工程实际中，合理地选择摩擦副材料和表面工程技术，是有效控制摩擦系数、减少磨损、提高寿命的一项重要措施。随着科学技术的迅速发展，航天航空等技术领域对新型润滑材料提出了极高的性能要求，因此开展这一方面的研究无疑具有十分重要的社会效益和经济效益。

(4) 开展对于润滑材料基因组学的研究。润滑材料基因组学属于材料基因组计划的分支内容，是传统润滑材料数据库研究的创新和延续，其主要目的是借助现有的润滑材料数据和先进的电子计算机技术，通过大数据高通量的分析计算，加速润滑新材料从设计、研发到应用的历程，发展新型润滑材料。润滑材料基因组学研究主要包括三个方面的内容：①建立可靠、开放、广泛适用的润滑材料数据库，并向材料数据库提供可靠的实验和工程应用数据；②开发有效、可靠的润滑材料模拟计算方法和软件工具；③发展高通量实验方法学，为理论和材料计算结果提供有效的验证工具。事实上，润滑材料性能数据是机械和工程设计必需的基础数据，是提高机械产品科研、设计、工艺和管理水平，提高产品性能，节约能源与原材料，降低生产成本的科学依据。早在材料基因组学研究之前，为了方便机械设计人员进行摩擦学设计，摩擦学科技工作者就力图建立对机械设计具有指导意义的润滑材料数据库，但相关工作的进展一直不尽如人意，其最主要的难题是润滑材料种类繁多，生产企业和研发单位不计其数，使得数据的搜集入库难度很大，这一方面的问题也是今后润滑材料基因组学研究面临的难题之一。

(5) 针对摩擦学实验和润滑状态监测技术开展研究。摩擦学实验是摩擦学研究的重要内容，是人类认识材料摩擦学特性的直接手段，也是评价润滑材料性能的主要途径，主要是通过各类摩擦试验机进行评价。摩擦学实验根据其从基础数据获取到工程实际应用的顺序，分为实验室基本摩擦学性能实验、实验室模拟应用条件摩擦学性能实验、模拟实际应用工况的摩擦学性能台架实验及直接在装备上进行的摩擦学性能应用考核。通常情况下，采用何种形式的摩擦学实验，与其研究目的的紧密相关。当前摩擦学实验的发展趋势是从宏观到微观，从定性到定量，从分散研究转向综合研究，从静态研究发展到动态原位研究，从而达到理清机理、定量计算、预测和控制摩擦磨损的目的，这些都对测试设备和测试技术提出了更高的要求。现代测试技术、新型传感器、新型测温技术、新型加载方式、表面分析技术、定位技术、控制技术等在摩擦学实验技术中的应用，极大地提升了摩擦学实验和润滑材料应用的技术水平，同时也促进了摩擦学研究的发展。

润滑状态的实时在线监测，对于确保大型重要工程装备的稳定可靠运行具有十分重要的意义。针对不同的润滑材料和技术，一般采用不同的润滑状态实时在线监测技术，如对于润滑油润滑系统，一般采用油液质量、油温、传动效率等在线检测技术；对于固体润滑系统，一般采用机械配合精度、磨损量检测，并辅以噪声、热、振动异常等测量。

(6) 超润滑理论和技术是未来需要重点研究的内容。超润滑是近三十多年兴起的摩擦学研究前沿领域，受到了人们的广泛重视。目前，超润滑理论和技术的研究已经从最初的理论模型和概念的提出，历经原子尺度超润滑理论分析和测量、微纳尺度结构超润滑的设计与实现，发展到了宏观尺度结构超润滑的探索和实践，液体超润滑的本质与体系设计、工程导向超润滑技术的研发与应用等。超润滑研究之所以受到人们的广泛重视，一方面，契合了人类长期以来不断与摩擦斗争，希望彻底战胜和克服摩擦，提高机械传动效率和能源利用率的良好愿望；另一方面，超润滑研究也是人类从微观和宏观层面揭示摩擦和磨损科学本质，加深对摩擦磨损规律的认识，以及认识自然的需要。相信不久的将来，超润滑研究在科学和技术上的突破，必将给人类科技进步带来革命性的变化，起到划时代的作用。

### 1.1.2　摩擦学和润滑研究的意义

摩擦学和润滑研究的意义主要体现在减少能源和材料损耗、为高技术机械的先进设计和制造奠定材料基础、打破影响装备系统可靠性和寿命的瓶颈三个方面。

(1) 研究摩擦学和润滑技术有助于减少能源和材料损耗。摩擦是能源无谓损耗的主要原因，因摩擦而产生的磨损失效是机械材料的三大失效模式之一，而润滑则是解决部件摩擦和磨损问题最直接的手段。据统计，摩擦损失了世界一次能源的 1/3，约有 80%的装备损坏是各种形式的磨损引起的[4]，是机械设备失效最主要的原因。英国、美国、德国、日本近二十年曾对各自国家机电设备的摩擦磨损状况进行调查，其结果令人震惊，磨损问题每年造成的损失都在上千亿美元。我国存在技术落后、设备老化等多方面的原因，实际情况要严重得多。因此，控制摩擦、减少磨损、改善润滑性能已成为工业领域节约能源和原材料，改善设备运行状态的重要措施，同时，润滑技术的进步对于提高产品质量，改进机械设计，延长设备的使用寿命和增加可靠性等也有重要作用。摩擦学对工农业生产和人民生活存在巨大影响，引起了世界各国的普遍重视，成为近半个世纪迅速发展的技术学科之一，并得到了日益广泛的应用。

(2) 研究摩擦学和润滑技术可以为高技术机械的先进设计和制造奠定材料基础。除了节约能源和增加效益之外，摩擦学和润滑研究的意义还体现在推进相关产业技术进步方面的作用。现代机械装备，尤其是航天航空等领域高技术装备，一方面，其设计越来越先进，如涉及极端高温、低温、超高载荷和速度，特殊介质和环境等极端工况条件下的应用；另一方面，对其可靠性和寿命的要求越来越高，如长寿命应用卫星，高可靠性航空发动机等。这就需要有适用于极端苛刻工况条件的高性能润滑材料作为保障，否则，一些先进的设计将无法实现，如高性能发动机需要耐高温超高承载润滑材料，航天技术需要真空环境润滑耐磨材料，核反应堆需要耐强辐射润滑防护材料等。此外，精密机械的进步对高精度和灵敏度的润滑技术提出了迫切的需求，包括尺寸精度和传动灵敏度两个方面，后者的技术基础就是工程化的超润滑技术。在这个意义上，摩擦学和润滑技术的进步无疑对推动整个科学技术的发展具有十分重要的意义。

(3) 研究摩擦学和润滑技术有助于解决影响系统可靠性和寿命的瓶颈问题。润滑材料的使用部位往往也是现代高技术机械系统中直接经受极限工况考验的主要部位，因此也是系统失效故障的多发地点，局部的润滑和磨损失效问题常常会成为控制整个系统寿命和可靠性的技术瓶颈，一些重要的机械装备甚至可能因润滑失效而产生灾难性的事故后果。因此，润滑材料的可靠性与稳定性往往成为决定机械系统可靠性和稳定性的重要标志之一。

# 1.2　润滑技术发展简史

润滑材料从材料形态上可归纳为润滑油脂和固体润滑材料两种主要类型，下面分别阐述其性能特点、主要应用和近年来相关研究工作所取得的主要进展。

## 1.2.1　润滑油脂

润滑油脂依然是当今世界使用面最广、用量最大的一类润滑材料，包括矿物油、合成油、动植物油等，其具有使用方便，适应性强的特点。根据润滑机构设计和摩擦副运转工况条件的不同，可形成流体动压润滑、流体静压润滑、边界润滑和混合润滑等多种润滑形式，其应用遍布人类生产和生活的方方面面。流体动压润滑和静压润滑一般需要特殊的结构设计及运转条件的匹配，利用的是润滑油本身的流变学特性，相关理论问题已比较清楚。在多数实际应用场合，主要是边界润滑，此时边界润滑膜起决定性作用，润滑性能主要取决于润滑油脂中基础油和添加剂的物理化学性能。有关润滑油脂的发展主要包括通用油品的高等级化、环保化及新型特种油品及添加剂的开发等[5]。

(1) 以节能和环保为驱动力,通用润滑油产品升级换代步伐加快。例如,车用润滑油的汽油机油从 1980 年推出的 SF 级、1988 年推出的 SG 级、1997 年推出的 GF-3/SJ 级、2002 年推出的 SL 级,一直到 2004 年推出的 GF-4/SM 级,产品升级周期明显加快,以符合各国推出的更严格的排放标准,满足提高燃油经济性的要求。其他工业润滑油,如齿轮油、内燃机油、液压油等的发展与汽油机油的情况类似。

(2) 多种新型合成润滑油产品的开发,有效地突破了矿物油脂产品的性能极限,满足了某些特殊用途的需求。有关合成润滑油的研究和应用已有几十年历史,目前已经规模化生产并投入工业应用的有聚醚、有机酯、合成烃、硅油、氟油、磷酸酯等,其中全氟聚醚和氯苯基硅油等具有低蒸气压、高稳定性的润滑油品已经在空间技术中发挥了其他润滑剂难以替代的重要作用。新型合成润滑剂,如离子液体、杂环大分子化合物、含氟芳氧基磷腈化合物等研发也在加紧进行中,并已在空间技术和信息技术方面显示了良好的应用前景。

(3) 添加剂及其复配特性是决定润滑油脂边界润滑性能的关键,因此新型添加剂及其复配特性的研究一直是相关领域研究的热点。用含 O、N 的化合物取代传统的含 S、P、Cl 添加剂的研究取得了重要进展,作为环境友好添加剂有望在某些应用场合替代有污染问题的传统添加剂。稀土有机化合物(如二正丁基磷酸铈)、油溶性金属有机化合物(如二异辛基二硫代磷酸硫氧钼)和有机修饰的纳米颗粒(硫化铅(PbS)、氧化铅(PbO)、硫化锌(ZnS)和氢氧化锌(Zn(OH)$_2$)等)作为润滑油添加剂,显示了优异的抗磨减摩性能,部分产品已进入商品化阶段。近年来,具有磨损自修复功能的添加剂研究备受关注,发展的典型品种包括纳米 Cu 及其复合物添加剂、微纳米硼酸盐添加剂,以及从俄罗斯和乌克兰等国引进并被称为"摩圣"的以羟基硅酸镁(Mg$_6$(Si$_4$O$_{10}$)(OH)$_8$)为主体的硅基凝胶复合物等。我国自主开发的纳米 Cu 复合自修复添加剂已通过新产品中试,作为支撑技术将推出新型高端"昆仑"润滑油,已在铁路内燃机车、汽车、金属加工和机械等行业推广应用,并取得了良好的效果。

(4) 环境友好是近年来润滑油脂研究的主题之一,由于矿物油存在废油污染环境的天然缺陷,因此除了开发环境友好的合成油品外,已有几千年应用历史的具有生物可降解特性的动植物油也重新受到青睐,目前针对此领域已开展了大量的研究,包括针对动植物油流变性和氧化稳定性差而进行的结构异构化研究,以及适用于植物油体系的无污染添加剂和复配技术的研究等,发展了可生物降解的以碳氢化合物为主体的抗磨减摩添加剂,并取得了重要的进展,可望在某些领域替代矿物油作为润滑剂应用。

## 1.2.2　固体润滑材料

固体润滑材料是在第二次世界大战以后，随着航空航天等现代军工技术的发展，为适应苛刻工况条件下的润滑要求而发展起来的新型润滑材料。这是一种以整体材料、涂层或薄膜为主要形式的新型润滑技术，与油脂润滑相比，在耐温、承载、环境适应性、功效等方面有效地突破了传统润滑材料的性能极限，在解决特殊工况条件下的润滑和防护难题方面发挥了十分重要的作用。目前，国际上已经开发的固体润滑材料包括高温抗磨减摩材料(金属基和陶瓷基自润滑耐磨复合材料)、聚合物基自润滑复合材料、黏结固体润滑涂层、物理/化学气相沉积的多功能润滑薄膜材料等，并正在针对发展中的微型机械的润滑要求，开展纳米润滑材料和技术的研究。尽管从总体用量上看，固体润滑材料的应用尚远不能与润滑油脂相比，但其解决的均是润滑油脂不能解决的特殊润滑难题，尤其是在高技术装备领域，其发挥的作用更是其他材料难以替代的。因此，相关领域的研究一直是国际摩擦学研究的热点，以下是相关领域的主要进展。

(1) 发展了系列化的高性能黏结固体润滑涂层。国外经过几十年发展，已形成以美军标为标准的系列产品，其应用也逐渐从军用转向民用；我国通过有效利用润滑剂与功能添加剂之间的协同作用及稀土化合物改性作用，发展了从单层到多层、从室温固化到高温固化、从有机到无机黏结、从石墨到聚四氟乙烯(PTFE)等多种系列黏结固体润滑涂层，具有耐磨、润滑和防黏作用，以及极高承载能力(有机黏结二硫化钼($MoS_2$)涂层的极限承载能力是极压油脂的 10 倍以上)、耐高低温、耐特殊环境介质、适用于多种不同底材等特点，总体研究水平与国外相当，但在系列化、标准化、工程化和应用方面与国外尚有不小差距。

(2) 金属基自润滑复合材料方面已发展了铁基、铜基、镍基粉末冶金自润滑复合材料、金属基镶嵌自润滑复合材料、多孔含油自润滑材料、自蔓延燃烧合成金属陶瓷复合材料等，均具有优异的自润滑耐磨性能。其中，比较有代表性的是粉末冶金高温自润滑复合材料，是一类应用面较广的高温润滑材料。新开发的以超级金属合金为基体，高温润滑剂为润滑相，以弥散合金、沉淀硬化相为耐磨相的镍基粉末冶金自润滑复合材料具有高温性能优异、高机械强度、低摩擦系数、耐磨损、加工性能好等特点，可解决 1000℃以上的高温润滑问题，是目前解决高温润滑问题的首选材料。镍基粉末冶金自润滑复合材料因在高温、高速、高负荷及高真空条件下的优异性能而备受瞩目，在解决高技术装备高温条件下的润滑难题方面发挥了不可替代的重要作用[6]。

(3) 聚合物基自润滑复合材料的典型品种包括填充 PTFE 复合自润滑材料、聚酰亚胺自润滑耐磨复合材料、纤维增强聚合物复合材料、含油聚甲醛材料等，具有比强度高、减振降噪效果好、动密封等特点，可制备成自润滑轴承、齿轮、衬套、导轨、蜗轮、凸轮和活塞环等部件。近年来,通过优质润滑填料、硬质增强填料、化学活性填料和纳米功能填料的复合改性,大幅度提高了聚合物基自润滑复合材料的摩擦学性能;通过纤维增强改性,显著改善了材料的力学性能[7]。已发展出摩擦系数为 0.15、极限压力×速度($PV$)大于 40MPa · m/s、抗弯强度大于 400MPa 的碳纤维增强自润滑复合材料。

(4) 采用特殊结构(底材表面毛化镀覆＋多孔中间层)和特种材料制备技术(保护烧结＋表面高压织构化轧制)相结合的方案,解决了梯度复合金属-塑料多层自润滑材料(JS 材料)的层间结合问题;设计了网状纤维增强的表面润滑层,并进一步通过与大分子化合物的复合,显著提高了材料的抗气蚀磨损和自润滑性能。研制了在承载、耐磨、抗变形等方面均优于国内外同类材料的新型 JS 材料,承载能力超过 100MPa,台架模拟摆动寿命超过了 10 万次。

(5) 高精度物理气相沉积(PVD)润滑薄膜在空间技术中具有重要应用价值。通过离子束轰击和添加稀土元素,使 $MoS_2$ 溅射膜的结晶取向发生变化,薄膜更加致密,研制了具有柱状晶结构的 $MoS_2$-Au-稀土元素(RE)复合膜,耐磨损性较纯 $MoS_2$ 溅射膜提高 5 倍,并且明显改善了其在大气环境的存储性能;设计了含稀土的 Ag-In 多元金属合金薄膜,合金相明显提高了薄膜的承载能力,润滑相改善了薄膜的润滑性能,稀土元素则有效细化了晶粒,已成功应用于某型号火箭氢氧涡轮泵轴承;设计发展了梯度多层 Ni-Cu-Ag 薄膜,解决了 Ag 薄膜与轴承钢结合强度低的问题,提高了薄膜的力学性能和承载能力,满足了航天谐波齿轮的应用要求。

### 1.2.3 润滑和超润滑技术的发展趋势

润滑学科发展历史较长,近年来发展较快,学科体系整体趋于稳定。随着科学不断发展,对多种材料结构、性能更深层次的理解仍在不断扩展与深化。同时,随着工业技术的发展,人们对高速、高效、高质的不断追求,对润滑材料的性能要求越来越高,对润滑材料和润滑制备工艺提出了更高的要求,润滑学科一直呈现活跃的态势。总体来看,润滑材料学科的整体发展趋势如下:以不断降低摩擦系数为主要目标并在此基础上开展具体研究工作。例如,摩擦磨损基础理论更加明确,新型润滑技术和方法不断突破;传统润滑材料的研究仍占据重要位置,其性能不断显著提升;新型润滑材料不断研发,功能不断拓展;极端服役条件下润滑材料性能评价技术不断发展;对材料高通量设计与性能预测技术更加重视;制造工艺技术不断创新,生产过程更加绿色环保;应用产业化、规模化、技术标准化、过程自动化;更加注重多学科交叉融合。具体内容如下。

(1) 摩擦磨损基础理论研究:突破摩擦机理,明确磨损机制。针对摩擦的起源进行突破研究,需要深入揭示摩擦过程中声子的产生与湮灭、电子和射线等激发机制。从微观分子、原子尺度的接触和作用与宏观材料的力学特性结合，建立跨尺度物理模型，系统全面揭示宏观摩擦学现象与微观原子、分子尺度的表面、界面作用的联系。通过理论与实验研究微观尺度摩擦的能量耗散与转移规律、稳态和非稳态运动过程中摩擦力与界面剪切强度、真实接触面积与载荷之间的定量关系，仍然是摩擦机理研究中的重要问题。在从边界润滑到弹流润滑的润滑状态改变过程中，对润滑分子与机械表面界面的相互作用规律，各种沉积膜、吸附膜在固体表面的构型和构性关系、纳米液体薄膜在固体表面和外载作用下的结构、相变和流变行为、分子润滑膜的剪切强度、承载极限和界面滑移等规律及定量描述仍然有待深入研究。

从磨损机制方面的研究来讲，需要揭示原子剥离、晶格畸变、缺陷萌生等微观机制。磨损机理的研究希望在以下几个方面取得突破：①微观磨损。材料的原子级去除机理、材料的低损伤甚至无损伤去除机制，以及磨损过程量化模型的构建。②复合微动磨损。特殊工况(如高温、气体、介质)条件下的微动磨损机理、微动磨损过程原位实时观察及有限元模拟。③摩擦材料。摩擦材料的耐磨损机理、摩擦学性能与结构的构性关系，以及摩擦材料的轻量化和环保设计。④带电磨损。接触表面属性对载流摩擦特性控制的物理机制、摩擦副导电品质恶化的控制，以及摩擦过程中电弧产生、发展的动态演变规律。⑤碳基薄膜磨损。磨损过程结构成分的实时监测、摩擦界面的无损伤处理，以及摩擦学性能与薄膜结构成分理论模型的构建。

(2) 对润滑新理论和新方法开展研究。明确超润滑的机理，需要深入揭示分子结构与排列方式的演变，界面润湿、黏附与润滑的交互作用机制等；润滑新方法主要开展高承载、低磨损、宽速度范围下液体超润滑机制和方法研究，大尺度、长寿命、环境不敏感固体超润滑机制和方法研究，探索固液耦合超润滑规律和机理研究，提出可持续稳定的鲁棒超润滑体系设计准则。

智能润滑/摩擦材料具有广阔发展前景。智能润滑是指在摩擦过程中能够感知运行环境的变化，并进行相应结构调整或性能变化，从而满足新的运行工况下的润滑需求。探索实用和适应苛刻服役环境的新型润滑/摩擦材料面临许多技术难题，科学家们探索了润滑智能化的可能性，但存在以下问题：①缺乏系统性和针对具体工程应用的研究；②已开发的智能润滑材料无论是液态、凝胶、固液复合胶囊还是压电材料、形状记忆合金在通用性和综合性能方面都比不上常用的工程材料金属、聚合物或工程陶瓷，本征型自修复体系只能对小尺寸损伤进行有效修复；③智能调控的范围、响应速度、灵活性和可靠性也不够高。智能润滑材料要实现工程化应用，仍有很长一段路要走。

固液复合润滑比单一的液体润滑或固体润滑具有更好的摩擦学性能，但是也存在一些问题：①固液复合润滑油匹配性有要求，在某些情况下，润滑油脂可能加速固体润滑涂层的磨损；②修饰液体润滑剂或者固体薄膜，使得液体润滑剂在薄膜上能很好铺展，也可以制备出织构表面，让液体润滑剂能长期储存而不被零部件运动甩出去；③固液复合润滑不同于单一固体润滑或液体润滑的摩擦磨损机制，应该深刻探索其中的摩擦学机制与理论。

在材料表面制备一定的微织构可显著改善其润滑状态，在低速、高载条件下有助于发生从边界润滑向流体润滑的转变。与未织构化的表面相比，在边界润滑条件下微织构化的表面具有更低的摩擦系数。表面织构技术在提高轴承承载能力、降低摩擦系数、减小磨粒磨损率、延长工件的使用寿命等方面表现出了很大的潜力，并已经成功应用于密封环和推力轴承等实际零部件中，提高承载能力和抗卡咬能力。

(3) 传统润滑材料仍占据重要位置，且目前研究使其性能显著提升，应用领域得到扩展。以碳材料、二硫属化合物、聚合物、金属基、陶瓷基，以及液体油脂为代表的传统润滑材料在制备装备、工艺成熟性、性能稳定性、质量可靠性等方面都具有明显优势，同时随着装备发展，其应用领域将不断扩展，在现在和未来一段时间内仍将发挥着重要的作用。随着新技术、新结构、新品种的不断涌现，材料性能仍然有大幅提升的空间，今后一段时期内将保持很强的生命力。主要体现在以下三个方面：一是润滑材料在保持现有性能的同时，用创新的概念(工艺、成分、微结构)去克服现有材料的缺陷或应用上的限制，重视传统材料的持续改进，"一材多用"成为未来的发展趋势；二是随着材料制备方法和技术的进步，传统润滑密封材料的结构可以精细设计和控制，功能一体化趋势更加明显；三是随着纳米技术、计算科学和智能制造技术的进步，可以开发更多的新型结构、新型组分高性能材料。

(4) 新型润滑材料不断研发，功能不断拓展，智能化趋势明显。随着航空发动机温度的提高，急需开发新型的高熔点陶瓷基自润滑耐磨润滑来替代低熔点的金属基自润滑耐磨润滑。利用有机无机杂化，研制能够抵御长期空间暴露环境的不利影响、在轨寿命与耐磨寿命大幅延长的空间润滑材料和技术。

碳纳米管、富勒烯、石墨烯等纳米结构润滑材料不断出现，为开发新型固体润滑材料、提升性能和扩展功能提供了可能。将碳纳米管、富勒烯、石墨烯等复合到固体润滑材料中，借助其优异的力学、电学、热学等性能，研发强韧与润滑一体化、导电与润滑一体化、防腐与润滑一体化等多功能润滑材料。

超材料由于其独特的结构和性能，在抗冲击吸能、减振降噪、消声隐身、消除热效应、超导绝缘、多级刚度等领域有巨大的潜在应用，近年来具有负泊松比、零热膨胀系数、刚度可调的机械超材料已经研发出来，需要探索功能超材料的结构性能构建及其在润滑领域的应用潜力。

智能润滑/摩擦材料具有广阔发展前景。因此，开展压电材料、形状记忆材料、电活性聚合物、电流变体、磁致伸缩、磁流变体等智能结构材料在润滑防护领域的探索性研究也是至关重要的。

(5) 极端服役条件下润滑材料性能评价技术不断发展。随着基础工业、航空航天、海洋武器等现代装备的快速发展，设计运行的工况越来越苛刻，运行环境越来越复杂，以及不断提升的高精度、高可靠和长寿命的要求，对极端服役条件下的高性能润滑材料需求更为迫切。在极端服役条件下，材料的摩擦、磨损及润滑性能呈现与常规工况完全不同的特点，如在极小尺寸下表面效应、纳米效应更加突出；在超高速条件下摩擦热效应凸显；在超高温条件下结构相变、元素扩散及摩擦化学发挥重要作用。在越来越苛刻的工况条件下，润滑材料的使用性能会快速下降，可能导致运动件寿命急剧缩短，精度和稳定运行能力严重下降，非正常磨损失效问题严重，甚至出现摩擦副机械抱死、运动件破损等严重的故障。因此，有必要建立极端环境、极端工况、多场耦合下材料性能原位在线测试技术，构建自主可控的高通量性能测试方法和标准，探索材料疲劳、蠕变、磨损、腐蚀等失效行为，揭示主要失效破坏机理。发展基于微观结构演化的失效动力学理论，建立材料损伤与失效判据，发展以失效机制、可靠性及数理统计为基础的材料精准设计方法和制备技术。

(6) 更加重视材料高通量设计与性能预测技术。高通量计算、高通量合成与表征，以及大型数据库加速了材料设计、性能预测和制备工艺模拟，大幅缩短了研发周期，降低了生产成本，为新材料研发和产业化提供了变革性的新方式。摩擦效应基因组研究，就是将该理念引入复杂摩擦效应对摩擦磨损作用机理的研究中，通过各种效应的高通量实验(不同效应之间相互作用关系的基础实验)，并结合对应的高通量数值仿真计算，建立具有大数据特征的数据库，并通过大数据分析和挖掘获得摩擦效应对摩擦磨损作用机理的摩擦效应基因组。摩擦效应基因组的研究将有利于揭示摩擦学的复杂过程机理，大大缩短摩擦学研究的研发费用和时间，并有望成为新的热点。

采用数值模拟和数据挖掘技术，对材料大数据进行分析和预测，发展基于数据融合的寿命设计和失效评定方法，建立可靠性评价和寿命预测准则。第一，建立高通量、小试样等先进测试方法，阐述复杂环境下零件与结构多机制失效机理，研究其性能衰退机制与失效演化过程；第二，发展基于微观结构演化的失效动力学理论，建立材料微观结构与失效之间的关联，形成多尺度寿命预测模型与设计方法；第三，发展基于概率统计理论的寿命设计与失效评定方法，完善耐久性/损伤容限设计理论，建立极端环境下零件与结构可靠性评价准则；第四，将工业现场机械装备大量在线监测数据与人工智能方法相融合，建立机械装备关键基础件的摩擦学健康状况与润滑磨损故障诊断理论，并结合智能润滑材料，以及感知与驱动系统提供优化的调控决策，实现机械装备润滑磨损健康调控的远程运维。

(7) 制造工艺技术不断创新，生产过程更加绿色环保。润滑制备工艺复合化，制备过程智能控制化。国外已将等离子体喷涂(PS)和 PVD 技术相结合，研发了新型的 PS-PVD 润滑制备技术，解决热喷涂润滑厚度、精度、均匀性问题。为了制备性能更加优越的新型固体润滑材料，新的制备工艺不断地被开发，工艺参数多达几十种，彼此相互影响。如何实现润滑工艺智能化控制，并对润滑制备过程实施在线检测和反馈控制，从而进行及时调整是有待深入解决的问题。国外先进 PVD 设备上已经采用等离子体光谱仪，对等离子体密度、活性气体组分进行实时控制，从而实现活性沉积润滑的精确成分控制。

特种强场(包括电场、磁场、电磁场、微波、微重力等)可在远离平衡态条件下，在超高能量密度作用下，在极短的时间内非接触、选择性地多尺度控制或者改变材料的物态、形状和性质，实现材料微结构定向精确控制，获得特殊性能。探究能场作用下材料制备及多尺度调控过程蕴含的新效应和新机理，发展极端性能润滑材料的形性协同制备新原理和结构性能高精度调控方法。

增材制造(又称"3D 打印")技术发展迅猛，日新月异。金属增材制造因其制造构件性能可与锻件相当，同时可以制造出传统制造方法无法制造的轻量化精密复杂金属构件，以及大型和超大型复杂金属构件，在航空航天、动力能源及生物医疗等领域显示出了巨大的潜力。非金属增材制造技术在功能器件制造方向展现出巨大的发展潜力。在研发智能隐身、变色伪装、变形运动、弯曲重组等特殊功能器件方面，非金属增材制造技术具有不可替代的作用。最新的发展又引入生命活动、自组装、形状记忆等效应，使制件具有一定的环境自适应功能，为制造学科的发展探索出了新的方向。

追求可持续发展是人类社会的目标，开发低能耗、低污染、可循环使用、可生物降解，以及环境负荷低的高品质固体润滑材料势在必行。发展水基和紫外光固化黏结固体润滑材料，减少有机溶剂对环境的污染，是黏结润滑材料的一个重要发展方向。大力开发绿色环保的 PVD、热喷涂工艺来替代传统的电镀硬铬和化学处理，减少六价铬、有机溶剂等对环境的污染。3D 打印技术在航空航天器件、新武器、可穿戴器件等领域将会获得飞速发展。

(8) 应用产业化、规模化、技术标准化、过程自动化。针对不同高技术装备使用需求，不断完善现有材料性能数据体系，同一材料多维度建立相关标准，使润滑材料由性能到应用构成体系化，有效推广材料的应用范围。同时，针对不同用户、不同装备的不同应用需求，开展定制化服务应用，满足多样性、个性化、差异性需求的小批量定制生产日益明显，从产品导向向服务导向转变。

(9) 摩擦学设计与润滑材料更加重视多学科的交叉融合。摩擦学设计和润滑设计是多阶段、多学科、多系统、多任务高度交叉融合并反复迭代的过程。不同阶段(如任务定义阶段、概念设计阶段、初步设计阶段、详细设计阶段等)、不同学科(如机械、电气、液压、力学、控制、测量、材料等)、不同系统(如驱动系统、制动系统、传动系统、感知系统、执行系统等)，以及面对不同环境、不同工况、不同任务等均对润滑材料的综合性能具有不可忽略的影响。

　　总的来说，在高性能润滑材料及摩擦学的研究和应用方面，环保、适应更苛刻工况、高可靠性和长寿命，以及超低摩擦系数将是主要发展目标。超润滑现象是摩擦学研究的重要前沿发现，是摩擦系数接近为零的特殊状态，为实现这一目标提供了理论可行性及希望。

## 1.3　超润滑技术研究

　　超润滑是指两个接触表面之间的摩擦力接近于零甚至完全消失的一种特殊物理现象，这一概念最早于 20 世纪 90 年代提出。根据 Frenkel-Kontorova(F-K)模型[8]，1983 年 Peyrard 和 Aubry 从理论上计算出了正弦波势场中原子链的静摩擦力为零的条件。1990 年，两位日本学者 Hirano 和 Shinjo 对 F-K 模型中原子链的无阻尼运动进行了计算机模拟，发现两个晶面在某些特定的表面和方向上(非公度)发生相对运动时，摩擦力会完全消失。超润滑是摩擦学研究的前沿领域，是纳米技术时代一个横跨物理、化学、力学、材料、机械、精密制造等诸多传统学科的交叉研究领域。如同超导、超流的概念一样，超润滑材料及技术的工程化实现有可能给材料、机械、物理、化学、摩擦学等领域带来革命性的变化，因此超润滑提出后立刻引起了各领域研究者的高度关注。国内外许多学者针对超润滑机制和技术的研究开展工作，一方面从理论上研究超润滑的产生条件和存在机理，另一方面从实验上探索超润滑材料的特性和规律，并进行超润滑材料的设计研究。根据超润滑材料体系的不同，可将其分为固体超润滑材料(沉积在摩擦表面的涂层，如 $MoS_2$、石墨、非晶碳薄膜等)、液体超润滑材料(陶瓷水润滑材料、水合离子、聚合物分子刷、甘油混合溶液及生物体黏液等)和固液耦合超润滑材料(润滑油灌注自润滑材料、液体润滑剂嵌入复合材料、液体注入仿生材料等)。发展超润滑材料与技术是解决摩擦磨损问题的颠覆性途径，不仅将为高技术装备设计和可靠性带来全面的技术革新，而且还可推广至工业、医疗等各个领域，对于节能降耗、促进国民经济发展、改善国民生命健康水平具有深远的意义。

　　液体超润滑材料研究大多围绕在多尺度(微观到宏观)界面的吸附、水化和润滑机制开展，通过化学合成、结构改性和模拟预测等技术手段，发展兼备界面吸附、水化和减摩机制的大分子型液体润滑剂材料，进一步关注黏弹性和力学承载行为，发展可注射液体凝胶超润滑材料，探索仿生高承载、低摩擦系数和抗磨损一体化固液超低摩擦系数软物质材料体系的设计与制备及其医疗器械应用验证。

雒建斌和张晨辉小组在液体超润滑方面开展了大量实验研究，并基于磷酸体系的超润滑规律和机理、生物液体超润滑的规律和机理、酸与多羟基醇混合溶液超润滑的规律和机理等方面取得了丰硕的成果。

研究者们将固体超润滑材料与液体超润滑材料结合起来，并提出了固液耦合超润滑的概念。这种固液复合的设计能够将固体和液体润滑材料的优势结合起来，从而克服单一固体润滑材料环境敏感性高和液体润滑材料承载、耐温性差等局限。除此之外，在固液复合润滑条件下，一些液体润滑过程中有可能促进摩擦化学反应的发生，发挥协同润滑作用。其研究主要是从原子、分子尺度研究润滑剂分子在改性金属表面的吸附、分解和重构行为，探明润滑剂与金属改性表面的机械化学反应机理，揭示改性金属表面与润滑剂分子之间的耦合作用对高载宽温域超润滑行为的制约机理，发展适用于高温、高载苛刻服役环境的固液耦合超润滑材料与技术，探索在高端轴承、齿轮、柱塞泵及缸套活塞环等典型机械零部件的应用验证。作为一种新型的超润滑材料体系，固液耦合超润滑材料有着很深的研究潜力，但是其工况适应性仍需进一步的研究探索。

固体超润滑材料因其在耐温、承载、环境适应性、功效等方面有效地突破了传统润滑材料的性能极限，在解决特殊工况条件下的润滑和防护方面发挥了十分重要的作用，因此得到了广泛的研究和关注。考虑到零摩擦系数在实际工程中难以实现，提出了工程超润滑的概念，即在实际工程应用条件下通过制备工艺优化，以及固体润滑材料结构的设计调控使摩擦系数达到千分之一数量级，并在此基础上围绕非晶碳薄膜生长调控机理、结构与性能关系规律、多环境摩擦界面结构演变规律和润滑机制、多尺度结构设计原则、大尺寸复杂样件的宏量制备方法等基础科学问题开展了系统深入的研究[9]，创造性地将外场催化诱导生长的概念引入碳薄膜生长过程中，提出了一种碳薄膜中程有序纳米结构精确可控制备的新原理和方法，实现薄膜中程有序纳米结构(石墨烯、富勒烯、碳纳米管)的可控制备，磨损寿命延长一个数量级[10]，形成了标准化超润滑碳薄膜系列产品，在空间、惯导陀螺、核能等领域获得了应用。此外，首次报道了石墨烯在高真空、宏观接触条件下，表现出超低摩擦系数(0.02)和长寿命特性，这颠覆了传统石墨材料长期以来面临的真空润滑失效的局限问题。从实验角度首次观察到了宏观摩擦过程中石墨烯片的自定序效应，以及层层滑移机制的证据，揭示了长期争议未决的石墨类材料真空润滑失效机理，提高了对层状结构材料宏观低摩擦系数科学本质的认识，为石墨烯在空间领域的应用提供了理论指导。

除了非晶碳薄膜材料的制备与结构调控研究外，通过石墨烯基二维层状材料体系揭示宏观尺度材料本征缺陷、化学相互作用、定序状态、晶格公度性对超润滑性能的影响规律，解析外加能量场驱动下材料的宏观-微观润滑规律与作用机制，结合表面增材制造先进技术与微纳阵列组合等设计思想，实现微纳超润滑态向宏观超润滑态的转化，并探索其在高精密装备上的应用验证，也是固体超润滑材料研究的热点。基于此，2015 年美国阿贡国家实验室 Berman 等[11]报道了石墨烯复合体系宏观尺度的超润滑性能，其利用在摩擦体系导入纳米金刚石颗粒，将宏观接触面分解为无数纳米接触点，石墨烯包裹到纳米接触点上，与上下位置石墨烯片形成非公度超润滑态。石墨烯卷绕金刚石复合结构的形成依赖于一定的实验条件，而且材料体系繁杂，获得的超润滑态寿命较短，很难实现工程化制备。2020 年，Li 等[12]利用激光织构技术在宏观接触面分解出了无数个微观尺度大小的接触点，并在每一个接触点上构筑共价键型/离子键型非公度接触结构，最终在宏观接触条件下获得鲁棒超润滑性能，对推动超润滑新概念技术实现工程应用具有重要意义。除了非晶碳薄膜及石墨烯外，一些具有卷状结构的碳同素异形体，如碳纳米管、富勒烯等材料因其特殊的构型在微观滚动超润滑领域的研究中也受到了关注，并且有实现结构超润滑的潜力。在宏观尺度，结构超润滑的实现被限制在了干燥惰性环境中，这限制了其应用环境，因此接下来如何在潮湿的大气环境中实现宏观超润滑是推进其应用过程中无法回避的问题，也是未来研究过程中需要关注的重点。

除此之外，以 $MoS_2$ 薄膜、二硫化钨($WS_2$)薄膜为代表的过渡金属硫属化合物因其独特的三明治层状结构而在真空中表现出超润滑的性能；通过对材料结构的设计及制备实现超润滑的 3D 打印超润滑材料；模仿自然界中的天然润滑成分及结构的仿生超润滑材料；通过量子穿过能量屏障，而不是跳过，就会发生光滑的滑动这一理论实现量子超润滑等都是固体超润滑领域的研究热点，本书在后续章节将对这些材料体系的研究进展展开讨论。

## 参 考 文 献

[1] SOCOLIUC A, GNECCO E, MAIER S, et al. Atomic-scale control of friction by actuation of nanometer-sized contacts[J]. Science, 2006, 313(5784): 207-210.

[2] URBAKH M, KLAFTER J, GOURDON D, et al. The nonlinear nature of friction[J]. Nature, 2004, 430(6999): 525-528.

[3] VANOSSI A, MANINI N, URBAKH M, et al. Modeling friction: From nanoscale to mesoscale[J]. Reviews of Modern Physics, 2013, 85(2): 529-552.

[4] HOLMBERG K, ANDERSSON P, ERDEMIR A. Global energy consumption due to friction in passenger cars[J]. Tribology International, 2012, 47: 221-234.

[5] LIANG G, CHEN D, LI W. Progresses in preparation methods of nanometer particles used as lubricant additives[J]. Speciality Petrochemicals, 2009, 26(3): 75-79.

[6] CHEN J, LU X, LI H, et al. Progress of solid self-lubricating coating over a wide range of temperature[J]. Tribology, 2014, 34(5): 592-600.

[7] LI F, JU P, CHEN L, et al. Preparation and corrosion resistance of polyaniline/modified graphene oxide composite

coating[J]. Surface Technology, 2021, 50(11): 287-296.

[8] HIRANO M, SHINJO K. Atomistic locking and friction[J]. Physical Review B, 1990, 41(17): 11837-11851.

[9] LI H, HU L, CHEN J. Research progress on tribological properties of diamond films produced by chemical deposition[J]. Journal Materials Science and Engineering, 2003, 21(1): 143-146.

[10] JUNYAN Z. Design and research advances of tribological films and coating[J]. Tribology, 2006, 26(4): 387-396.

[11] BERMAN D, DESHMUKH S A, SANKARANARAYANAN S K R S, et al. Macroscale superlubricity enabled by graphene nanoscroll formation[J]. Science, 2015, 348(6239): 1118-1122.

[12] LI P, JU P, JI L, et al. Toward robust macroscale superlubricity on engineering steel substrate[J]. Advanced Materials, 2020, 32(36): 2002039.

# 第 2 章　固体超润滑及其材料概述

## 2.1　固体超润滑的概念与内涵

"固体超润滑"这一概念源自 F-K 模型中对零摩擦力现象的预测，是指通过固体润滑材料的使用使摩擦界面上的摩擦力接近于零甚至完全消失的一种现象[1]。Hirano 等[2,3]基于这一模型通过理论计算指出：当原子级光滑的两个刚性摩擦接触面处于非公度接触、准静态滑移时，两个接触面上原子之间的相互作用势沿不同的方向随机分布，从而使总的相互作用势被抵消掉，此时接触面上的摩擦力为零。虽然 Hirano 等提出将这一摩擦力消失的现象定义为"超润滑"，但是由于在实际的摩擦体系中，除了原子间相互作用势之外，滑动表面上还存在声子振动等其他形式的能量耗散，即绝对意义上的零摩擦力很难实现，因此不同于超导和超流等临界物理现象的定义，研究者们认为当摩擦系数在实际的工程应用中达到 $10^{-3}$ 数量级或者更低时就可以认为摩擦体系达到了超润滑范畴。除了非公度接触导致的超润滑以外，固体润滑材料还可以通过其他方式实现超润滑，比如非晶碳薄膜，在摩擦学领域常被称作类金刚石碳(diamond-like carbon，DLC)，可以凭借氢原子对碳悬键的钝化带来的弱界面相互作用实现超润滑；类富勒烯结构可以借助其卷状构型减少悬键暴露，并通过一定的微观滚动作用来实现超润滑。因此为了避免不同的超润滑理论在概念上的混淆，研究者们将 Hirano 等提出来的超润滑现象定义为结构超润滑。结构超润滑仍归属于固体超润滑的研究范围。

超润滑的科学价值与应用价值主要体现在以下几个方面。

(1) 摩擦是自然界普遍存在的物理现象，探究摩擦现象的本质和起源，一直都是摩擦学研究者不断追求的目标。摩擦过程中涉及物理、化学、力学、材料学，以及复杂的环境条件等多种因素，对于摩擦磨损基本现象的本质认识依然需要新的突破。超润滑是摩擦学研究领域重要的前沿发现，能够获得一种摩擦系数极低的特殊润滑状态。研究超润滑现象的润滑机制，有助于增进对摩擦磨损基本现象本质的认识，建立新的润滑设计理论，为解决摩擦磨损问题提供理想的途径，从而促进超润滑技术的发展。如同超导、超流等重大现象的发现和研究一样，超润滑研究有可能在材料、机械及摩擦学等领域带来革命性的变化和影响。

(2) 摩擦伴随着磨损造成了巨大的能量损失和材料消耗。据统计，摩擦消耗了全球 1/3 左右的一次能源，磨损造成了约 80% 的设备故障或失效，因摩擦磨损带来的损失占工业化国家国内生产总值(GDP)的 5%～7%。与常规的传统固体润滑材料相比，超润滑状态下的摩擦系数能够降低 1～2 个数量级，是一种突破材料润滑性能极限的颠覆性技术。因此，超润滑性能的获得及超润滑技术的发展，对于节能降耗、促进国民经济发展具有深远的意义。

(3) 我国航空航天、交通运输、能源、海洋等领域迅速发展，摩擦磨损问题是影响其精度和可靠性的关键难题之一。例如，近年来我国以空间站、深空探测、高分辨率对地观测卫星、北斗卫星等为代表的空间技术得到了快速发展，并取得了世人瞩目的成就。上述空间技术的发展，一方面对极端苛刻环境和工况条件(如高温/低温、高承载、超高真空、高速、辐射)服役的特种润滑材料提出了迫切的需求，另一方面由于装备高精度、高稳定度、低振动、低噪声及高传输效率方面的要求，对具有极低摩擦系数的超润滑薄膜材料和技术提出了越来越迫切的需求。具有工程应用价值的固体超润滑技术的突破可能会给高技术装备机械设计带来革命性变化，使一些过去依靠传统润滑材料和技术难以实现的先进设计成为现实，在解决空间技术、精密机械、电子信息等领域重要润滑技术难题方面发挥其他润滑材料和技术不可替代的重要作用。

综上所述，无论是从实际的应用来讲还是从科学意义上来讲，固体超润滑材料与技术都存在极大的研究价值及前景。

## 2.2　固体超润滑的发展历程

消除摩擦与磨损带来的负面影响一直以来都是摩擦学领域的最终目标，虽然人类利用润滑材料来实现这一目标的历史最早可以被追溯至史前文明，但是却一直未观察到摩擦与磨损消失的现象。1980 年，研究人员首次通过含氢的 DLC 薄膜(a-C:H)材料测得了超低的摩擦系数(0.01 左右)，但是当时并没有超润滑这一概念，到了 20 世纪 90 年代初研究者们才首次提出了超润滑的概念。

固体超润滑的概念一经提出就得到了摩擦学研究者们的广泛关注与研究，图 2.1 给出了固体超润滑研究的发展历程。固体超润滑的研究主要沿着以下两条主线发展：一条主线围绕结构超润滑理论展开理论研究和实验探索，通过均质结构的层间非公度接触方式调控，以及异质结构的构造与设计在不同的接触尺度上实现鲁棒性超润滑；另一条主线围绕具有宏观超润滑性能的 DLC 薄膜，以及过渡金属硫属化合物等固体润滑薄膜展开，主要对其超润滑性能及润滑机制进行研究和揭示，同时不断开拓一些新型的固体超润滑材料体系。整体来讲，研究者们已经逐渐在不同的接触面积上实现了超润滑，接下来需要瞄准的方向是如何将这一理论应用到实际的生产生活中，让超润滑真正地解决摩擦磨损的不利影响问题。本节分别沿上面提到的两条主线对固体超润滑的发展历程及其突破性进展进行总结，这些研究成果对于进一步指导实现超润滑理论与技术的应用至关重要。

图 2.1　固体超润滑研究的发展历程

### 2.2.1　结构超润滑理论的提出及其验证

1. 结构超润滑理论的提出

结构超润滑理论最初源自 F-K 模型中对零摩擦力的预测[1]。F-K 模型于 1938 年被 Frenkel 与 Kontorova 提出，用来描述一维非线性摩擦，经过多年的发展已经成为研究纳米摩擦学理论的基本模型。在 F-K 模型中，摩擦过程被简化成了一系列由弹簧连接的 $N$ 个原子在周期性势场中滑动的情况，同时可以用来模拟原子链中的原子间相互作用及表面相互作用的原子势能。F-K 模型如图 2.2 所示，其中，$E_0$ 为周期势场的强度，$K$ 为弹簧的刚性系数，$a_c$ 为弹簧的平衡距离，$a_b$ 为势场的重复周期。

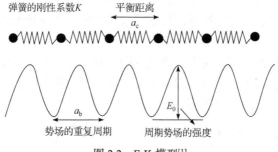

图 2.2　F-K 模型[1]

F-K 模型的标准哈密顿量为

$$H = \sum_{i=1}^{N} \left[ \frac{p_i^2}{2m} + \frac{K}{2}(x_{i+1} - x_i - a_c) + E_0 \cos \frac{2\pi x_i}{a_b} \right]$$

方程等号右边第一项表示原子链的动能，第二项表示弹簧势能，第三项表示弹簧的原子链与周期势场之间的相互作用。当一个外加绝热力 $F$ 推动原子链直到所有原子有滑动的趋势时，摩擦体系将获得最大摩擦力。通过 F-K 模型研究摩擦时一般需要引入一个无量纲参数 $\theta$，$\theta = \dfrac{a_b}{a_c}$。当 $\theta$ 为无理数时，摩擦体系处于非公度接触状态，当 $\theta$ 为有理数时系统处于公度接触状态。通过计算发现，在公度接触的状态下，原子链的滑移过程中总是存在能量耗散，而在非公度接触状态下 F-K 模型存在一个摩擦力为零的结构相变点，被称为 Aubry 相变点[1]，其判断依据为 $\lambda = \dfrac{4\pi^2 E_0}{Ka^2}$。对于每一个特定的 $\theta$ 都会存在一个临界值 $\lambda_c$，使得 $\lambda > \lambda_c$ 时原子链上的每一个原子都有接近于周期势场最低点的趋势，即原子的滑动需要克服能量势垒，从而出现很大的滑动阻力；当 $\lambda < \lambda_c$ 时，原子链上的原子可以在不消耗能量的前提下跨越能量势垒发生运动，从而表现出无阻力的滑动。这也是早期"零摩擦"概念的初步模型。

20 世纪 90 年代，Hirano 等[2,3]在此基础上进一步对微观能量耗散模型进行完善，并提出理想晶体的晶面在特定的接触状态下可以抵消晶面间的滑移阻力。在不考虑外来污染物吸附的情况下，Hirano 等构建了刚性晶面准静态接触下的滑移模型，从原子间相互作用势的角度研究两个晶格表面的摩擦行为与其晶格常数公度性之间的关系。结果表明：当两个晶格的晶格常数比值为有理数或者取向一致时，假设下表面不动而上表面发生准静态滑动，上表面原子将受到来自下表面原子相互作用带来的滑移阻力，当接触面积足够大时每一个原子受到的相互作用力将沿着同一个方向发生叠加，从而使滑动面上产生较大的滑移阻力；当两个晶面的晶格常数为无理数或者取向不一致时，下表面的原子给上表面的原子施加的力不均匀且方向随机，因此当接触面积足够大的时候，上表面受到的绝大部分力都可以被抵消掉，有实现零摩擦力的潜力。

经过构建不同的摩擦力模型，研究者们在原子尺度上对摩擦力的起源及微观尺度能量耗散机制有了一定的认识并证实了零摩擦力的存在是有科学依据的，从此开启了超润滑学科的研究热潮。

2. 结构超润滑理论的验证

Hirano 等提出的非公度接触理论为实现零摩擦力提供了理论依据，给追求零摩擦力接触状态的摩擦学研究者们带来了希望，因此理论一经提出就引起了摩擦学领域的关注，研究者们基于此开展了大量的实验对其进行验证。

最初尝试通过研究各种单晶材料的摩擦力各向异性来验证非公度接触与超润滑之间的联系。由于白云母片具有单晶面积较大且解理面中包含台阶较少的特性，因此在早期的超润滑实验探索中经常被用作研究微观黏附力及摩擦力的理想材料。Hirano 等[4]通过自行搭建的摩擦力测量设备研究了云母片间的滑动摩擦力与其取向角之间的关系，摩擦力测量装置示意图见图 2.3(a)。云母片层之间的静摩擦力和动摩擦力与其取向角之间的变化关系如图 2.3(b)所示，在大气环境下随着两个云母片之间的取向角度的改变，它们之间的滑动摩擦力并未发生明显的改变；不同环境中静摩擦力与云母片之间的取向角的关系如图 2.3(c)所示，将温度

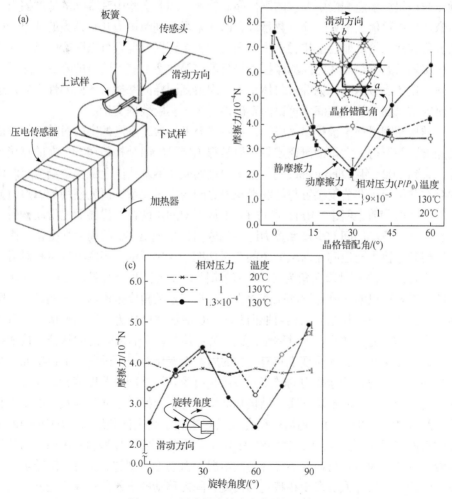

图 2.3　云母片间摩擦力各向异性研究[4]

(a) 摩擦力测量装置示意图；(b) 云母片层之间的静摩擦力和动摩擦力与其取向角之间的变化关系；(c) 不同环境中静摩擦力与云母片之间的取向角的关系

$P$-压力；$P_0$-基准压力

升高到 130℃时，云母片之间的摩擦力开始随着云母片之间的取向角度发生变化，但是摩擦力依然处于较高的水平。随后研究人员尝试着降低实验环境中的相对压力，发现随着相对压力的减小云母片之间的摩擦力各向异性开始逐渐变得明显，除此之外，实验中观察到的最低摩擦力也有了一定程度的降低。经过分析发现，升高温度及降低相对压力可以有效地减少云母片解理面上吸附的水汽，通过维持摩擦面的清洁状态，避免了外来污染物对摩擦力的影响，此时滑动面之间的摩擦力很大程度上取决于云母片之间的相互作用，因此可以观察到从公度接触到非公度接触转变过程中摩擦力从大变小的过程。由于云母片之间的接触是弹性接触而非理想结构超润滑中要求的刚性晶面接触，因此实验中观察到的低摩擦力与高摩擦力在数值上仍处于同一数量级，即并未观测到摩擦力几乎消失的现象。虽然该研究并未给出非公度接触产生超润滑的直接证据，但是可以明确的是，在非公度接触状态下单晶片之间的摩擦力较公度接触状态下有了明显的降低。除了云母外，在单晶金刚石、铜等材料体系中也观察到同样的摩擦力各向异性现象，这些研究结果都为结构超润滑理论的正确性提供了实验数据支持。

结构超润滑理论被提出来以后，虽然研究者们通过不同的实验对其进行验证及探索，并取得了大量的研究成果，但是都未定量给出结构超润滑存在的直接证据，直到 2004 年 Dienwiebel 等[5]首次通过实验在纳米尺度上证实了结构超润滑的存在并给出了非公度接触与超润滑现象之间的定量关系，研究使用的摩擦力显微镜(FFM)示意图见图 2.4(a)。通过 FFM 从不同的角度在石墨晶面上滑动，研究人员发现，石墨层间的滑动摩擦力随层间取向角呈现出 60°的周期性变化规律。石墨层间摩擦力与层间相对取向角的关系如图 2.4(b)所示，当两个发生相对滑动的石墨片之间的相对取向角为 0°时层间摩擦力很大，两个石墨片之间仅旋转一定的角度就可以明显降低层间摩擦力，而且在特定的角度范围内几乎测量不出摩擦力。当两个石墨片之间的相对取向角为 60°时层间摩擦力再次迅速增大。石墨的六方结构具有 60°的角度对称性，这一特点使得两个石墨片之间从公度接触状态到非公度接触状态的转变也具有 60°的周期性变化规律。因此，上述研究中观察到的高摩擦力到低摩擦力的转变对应的是石墨片层之间由公度接触到非公度接触的转变，这一实验现象证实了结构超润滑理论，也掀起了通过微观摩擦学实验研究超润滑机制的热潮。随后，研究人员观察到了高定向热解石墨(HOPG)微米片的自回缩现象(图 2.4(c))，他们将 HOPG 表面的石墨薄片移动到表面上的其他位置后发现石墨薄片可以在不受外力的情况下自动缩回到初始位置。随着进一步深入的研究，研究人员发现在特定的角度区间内移动的石墨薄片在不受外力的情况下不会自动回缩到初始位置，而这些特殊的角度区间呈现出近 60°的重复周期(图 2.4(d))，与石墨的晶格结构的重复周期相符合。这一现象在微米尺度上验证了结构超润滑对非公度接触的依赖性[6,7]。Feng 等[8]通过扫描隧道显微镜(STM)

观察了石墨烯纳米片在石墨烯表面的超润滑运动行为,发现在不受外力干扰的情况下,不同时间拍摄的石墨烯表面的石墨烯纳米片的位置发生了移动和旋转,石墨烯纳米片的位置移动前后与下表面的石墨烯之间的接触形式分别对应的是非公度接触与公度接触,这一结果表明,处于非公度接触状态下的石墨烯纳米片层间相互作用能很弱,在几乎不受外力干扰的情况下就可以发生层间的滑移现象,但滑移后的纳米片则处于公度接触状态。这表明材料在自然条件下会自发处于能量最低的稳定状态,说明公度接触是石墨烯纳米片之间的稳定接触状态,因此使石墨烯纳米片之间形成非公度接触需要外界提供额外能量克服层间的相互作用,使得公度接触的纳米片层间的摩擦力变大。除了石墨烯外,$MoS_2$、六方氮化硼(h-BN)等其他二维层状材料也具有相似的层间滑移行为。这一滑移行为给均质材料间通过非公度接触实现层间超润滑滑移带来了挑战。

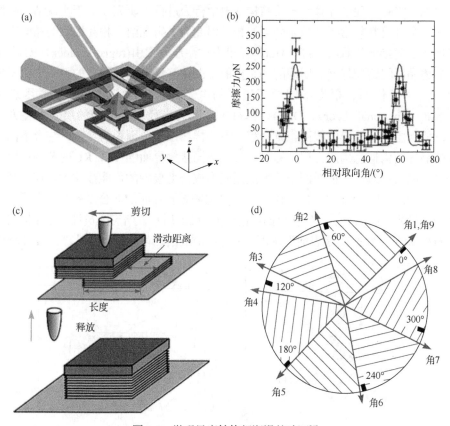

图 2.4  微观尺度结构超润滑的验证[5]

(a) 摩擦力显微镜(FFM)示意图; (b) 石墨层间摩擦力与层间相对取向角的关系; (c) HOPG 微米片自回缩实验示意图; (d) 自回缩现象与相对取向角的联系

由于均质材料容易自发旋转达到公度接触状态,从而使滑移层处于自锁状态，因此均质材料实现结构超润滑具有一定的困难。从理论上来讲，当两个晶面的晶格常数比为有理数时，如果两个晶面处于公度接触，上下两个晶面之间的原子排布方式一致会导致滑动时晶面上的原子受到的阻力沿同一个方向分布。滑移阻力来自滑动面上的所有原子受到阻力的叠加，当两个晶面旋转一定的角度使相互取向存在一定程度的错配时，晶面上所有原子的受力方向不可能完全一致，因此有一定的概率被抵消掉从而产生零摩擦力。当两个晶面的晶格常数比为无理数时，无论两个晶面如何相互取向它们之间总有原子处于错配状态，从而避免了原子间滑动阻力的叠加。综上所述，异质结构的构筑有希望解决均质结构在实现结构超润滑时面临的层间摩擦力各向异性问题。

非公度接触状态的实现不仅依赖于取向角度，而且与晶格常数匹配程度也有联系。为了进一步从晶格常数不匹配的角度验证结构超润滑理论，研究者们通过微观摩擦实验及理论计算对异质结构摩擦学行为进行了研究。由于实现结构超润滑的一个重要判断指标就是非公度接触，因此为了研究两个相互接触的晶面之间实现非公度接触的难易程度，Hod[9]提出通过注册表索引(registry index，RI)来定量描述晶面间错配程度。所谓的 RI 指的是以相互接触的晶面上的每一个原子的中心为原点作圆，根据不同原子周围的电子云密度的差异与密度泛函理论(density functional theory，DFT)计算每一个圆的半径，在不同的层间堆叠方式下，相邻层之间给定的圆面积重合程度不一样，以重合面积为参数，结合不同材料的晶体结构信息构建方程计算可以得到不同接触界面的 RI，RI 的范围一般在0~1，RI 越接近 1 说明两个接触晶面间形成公度接触的可能性越大。在此基础上，Leven 等[10]系统研究了石墨烯/六方氮化硼异质界面的非公度接触状态及其与滑动能量势能面的关系。异质界面匹配度如图 2.5 所示，研究人员计算了不同尺寸的石墨烯在六方氮化硼表面滑动时，RI 随晶格错配角的变化情况，在接触面积

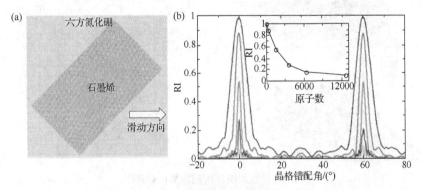

图 2.5　异质界面匹配度[10]

(a) 石墨烯在六方氮化硼表面滑动示意图；(b) 不同接触面积下异质界面的 RI 与晶格错配角的关系

(b) 中峰面积越大表示接触面积越大

较小时石墨烯/六方氮化硼异质界面的 RI 依然呈现出各向异性的特征，但是随着接触面积的增加，RI 的各向异性逐渐减弱并呈现出接近于零的平坦趋势，说明当接触面积足够大时，石墨烯和六方氮化硼在不同的晶格错配角下都能获得稳定的非公度接触状态，与之对应的滑动能量波纹也比公度接触下获得的波纹低至少一个数量级。这一结果为通过异质界面实现结构超润滑提供了理论依据。

　　Kawai 等[11]在高真空环境中通过原子力显微镜(AFM)拖动石墨烯纳米带使其在 Au 基底表面来回滑动，发现仅需很小的力就可以实现，接着发现随着实验选取的石墨烯纳米带的长度增加，拖动纳米带滑动所需要的力呈现出减小的趋势。根据 Hirano 等提出的结构超润滑理论，接触面积越大非公度接触的表面之间的原子间作用势被抵消的概率越大，这表明金纳米结构与石墨烯纳米结构之间形成的异质滑动界面使两个摩擦面之间实现了结构超润滑。除了石墨烯纳米带与金可以形成非公度接触外，研究表明，Sb 纳米颗粒和 $MoS_2$ 及 HOPG 形成的滑动摩擦体系、金纳米岛与石墨等其他异质接触界面之间也可以通过非公度接触的方式实现超润滑[12,13]。

　　随着在原子力显微镜探针的表面沉积二维层状材料薄膜技术逐渐成熟，研究者们针对二维层状材料异质摩擦界面的超润滑行为开展了探索，并进一步对结构超润滑理论进行验证。通过石墨烯包裹的 AFM 针尖及 AFM 微球探针在 h-BN、$MoS_2$、石墨烯等二维层状材料表面摩擦观察到了超润滑行为[14,15]。研究表明，石墨烯和石墨烯之间也存在超润滑行为，这可能是因为实验采取的接触压力较小。实验中实际接触面积小，使得均质材料之间也有实现非公度接触的可能。为了解决这一问题，Song 等[16]在室温条件下自组装了尺寸约 3μm×3μm 的石墨片/六方氮化硼异质接触界面并成功地在微米尺寸上验证了异质界面的结构超润滑现象，异质界面摩擦实验装置示意图见图 2.6(a)。由图 2.6(b)可知，实验所构建的

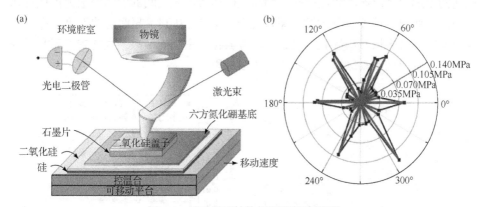

图 2.6　异质界面结构超润滑的验证[16]

(a) 异质界面摩擦实验装置示意图；(b) 石墨片/六方氮化硼异质界面摩擦应力随取向角变化示意图

单晶接触摩擦体系虽然表现出了六重对称的摩擦应力各向异性,但是所测得的摩擦应力较同等条件下所测得的石墨/石墨剪切界面依然低 2 个数量级。在异质接触界面中测得的最低摩擦系数小于 0.001,最高摩擦系数约 0.006,这说明异质结构的构建有效地抑制了同质界面高度分散的质心黏滑运动,这一结果对于通过构建范德华异质结构实现鲁棒性超润滑起到了指导意义。

### 2.2.2 固体超润滑的实现

#### 1. 跨尺度结构超润滑的实现

由 2.2.1 小节可知,相对于同质结构材料而言,具有弱范德华相互作用和较大晶格失配的异质结构之间可以获得持续的超低层间摩擦力。因此,实现结构超润滑的关键在于如何构筑稳定的层间非公度异质接触界面,为此研究者们开展了大量的探索工作,并取得了一系列突破性进展。

在微纳米尺度上实现结构超润滑需要保证摩擦滑动行为发生在两个不同的材料之间。原子力显微镜(AFM)作为一种较为精确的分子力与原子力的测量设备被广泛地应用于纳米摩擦学研究中,随着化学气相沉积(chemical vapor deposition,CVD)技术的飞速发展,研究者们尝试在 AFM 探针的表面沉积二维层状材料,用于在不同的二维层状材料之间实现异质接触。Liu 等[14]制备了二氧化硅微球探针,并通过 CVD 技术使微球表面包裹了多层石墨烯纳米片,以此研究石墨烯和不同二维层状材料之间的摩擦学行为(图 2.7)。通过对比不同的微球探针与二氧化硅基底或石墨烯基底在不同载荷下的摩擦力可知,所制备的多层石墨烯微球探针具有优异的摩擦学性能,可以被用来进行纳米摩擦学实验研究。进一步将制备的多层石墨烯微球探针分别与单层石墨烯和高定向热解石墨摩擦,发现随着施加载荷的增加,多层石墨烯微球探针和高定向热解石墨之间的滑动摩擦力极低且几乎不发生明显的改变,其中摩擦系数低至 0.003,达到了超润滑的效果。进一步通过实验发现多层石墨烯微球探针与六方氮化硼之间的摩擦系数达到了超润滑的数量级,且层间滑动摩擦力不受取向角度的影响。

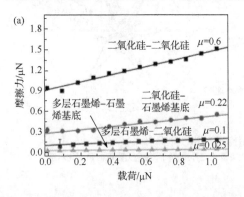
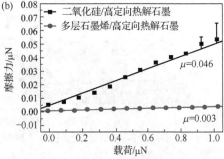

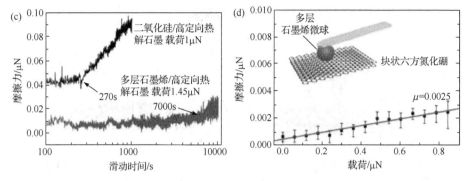

图 2.7　石墨烯微球涂层摩擦学性能研究[14]

(a) 二氧化硅微球与石墨烯微球摩擦学性能；(b) 不同载荷下不同探针与 HOPG 之间的摩擦力曲线；(c) 相同载荷下不同探针与 HOPG 之间的摩擦力曲线；(d) 石墨烯微球和六方氮化硼摩擦界面摩擦学性能μ-摩擦系数

分析可知，多层石墨烯微球与 h-BN 之间可以实现稳定的超润滑是因为石墨烯材料与 h-BN 之间存在天然的晶格失配，其微观接触方式为非公度接触，原子间滑移阻力可以被有效地抵消，从而表现出超润滑的特征。多层石墨烯微球探针和单层石墨烯、HOPG 之间的摩擦力却有着明显的不同，这是因为石墨烯微球探针表面并不是完全光滑的，其表面存在多个接触点，而且探针表面的石墨烯呈现出多晶取向的特征，实验采取的 HOPG 为几乎无缺陷与晶界的单晶石墨，其晶粒尺寸在几十微米到几微米，可以保证摩擦接触区域的石墨处于同一个取向角度，因此多点接触且多取向的石墨烯在单晶石墨表面滑动时可以保证摩擦界面整体处于非公度接触状态，从而实现超润滑。对于单层石墨烯而言，无法保证其为高度的单晶取向，因此与多晶石墨之间通过非公度接触实现结构超润滑较为困难，其低摩擦系数主要来源于石墨烯之间的弱范德华相互作用。

刘艳敏[17]提出通过热辅助机械剥离转移法制备包裹不同二维层状材料的原子力显微镜探针(图 2.8)，用于实现结构超润滑。热辅助机械剥离转移法是指在 AFM 摩擦前将样品加热，在热的作用下样品基底会发生膨胀作用，从而导致样品基底的高度变大。在合适的距离下针尖会和基底发生碰撞导致针尖断裂，针尖断裂后产生的新鲜表面会暴露出大量的悬键，从而将基底表面的二维层状材料紧密地黏附在一起。通过在大载荷下剪切后，黏附的二维层状材料将均匀地转移并包覆在针尖表面形成二维层状材料探针，通过扫描电镜及透射电镜测试发现该方法制备的二维层状材料探针具有完整连续的层状结构。通过这一方法研究人员成功地制备出了包裹石墨烯、h-BN、MoS$_2$、二硫化铼及二硫化钽的探针。

进一步通过制备的探针对不同二维层状材料单晶接触界面的摩擦学性能进行了研究。研究表明，不同的二维层状材料异质摩擦界面在不同的气氛下可以实现鲁棒性超润滑，其中在大气环境下石墨烯和 h-BN 形成的异质接触界面在大接触

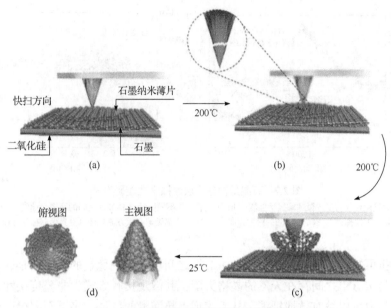

图 2.8　热辅助机械剥离转移法示意图[17]

(a) 合适尺寸的石墨纳米薄片的选取；(b) 升温使探针断裂；(c) 石墨纳米薄片在原位扫描过程中向探针表面转移的示意图；(d) 石墨纳米薄片包裹的针尖的主视图和俯视图

应力下(1GPa)摩擦系数低至 $10^{-4}$ 数量级，在真空条件下摩擦力低至皮牛级，而对应的摩擦系数更是低至 $4\times10^{-5}$。实验通过石墨烯与 h-BN 异质界面实现了不依赖于取向角度的结构超润滑，摩擦至 40000 个循环时依然未观察到超润滑失效的迹象。该研究不仅在多种测试环境及较大的接触应力下实现了稳定的超润滑，而且提出了通过二维层状材料异质结构实现稳定超润滑的新方法，对进一步从微观层面上研究非公度接触产生的结构超润滑及其背后的机制起到了借鉴作用。

经过研究者们不懈地探索发现，异质结构的构筑是最有可能实现稳定的结构超润滑的途径之一。通过 AFM 探针加工技术的应用，研究人员已经能够在微米及纳米接触尺度上成功地构筑出异质摩擦界面并实现稳定的超润滑。如何在宏观尺度上构建异质摩擦界面，实现大载荷、大接触面积的结构超润滑一直以来都是极具挑战的科学问题，对此研究者开展了大量的探索。

在宏观接触尺度上实现结构超润滑首先需要保证的是如何实现单晶接触，但是受限于单晶材料大面积制备的困难，直接制备宏观尺度的异质结构材料在技术上很难实现。直到 2015 年，美国阿贡国家实验室提出了一种通过 DLC/纳米金刚石/石墨烯片复合体系实现宏观超润滑的方法[18]。在石墨烯纳米片涂层表面添加了纳米金刚石颗粒，并通过 DLC 进行摩擦实验，在摩擦力的驱动下石墨烯纳米片发生了卷曲，并通过对纳米金刚石颗粒的包裹形成了石墨烯纳米卷轴，石墨烯纳米卷轴的存在使摩擦界面上出现了多点接触的摩擦状态，在接触点位置的卷轴和涂层表面的石墨烯片之间形成了非公度接触，从而在宏观接触尺度上实现了超润滑。除此之外，还有一些其他的纳米颗粒/二维层状材料复合体系也能够通过多点接触的方式在宏观接触尺度上实现超润滑[19-21]。Li 等[22]通过实验观察到钢球与石墨烯发生摩擦时，粗糙接触的摩擦界面上有一定的概率出现多层石墨烯转移膜，转移膜通过与基底上的石墨烯形成多点接触的非公度接触，可以使摩擦界面出现瞬时的超润滑状态。这些研究成果表明，在宏观接触面积上形成稳定的多点接触状态，并通过控制接触点处的结构形貌是实现宏观超润滑的有效途径。

在此基础上，Li 等[23]提出了在微纳接触点上实现非公度接触并将其组合成宏观接触面进而实现宏观超润滑的新方法。宏观结构超润滑设计思路如图 2.9 所示，首先，利用激光织构技术在基底上构筑出了无数个规则排列的微观接触点；其次，在这些接触点处引入了具有弱相化学互作用的离子/共价复合涂层，并在摩擦前控制了预磨合的气氛、时间、载荷等条件，从而使摩擦界面上的每一个接触点位置都形成了具有弱化学作用的离子/共价复合界面；最后，通过非公度接触的异质结构抵消了滑移界面上的原子作用势，在宏观尺度上实现了稳定的超润滑。该研究通过简单的实验体系，将结构超润滑理论从微观尺度拓展到了宏观尺度上，对于进一步推动超润滑的工程应用具有重要的价值。

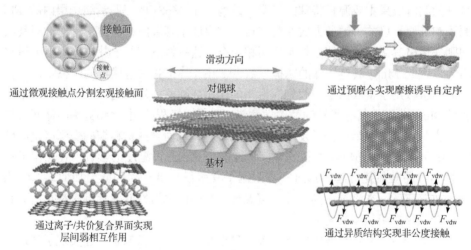

通过微观接触点分割宏观接触面

滑动方向

对偶球

基材

通过离子/共价复合界面实现
层间弱相互作用

通过预磨合实现摩擦诱导自定序

接触面

接触点

$F_{vdw}$　$F_{vdw}$　$F_{vdw}$　$F_{vdw}$　$F_{vdw}$

$F_{vdw}$　$F_{vdw}$　$F_{vdw}$　$F_{vdw}$　$F_{vdw}$

通过异质结构实现非公度接触

图 2.9　宏观结构超润滑设计思路[23]
$F_{vdw}$-范德华相互作用

### 2. 超润滑材料的摩擦学性能与机理研究

除了通过结构超润滑理论实现超润滑外，研究表明，以 DLC 薄膜、类富勒烯薄膜等为代表的固体润滑材料也可以实现超润滑，但是其超润滑机制却不相同。针对这些本身具有超润滑性能的固体润滑材料，主要聚焦于其摩擦学性能调控及其超润滑机制的研究。

DLC 薄膜是最早被发现具有超润滑性能的材料之一，其具有较高的硬度及较低的摩擦系数，在干燥惰性的环境中其摩擦系数可以低至 $10^{-3}$ 数量级，具有极大的应用前景。早在 1980 年，Enke 等[24]报道了含氢的 DLC 薄膜固体润滑材料可以在较低的水汽压条件下表现出极低的摩擦系数，最低摩擦系数低至 0.01，这一现象引起了对薄膜的关注并掀起了 DLC 薄膜研究的热潮。21 世纪初，Erdemir 等[25-27]制备出了在干燥氮气环境下具有超润滑性能的DLC薄膜，进一步激发了研究者们对 DLC 薄膜材料的研究兴趣。经过多年的研究，在理论方面，研究者们针对 DLC 薄膜的超润滑行为提出了表面钝化理论、石墨化理论、转移膜形成理论等摩擦作用机制，但是这些不同的作用机制尚未完全统一并联系起来，需要进一步的实验证据支持[28]；在应用方面，DLC 薄膜存在内应力大、环境敏感性强而导致的真空寿命短、摩擦学性能在不同环境下差异较大(同类型薄膜摩擦系数跨度从最低的 0.001 到 0.2 左右)等问题。因此，通过掺杂、复合、工艺优化等手段对薄膜的组分及结构进行设计，以促进非晶碳薄膜进一步工程化应用也是接下来的研究重点。

$MoS_2$ 作为固体超润滑材料的代表，在真空环境中具有极低的摩擦系数。其良好的润滑效果主要源自特殊的三明治结构，在 $MoS_2$ 的三明治结构层内的 Mo 原子和 S 原子以共价键的方式交替连接，这保证了其层内结构的稳定性，而其层间则凭借极其微弱的范德华相互作用相结合，这一特点赋予了其较低的层层滑移阻力，因此 $MoS_2$ 具有较低的摩擦系数[29]。由于 $MoS_2$ 具有优异的摩擦学性能，因此通常被用于干膜涂层中起到润滑相的作用，除此之外，通过气相沉积技术制备的 $MoS_2$ 薄膜也具有优异的摩擦学性能，已投入工程应用。$MoS_2$ 基固体润滑材料通常与空气中的活性分子发生摩擦化学反应，从而导致材料结构受到严重的破坏[30]；不仅如此，$MoS_2$ 材料的摩擦学性能也受到服役温度的影响，在高温下材料结构容易被氧化分解，这进一步限制了其服役环境[31]。因此，如何通过结构设计改善 $MoS_2$ 在潮湿、高活性、宽温域环境中的润滑性能一直以来都是研究者们比较关注并亟须解决的问题。

总的来说，固体超润滑的概念被提出至今，经过不懈探索已经实现了从理论到实验结果的突破，一方面，以非公度接触为基础的结构超润滑理论研究已经经历了从微纳米尺度到宏观接触尺度的跨尺度突破，但是其工程化应用还具有一定的困难，下一步研究的重点是如何在多环境、大载荷下实现稳定的超润滑，并进一步研究超润滑的影响因素，完善超润滑理论，加快推进其实际应用；另一方面，虽然存在的一些不依赖非公度接触机制且具有超润滑性能的材料在工程中已经有了初步的应用，但是大都仅能满足特定条件下的润滑需求，因此下一步需要对其超润滑机制进行完善统一，以进一步指导我们对材料的结构与组分进行优化，以拓宽这些材料的应用领域。除了对以 DLC 薄膜、MoS$_2$ 等为代表的传统固体超润滑材料的研究外，近期一些新型超润滑材料也逐渐被开发出来，如自组装膜超润滑材料、陶瓷基超润滑材料、3D 打印超润滑材料、仿生超润滑材料等，这些材料的研究大多还在起步阶段，具有很深的研究前景，需要引起足够的重视。

## 2.3 固体超润滑的主要理论

### 2.3.1 非公度接触理论

非公度接触理论是结构超润滑理论的主要观点之一，一般适用于晶体结构材料的超润滑机制解释。在早期的摩擦学研究中，研究者们在通过独立振子模型及复合振子模型研究摩擦能量耗散时发现，在特定的情况下原子间存在无能量损失的运动，进而通过 F-K 模型预测了零摩擦力的存在。20 世纪 90 年代，Hirano 在前人的研究基础上进一步对摩擦力模型进行完善，提出了一种通过非公度接触实现零摩擦力的方式，从理论上来讲，非公度接触是最有希望使滑动界面上的摩擦力完全消失的一种方法。通过非公度接触理论实现固体超润滑的优势在于其实现不依赖于润滑材料的种类及物理化学性质，前文已经提到，实现非公度接触的关键因素在于精确控制滑动接触面之间的晶格接触方式，一旦在滑移界面上出现晶格错配现象，滑动系统的摩擦力将会极大地降低。

虽然非公度接触的原理非常简单，但是真正实现起来却十分困难。首先，非公度接触的理论是基于清洁的刚性表面接触状态下提出的，但是在实际的实验条件下几乎所有的表面都不可避免地存在污染现象，如空气中水分子、碳氧化合物等通常作为污染物被吸附[32]；在实际的应用工况下，载荷作用下材料发生的弹性变形及塑性变形是不可避免的，变形会造成物理上的咬合阻力，也是宏观摩擦力的一大来源。其次，非公度接触的理论要求材料在接触部位，即摩擦作用的部位为单晶接触，但是晶体材料在宏观接触尺度上大多都是多晶取向，因此接触面上总是会存在摩擦力较大的公度接触[32]。最后，即使在宏观接触尺度上形成了大面积的非公度接触，材料的边缘问题仍无法避免，边缘通常被认为是微观尺度上摩擦力的主要来源之一，因此宏观接触尺度上无法避免的棱边依然会给滑动表面贡献摩擦力[33-35]。除了这些问题外，摩擦过程中的摩擦化学作用下材料结构的破坏、分解等问题也会导致超润滑的失效。

上述问题都制约着基于非公度接触的结构超润滑性能的实现，为了解决这些问题，研究者们针对相关影响因素开展了系统的研究，并且已经可以在一些体系中实现稳定的结构超润滑，这些内容在后续的章节中将详细展开讨论。

### 2.3.2　表面钝化理论

表面钝化理论主要被用来揭示以 a-C:H 薄膜为代表的 DLC 薄膜的超润滑作用机制。通过对 DLC 薄膜的表面粗糙度、结构、摩擦环境及其摩擦化学相互作用等关键因素进行控制，可以使薄膜表现出极低的摩擦系数与磨损率，Erdemir指出对于 DLC 薄膜来说其表面的高度化学惰性产生的低黏着力对其超润滑性能十分重要，并提出了表面钝化理论(图 2.10)[26,36-38]。

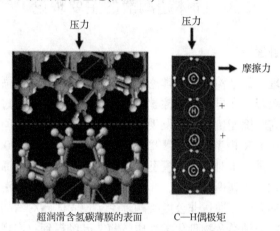

超润滑含氢碳薄膜的表面　　　　　C—H偶极矩

图 2.10　表面钝化理论作用机制示意图[38]

表面钝化理论的主要观点如下：

首先，对于 a-C:H 薄膜而言，表面的高度氢化对其在惰性及真空环境中的超润滑行为起着不可替代的作用。一般而言，随着薄膜中 H 含量的增加，a-C:H 薄膜的摩擦系数呈现出降低的趋势，当 H 含量(原子分数)达到 40%时其摩擦系数与磨损率最低。研究表明，H 元素的引入可以与 a-C:H 薄膜表面的不饱和悬键发生键合作用，形成的 C—H 具有高度的化学惰性，可以有效地削弱 a-C:H 薄膜表面不饱和碳悬键之间的化学相互作用导致的黏着力，因此可以使 a-C:H 薄膜表现出超润滑性能。

其次，H 的引入使 C—H 替代了薄膜表面原有的 C—C，C 原子与 H 原子之间的极性作用使得 C—H 之间存在偶极矩，因此电子云密度有向碳原子表面转移的趋势。偶极作用的存在使 H 表面富集正电荷，因此薄膜表面的 C—H 之间存在电荷排斥作用，进一步削弱摩擦表面的化学作用。

最后，C—H 的形成破坏了原有薄膜的 C—C 网络之间的 π—π 相互作用，也可以进一步减小摩擦系数；薄膜制备过程中，多余的 H 原子以游离态的方式存在于薄膜中，在摩擦过程中可以源源不断地对破坏掉的 C—H 进行修复作用，从而维持持久的超润滑作用。

除了通过 H 原子对 a-C:H 薄膜表面的悬键进行钝化外，薄膜表面的悬键还可以吸附环境中的水分子、氧原子和羟基离子化合物等物质进一步使表面处于化学惰性状态[39]。这些吸附物容易在摩擦过程中被剪切力破坏导致解吸，因此无法起到持续钝化作用。

对于表面钝化理论而言，足够的键强度能够使摩擦界面处于长效惰性状态。因此，有研究者通过在 a-C:H 薄膜中引入与 C 键合作用更强的原子，通过增加薄膜的键价结构稳定性进一步增强钝化的效果，使薄膜具有更长的超润滑寿命。例如，引入少量电负性更强的 F(原子分数为 18%)就可以使低含氢量的 a-C:H 薄膜(氢原子分数在 5%左右)表现出超润滑性能[40]。Si、S 等非金属元素的引入也能起到相同的钝化作用，使 DLC 薄膜表现出稳定的超润滑性能[41-43]。

总的来说，根据表面钝化理论的观点，通过加入其他元素来减少两个滑动表面之间的黏着或化学相互作用是实现超低摩擦系数的关键。

### 2.3.3　分子滚动理论

众所周知，滚动的摩擦系数远低于滑动的摩擦系数，人类文明诞生的那一刻起就已有通过滚动效应减少摩擦的例子。随着材料分析测试技术的进步，摩擦学研究者们在深入研究超润滑的微观作用机制时发现，在一些特殊的超润滑摩擦界面上存在具有滚动能力的微观卷状结构，如纳米卷轴、类洋葱碳及类富勒烯等结构等，并在此基础上提出了新的超润滑作用机制——分子滚动理论(图 2.11)。

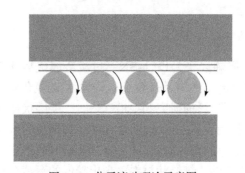

图 2.11　分子滚动理论示意图

最早的微观卷状结构被发现于 N 元素掺杂的 C-N$_x$ 非晶薄膜，研究表明，通过引入具有孤对电子的 N 原子可以使非晶碳的六元环结构中存在奇数环，继而诱导碳的平面结构发生弯曲，这种具有特殊结构的非晶碳薄膜能够表现出很低的摩擦系数[44-46]。当时对其的解释主要关注卷状结构带来的良好三维机械性能，以及较少的活性边缘，但并未关注到卷状结构的分子滚动效应。直到 2015 年，*Science* 报道了美国阿贡国家实验室在宏观超润滑研究方面取得的研究成果，指出在超润滑界面上观察到了包裹金刚石纳米颗粒的石墨烯卷轴结构[18]。通过进一步的分子动力学(molecular dynamics，MD)模拟指出卷轴结构在摩擦界面上的滚动作用可能是实现超润滑的原因。除此之外，该研究团队通过 $MoS_2$/DLC/纳米金刚石颗粒组成的复合体系在摩擦过程中形成了卷状的类洋葱碳(OLC)结构，最终实现了超润滑[19]。

受到卷状结构可以滚动的滚动理论启发，研究者尝试着通过调控制备工艺、利用摩擦化学反应诱导薄膜结构重排形成特殊结构等方式使摩擦界面出现卷状结构并减小滑动面的摩擦力[47-51]。例如，Zhao 等[47]通过外场诱导生长效应，结合 Ni 的金属催化作用在石墨靶材上预生长出卷状的类富勒烯长程有序结构，并将其引入非晶碳薄膜的结构中构建出了非晶/纳米晶复合结构，在大气环境中表现出了超低的摩擦系数。在非晶碳薄膜的摩擦界面引入 Fe、Cu、Au 等具有催化作用的金属元素，通过摩擦界面反应活性的调控诱导非晶碳薄膜的结构在摩擦过程中形成卷状，其中卷状结构起到了"分子轴承"的作用，使摩擦界面实现了超润滑。

分子滚动理论是一种新的超润滑理论，虽然处于起步阶段，但是已经有研究基于此获得了宏观尺度超润滑性能，然而针对其滚动作用的直接实验证据依然处于缺乏状态，需要进一步设计实验探索。

## 2.4　固体超润滑主要材料

### 2.4.1　二维层状材料

2004 年发现石墨烯以来，以 h-BN、过渡金属硫属化合物(transition metal dichalcogenides，TMDs)、黑磷及过渡金属碳化物/碳氮化物(MXene)等为代表的二维层状材料也得到了广泛的研究和报道[52,53]。二维层状材料是由单层或者几层原子构成的层状材料，其独特的物理化学性质，如出色的机械强度、高化学惰性和热稳定性，使得二维层状材料近年来一直都是研究的热点。特别是以石墨烯、$MoS_2$ 和 h-BN 等为代表的二维层状材料表现出较低的摩擦系数与磨损率，对于未来提高机械系统的效率、使用寿命及促进绿色发展理念具有重要作用，因此通常被用作固体超润滑材料。

二维层状材料低摩擦系数本质来源于其层间具有很弱的范德华相互作用，因此仅需要很小的力就能驱动其层层滑移，这一特点使二维层状材料有被用作固体超润滑材料的潜力。从结构上来讲，二维层状材料具有原子级光滑的平面结构，因此其层间发生摩擦时可以避免粗糙接触带来的物理阻力；二维层状材料原子层内通常以共价键的方式成键，这可以保证其稳定的层状结构受到摩擦的破坏作用较小。综合来讲，二维层状材料是一类理想的固体超润滑材料。针对二维层状材料优异的摩擦学性能进行了大量的研究工作，通过二维层状材料已经成功地验证了结构超润滑理论，丰富了超润滑机制，同时也通过二维层状材料体系成功地实现了从微观到宏观的跨尺度超润滑性能。

研究表明，二维层状材料不仅可以在微观接触尺度上实现超润滑，在宏观尺度上也具有良好的润滑效果。在微观接触尺度上，由于摩擦发生在层状材料的基平面上，且实验中采取的接触应力较小，因此通常不考虑边缘、晶界及外力的机械破坏作用。在微观接触尺度上，二维层状材料超润滑的实现主要考虑以下几个方面：①使摩擦发生在范德华相互作用较弱的基平面上，避免滑移面之间的分子相互作用对摩擦力的影响。②避免滑移面上吸附水汽等以污染物的形式存在，造成额外的层层滑移阻力，同时还应该通过控制材料的层数、材料与基底的结合等因素避免微观形变带来的物理阻力。③二维层状材料层间堆叠方式对其摩擦学性能产生巨大影响，通常处于非公度接触状态的层状晶体材料滑移层间的原子相互作用可以被抵消，因此赋予材料表现出零摩擦系数的潜力。在宏观接触尺度上，由于接触面积的增加，二维层状材料将不可避免地出现边缘及晶界等缺陷，该缺陷需要被弥补。④材料本身固有的结构缺陷及摩擦过程中动态产生的缺陷等不利因素应该被考虑在需要解决的问题中。⑤二维层状材料在宏观尺度上会出现混乱排布的现象，因此如何保证其在摩擦过程中是以层层滑移的方式进行剪切也是一个重要问题。关于这些因素对以二维层状材料为代表的固体超润滑材料摩擦学性能的影响，以及研究者们在解决这些问题时取得的突破性进展将在第 3 章进行详细的介绍。

### 2.4.2　DLC 薄膜材料

作为碳材料大家族中的一员，DLC 薄膜是一种具有非晶结构的亚稳态碳材料，其主要由不同比例的 $sp^2$、$sp^3$ 杂化碳构成的网络结构组成。

DLC 薄膜内部含金刚石结构，在具有金刚石优异性能的同时还具备金刚石不具有的独特优势。例如，DLC 薄膜具备高硬度、低摩擦系数、超耐磨的特点，具有良好的化学稳定性、绝缘性、耐腐蚀性和良好的生物相容性，同时兼具沉积条件温和、制备工艺简单等金刚石材料不具备的特点，因此可以被用作磁盘及光盘等计算机配件表面，起到保护作用[54-56]。除了被用作耐磨、减磨材料外，DLC 薄膜根据其良好的导热性可以被用作半导体激光器的散热器，其良好的光学特性使得其被用于红外激光器，其生物相容性赋予其用于人工生物关节防护的潜力[57,58]。总之其优异的性能使其在各领域广泛应用。

在本书聚焦的固体超润滑领域，DLC 薄膜在特定的条件下可以表现出 $10^{-3}$ 数量级的超低摩擦系数，是一种极具工程化应用价值的固体润滑材料。针对

DLC 薄膜的摩擦学性能，研究者们主要从薄膜自身的微观结构(氢含量、掺杂元素的种类及含量，以及碳键的成键方式及比例等)和测试所处的环境及外部因素等方面开展探索工作，并提出了以表面钝化理论、石墨化理论、转移膜形成理论等为代表的超润滑机制[25,26,36,59-61]。研究表明，DLC 薄膜的结构及成分的差异会导致不同的 DLC 薄膜在不同的环境中具有不同的摩擦学性能[28]。针对不含氢的 DLC 薄膜，由于薄膜表面存在不饱和的 $\sigma$ 悬键，而悬键之间存在的共价相互作用会阻碍薄膜剪切，因此不含氢 DLC 薄膜在真空及惰性的环境下表现出较高的摩擦系数。在活性环境中，水分子、氧分子会吸附在活性 $\sigma$ 悬键处，并对悬键起到钝化作用，因此不含氢 DLC 薄膜在空气中表现出相对较低的摩擦系数。对于 a-C:H 薄膜而言，由于其表面具有化学惰性及偶极排斥作用，因此其在真空及惰性的环境中具有较低的摩擦系数。在具有水分子、氧分子及其他活性分子的环境中，由于薄膜中的 C—H 容易被氧化破坏从而形成能量较高的 C—O 和 C=O 等官能团，因此 DLC 薄膜的剪切界面上出现了超润滑失效的现象。

相对于不含氢 DLC 薄膜而言，虽然含氢 DLC 薄膜具有实现超润滑的潜力，但是其摩擦学性能受环境的影响较大。例如，在真空环境下，DLC 薄膜可以实现超润滑，但是由于薄膜的内应力过高，因此薄膜的网络结构在摩擦作用下容易发生断裂；除此之外，制备过程中薄膜内部存储的氢也会发生外溢，因此其超润滑寿命往往仅能维持数百个循环；在大气环境下，DLC 薄膜的惰性表面也容易被破坏，从而造成超润滑失效。针对这些问题研究者们提出了解决方案：

(1) 从薄膜自身的结构调控上来讲，研究者们将纳米金刚石颗粒以及中程有序的富勒烯、石墨烯等纳米结构引入 DLC 薄膜的非晶结构中，可以通过改善薄膜的碳网络强度及韧性来降低薄膜的内应力，改善薄膜在真空环境中的摩擦学性能[47,62,63]；除此之外，卷状中程有序结构的引入可以封闭薄膜的悬键，在维持薄膜低黏着力的同时削弱其与环境中的分子之间的反应活性，从而使薄膜在大气环境中获得长久的超润滑性能[64]。

(2) 通过调节薄膜组分结构的方式改善 DLC 薄膜在多环境下的摩擦学性能，如通过在 DLC 薄膜中掺杂 N、S、F、Si 等非金属元素可以改变 DLC 薄膜的成键方式，通过重新成键一方面可以取代 DLC 薄膜中的原有的 C—C 及 C—H，调节 $sp^2$、$sp^3$ 杂化碳的比例，从而促进薄膜的内应力释放，改善薄膜的韧性[44,65,66]；另一方面，通过 C 原子与其他极性更大的非金属元素的成键可以改善 C—H 钝化不够充分的问题，提升 DLC 薄膜在潮湿的大气环境中的摩擦学性能。此外，也可以在 DLC 薄膜的结构中掺入 Ti、Mo、W、Cu、Au 等金属元素改善 DLC 薄膜的摩擦学性能[51,67-71]。金属元素的掺杂不会改变 DLC 薄膜的成键方式，但是金属元素可以以纳米晶的形式存在于 DLC 薄膜中，从而在薄膜中形成特殊的非晶/纳米晶复合结构，通过复合结构中存在的晶界滑移及扩散等作用释放薄膜的内应力，利用界面强化作用提升 DLC 薄膜的机械性能及韧性，并改善 DLC 薄膜的多环境摩擦学性能。

(3) 除了调节 DLC 薄膜的结构与组分外，通过调节 DLC 薄膜摩擦界面的活性也是改善薄膜摩擦学性能的有效途径之一。采用与碳作用较弱的配副与 DLC 薄膜摩擦可以有效地屏蔽碳的边缘活性、维持稳定的摩擦界面结构并使 DLC 薄膜表现出较长的寿命及较低的磨损[50]。通过具有催化作用的对偶球与 DLC 薄膜进行摩擦可以降低碳纳米结构重组的反应活性能，诱导 DLC 结构中形成更加有序的石墨烯结构、富勒烯结构，从而使薄膜表现出较低的摩擦系数[50,51]。

上述工作丰富了 DLC 薄膜的超润滑机制，为进一步推动 DLC 薄膜的应用起到了促进作用。这些成果将在第 5 章节中进行详细介绍。

### 2.4.3 TMDs 基固体超润滑薄膜

TMDs 是一类具有相似层状结构的化合物，其结构通式为 $MX_2$，其中 M 表示以 Mo、W、Nb、Ta 等为代表的过渡金属，X 表示以 S、Se、Te 等为代表的硫族元素[72]。

在过渡金属硫属化合物中，$MoS_2$ 作为最早被研究并投入应用的固体超润滑材料之一受到了研究者们的广泛关注。$MoS_2$ 的润滑性依赖于其分子层间的弱范德华相互作用。$MoS_2$ 的晶体结构如图 2.12 所示，在六方结构的 $MoS_2$ 晶体中，S 原子以六方排列的方式堆积，而两个 S 原子之间又夹着一个 Mo 原子，因此形成了特殊的"三明治"结构[29]。S—Mo—S 在"三明治"内的键为共价键，"三明治"层之间通过范德华相互作用结合，这使得不同的原子层之间很容易发生剪切，因此可以在真空中表现出优异的摩擦学性能。除了结构优势外，研究表明，$MoS_2$ 的真空润滑机制主要体现在以下几个方面[73]：

(1) $MoS_2$ 与金属对偶材料之间存在很好的结合与黏附作用，因此在摩擦过程中能够逐渐地转移到对偶表面形成稳定的转移膜，避免摩擦配副之间的直接接触。

(2) 在摩擦力的作用下，平行于基准面的 $MoS_2$ 晶面会发生旋转再定向，从而在摩擦界面上形成莫尔条纹，通过非公度接触的方式削弱原子间滑动能垒。

(3) 摩擦发生在剪切产生的新鲜晶面之间，避免了污染物原子对摩擦的额外贡献作用。

虽然 $MoS_2$ 在干燥或者不活泼的气氛下润滑性能优异，可以用作空间固体润滑材料，但是在湿润及含氧的环境下，$MoS_2$ 薄膜或涂层的摩擦学性能会大大地降低，主要表现在摩擦系数及磨损显著增大[30]。研究表明，水蒸气和氧气存在时，在摩擦热的作用下，$MoS_2$ 涂层容易被氧化成 $MoO_3$，从而使表面的摩擦力增高，进一步导致晶体的断裂和氧化，因此材料的磨损更加严重[74]。除此之外，$MoS_2$

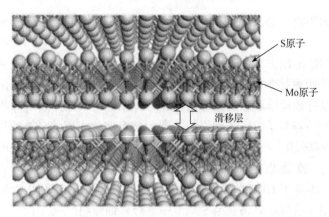

S原子

Mo原子

滑移层

图 2.12　MoS₂ 的晶体结构[29]

的高温稳定性差，在高温环境下容易发生氧化反应，采用热重分析对 MoS₂ 在不同环境温度下的热稳定性进行研究，结果表明，其在 360℃开始热分解成 MoO₃，因此其不能被用于高温场景的润滑[31]。为了改善 MoS₂ 的抗氧化性能，促进其在潮湿及高温环境下的应用，研究者们主要通过调控 MoS₂ 薄膜的结构、掺杂元素及化合物、制备复合多层薄膜等手段对 MoS₂ 的摩擦学性能进行提升。

　　由于 MoS₂ 薄膜棱边处具有较高的反应活性，容易吸附水与氧气分子，研究表明，MoS₂ 棱边处的氧化速率是其(002)基平面的数百倍[75]。因此，从结构方面入手改善 MoS₂ 薄膜环境适应性的关键在于有效地控制其棱边的暴露。研究表明，MoS₂ 薄膜主要有两种构型，一种为Ⅰ型 MoS₂，这种 MoS₂ 的(002)基平面在生长时垂直于薄膜表面取向生长，因此棱边暴露于摩擦界面上，通常抗氧化能力较差；另一种为Ⅱ型 MoS₂，该结构薄膜的(002)基平面平行于薄膜的表面，因此对水汽不敏感，相对于Ⅰ型 MoS₂ 具有一定的抗氧化能力。通过控制制备工艺使 MoS₂ 薄膜在生长过程中形成(002)晶面择优结构，可以在一定程度上改善 MoS₂ 的湿度敏感性。除了控制取向外，改变 MoS₂ 的构型结构也是改善 MoS₂ 薄膜环境适应性的有效途径。由于富勒烯形状的过渡金属硫属化合物具有特殊的曲面结构，表面暴露出很少的悬键，因此对环境反应不敏感[76]。Chhowalla 等[77]制备出了类富勒烯结构的 MoS₂，对比发现，类富勒烯结构的 MoS₂ 在潮湿的环境下依然能保持良好的润滑性能(摩擦系数为 0.008～0.01)。这是因为 S—Mo—S 弯曲平面的存在使得富勒烯对于外界环境的变化响应不敏感，显示出惰性，不易氧化，可以在湿润的环境下保持润滑性能。

　　此外，掺杂也是改善 MoS₂ 薄膜抗氧化性能常用的方法，在 MoS₂ 薄膜的改性研究中，金属元素与金属氧化物是最常见的掺杂物质[78-81]。一般来说，掺杂的金属氧化物不会直接与 MoS₂ 薄膜反应，而是以晶粒的形式存在于薄膜的结构中，通过促进薄膜结构非晶化的方式提升薄膜的致密度，从而阻止水分子与氧分子进入薄膜的内部，这样可以有效地防止薄膜在摩擦过程中氧化失效。金属元素通常容易发生氧化反应，因此将金属元素掺杂到 $MoS_2$ 薄膜中可以保证摩擦过程中金属元素优先与活性物质发生反应，从而对 $MoS_2$ 薄膜的氧化失效起到延迟作用。

制备 $MoS_2$/金属、$MoS_2$/金属氧化物多层结构也是改善 $MoS_2$ 力学性能和摩擦学性能，提升 $MoS_2$ 在潮湿空气中使用寿命的有效途径[82,83]。一方面，纳米结构会阻碍 $MoS_2$ 柱状晶体结构的生长、位错的运动和裂纹的扩展，使 $MoS_2$ 涂层的机械和摩擦学性能得到改善；另一方面，当 $MoS_2$ 层处于纳米级时，由于超晶格结构，$MoS_2$ 的生长方向更容易平行于衬底。因此，多层纳米结构可以有效地提高 $MoS_2$ 的致密性和取向性，进而增强 $MoS_2$ 涂层的抗氧化性和防潮性。

以 $MoS_2$ 为代表的 TMDs 基固体润滑材料在真空及惰性的环境中具有优异的摩擦学性能，而在潮湿的大气及高温的环境中则容易发生氧化反应导致润滑失效，针对这些问题，研究者们通过调节制备工艺、改善薄膜成分、设计薄膜纳米结构等策略开展了大量的工作，并取得了一系列的成果。具体在第 6 章中进行介绍。

### 2.4.4　其他前沿固体超润滑材料

前面介绍的二维层状材料、DLC 材料、TMDs 基固体超润滑材料等大多被用于涂层和薄膜的制备过程，其润滑机制主要是通过在表面形成具有特殊纳米结构的润滑膜以实现超润滑，如层状滑移结构、球状/卷状纳米结构、异质结构等。随着研究的深入，一些润滑机制不同于传统固体超润滑材料的新型固体超润滑材料逐渐吸引了研究者的目光。

通过仿生这一手段实现超低摩擦系数是近年来超润滑研究领域比较前沿的思路。众所周知，经过漫长的进化，自然界中许多的动植物为了生存会自发地对自身的生物特征进行调整进化以适应环境，因此自然界中存在许多功能奇特的巧妙结构。本着"师法自然"的思想，研究者们尝试着模仿大自然中存在的一些天然低摩擦系数结构，制备新型材料，以达到减小摩擦系数降低磨损率的效果。健康人类的膝关节处存在着特殊的软骨结构及化学成分，以保证人体在经历大量的运动后膝盖不会发生疼痛及损伤，这种特殊的物理化学成分赋予了人体关节高承载能力、低摩擦系数特征及长久耐磨的功效，受到这一结构的启发，研究者们开启了人工仿生软骨材料的设计与制备，并且获得了较低的摩擦系数[84,85]。除了人体软骨之外，自然界中还存在其他的低摩擦系数、耐磨结构，如鲨鱼皮肤、穿山甲鳞片、猪笼草等，研究者们同样成功地仿制出了类似的结构并获得了较好的摩擦学性能，但是仍存在制备出来的结构与自然界中的原始结构之间的吻合程度不够精准的问题，需要进一步研究解决[86-88]。

3D 打印技术的飞速发展为材料结构的精准设计与制备提供了解决思路[89]。众所周知，材料的结构直接影响材料的性能，因此结构设计是在宏观尺度上改善摩擦学性能的一种有效手段，然而在 3D 打印技术发展起来之前欲将设计的几何结构制备出来却存在技术难题，尤其是复杂精密的微纳米结构的制备。随着 3D 打印技术的发展，其打印精度越来越高，因此通过精细结构的设计实现超润滑的希望逐渐成为现实。除了简单的设计几何结构之外，3D 打印技术可以和仿生手段结合起来，通过图纸的设计及工艺的优化将自然界中存在的复杂交织的分级结构制备出来，这样就可以解决人类模仿的结构与自然界中的原始结构之间存在差异的问题，以满足宏观尺度上的减磨需求。虽然 3D 打印技术已经逐渐成熟，但是通过 3D 打印技术实现超润滑的研究仍处于起步阶段，因此具有极大的研究价值。

自组装技术也是逐渐发展起来的不同于传统润滑材料的一种新型润滑手段，具有很广阔的应用前景[90,91]。自组装技术通常是指通过自下而上的方法使材料自发地形成规则的形状或尺寸，可以为摩擦界面的结构设计提供思路以促进超润滑的实现。目前，自组装的材料可以作为填充剂使用，在涂层中作为润滑相以达到减小摩擦系数与磨损率的作用，同时通过自组装技术构筑的纳米结构可以改善传统填充剂存在的分散性及相容性不佳导致的润滑性能较差的问题。通过自组装填充剂在宏观尺度上直接实现超润滑具有挑战，但是通过界面自组装形成的纳米结构在微观上具有极低的摩擦系数，这表明在分子机制上通过自组装手段实现超润滑是可行的，因此如何将其微观上优异的摩擦学性能延伸到宏观尺度上是一个极具意义的研究课题。

除了上述的一些代表性材料外，研究者们也针对其他新型固体超润滑材料开展了一系列研究工作，如含油超润滑材料、陶瓷基超润滑材料及量子超润滑材料等，这些材料在后续的章节中将详细介绍。未来超润滑技术在传统机械工程领域及微纳米机械工程领域有着巨大的应用价值，发展传统固体超润滑材料及新型超润滑材料能够缩短超润滑与实际应用的距离，从而使人类逐渐摆脱摩擦的困扰。

## 参 考 文 献

[1] VANOSSI A, MANINI N, URBAKH M, et al. Colloquium: Modeling friction: From nanoscale to mesoscale[J]. Reviews of Modern Physics, 2013, 85(2): 529-552.

[2] HIRANO M, SHINJO K. Atomistic locking and friction[J]. Physical Review B, 1990, 41(17): 11837-11851.

[3] HIRANO M, SHINJO K. Superlubricity and frictional anisotropy[J]. Wear, 1993, 168(1-2): 121-125.

[4] HIRANO M, SHINJO K, KANEKO R, et al. Anisotropy of frictional forces in muscovite mica[J]. Physical Review Letters, 1991, 67(19): 2642-2645.

[5] DIENWIEBEL M, VERHOEVEN G S, PRADEEP N, et al. Superlubricity of graphite[J]. Physical Review Letters,

2004, 92(12): 126101.

[6] ZHENG Q, JIANG B, LIU S, et al. Self-retracting motion of graphite microflakes[J]. Physical Review Letters, 2008, 100(6): 067256.

[7] LIU Z, YANG J, GREY F, et al. Observation of microscale superlubricity in graphite[J]. Physical Review Letters, 2012, 108(20): 205503.

[8] FENG X, KWON S, PARK J Y, et al. Superlubric sliding of graphene nanoflakes on graphene[J]. ACS Nano, 2013, 7(2): 1718-1724.

[9] HOD O. The registry index: A quantitative measure of materials' interfacial commensurability[J]. ChemPhysChem, 2013, 14(11): 2376-2391.

[10] LEVEN I, KREPEL D, SHEMESH O, et al. Robust superlubricity in graphene/h-BN heterojunctions[J]. Journal of Physical Chemistry Letters, 2013, 4(1): 115-120.

[11] KAWAI S, BENASSI A, GNECCO E, et al. Superlubricity of graphene nanoribbons on gold surfaces[J]. Science, 2016, 351(6276): 957-961.

[12] DIETZEL D, BRNDIAR J, STICH I, et al. Limitations of structural superlubricity: Chemical bonds versus contact size[J]. ACS Nano, 2017, 11(8): 7642-7647.

[13] CIHAN E, IPEK S, DURGUN E, et al. Structural lubricity under ambient conditions[J]. Nature Communications, 2016, 7(1): 12055.

[14] LIU S W, WANG H P, XU Q, et al. Robust microscale superlubricity under high contact pressure enabled by graphene-coated microsphere[J]. Nature Communications, 2017, 8: 14029.

[15] LIU Y, SONG A, XU Z, et al. Interlayer friction and superlubricity in single-crystalline contact enabled by two-dimensional flake-wrapped atomic force microscope tips[J]. ACS Nano, 2018, 12(8): 7638-7646.

[16] SONG Y, MANDELLI D, HOD O, et al. Robust microscale superlubricity in graphite/hexagonal boron nitride layered heterojunctions[J]. Nat Mater, 2018, 17(10): 894-899.

[17] 刘艳敏. 基于二维层状材料单晶接触的微观超滑特性研究[D].北京: 清华大学, 2020.

[18] BERMAN D, DESHMUKH S A, SANKARANARAYANAN S K R S, et al. Macroscale superlubricity enabled by graphene nanoscroll formation[J]. Science, 2015, 348(6239): 1118-1122.

[19] BERMAN D, NARAYANAN B, CHERUKARA M J, et al. Operando tribochemical formation of onion-like-carbon leads to macroscale superlubricity[J]. Nature Communications, 2018, 9(1): 1164.

[20] LI P P, JI L, LI H X, et al. Role of nanoparticles in achieving macroscale superlubricity of graphene/nano-SiO$_2$ particle composites[J]. Friction, 2022, 10(9): 1305-1316.

[21] BAI C N, AN L L, ZHANG J, et al. Superlow friction of amorphous diamond-like carbon films in humid ambient enabled by hexagonal boron nitride nanosheet wrapped carbon nanoparticles[J]. Chemical Engineering Journal, 2020, 402: 126206.

[22] LI J J, GE X Y, LUO J B. Random occurrence of macroscale superlubricity of graphite enabled by tribo-transfer of multilayer graphene nanoflakes[J]. Carbon, 2018, 138: 154-160.

[23] LI P P, JU P, JI L, et al. Toward robust macroscale superlubricity on engineering steel substrate[J]. Advanced Materials, 2020, 32(36): e2002039.

[24] ENKE K, DIMIGEN H, HÜBSCH H. Frictional properties of diamondlike carbon layers[J]. Applied Physics Letters, 1980, 36(4): 291-292.

[25] ERDEMIR A, FENSKE G R, TERRY J, et al. Effect of source gas and deposition method on friction and wear

performance of diamondlike carbon films[J]. Surface & Coatings Technology, 1997, 94-95(1-3): 525-530.

[26] ERDEMIR A, ERYILMAZ O L, FENSKE G. Synthesis of diamondlike carbon films with superlow friction and wear properties[J]. Journal of Vacuum Science & Technology A, 2000, 18(4): 1987-1992.

[27] ERDEMIR A, ERYILMAZ O L, NILUFER I B, et al. Synthesis of superlow-friction carbon films from highly hydrogenated methane plasmas[J]. Surface & Coatings Technology, 2000, 133: 448-454.

[28] ZHU D, LI H, JI L, et al. Tribochemistry of superlubricating amorphous carbon films[J]. Chemical Communications, 2021, 57(89): 11776-11786.

[29] ERDEMIR A, MARTIN J M. Superlubricity[M]. Amsterdam: Elsevier, 2007.

[30] DONNET C, MARTIN J M, LE MOGNE T, et al. Super-low friction of $MoS_2$ coatings in various environments[J]. Tribology International, 1996, 29(2): 123-128.

[31] GAO X, FU Y, JIANG D, et al. Constructing $WS_2/MoS_2$ nano-scale multilayer film and understanding its positive response to space environment[J]. Surface and Coatings Technology, 2018, 353: 8-17.

[32] 郑泉水, 欧阳稳根, 马明, 等. 超润滑: "零" 摩擦的世界[J]. 科技导报, 2016, 34(9): 12-26.

[33] PENG D L, WANG J, JIANG H Y, et al. 100 km wear-free sliding achieved by microscale superlubric graphite/DLC heterojunctions under ambient conditions[J]. National Science Review, 2021, 9(1): 17-24.

[34] LIAO M, NICOLINI P, DU L, et al. Ultra-low friction and edge-pinning effect in large-lattice-mismatch van der Waals heterostructures[J]. Nature Materials, 2021, 21(1): 47-53.

[35] QU C, WANG K, WANG J, et al. Origin of friction in superlubric graphite contacts[J]. Physical Review Letters, 2020, 125(12): 126102.

[36] ERDEMIR A. The role of hydrogen in tribological properties of diamond-like carbon films[J]. Surface & Coatings Technology, 2001, 146: 292-297.

[37] DONNET C, GRILL A. Friction control of diamond-like carbon coatings[J]. Surface & Coatings Technology, 1997, 94-95(1-3): 456-462.

[38] ERDEMIR A, DONNET C. Tribology of diamond-like carbon films: Recent progress and future prospects[J]. Journal of Physics D-Applied Physics, 2006, 39(18): R311-R327.

[39] KONICEK A R, GRIERSON D S, GILBERT P U, et al. Origin of ultralow friction and wear in ultrananocrystalline diamond[J]. Physical Review Letters, 2008, 100(23): 235502.

[40] FONTAINE J, LOUBET J L, LE MOGNE T, et al. Superlow friction of diamond-like carbon films: A relation to viscoplastic properties[J]. Tribology Letters, 2004, 17(4): 709-714.

[41] FREYMAN C A, CHEN Y, CHUNG Y W. Synthesis of carbon films with ultra-low friction in dry and humid air[J]. Surface & Coatings Technology, 2006, 201(1-2): 164-167.

[42] SUGIMOTO I, MIYAKE S. Oriented hydrocarbons transferred from a high performance lubricative amorphous C:H: Si film during sliding in a vacuum[J]. Applied Physics Letters, 1990, 56(19): 1868-1870.

[43] CHEN X, ZHANG C, KATO T, et al. Evolution of tribo-induced interfacial nanostructures governing superlubricity in a-C:H and a-C:H:Si films[J]. Nature Communications, 2017, 8(1): 1675.

[44] SJöSTROM H, STAFSTROM S, BOMAN M, et al. Superhard and elastic carbon nitride thin films having fullerenelike microstructure[J]. Physical Review Letters, 1995, 75(7): 1336-1339.

[45] BROITMAN E, NEIDHARDT J, HULTMAN L. Fullerene-like carbon nitride: A new carbon-based tribological coating[M]//ERDEMIR A, FONTAINE J, DONNET C. Tribology of Diamond-Like Carbon Films: Fundamentals and Applications. Boston:Springer , 2008.

[46] GAGO R, ABRASONIS G, JIMENEZ I, et al. Growth mechanisms and structure of fullerene-like carbon-based thin films: Superelastic materials for tribological applications[M]//HENDERSON C W. Fullerene Research Trends. New York: Nova Science Publishers Inc, 2008.

[47] ZHAO Y M, JU P F, LIU H M, et al. A strategy to construct long-range fullerene-like nanostructure in amorphous carbon film with improved toughness and carrying capacity[J]. Journal of Physics D-Applied Physics, 2020, 53(33): 335205.

[48] BERMAN D, MUTYALA K C, SRINIVASAN S, et al. Iron-nanoparticle driven tribochemistry leading to superlubric sliding interfaces[J]. Advanced Materials Interfaces, 2019, 6(23): 1901416.

[49] LI R, YANG X, WANG Y, et al. Graphitic encapsulation and electronic shielding of metal nanoparticles to achieve metal-carbon interfacial superlubricity[J]. ACS Applied Materials Interfaces, 2021, 13(2): 3397-3407.

[50] PEI L, CHEN W, JU P, et al. Regulating vacuum tribological behavior of a-C:H film by interfacial activity[J]. Journal of Physical Chemistry Letters, 2021: 10333-10338.

[51] JIA Q, YANG Z, SUN L, et al. Catalytic superlubricity via in-situ formation of graphene during sliding friction on Au@a-C:H films[J]. Carbon, 2022, 186: 180-192.

[52] BERMAN D, ERDEMIR A, SUMANT A V. Graphene: A new emerging lubricant[J]. Materials Today, 2014, 17(1): 31-42.

[53] ZHANG S, MA T B, ERDEMIR A, et al. Tribology of two-dimensional materials: From mechanisms to modulating strategies[J]. Materials Today, 2019, 26: 67-86.

[54] VETTER J. 60 years of DLC coatings: Historical highlights and technical review of cathodic arc processes to synthesize various DLC types, and their evolution for industrial applications[J]. Surface and Coatings Technology, 2014, 257: 213-240.

[55] ROBERTSON J F R. Diamond-like amorphous carbon[J]. Materials Science and Engineering , 2002, 37(4): 129-281.

[56] FERRARI A C. Diamond-like carbon for magnetic storage disks[J]. Surface and Coatings Technology, 2004, 180-181: 190-206.

[57] ISMAIL R A, MOUSA A M, HUSSAIN Z T. Preparation and characteristics study of diamond like carbon/silicon heterojunction photodetector by pulsed laser deposition[J]. Optical and Quantum Electronics, 2017, 49(11): 366.

[58] GOTZMANN G, BECKMANN J, WETZEL C, et al. Electron-beam modification of DLC coatings for biomedical applications[J]. Surface and Coatings Technology, 2017, 311: 248-256.

[59] LIU Y, ERDEMIR A, MELETIS E I. An investigation of the relationship between graphitization and frictional behavior of DLC coatings[J]. Surface & Coatings Technology, 1996, 86-87(1-3): 564-568.

[60] SCHARF T W, SINGER I L. Role of the transfer film on the friction and wear of metal carbide reinforced amorphous carbon coatings during run-in[J]. Tribology Letters, 2009, 36(1): 43-53.

[61] WANG K, ZHANG J, MA T, et al.Unraveling the friction evolution mechanism of diamond-like carbon film during nanoscale running-in process toward superlubricity[J]. Small, 2021, 17(1): 1-8.

[62] GONG Z B, SHI J, ZHANG B, et al. Graphene nano scrolls responding to superlow friction of amorphous carbon[J]. Carbon, 2017, 116: 310-317.

[63] SONG H, JI L, LI H, et al. External-field-induced growth effect of an a-C:H film for manipulating its medium-range nanostructures and properties[J]. ACS Applied Materials Interfaces, 2016, 8(10): 6639-6645.

[64] JI L, LI H X, ZHAO F, et al. Fullerene-like hydrogenated carbon films with super-low friction and wear, and low sensitivity to environment[J]. Journal of Physics D-Applied Physics, 2009, 43(1): 015404.

[65] GILMORE R, HAUERT R. Control of the tribological moisture sensitivity of diamond-like carbon films by alloying with F, Ti or Si[J]. Thin Solid Films, 2001, 398: 199-204.

[66] WANG Z, WANG C, WANG Q, et al. Electrochemical corrosion behaviors of a-C:H and a-C:N-X:H films[J]. Applied Surface Science, 2008, 254(10): 3021-3025.

[67] ZHAO F, LI H X, JI L, et al. Ti-DLC films with superior friction performance[J]. Diamond and Related Materials, 2010, 19(4): 342-349.

[68] JI L, LI H, ZHAO F, et al. Microstructure and mechanical properties of Mo/DLC nanocomposite films[J]. Diamond and Related Materials, 2008, 17(11): 1949-1954.

[69] 牛孝昊, 罗庆洪, 杨会生, 等. 含钨类金刚石薄膜的制备与性能研究[J]. 真空, 2007, 44(4):36-39.

[70] PANDA M, KRISHNAN R, KRISHNA N G, et al. Tuning the tribological property of PLD deposited DLC-Au nanocomposite thin films[J]. Ceramics International, 2019, 45(7): 8847-8855.

[71] 裴露露. 几种典型润滑薄膜结构设计与真空载流摩擦学性能研[D].北京: 中国科学院大学, 2022.

[72] CHIA X, PUMERA M. Layered transition metal dichalcogenide electrochemistry: Journey across the periodic table[J]. Chemical Society Reviews, 2018, 47(15): 5602-5613.

[73] MARTIN J M, DONNET C, LE MOGNE T, et al. Superlubricity of molybdenum disulphide[J]. Physical Review B , 1993, 48(14): 10583-10586.

[74] LANCASTER J K. A review of the influence of environmental humidity and water on friction, lubrication and wear[J]. Tribology International, 1990, 23(6): 371-389.

[75] MOSER J, LÉVY F. Crystal reorientation and wear mechanisms in MoS$_2$ lubricating thin films investigated by TEM[J]. Journal of Materials Research, 1993, 8(1): 206-213.

[76] RAPOPORT L, BILIK Y, FELDMAN Y, et al. Hollow nanoparticles of WS$_2$ as potential solid-state lubricants[J]. Nature, 1997, 387(6635): 791-793.

[77] CHHOWALLA M, AMARATUNGA G A J. Thin films of fullerene-like MoS$_2$ nanoparticles with ultra-low friction and wear[J]. Nature, 2000, 407(6801): 164-167.

[78] LU X, YAN M, YAN Z, et al. Exploring the atmospheric tribological properties of MoS$_2$-(Cr, Nb, Ti, Al, V) composite coatings by high throughput preparation method[J]. Tribology International, 2021, 156: 106844.

[79] GU L, KE P, ZOU Y, et al. Amorphous self-lubricant MoS$_2$-C sputtered coating with high hardness[J]. Applied Surface Science, 2015, 331: 66-71.

[80] GAO X, HU M, FU Y, et al. MoS$_2$-Sb$_2$O$_3$ film exhibiting better oxidation-resistance in atomic oxygen environment[J]. Materials Letters, 2018, 219: 212-215.

[81] SCHARF T W, KOTULA P G, PRASAD S V. Friction and wear mechanisms in MoS$_2$/Sb$_2$O$_3$/Au nanocomposite coatings[J]. Acta Materialia, 2010, 58(12): 4100-4109.

[82] KONG N, WEI B, LI D, et al. A study on the tribological property of MoS$_2$/Ti-MoS$_2$/Si multilayer nanocomposite coating deposited by magnetron sputtering[J]. Rsc Advances, 2020, 10(16): 9633-9642.

[83] SCHARF T W, PRASAD S V. Solid lubricants: A review[J]. Journal of Materials Science, 2013, 48(2): 511-531.

[84] SU T, ZHANG M, ZENG Q, et al. Mussel-inspired agarose hydrogel scaffolds for skin tissue engineering[J]. Bioactive Materials, 2021, 6(3): 579-588.

[85] QU M, LIU H, YAN C, et al. Layered hydrogel with controllable surface dissociation for durable lubrication[J]. Chemistry of Materials, 2020, 32(18): 7805-7813.

[86] 韩鑫, 张德远, 李翔, 等. 大面积鲨鱼皮复制制备仿生减阻表面研究[J]. 科学通报, 2008,53 (7): 838-842.

[87] WANG W, TIMONEN J V I, CARLSON A, et al. Multifunctional ferrofluid-infused surfaces with reconfigurable multiscale topography[J]. Nature, 2018, 559(7712): 77-82.

[88] 马云海, 佟金, 周江, 等. 穿山甲鳞片表面的几何形态特征及其性能[J]. 电子显微学报, 2008, 27(4): 336-340.

[89] ZHAO Y, MEI H, CHANG P, et al. Infinite approaching superlubricity by three-dimensional printed structures[J]. ACS Nano, 2021, 15(1): 240-257.

[90] YANG M, ZHANG Z, WU L, et al. Enhancing interfacial and tribological properties of self-lubricating liner composites via Layer-by-Layer self-assembly MgAl-LDH/PAMPA multilayers film on fibers surface[J]. Tribology International, 2019, 140: 105887.

[91] LEE C, WEI X, KYSAR J W, et al. Measurement of the elastic properties and intrinsic strength of monolayer graphene[J]. Science, 2008, 321(5887): 385-388.

# 第 3 章　二维层状固体超润滑材料

以石墨烯为代表的二维层状材料，是三维层状石墨等润滑材料的基本组成单元，与其三维层状材料的结构一样，二维层状材料的层间范德华相互作用极弱，在剪切力的作用下容易发生滑移，展现出优异的摩擦学性能。

二维层状材料仅有单层或者数层原子的厚度，表面能很低且具有原子级光滑的表面，当涂覆在材料表面时能够有效降低表面之间的黏着力和摩擦力。石墨烯的发现和兴起[1]，为固体润滑剂的设计和发展提供了一个新契机。石墨烯是世界上公认的最薄的二维层状材料，厚度只有 0.335nm，具有优异的光学、电学、力学特性，是机械强度最高的材料之一[2]。石墨烯面内的碳原子通过共价键连接形成二维蜂窝结构，层间剪切强度低，稳定的表面化学性质使其成为理想的固体超润滑材料。对于二维层状固体超润滑材料的研究大多集中在石墨烯上，研究表明，其不仅在微观尺度下具有优异的润滑性能[3]，而且在宏观接触方式下也展现出非凡的摩擦学特性[4]。受石墨烯纳米片的启发，各种二维层状材料，如 h-BN 和以 $MoS_2$ 为代表的 TMDs 也相继被开发和应用[5-7]。

## 3.1　二维层状固体超润滑材料摩擦学性能影响因素

石墨烯等二维层状材料固体润滑剂的研究主要集中在微观尺度上，具有接触面积小，施加载荷小，影响因素相对较少的特点。宏观上接触面积大，施加载荷大，影响因素相对较多，材料的晶粒尺寸、结构形貌、片层厚度、层数及缺陷等均可能会对其摩擦学性能产生影响[8-10]。无论从微观上还是宏观上来看，摩擦均发生在接触界面之间，材料自身的结构及外界环境均会对其润滑性能产生影响。

### 3.1.1　材料结构

#### 1. 褶皱

石墨烯作为典型的二维层状材料，其面外弯曲刚度低，容易发生变形，自身的原子级褶皱就会对其摩擦学性能产生影响。总体上，材料片层越厚，层数越多，抗褶皱形成能力越强，越有利于获得低摩擦系数。

Ye 等[11]研究了褶皱高度随着石墨烯层数变化对于摩擦学性能的影响，研究表明，金刚石尖端和石墨烯之间的摩擦力随着石墨烯层数的增加而减小，同时这种依赖性受到石墨烯片层尺寸的影响。具体地说，就是当石墨烯片层超过临界长度时，层数对摩擦的影响才变得显著。Ye 等[11]认为这是因为其摩擦行为与接触面上褶皱的高度相关，石墨烯由多层组成时具有更强的抵抗褶皱形成能力。Zeng 等[12]同样认为石墨烯的褶皱被抑制及其原子构型能力降低共同作用是石墨烯摩擦力降低的主要原因(图 3.1)，他们通过等离子体处理 SiO₂ 基底表面，提高了石墨烯和 SiO₂ 基底之间的黏附力，使得石墨烯表面的摩擦力减小。无论石墨烯的厚度和原子力显微镜(AFM)尖端的种类如何，增强其与基底之间的黏附力均可以减少石墨烯的摩擦，而且等离子处理时间越长，石墨烯与基底之间黏附力越强，摩擦力越小。Filleter 等[13]研究通过外延生长法制备的单层和双层石墨烯表面摩擦力时，发现双层石墨烯的摩擦力小于单层石墨烯，他们提出在电子声子耦合作用下，双层石墨烯的黏着力降低，使得其润滑性能优于单层石墨烯。

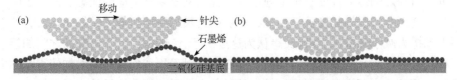

图 3.1　AFM 针尖划过 SiO₂ 基底上石墨烯表面的示意图[12]

(a) 等离子体处理前石墨烯与 SiO₂ 基底之间弱相互作用示意图；(b) 等离子体处理前石墨烯与 SiO₂ 基底之间强相互作用示意图

Quereda 等[14]研究了沉积在不同表面粗糙度基底(包括 SiO₂、云母和 h-BN)上 MoS₂ 晶体的表面粗糙度和横向摩擦力。研究表明，MoS₂ 的表面粗糙度对衬底有很强的依赖性，随着衬底表面粗糙度的降低，MoS₂ 的横向摩擦力降低。h-BN 作为基底时可以很好地保持 MoS₂ 晶体的平整度。在 h-BN 衬底上 MoS₂ 的摩擦系数达到最低值。然而，其摩擦力仍然高于块状 MoS₂ 晶体表面的摩擦力，Quereda 等认为这是因为针尖对片层和片层对基底的相互作用下片层变形。Long 等[15]采用 AFM 研究了 CVD 生长的石墨烯纳米摩擦学性能，发现由于石墨烯与基底之间的热膨胀系数不同，石墨烯通常会出现褶皱结构，使其摩擦系数呈现出各向异性，石墨烯的摩擦轨迹垂直于褶皱方向时摩擦系数较大，而平行于褶皱方向时其摩擦系数较小(图 3.2)。Long 等[15]认为褶皱效应机制是影响剥离型石墨烯摩擦的主要因素，尤其是在 CVD 生长形成的石墨烯中起着重要的作用。

Spear 等[16]采用 AFM 研究与基底之间相互作用及表面粗糙度对于单层和双层石墨烯摩擦学性能的影响(图 3.3)。他们引入亲水性的硅烷醇和疏水性的十八烷基三氯硅烷(OTS)改性的 SiO₂ 与石墨烯结合，控制基底和石墨烯之间的相互作用。疏水性 OTS 功能化的石墨烯对基底表现出很强的亲和力，与亲水性 SiO₂ 基底上的石墨烯相比，摩擦力更大；与双层石墨烯相比，单层石墨烯的摩擦力更

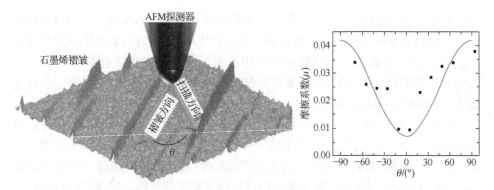

图 3.2　AFM 扫描方向和褶皱方向之间滑动的示意图和相应的摩擦系数变化曲线[15]

大。随着层数的增加,仅部分石墨烯与粗糙表面相符且适应性下降。在较高的载荷下,石墨烯的适应性能够可逆地增加,弹性恢复到不适应的状态。研究表明,层数也会影响石墨烯的摩擦学性能,单层的石墨烯摩擦力最大,最终在块状的石墨上摩擦减小到最小。Spear 等认为这取决于 AFM 探针针尖与样品之间的接触面积及石墨烯与基底之间的界面剪切应变,接触面积和剪切力的增加使得摩擦力增加,而较大表面粗糙度对探针针尖的黏着力较低,因此褶皱效应受到抑制,摩擦力较小,OTS 层的引入会使得剪切应变增加,摩擦力较高。

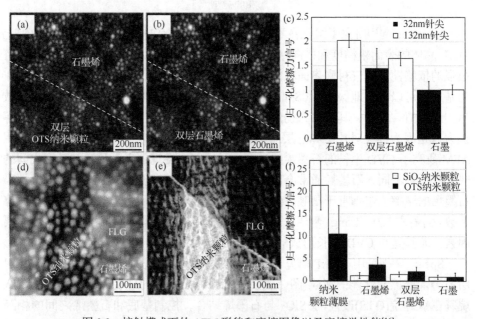

图 3.3　接触模式下的 AFM 形貌和摩擦图像以及摩擦学性能[16]

(a)、(b) AFM 形貌图;(c) 使用不同半径的 AFM 探针针尖计算的石墨烯归一化摩擦信号;(d)、(e) 摩擦形貌
图;(f) 使用半径为 32nm±2nm 的 AFM 探针对 SiO$_2$ 和 OTS 纳米颗粒以及石墨烯层进行归一化摩擦力信号
FLG-少层石墨烯

Cho 等[17]通过比较石墨烯在不同基底(包括 $SiO_2$、h-BN、块状石墨和云母)上的摩擦学性能，研究了石墨烯与基底表面之间黏附力的影响。随着层数的增加，$SiO_2$ 基底上石墨烯的摩擦力逐渐减小，在五层左右收敛。石墨烯在 h-BN 或块状石墨基底上的摩擦力很低，并且与块状石墨的摩擦力水平相当，小于在粗糙 $SiO_2$ 基底上的摩擦力。块状石墨具有超光滑性，折叠在块状石墨上的石墨烯摩擦力与在 $SiO_2$ 基底上的单层石墨烯的摩擦力无法区分。将 $SiO_2$ 基底表面的石墨烯折叠到原子平坦的基底上时，仍会保留 $SiO_2$ 基底形貌引起的石墨烯褶皱。沉积在云母上的石墨烯折叠时，也会保持与折叠之前相同的褶皱水平，而且石墨烯从块状材料中剥落时，即使将其折叠到原子平坦的基底上，也趋于保持其原有的褶皱水平。只有当石墨烯和基底都处于原子级的超平坦状态获得强黏附力的紧密接触时，才有利于获得更低的摩擦系数。

综上，石墨烯等二维层状材料自身皱褶对其摩擦学性能存在很大的影响，一方面，二维层状材料自身的结构特性使得其褶皱结构不可避免地存在，一定范围内，层数增加会使得其褶皱程度减小；另一方面，材料与基底之间的相互作用对于其接触表面褶皱的起伏程度影响很大。一般来说，基底与润滑材料之间的结合力强时，有利于褶皱起伏的减小，使得摩擦力降低。同时，外加载荷在一定范围内增大可以抑制褶皱起伏，改善润滑材料的摩擦学性能。

## 2. 层数

二维层状材料层数越少，面外弯曲刚度越低，越容易发生变形。因此，随着层数的减小，褶皱的形成导致针尖和二维层状材料的实际接触面积增大，进而使得摩擦力增加。

Lee 等[18]使用 AFM 研究原子级厚度的石墨烯、$MoS_2$、h-BN 等二维层状材料在大气环境条件下的纳米摩擦行为与层数之间的依赖关系时，发现材料表面摩擦力呈现出对层数的依赖性(图 3.4)。图中 1L~6L 等表示材料层数为 1~6，BL 为非常厚的薄片区域，S 指具有裸露 $SiO_2$ 基底的区域。沉积在弱黏附基底上的二维层状材料，样品层数越多，摩擦力越小，当分子层数达到 4 层或以上时，摩擦力基本和其块体材料持平。Lee 等认为这是因为具有原子层厚的二维层状材料，面外弯曲刚度较小，当 AFM 针尖在其表面滑动时二维层状材料更容易受针尖对其作用力的影响而发生褶皱变形。当层数越少时，其变形越严重，引起针尖和样品之间的接触面积越大，进而导致更大的摩擦力。当与石墨烯结合力较强的云母为基底时，摩擦力与层数变化之间的依赖性不再明显。在他们研究的四种原子厚度的二维层状材料中都存在上述摩擦力与材料层数的依赖关系。

Mohammadi 等[19]研究发现足够薄的二维片层结构自身就存在褶皱，使得片层结构存在微小起伏，进而对摩擦学性能产生影响。Deng 等[20]采用 AFM 研究了

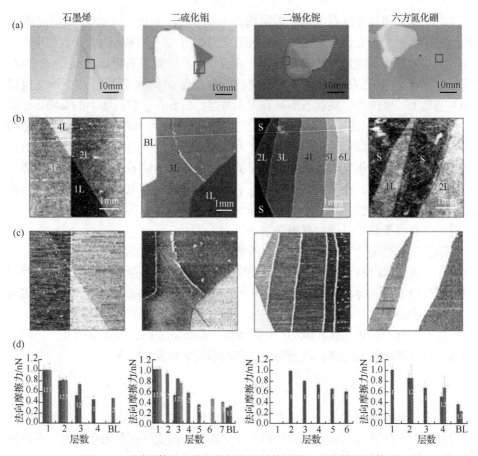

图 3.4　不同层数的二维层状材料的结构形貌以及摩擦学性能[18]
(a) 样品薄片的明场光学显微镜图像(黑色方块表示后续的 AFM 扫描区域)；(b)、(c) AFM 从指定区域同时测量的
形貌和摩擦(前向扫描)图像；(d) 不同层厚区域的法向摩擦力
柱状图中标注数字 1、2、3 分别表示样品-1、样品-2、样品-3

针尖与表面范德华相互作用对不同厚度的悬浮和支撑型石墨烯的纳米级摩擦力和黏着力的影响，发现支撑型的石墨烯没有层数依赖性。外加载荷小时，悬浮型石墨烯容易受针尖对其作用力的影响而发生变形，使得样品与针尖之间的接触面积增大，从而导致摩擦力增大。Deng 等将这归因于表面层变形，从而使整个薄膜轮廓以及 AFM 尖端和下层范德华相互作用之间的局部力产生了竞争。样品的黏着力取决于针尖与材料的相互作用，并且在存在支撑基底或其他石墨烯层的情况下会增加。Lee 等[21]采用 AFM 探针测定了石墨和石墨烯的摩擦力，研究表明，石墨烯表面与 AFM 针尖之间作用时，随着石墨烯层数的增加，摩擦力不断减小。Li 等[22]使用 FFM 研究了微加工孔上，以及沉积在各种基底上石墨烯的摩擦学行为，发现无论是 SiO₂/Si 基底上的石墨烯还是自由悬浮在微加工孔上的石墨

烯，都表现为摩擦力随着石墨烯层数的减少而增加的趋势(图 3.5)。然而，沉积在与石墨烯强相互作用的云母基底上时，不存在这种厚度(层数)依赖性。这也表明石墨烯与基底之间的相互作用对于原子级厚度石墨烯片的摩擦行为起着重要作用。针尖石墨烯之间黏着力的作用下，悬浮的石墨烯片或与基底结合弱的会在面外方向起皱，使得接触面积增加，并且石墨烯在滑动时进一步变形，从而导致更大的摩擦力。较薄的样品具有较低的弯曲刚度，因此起皱效应和摩擦力较大。然而，如果石墨烯与基底之间的结合力强，则褶皱效应将被抑制，就不会观察到石墨烯的摩擦学行为对于其厚度(层数)的依赖性。

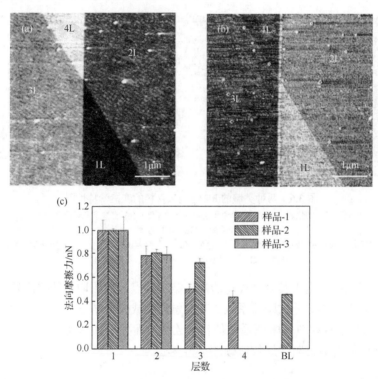

图 3.5 不同层数的石墨烯薄片及其法向摩擦力[22]

(a) 石墨烯薄片的 AFM 形貌图；(b) 与(a)相同区域的摩擦力图像，颜色越深摩擦力越小；(c) 三个不同样品的法向摩擦力与层数的函数关系(a)、(b) 在样品-1 上收集

Paolicelli 等[23]通过 AFM 研究了沉积在不同基底上的石墨烯摩擦特性，研究表明，石墨烯沉积在 SiO$_2$/Si 基底上时，其摩擦力随着层数的增加呈现典型的降低趋势，然而当石墨烯沉积在 Ni(111)基底上时，由于其与具有共价键特性的 Ni(111)表面能够对齐生长，因此在不同气氛环境中的摩擦力均比较小。Huang 等[24]采用 AFM 研究了机械剥离的悬浮型和支撑型 MoS$_2$ 纳米材料的摩擦学特性(图 3.6)，发现悬浮型 MoS$_2$ 的摩擦力比支撑型 MoS$_2$ 的摩擦力大得多。这是因为

悬浮型 $MoS_2$ 的抗弯刚度更弱而且 AFM 尖端与 $MoS_2$ 接触界面处更容易形成褶皱，并且这种差异会随着所施加载荷而增加。与支撑型 $MoS_2$ 相似，悬浮型 $MoS_2$ 上的摩擦力也是随着层数的增加而减小。这是因为层数增加，弯曲刚度提高，而薄片结构的 $MoS_2$ 弯曲刚度小，容易发生面外变形使得摩擦力增加。Xu 等[25]的研究同样表明，随石墨烯层数的减小，石墨烯的总横向刚度变大，其层间黏-滑摩擦力逐渐减小。当石墨烯层数为 2 或 3 时，石墨烯层间黏-滑摩擦消失，平均摩擦力几乎为零，但是当最外两层石墨烯强结合在基底上时，2 层石墨烯的静摩擦力依然相对较大。

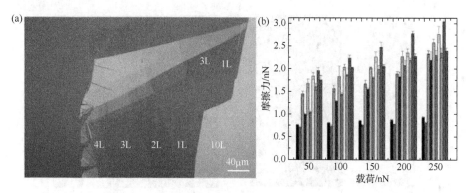

图 3.6　两种类型的 $MoS_2$ 纳米材料的摩擦学特性[24]

(a) 悬浮在 $SiO_2$/Si 基底上的代表性 $MoS_2$ 纳米片和连续变化的厚度；(b) 支撑型和悬浮型的 $MoS_2$ 纳米鳞片的厚度和载荷与摩擦力的相关性

(b) 中每组载荷从左向右依次对应悬浮型-10L、支撑型-10L、悬浮型-4L、支撑型-4L、悬浮型-3L、支撑型-3L、悬浮型-2L、支撑型-2L、悬浮型-1L、支撑型-1L

　　二维层状材料由于其自身独特的片层结构特点，层数增加其抗面外变形能力增强，有利于获得更低的摩擦系数。对于悬浮型或者弱结合基底支撑的石墨烯、$MoS_2$ 等二维层状材料，摩擦系数随着层数增加而减小。然而，当二维层状材料与基底之间结合力强时，层数依赖性不再存在。

3. 缺陷

　　材料制备过程中不可避免地会引入结构缺陷，包括点缺陷、面缺陷等不同类型。缺陷的引入会改变材料的表面化学性质，从而影响材料摩擦学性能。此外，缺陷的引入还会使得二维层状材料形成五元环或者七元环，引起界面原子之间形成局部的公度或者非公度结构的形成和转化，进而影响材料的摩擦学性能。

　　Guo 等[26]采用精确的与层间堆叠关联的经验势计算了层间距离对石墨烯层间摩擦力的影响(图 3.7)。他们发现石墨烯层间的摩擦力随层间距离减小而增加，当层间距离小于 0.3nm 时，石墨烯层间的摩擦力显著增加，尤其是 AB 堆叠的石墨烯层间摩擦力随层间距离的变化更明显。在 AB 堆叠的石墨烯中，缺陷的引入使得石墨烯层间摩擦力变化。5～7 个缺陷的引入减小了石墨烯层间堆叠的公度性，使得层间摩擦力减小，而对于非公度堆叠的石墨烯，缺陷的引入将增加其公度性，从而使得层间摩擦力增加。然而，在某些滑动方向，非公度堆叠的石墨烯的层间摩擦力对空位缺陷并不敏感。

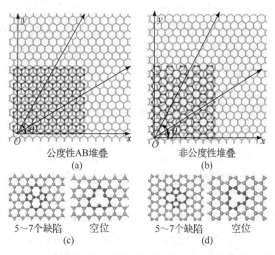

图 3.7　石墨烯层间堆叠关系对石墨烯层间摩擦力的影响[26]

(a) 将一个有限的 190 原子矩形石墨烯薄片堆叠在另一个初始 AB 堆叠的石墨烯上；(b) 将相同的石墨烯薄片旋转 90°，随机放置在基底石墨烯上，形成非公度的堆叠；(c) 将去除一个原子产生的 5～7 个缺陷和空位分别引入公度的石墨烯薄片中；(d) 将去除一个原子产生的 5～7 个缺陷和空位分别引入非公度的石墨烯薄片中

Zeng 等[27]通过等离子体处理在石墨烯表面引入缺陷，研究表明，短时间等离子体处理会使得石墨烯表面摩擦力增加，这是因为少量缺陷引入使得其表面亲水性增强。长时间等离子体处理后导致摩擦力的增大是表面亲水性增强和结构缺陷共同作用的结果。Hopster 等[28]发现辐照在机械剥离的单层石墨烯中引入缺陷，进而对石墨烯表面摩擦力产生显著的影响。Sun 等[29]使用分子动力学(molecular dynamics，MD)模拟的方法来探索金刚石探针在含有单个缺陷或堆叠缺陷的石墨烯表面上滑动的摩擦学行为。结果表明，缺陷类型与含有缺陷的石墨烯表面摩擦力密切相关。Stone-Wales(SW)缺陷的 5-7-7-5 结构使得摩擦斜率为负，摩擦系数降低。对于表面含有缺陷的石墨烯，在内层增加一个空位会降低摩擦系数，而在内层增加 SW 缺陷则会使得摩擦系数增加。Shin 等[30]的实验中用氧等离子体处理石墨烯，由此引入了空位、位错、褶皱等缺陷，在空气环境中研究了剥离的石墨烯和外延生长的石墨烯摩擦学性能。结果表明，单层石墨烯、双层石墨烯和三层石墨烯的摩擦系数均约为 0.03，缺陷增多摩擦系数均会随之增大。

材料的边缘、悬键等结构缺陷也会影响材料的摩擦学性能。缺陷及材料的边缘悬键处的化学活性高，相互之间容易发生强相互作用，增强层层滑移阻力，进而使得材料的摩擦系数升高[29-32]。在摩擦力的作用下，缺陷处还容易被撕裂导致进一步破坏，使得更多的缺陷产生直至失效[33-36]。

### 4. 官能团

官能团的引入虽然会改变石墨烯的键型结构，其 $sp^2$ 碳会转化形成 $sp^3$ 碳，材料界面的电负性发生变化且层间距增大，但是二维层状结构仍然得到保持，同时面外刚度得到提高。官能团的引入还会改变材料的表面化学性质(亲水性、疏水性及表面粗糙度)并影响层间的公度性，进而影响其摩擦学性能。常见的官能团类型主要来自氢化、氟化及氧化。

Wang 等[37]通过第一性原理考察了电子结构对单面氢化石墨烯层间摩擦力的影响。他们发现在所有的计算载荷下，单面氢化石墨烯的层间摩擦系数远低于石墨烯，这是因为电子结构发生了改变，即当石墨烯被氢原子饱和后，石墨烯中的电子迁移至碳、氢原子的中间，形成了 C—H 共价键，从而显著减小了两个单面氢化石墨烯片间的相互作用。Popov 等[38]利用密度功理论计算了双层石墨烯间插入氩原子层后，形成的石墨烯异质结构的摩擦学性能。研究表明，单层和双层氩插入石墨烯后，由于氩插层与石墨烯层能够形成非公度匹配，因此这种氩插层的石墨烯层间静摩擦力非常小，几乎可以忽略。Ko 等[39]考察了氢化、氟化和氧化石墨烯表面的纳米摩擦学性能，研究表明，这些化学改性石墨烯表面的界面剪切力分别是纯石墨烯的 2 倍、6 倍和 7 倍，即官能团化后石墨烯的摩擦系数均有所增加，其纳米级摩擦力与化学改性石墨烯的黏着力和弹性有关。DFT 计算表明，尽管化学改性的石墨烯黏着力略有降低，降低到约 30%，然而平面外的弹性极大地提高，约为 800%。基于此，研究者们提出石墨烯表面上的纳米级摩擦与传统固体表面上的纳米摩擦学特征不同。较坚硬的石墨烯表现出较大的摩擦力，而较硬的三维体相材料通常表现出较小的摩擦力。这归因于石墨烯自身的本征机械各向异性，该各向异性在平面上具有固有的刚性，但是在平面外具有显著的柔性。通过石墨烯表面的化学处理，可以将面外柔性调高至少一个数量级(图 3.8)。

Zeng 等[40]采用 AFM 对石墨烯(PG)、氧化石墨烯(GO)和氟化石墨烯(FG)的动摩擦和黏着特性进行了比较研究。实验中摩擦力作为载荷的函数，在 GO 上表现出非线性特性，具有很强的黏着力，而在 PG 和 FG 上表现出线性特性，黏着力相对较弱。Zeng 等观察到黏着增强现象，即动态摩擦滑动后的滑动摩擦力大于拉力。针对 GO 与 FG，黏着增强的程度随着表面能的增加而增加，伴随着瞬态摩擦增强作用的相应增加，其中对亲水性 GO 的影响最大，对疏水性 FG 的影响最小。动态黏着力和摩擦力的增强归因于动态尖端滑动和表面亲水特性的耦合(图 3.9)。

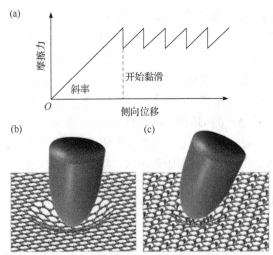

**图 3.8　化学处理前后官能团的引入引起的石墨烯面外柔性变化[39]**

(a) 黏滑摩擦曲线示意图，显示总横向刚度(以曲线斜率表示)和滑移运动开始的侧向位移；(b) 原始石墨烯的纳米摩擦测量示意图；(c) 化学改性石墨烯的纳米摩擦测量示意图

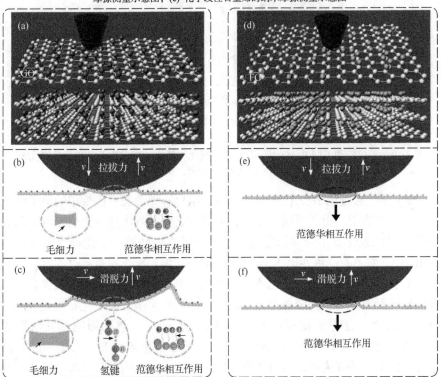

**图 3.9　氧化石墨烯(GO)与氟化石墨烯(FG)表面亲水性对于黏着力的影响机制图[40]**

(a)、(d) 分别为 GO、FG 接触几何形状示意图；(b)、(e) 分别为 GO、FG 界面相互作用及常规拉拔力测量；
(c)、(f) 分别为 GO、FG 界面相互作用及尖端滑动滑脱力测量

*v*-速度

　　Fan 等[41]通过氟气(F₂)对多层石墨烯进行氟化，制备了具有不同 F、C 原子数之比的氟化石墨烯。其中，F、C 原子数之比约为 1.0 的高氟化石墨烯(HFG)作为油基润滑剂添加剂表现出突出的热稳定性和优异的摩擦学性能，其摩擦系数和磨损率分别比石墨烯低 51.4%和 90.9%(图 3.10)。X 射线光电子能谱(XPS)和偏振衰减全反射傅里叶变换红外光谱的研究结果表明，垂直于石墨烯平面的 C—F 有助于增加层间距离和氟化石墨烯的摩擦学性能，而无规取向—CF₂—和—CF₃基团没有影响。Fan 等还通过拉曼(Raman)光谱表征了摩擦过程中完整而稳定的 HFG 摩擦膜的形成过程，其稳定性归因于 HFG 与摩擦副之间的物理和化学相互作用。此外，HFG 优异的抗裂能力能够使得基底结构不会因面内刚度和面外应力降低而被破坏，从而构成了坚韧的摩擦润滑膜。

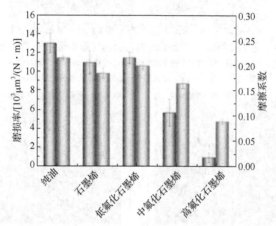

图 3.10　石墨烯和不同 F、C 原子数之比的氟化石墨烯的磨损率及摩擦系数对比[41]
柱状图中每组样品的左侧为磨损率，右侧为摩擦系数

　　Wang 等[42]通过色散校正的 DFT 计算了氟化石墨烯和石墨烷中的原子级摩擦学性能。研究表明，由于界面处 F 或 H 原子之间的静电排斥力引起的层间相互作用弱，因此氟化石墨烯和石墨烷均表现出较小的摩擦力。此外，研究中还发现，由于 H 原子的电负性比 F 原子小，层间间距和系统能量波纹的变化主要由加载和滑动过程中分散能的变化确定，因此石墨烯中的摩擦系数要大很多，这可以很好地解释石墨烯中的摩擦力大于氟化石墨烯的原因，即氟化石墨烯中的 F 原子电负性更强，使得氟化石墨烯的层间距变化较小，进而影响其分散性能，使得摩擦力变小。Li 等[43]采用 AFM 研究了原始石墨烯与氟化石墨烯的摩擦学性能(图 3.11)。研究表明，通过氟化可以在很宽的范围内改变摩擦学性能。具体而言，硅 AFM 尖端与单层氟化石墨烯之间的摩擦力可能比石墨烯高 5～9 倍。结合实验和 MD 模拟提出了一种新的机制：摩擦力的显著增大是因为集中在氟部位的强局部电荷引起的界面势起伏增加。Li 等发现氟化时从有序到无序的原子黏

滑过渡，表明氟化以空间随机的方式进行。

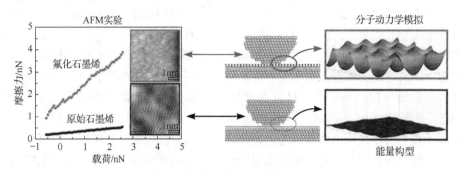

图 3.11　氟化石墨烯与原始石墨烯的摩擦学性能实验和模拟研究[43]

　　Matsumura 等[44]对单层石墨烯和多层石墨烯表面进行了氟化处理，在摩擦界面上形成了氟化石墨烯和非晶碳的混合过渡层，使得石墨烯表面能降低，提高了样品的耐磨性。其中多层氟化石墨烯的耐磨性更好，氟等离子体处理降低了多层石墨烯摩擦界面的黏着力，导致其摩擦系数降低，但是对单层石墨烯处理后，增加了石墨烯表面的缺陷，致使其摩擦系数增大。Liu 等[45]通过在乙醇中进行简单的电泳沉积方法，在不锈钢基底上制备了氟化石墨烯(FG)涂层。与原始石墨烯和氧化石墨烯涂层相比，FG 涂层具有优异的润滑性能，其摩擦系数(COF)分别降低了54.0%和 66.2%，这归因于氟化石墨烯极低的表面能和层间剪切强度(图 3.12)。离子金属—氟化学键的形成在摩擦副上提供了坚固的固体摩擦膜和传递层，从而进一步提高了 FG 涂层的润滑性能。研究表明，湿度对 FG 涂层润滑性能的影响有限，这是因为 FG 纳米片的疏水性，可以防止水分子对滑动界面的影响。

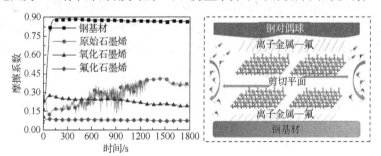

图 3.12　氟化石墨烯涂层的摩擦学性能及作用机制示意图[45]

　　氧化石墨烯(GO)中含有大量的亲水含氧官能团，能与亲水性基底之间紧密结合，展现优异的润滑性能，而且这些含氧官能团还能够与水分子之间形成较强的氢键。因此，其润滑性能还容易受到湿度的影响。

　　Kim 等[46]采用电子喷涂法在 Si(100)衬底上沉积制备了氧化石墨烯纳米片(GONS)涂层，其宏观摩擦系数较低，约为 0.1，而且还可以通过增加涂层的厚度，延长其耐磨寿命。Kim 等认为摩擦学性能的提高主要归因于转移到相对表面的 GONS 在整个滑动过程中保持稳定。此外，与单层石墨烯涂层相比，GONS 涂层表现出更好的表面保护能力和更低的摩擦系数。Liang 等[47]采用绿色电泳沉积(EPD)方法在硅基底上制备纯 GO 薄膜，并研究了薄膜的形貌、微观结构和力学性能，以及薄膜的摩擦系数和耐磨性。结果表明，使用 GO 薄膜作为固体润滑剂时，在合适的电压条件下，硅片的摩擦系数减小到未加润滑剂时的 1/6，约为 0.05，磨损量减小到未加润滑剂时的 1/24。Jiang 等[48]利用 AFM 导电探针研究了云母基底上 GO 表面的摩擦行为。研究表明，当对探针施加负电压时，氧化石墨烯的摩擦力没有明显变化。施加正电压时，外部电场诱导氧化石墨烯表面电荷发生极化，导致探针与氧化石墨烯之间静电相互作用增加，产生更大的表面黏着力和摩擦力。随着探针电压和往复扫描循环次数的增加，氧化石墨烯表面电荷的极化进一步提高，其黏着力和摩擦力也逐渐增大。在一定电压下，当扫描循环次数达到某一临界值时，由于极化电荷的饱和，摩擦力趋于稳定。Wang 等[49]研究了氧化石墨烯的层间摩擦情况。在氧化石墨烯层间，除了轨道和范德华相互作用，还包括静电和氢键相互作用。氧化石墨烯具有更高的能垒和剪切强度，并且随着氢键的形成(顶层氧化石墨烯的羟基与底层的环氧基团形成氢键)，氧化石墨烯层间滑动需要克服更大的能垒。另外，两个氧化石墨烯片相对滑动时，连续滑动压缩氢键，迫使羟基偏离稳态，氢键相互作用变得不稳定，导致更大的能量耗散，产生更大的摩擦力。Zhang 等[50]通过 AFM 考察了氧化石墨烯纳米带(GONR)、钾蒸气剥落的石墨烯纳米带(K-GNR)、硝基苯共价功能化的石墨烯纳米带(N-GNR)三种石墨烯纳米带(GNR)的表面黏着力和纳米摩擦学性能。由于 GONR 和 N-GNR 表面存在大量的亲水含氧基团和硝基苯基团，而 N-GNR 薄膜表面几乎没有官能团，因此 N-GNR 薄膜更疏水，显示出最小的表面黏着力和纳米摩擦系数，并且对环境湿度的敏感性很小。另外，由于这些石墨烯纳米带的厚度均大于 5nm，它们的摩擦系数均未随厚度发生变化。

### 3.1.2　外界环境

#### 1. 气体分子

层间存在污染(包括层间夹杂分子、吸附物、化学官能团、缺陷等)时会影响层状润滑材料的摩擦学性能。当材料暴露在气氛环境中，其表面或者层间不可避免地吸附气体分子，尤其是纳米二维层状材料的比表面能高，容易吸附活性气体分子。然而，不同结构类型的气体分子对于润滑材料的影响存在差异，一般具有化学活性的气体分子，如甲烷、氢气、氧气及水分子等能够起到钝化边缘悬键的作用，一定条件下有助于石墨烯展现出低摩擦系数[51-54]。但是，接触界面的层间引入气体分子时，还会使得层间滑动阻力增加[55,56]，从而破坏低摩擦系数状态[55,57,58]。$MoS_2$(或 $WS_2$)等在真空及干燥的惰性气氛中展现出较为优良的润滑性能[59-61]，但在空气中的摩擦系数较高。

Bhowmick 等[51]在不同相对湿度(RH)的空气(RH=10%～45%)和干燥 $N_2$(RH=0%)中研究了石墨烯的摩擦学行为。在干燥 $N_2$ 中时，石墨烯的摩擦系数高，约为 0.52。在 RH=10%时，摩擦系数低，约为 0.17。当 RH 逐渐增加时，观察到石墨烯的摩擦系数逐渐降低，在 RH=45%时达到最低，为 0.11。在 Ti-6Al-4V 对偶面上形成的石墨烯转移膜的显微拉曼光谱分析表明，随着 RH 的增加，D 峰强度逐渐增加，这表明滑动过程中碳网络中的缺陷形成是因为 $sp^2$ 到 $sp^3$ 变换和非晶化。XPS 结果表明，石墨烯的—H 和—OH 钝化是石墨烯在潮湿环境中获得低摩擦系数的主要原因。转移层中石墨烯的层间距为 0.34～0.38nm，大于原始石墨的层间距，表明吸附分子之间的排斥导致晶格间距的增加，这也是获得低摩擦系数的原因之一。Li 等[52]将含石墨烯的乙醇溶液滴在钢材表面，然后将乙醇蒸发，在基底表面沉积少层石墨烯纳米片。在不同相对湿度(0%(干燥)、30%、60%和 90%)氮气下研究了石墨烯涂层在往复模式下的摩擦学性能。结果表明，在 60%的相对湿度下，石墨烯涂层可以显著降低磨损率和摩擦系数。这是因为石墨烯在摩擦界面上提供小的剪切应力。此外，高的相对湿度和织构化的基底表面可以使低摩擦系数持续更长时间。Restuccia 等[53]采用了量子力学/分子力学方法，石墨烯带和水分子相互作用的单个石墨烯层的全量子力学模拟(图 3.13)。发现水分子和氧分子都可以通过解离化学吸附有效地淬灭缺陷的反应性，由于碳再杂化，摩擦学条件下在单层石墨烯中自发形成的折叠显示出高度反应性。水分子的特殊作用机制使得石墨在湿度环境下比氧气更有效地润滑。Yang 等[54]通过滑动接触实验和第一性原理计算，阐明结构缺陷和水解离吸附过程使得石墨烯展现低摩擦系数的摩擦化学机理。滑动摩擦测试表明，在空气环境中及在干燥的 $N_2$ 气氛两种情况下，石墨烯最初都会出现较高的摩擦系数(COF)，只有在空气中继续滑动时才达到较低且稳定的摩擦系数。DFT 的计算表明，与原始石墨烯相比，具有单空位的重建石墨烯的 O 含量显著降低。转移到摩擦石墨烯的截面透射电子显微镜显示出部分非晶结构，其中掺杂着破坏的石墨烯层，且其间距 $d$ 大于原始层的间距。在重建的双层 AB 石墨烯系统上进行的 DFT 计算显示，空位处 H、O 和—OH 的化学吸附及与原始石墨烯相比层间结合能的降低，使得滑动引起的缺陷促进了水分子的解离吸附，并导致石墨烯摩擦系数降低。

Berman 等[55]通过对单原子厚的石墨烯涂层进行球-盘式磨损测试(针对最常用的钢与钢摩擦副)，结果表明，在氢气中进行测试时，钢基底上的单层石墨烯可以持续 6400 个滑动循环，而少层的石墨烯(3～4 层)可以持续 47000 个循环。计算模拟表明，石墨烯优异的耐磨损性是因为破裂的石墨烯悬键在氢气环境中的

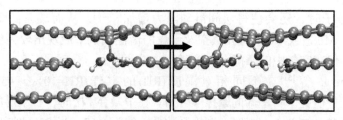

图 3.13　在剪切和载荷下与石墨烯带和水分子相互作用的单个石墨烯层的全量子力学模拟图[53]

氢钝化，从而显著提高了石墨烯保护层的稳定性并延长了其使用寿命(图 3.14)，而在氮气气氛中，没有观察到氮与游离碳原子在石墨烯边缘的键合，氮主要物理吸附在石墨烯表面。

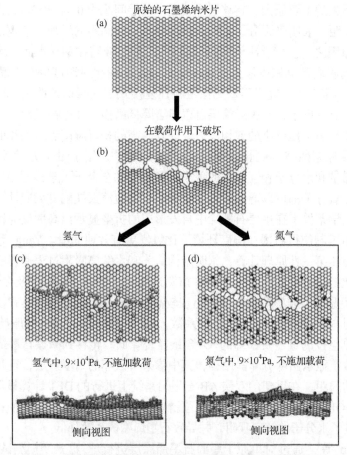

图 3.14　石墨烯在氢气和氮气气氛环境中的润滑机制图[55]

(a) 原始石墨烯纳米片构型；(b) 石墨烯在真空中 0.5GPa 的负压下破坏；(c) 石墨烯悬键的氢钝化示意图；(d) 未钝化的石墨烯悬键示意图

Gao 等[56]研究了氧化石墨烯(GO)和还原氧化石墨烯(RGO)两种涂层在不同相

对湿度下的摩擦学行为(图 3.15)，GO 涂层和 RGO 涂层摩擦系数随着相对湿度呈现相反的变化规律，GO 涂层的摩擦系数随相对湿度的增大而增大，而 RGO 涂层的摩擦系数随湿度的增大而减小。GO 涂层在 RH=10%下摩擦系数最低，约为0.06，远低于 RGO 在高相对湿度下的摩擦系数。与 GO 涂层相反，RGO 涂层在RH=50%下的摩擦系数最小，约为0.12。RGO 涂层在经历了一个短而剧烈的磨合期后，摩擦系数将趋于稳定，并伴随波动；GO 涂层摩擦系数平稳，没有剧烈的磨合期，在摩擦初期其摩擦系数较低，随着摩擦的进行摩擦系数呈现上升趋势。GO 涂层在 RH=50%下摩擦系数呈现先增大后下降的趋势，且出现了明显的波动。GO 涂层在低相对湿度下摩擦系数非常平稳，没有出现波动，只有在高相对湿度下才能观察到波动的现象，而 RGO 在整个实验条件下都能明显观察到摩擦系数波动的现象。由实验现象可知，水分子在摩擦过程中起着重要的作用，由于含氧官能团的引入，GO 和 RGO 摩擦行为存在较大差异。

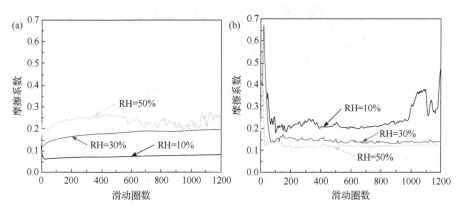

图 3.15 两种石墨烯涂层在不同相对湿度下的摩擦曲线[56]
(a) 氧化石墨烯涂层；(b) 还原氧化石墨烯涂层

Lang 等[62]使用校准的 AFM 在各种相对湿度中研究了原子级石墨烯的摩擦学特性。研究表明，未覆盖原子阶的横向力随相对湿度的增加而减小，而横向力与相对湿度无关(图 3.16)。通过扫描开尔文探针显微镜(SKPM)测量发现，由于悬键及含氧官能团的存在，未覆盖台阶的石墨烯平面具有更高的功函数，水分子在未覆盖台阶上对亲水性含氧官能团的吸附降低了功函数并降低了高 RH 下的侧向力。此外，由于悬键更容易被氧化功能化，等离子体处理后台阶处的横向力增加比平面处更快。

Xiao 等[63]在各种实验条件下，对平行和垂直于石墨基面方向的高取向热解石墨的两个表面进行摩擦实验(图 3.17)。研究表明，垂直表面的平均摩擦系数(0.25)高于平行表面的平均摩擦系数(0.1)。当环境由潮湿空气转变为潮湿氮气时，

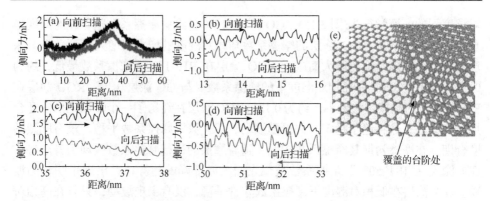

图 3.16　摩擦力随跨台阶扫描距离的变化及台阶覆盖示意图[62]

(a) 跨台阶扫描 60nm 的摩擦力变化；(b)~(d)图(a) 中不同距离下摩擦力的局部放大图；(e) 覆盖的台阶示意图

平行表面和垂直表面的摩擦系数均下降，且垂直表面的下降趋势更为明显。这是因为垂直表面比平行表面更粗糙并且拥有更多的边缘面。

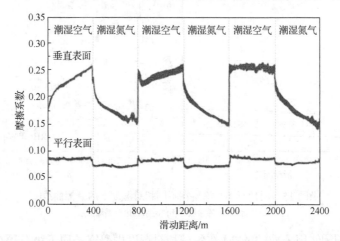

图 3.17　平行表面和垂直表面在潮湿空气和潮湿氮气环境交替变化时 HOPG 的摩擦系数随滑动距离的变化曲线[63]

　　Berman 等[64]在空气气氛中研究了石墨烯在钢基底表面的宏观摩擦学性能，发现在不锈钢摩擦副的滑动界面定期滴加石墨烯乙醇溶液(SPG)后，连续提供了低剪切强度的石墨烯在磨痕表面逐渐形成了高密度的稳定润滑层，摩擦系数减小至 0.13~0.15(图 3.18)。同时石墨烯润滑层还显著减小了不锈钢摩擦副的氧化和摩擦腐蚀，尽管石墨烯层仅仅由几层石墨烯组成，添加石墨烯后相比于裸露的基底磨损率也降低了 3~4 个数量级。对于这种低摩擦磨损行为，Berman 等认为这是因为石墨烯作为二维层状材料，容易在滑动接触界面上剪切，摩擦力较小，宏观润滑性能良好。Berman 等[65]研究了涂覆在 440C 钢表面的石墨烯在干燥氮气中的宏观摩擦学性能(图 3.19)，发现虽然乙醇溶液中的石墨烯浓度很低，在磨痕表面不能形成均匀或连续补充的石墨烯保护层，但其摩擦系数处于很低的状态，摩擦系数降低到 0.15 左右，这种低摩擦系数在数千次滑动过程中仍然持续存在。与钢基底相比，在摩擦 600 圈时，磨损体积减小 2 个数量级。

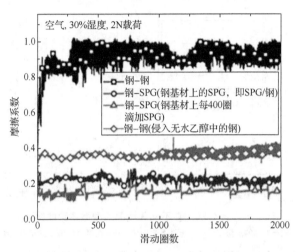

图 3.18    潮湿空气中不同 SPG 条件下的摩擦系数[64]

图中提供了有初始 SPG 层和没有初始 SPG 层的摩擦系数，以显示添加石墨烯的必要性

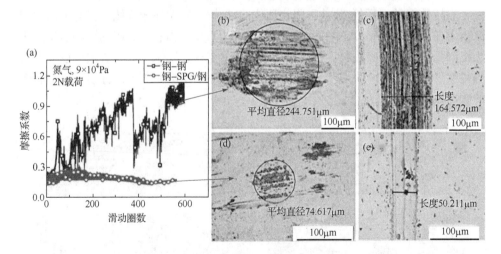

图 3.19    有无 SPG 时钢摩擦配副间的摩擦系数及相应的磨斑和磨痕形貌[65]

(a) 钢配副的摩擦系数；(b)、(c) 经过 600 次循环后钢与钢配副的磨斑和磨痕形貌；(d)、(e) SPG 与钢配副测试后的磨斑和磨痕形貌

Xu 等[66]通过电动喷涂工艺在 304 不锈钢基底上沉积了不完全还原氧化石墨烯(rGO)涂层。摩擦实验结果表明，rGO 涂层在低湿度空气或干燥 $N_2$ 条件下具有

低于 0.05 的摩擦系数(图 3.20)。Xu 等进一步分析发现宏观摩擦能诱导不完全还原氧化石墨烯摩擦界面结构的重新排布，缺陷较少的石墨烯结构被选择性地暴露在磨损轨迹的中心区域，有助于维持滑动过程中的低摩擦系数。此外，他们在研究中还发现缺陷较少的石墨烯结构的释放程度与施加的法向力和滑动周期成正比。

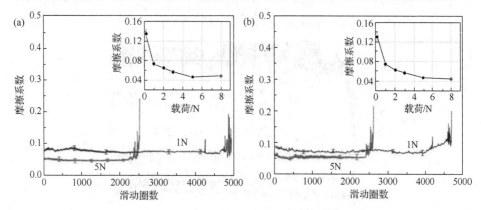

图 3.20　rGO 涂层在不同环境中的摩擦系数曲线[66]

(a) 在 RH=32%的潮湿空气中的摩擦系数曲线；(b) 在氮气环境中的摩擦系数曲线

Liu 等[67]将一小块石墨片放置在一个平整表面(如石墨[0001]晶面、硬盘存储区上面的 DLC 镀层等)时，当表面吸附物只是原子、分子或纳米颗粒时，石墨片处于直接接触的石墨烯(除被吸附物顶住的部分外)的大部分区域，将与下面的表面吸附在一起。由于石墨烯面内刚度很大，当石墨块滑移时，吸附住的石墨烯边缘将刮扫掉前面的吸附物，称之为纳米擦子效应(图 3.21)。这个方法可以清除石墨片接触区以外的吸附物[68]，也可以清除接触区的吸附物[69]，有助于获得有效的润滑效果。

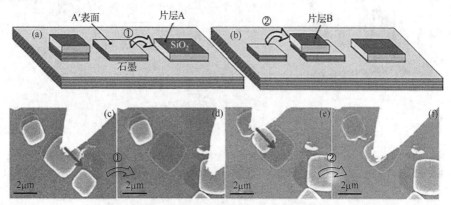

图 3.21　石墨的纳米擦子效应[67]

(a)和(b)石墨/SiO₂ 片层的实验过程示意图；(c)～(f)真实显微操作过程的 SEM 图像

(c)和(d)对应(a)，(e)和(f)对应(b)

2. 基底

Kim 等[2]通过化学气相沉积(CVD)法在 Cu 表面生长了单层石墨烯膜，在 Ni 表面生长了多层石墨烯膜，然后将这两种石墨烯膜分别转移至 SiO₂/Si 基底表面。石墨烯样品上的拉拔力如图 3.22 所示。研究表明，这两种石墨烯膜在微观尺度下均能有效地减小 SiO₂/Si 基底的黏着力和摩擦力，尤其 SiO₂/Si 表面 Ni 催化生长的多层石墨烯膜具有相对较低的黏着力和摩擦系数(0.12)，接近块体石墨的摩擦系数(0.1)。SiO₂/Si 表面 Cu 催化生长的石墨烯磨损之后，对偶表面形成了几十纳米厚的石墨烯转移膜，摩擦主要发生在 SiO₂/Si 基底和对偶表面石墨烯转移膜之间，SiO₂/Si 表面 Ni 催化生长的石墨烯在往复摩擦后，磨痕表面出现一层粗糙的、具有类似龟壳图案的非晶碳薄膜(1～4nm)。研究表明，这层非晶碳薄膜是在石墨烯合成过程中产生的，最终摩擦发生在对偶表面石墨烯转移膜和 SiO₂/Si 基底表面非晶碳薄膜之间，因此表现出更低的摩擦系数和更优的抗磨性能。

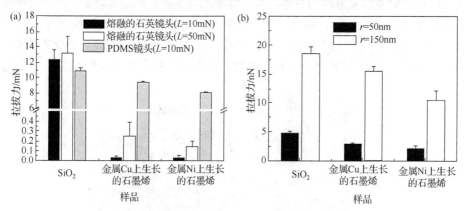

图 3.22 石墨烯样品上的拉拔力[2]

(a) 微尺度接触的微摩擦计测试结果；(b) 纳米尺度接触的 AFM 测试结果

PDMS-聚二甲基硅氧烷；$L$-接触压力；$r$-针尖的曲率半径

Spear 等[16]采用 AFM 研究了表面相互作用强度和粗糙度对单层和多层石墨烯摩擦学性能的影响。研究表明，基底的化学性质可以调节相互作用和摩擦力，疏水性 OTS 功能化基底上的石墨烯对基底表现出很强的亲和力，与多层石墨烯相比，单层石墨烯的摩擦力更大，与亲水性二氧化硅基底上的石墨烯相比，摩擦力更大。这可能是因为与二氧化硅载体相比，石墨烯下方的 OTS 层带来的剪切应变增加。通过比较石墨烯与亲水性(硅烷醇封端)和疏水性(十八烷基三氯硅烷改性)二氧化硅基底之间的结合强度，发现可以控制石墨烯与基底之间的相互作用调节摩擦力的变化。

Yan 等[70]将通过 CVD 法制备的石墨烯成功转移至聚对苯二甲酸乙二酯(PET)基底表面，大幅降低了 PET 的摩擦系数，消除了 PET 的黏-滑现象，进一步在石墨烯表面滚涂聚 4-乙烯基苯酚后，形成的多层膜表现出更高的承载能力。Marchetto 等[71]研究了单层石墨烯微米尺度上的摩擦和磨损，通过热分解外延法在 SiC-6H(0001)表面生长石墨烯时，发现 SiC 表面首先形成一层共价键合的富碳界面层，然后生长出与富碳界面层具有最佳公度性的单层石墨烯。初始摩擦系数仅为 0.02，在相同的实验条件下明显低于石墨。在往复滑动期间，石墨烯层被损坏时，摩擦系数为 0.08，仍然低于石墨，并且比经氢腐蚀的 SiC 基底低 80%。即使经过数百次滑动循环，滑轨内的微米级石墨烯纳米片仍可保持低摩擦系数。Peng 等[72]使用 AFM 研究了石墨烯在软弹性基底上的纳米摩擦学特性。与硬质 SiO$_2$/Si 基底相比，弹性变形增强了石墨烯在软质弹性基底上的纳米摩擦学性能。此外，石墨烯在软弹性基底上的摩擦力随着厚度的增加而减小，并且表现出对压痕深度的亚线性依赖。Peng 等认为基底越软石墨烯变形越严重，更不利于良好的润滑，摩擦过程的耗能越多。Zhang 等[73]使用 MD 模拟研究了石墨烯薄片在支撑石墨烯基底上滑动的摩擦行为。将摩擦与基底变形联系起来，以压痕深度作为软基底摩擦的指标，结果表明，石墨烯的摩擦力随着刚度的降低呈指数增加。Klemenz 等[74]通过 MD 模拟研究了刚性压头在 Pt 基底石墨烯上的滑动过程，如图 3.23 所示。研究表明，随着压力的逐渐增加，Pt 基底和石墨烯发生变形与

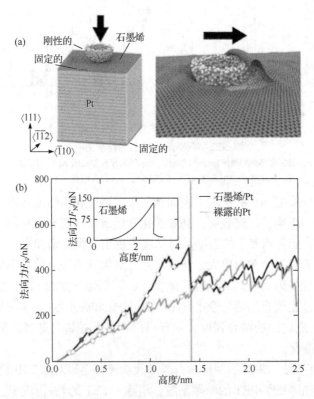

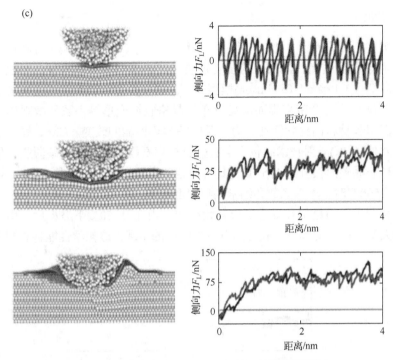

图 3.23　刚性压头在 Pt 基底石墨烯上的滑动模拟[74]

(a) 刚性压头在覆盖在 Pt 上的石墨烯表面滑动的原子模拟图；(b) 粗糙的 3.0nm 尖端缩进 Pt 上覆盖石墨烯、裸露
Pt 及独立石墨烯(副图)的原子模拟的法向力-高度曲线；(c) 无定形压头随着法向力增大在石墨烯表面滑动的变化
情况与侧向力($F_L$)的变化情况

破坏的过程分为三个阶段：Pt 基底和石墨烯在低压力下共同发生弹性响应(弹性阶段)；Pt 基底发生位错等塑性变形(塑性阶段)；石墨烯发生破坏(破坏阶段)。在前两个阶段，覆盖在 Pt 基底表面的石墨烯不仅为基底材料承担了部分法向力，还有效地降低了表面摩擦系数(即使在基底已发生塑性变形的情形下)；在第三阶段，一旦石墨烯发生破坏，基底不再受保护，表面易发生严重的磨损和塑性变形，摩擦系数也急剧增加。根据计算结果，石墨烯发生破坏之前最大面内拉应力为 100GPa(35N/m)，与石墨烯的拉伸强度相近。因此，可认为覆盖在 Pt 基底上的石墨烯抵抗破坏的能力与无基底支撑的悬浮石墨烯相类似，均是由石墨烯的内在强度决定的。

综上，基底与涂层之间形成非公度匹配时，能够获得极低的摩擦系数[75-78]。总体上来看，在刚性的基底上沉积二维层状材料涂层有助于减小其面外变形，使得二维层状材料不再具有层数依赖性。柔性基底在外加载荷作用下容易发生变形，一般不利于二维层状材料展现出低摩擦系数[79]。

## 3. 温度

事实上，石墨烯是一种准二维层状材料，其片层在三维方向上存在微小的波动[80]，而且温度越高，其面外的波动越强。仅考虑温度的影响时，在理论上提出了热激活 PT(Prandtl-Tomlinson)模型[81-83]。温度是影响微观粒子运动的重要物理量，温度变化将会带来界面电荷分布、晶格收缩变形等一系列微观作用的变化，进而引起材料的化学活性、力学及摩擦学等性能的改变。Chen 等[84]通过电子回旋共振(ECR)溅射技术制备了含有垂直排列石墨烯片的非晶碳薄膜，研究表明，这种非晶碳薄膜直到 1250℃仍具有稳定的高温摩擦学性能(图 3.24)。当退火温度为 1500℃时，摩擦系数和纳米划痕深度增加，磨损寿命降低。Chen 等认为这些变化归因于石墨烯片堆叠形成管状结构。当在 1750℃下退火后，由于管状结构的大量形成及薄膜与基底之间石墨中间层的出现，摩擦学性能将急剧下降。

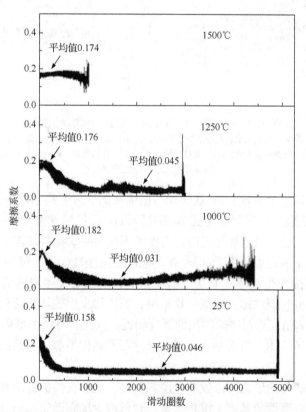

图 3.24 不同退火温度条件下非晶碳薄膜的摩擦曲线变化图[84]

Zhang 等[85]采用 AFM 研究了温度对黏着在二氧化硅基底上石墨烯的摩擦学特性的影响。结果表明，与 Si 尖端在二氧化硅基底的滑动摩擦力随温度的降低不同，同一尖端在石墨烯表面滑动的摩擦力随温度呈增加趋势(图 3.25)。通过研究石墨烯在悬浮和支撑状态及不同温度下的形貌，发现滑动摩擦力随着温度的升高而增大。Zhang 等提出高温下石墨烯表面形成了更多的褶皱，表面波动是抑制热润滑的主要原因，因此使得石墨烯的摩擦力随着温度增加而升高。石墨烯材料具有原子级别的厚度，温度对石墨烯材料的热波动影响明显，从而导致随温度升高，摩擦力增加，温度很大程度上影响了石墨烯材料的摩擦学性能。Pakhomov 等[86]的研究也发现随着测试温度的升高，石墨烯样品的摩擦系数增加。Sang[87]使用 MD 模拟研究了随机分布的石墨烯片形成石墨烯纳米粒子的润滑性。发现这些纳米粒子分别在高达 15GPa 和 2000K 的极高压力和温度下能够稳定地润滑(图 3.26)。从纳米颗粒和石墨烯的影响来看，金刚石和纳米颗粒之间显示出超低的摩擦系数，在 1～15GPa 和 300K 下为 0.0034～0.0162，在 300～2000K 和 1GPa 或 10GPa 下摩擦系数为 0.0065～0.0338。

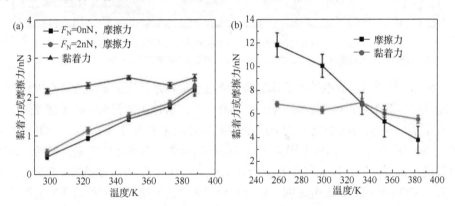

图 3.25 AC240TS 中 Si 尖端滑过基底时摩擦力和黏着力随着温度的变化趋势图[85]
(a) 在 0nN 和 2nN 的法向力下，针尖在石墨烯表面滑动时的摩擦力和黏着力与温度的关系；(b) 在 0nN 的法向力下，Si 尖端在 SiO$_2$ 表面上滑动的摩擦力和黏着力与温度的关系

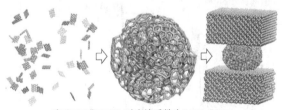

当2000K和15GPa时摩擦系数为0.003~0.033

图 3.26 随机分布的石墨烯纳米片形成石墨烯纳米颗粒及其摩擦学性能[87]

### 3.1.3 制备方法

不同方法制备的石墨烯的结构(类型和品质)差异很大，因此其摩擦学性能的差异很大。石墨烯的制备方法主要有机械剥离法、氧化还原法、外延生长法、

CVD 法及电弧放电法等。

Peng 等[34]研究了不同方法制备的石墨烯纳米片在二氧化硅上的摩擦学性能和磨损性能(图 3.27)。结果表明,由于机械剥离的石墨烯纳米片具有疏水表面和完美的石墨烯结构,因此它能在高压下展现出超润滑和几乎零磨损率的特性;缺陷的存在使得 CVD 石墨烯抗磨减摩能力有所降低;含氧官能团的引入不但会破坏石墨烯的结构,而且会导致样品表面展现出亲水性,因此氧化石墨烯纳米片展现出最差的减摩特性;由于还原氧化石墨烯表面的疏水特性,其展现出比氧化石墨烯纳米片更好的减摩特性,氧化石墨烯纳米片和还原氧化石墨烯纳米片的结构均受到了破坏,所以二者的抗磨性能都较差。

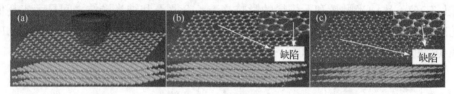

图 3.27　AFM 针尖划过不同结构类型石墨烯的示意图[34]

(a) 机械剥离的石墨烯纳米片和 CVD 石墨烯; (b) 还原氧化石墨烯纳米片; (c) 氧化石墨烯纳米片

Nieto 等[88]通过放电等离子体烧结法将石墨烯纳米片压制烧结成具有优异润滑性能的块体石墨烯。研究表明,在 3N 的载荷下,这种块体石墨烯的磨痕表面几乎没有磨屑,体积的减小是因为磨痕处的石墨烯纳米片发生了局部的压缩和致密化。Gao 等[89]研究了四种不同方法制备的石墨烯的宏观摩擦学性能,包括物理法制备的石墨烯(PG)、还原氧化石墨烯(RGO)、CVD 法制备的石墨烯(CGO)及氧化石墨烯(GO)(图 3.28)。研究表明,随着石墨烯含氧量的增加,四种石墨烯的摩擦系数均逐渐升高,且它们的耐磨寿命也呈现相同的增加趋势。这是因为宏观摩擦过

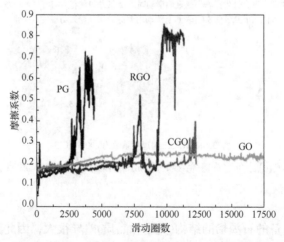

图 3.28　四种不同制备方法的石墨烯材料在空气中的摩擦曲线变化图[89]

程中，有序的滑移界面形成且缺陷密度低时，石墨烯的摩擦系数低。此外，含氧官能团的引入会使得摩擦系数升高，但会促使其耐磨寿命提升，然而边缘悬键的存在及缺陷的形成会使得摩擦系数升高，进而石墨烯润滑材料逐渐失效(图 3.29)。

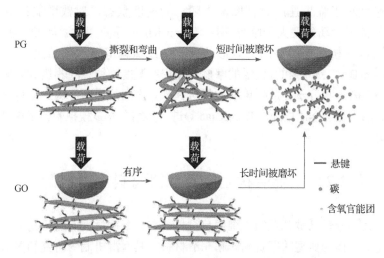

图 3.29　石墨烯材料在摩擦过程中的结构演变示意图[89]

Wu 等[90]基于马兰戈尼(Marangoni)效应制备了大面积石墨烯薄膜，并研究其宏观尺度的摩擦学性能。采用自组装法，在去离子水表面获得了大面积、易转移的石墨烯薄膜，从而实现将石墨烯薄膜同时转移至摩擦副氮化硅对偶球(直径 4mm)与硅基底(10mm×10mm)上，在球–盘摩擦副表面实现了较低的摩擦系数(图 3.30)。研究表明，转移制备的石墨烯薄膜厚度，施加的法向力和退火工艺都对石墨烯薄膜的宏观摩擦学性能产生重要影响。

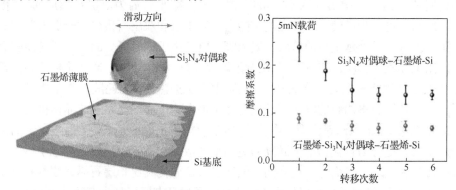

图 3.30　摩擦配副之间构型示意图及不同摩擦配副之间的摩擦系数[90]

Tran-Khac 等[91]采用 FFM 在各种操作条件(包括法向力和滑动速度)及环境条件(包括相对湿度和热退火)下，研究了单层 h-BN、$MoS_2$ 和石墨烯的摩擦学特性。研究表明，这些单层材料的低摩擦系数特性可以从与法向力相关的摩擦结果中清楚地观察到，并且使用赫兹加偏移模型能够进一步估计它们的界面剪切强度。与速度相关的摩擦特性表明，两种摩擦状态作为滑动速度的函数：第一种是当滑动速度小于临界速度时，摩擦力随滑动速度状态呈对数增加；第二种是摩擦平台状态滑动速度大于临界速度。Tran-Khac 等使用热激活 PT 模型对这三种单层材料相互作用势的有效形状及其波纹振幅等基本参数进行表征时发现，单层 h-BN、$MoS_2$ 和石墨烯的摩擦力随相对湿度增加，随着热退火减小，将这些趋势归因于水分子扩散到单层材料与其基底之间的界面使得尖端材料与材料界面处的褶皱相互作用增加。Tran-Khac 等进一步结合 MD 模拟验证了这是褶皱效应的影响。

# 3.2　二维层状固体超润滑材料润滑机制

针对大部分现已被开发的二维层状材料，有关摩擦学性能的研究主要集中在微纳尺度上。作为典型的层状固体超润滑材料，其润滑机制的研究和揭示一直以来都是摩擦学领域关注的重点[5,92-94]，尤其是基于对润滑机制的认识进行材料结构设计和摩擦学行为的控制，进而实现更优异的超润滑性能。

## 3.2.1　电子声子耦合机制

Filleter 等[13]研究了在 SiC 上外延生长的单层和双层石墨烯薄膜的摩擦和耗散。发现在 SiC 表面外延生长的单/双层石墨烯膜的原子黏滑特性、晶格取向和表面接触势(横向接触刚度)都相同，但在各种实验参数下(载荷、偏压、探针针尖材料)外延生长的单层石墨烯膜的摩擦力大大减小，约为双层石墨烯的 2 倍(图 3.31)。进一步借助角分辨光电子能谱研究单层和双层石墨烯的摩擦力差异的来源，发现对于外延生长的单层石墨烯膜，电子声子耦合产生的电子激励能够有效地阻尼晶格振动(当 FFM 探针在石墨烯表面黏-滑运动时，通过晶格的局部扭曲和恢复，动能转变为晶格振动)，从而只能通过电子激励耗散大部分能量；外延生长的双层石墨烯膜的电子声子耦合几乎消失，因而未受阻尼的晶格振动增加了能量耗散。Filleter 等认为，电子声子耦合作用增强将使得滑动中激发出的部分声子可以更容易转化为电子激励而更快地耗散掉，由于单层石墨烯电子声子耦合作用更为显著，界面存在更多的耗散途径，从而使其比单层石墨烯膜具有更低的表面摩擦力。Filleter 等[95]在另一项研究中通过具有原子分辨率的 AFM 研究了SiC(0001)衬底上单层和双层石墨烯薄膜的结构和摩擦学性能。在各种实验情况下，单层石墨烯上的摩擦力比双层薄膜上的摩擦力大 2 倍。研究表明，摩擦力的差异并不是源于结构特性、横向接触刚度或接触电位的差异。当针尖-样品相互作用电位接近 0.1~0.2eV 时，在 40nN 的正常载荷下会发生从原子黏滑摩擦到超低摩擦系数状态的转变。实验研究表明，块体石墨的摩擦力较双层石墨烯有所增加，数值上与单层石墨烯类似，这是因为块体石墨具有更小的刚度，与 SiC 上的薄层石墨烯相比，探针在滑动过程中接触面积相对较大，从而产生更强的黏着力和摩擦力。然而，Dong[96]通过 MD 模拟和双温度方法将电子声子耦合纳入原子建模中，研究表明，与基底粗糙度相比，电子声子耦合对表面摩擦力的影响几乎可以忽略。

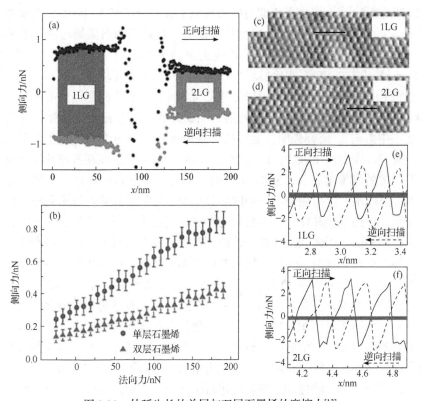

图 3.31　外延生长的单层与双层石墨烯的摩擦力[13]

(a) 在 172nN 的法向力下，在样品的边界区域与相邻的单层(1LG)和双层(2LG)薄膜区域记录摩擦环(平均超过 50 条线)；(b) 同时记录的 1LG 和 2LG 的平均侧向力与法向力的函数关系；(c)、(d) 在相邻的 1LG 和 2LG 薄膜上记录的原子黏滑摩擦图(横线表示侧向力线剖面的位置)；(e)、(f) 1LG 和 2LG 薄膜上相应的侧向力线轮廓

### 3.2.2　面外褶皱机制

Lee 等[18]研究表明，二维层状材料的摩擦力与其基底间的结合状态紧密相关。弱结合基底或悬浮型材料表面的摩擦力随着层数的增加而减少，这是因为二维层状材料表面的褶皱使得弱结合或自支撑型材料表面的滑动摩擦力较大。当探针在二维层状材料表面滑动时，针尖前缘推动材料表面的褶皱移动，从而产生额

外的能量耗散及褶皱效应(图 3.32)。Lee 等认为随着二维层状材料层数的减少，其弯曲刚度逐渐减小，在探针与二维层状材料间黏着力的作用下，材料表面产生了更高的褶皱，导致探针针尖与石墨烯间的接触面积增大，从而产生更大的摩擦力。当二维层状材料层数增多，即变得更厚时，其弯曲刚度更大，这种皱褶效应变弱。强结合基底表面的二维层状材料的摩擦学性能不受层数的影响，并与其块体材料具有相似的摩擦学性能，这是因为材料与基底间的强结合作用抑制了表面波纹，并显著减小了褶皱效应。进一步研究表明，基底形貌也能够对石墨烯摩擦学性能产生影响[17]，机械剥落的石墨烯在原子级平整基底(如 h-BN、类块体石墨烯)上产生的结构形貌使其具有较低的摩擦力。这是因为石墨烯与原子级平坦的基底间具有更大的接触面积，从而产生更强的相互作用，抑制了表面褶皱的形成。Lee 等[21]通过 FFM 实验发现，石墨烯的摩擦力大于块体石墨，并小于其在 $SiO_2$ 基底上的摩擦力，这归因于探针针尖与各种材料表面间不同的范德华相互作用(排除静电力和短程化学力的作用后，石墨烯表面的摩擦力主要受长程的范德华相互作用影响)。研究表明，更厚的石墨烯具有更弱的范德华相互作用，这也是符合褶皱效应的作用机制。Li 等[22]使用 FFM 研究了沉积在各种基底及微加工孔上石墨烯的摩擦学行为。$SiO_2/Si$ 基底上的石墨烯和自由悬浮在微加工孔上的石墨烯都呈现出摩擦力随着石墨烯的层数减少而增加的趋势，且不受 FFM 探针扫描速率、施加载荷和探针针尖材料的影响，当石墨烯层数增加至 5 层时，达到与块体石墨相似的固体润滑性能。然而，对于沉积在云母上的石墨烯来说，这种厚度趋势不存在，这时因为石墨烯与基底牢固地结合，厚度依赖性不再存在。结果表明，对基底的机械限制在原子薄石墨片的摩擦行为中起着重要作用。AFM 尖端与石墨烯之间存在黏着作用，松散结合或悬浮的石墨烯片可能会在面外方向上起褶皱，使得接触面积增加，并且还会使得石墨烯在滑动时进一步变形，从而导致更大的摩擦力。二维层状材料较薄，具有较低的弯曲刚度，因此其面外褶皱效应会使得摩擦副接触面积增加，摩擦力增大。Lee 等[97]采用 AFM 对不同厚度的石墨烯样品的弹性特性和摩擦特性进行了研究，并通过 AFM 尖端压痕及力-位移曲线的拟合得到预应力和弹性刚度，从而将断裂力与仿真进行比较得到了极限强度。通过拉伸测试发现，当石墨烯悬浮在微米级的圆形孔上，AFM 尖端和石墨烯之间的摩擦力随着样品厚度从 1 层增加到 4 层而减小，并且不依赖于基底的存在，黏滑模式下的高分辨率摩擦力成像显示出相同的趋势。

　　Choi 等[98,99]研究了剥离的单层石墨烯的摩擦力各向异性，发现石墨烯表面存在许多相互呈 60°偏转的摩擦域，每个摩擦域都表现出周期性为 180°的摩擦力各向异性，并且这种摩擦力各向异性随载荷增加而减弱(图 3.33)。Choi 等认为每个域中存在的摩擦力各向异性源于石墨烯表面不同取向的起伏波纹(起伏波纹的方向与石墨烯的结晶方向相关，在扶手椅或 Z 字形方向，石墨烯最容易发生弯曲)。

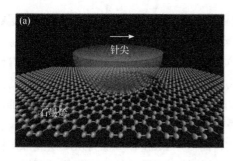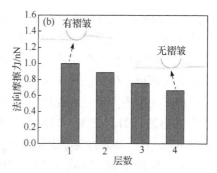

图 3.32　Lee 等所提出的褶皱效应[18]

(a) 石墨烯表面皱纹效应的示意图；(b) 基于有限元模拟的法向摩擦力随石墨烯层数的变化

对于机械剥落在 $SiO_2/Si$ 表面的石墨烯，当探针扫描方向垂直于石墨烯表面某一摩擦域中的起伏波纹时，显示出最大的摩擦力，当探针扫描方向平行于起伏波纹时，具有最小的摩擦力。

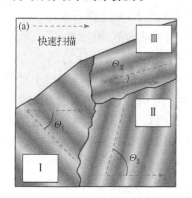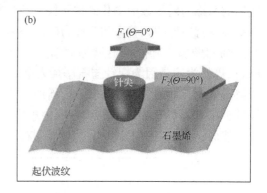

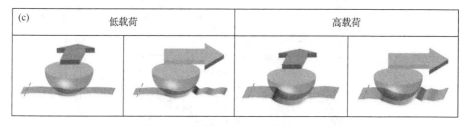

图 3.33　石墨烯的摩擦力各向异性与褶皱方向性的影响[98]

(a) 三个波纹域的图示；(b) 定义扫描方向与波纹线之间的相对角度($\Theta_i$)；(c) 当针尖沿不同扫描方向施加的侧向力使石墨烯层变形时的起皱效应示意图

Deng 等[20]发现在施加低负荷时，石墨烯的摩擦力随着层数的增加而增加，这归因于尖端附近石墨烯表面层的局部变形，也证明了石墨烯的褶皱效应对其摩擦力有显著影响。Shin 等[30]采用金刚石探针(曲率半径为 1μm)在微尺度下测试机械剥落和外延生长的石墨烯摩擦学性能时，发现不同层数石墨烯的摩擦系数均为

0.03，没有发现在弱结合或自支撑石墨烯的 AFM 实验中得到的摩擦系数随层数变化的规律。这主要是因为实验在大气环境下进行，而且采用了更大尺寸的金刚石探针，不同层数的石墨烯产生几乎相同的弯曲变形。Fang 等[100]使用 AFM 研究了在大气环境条件下少层 $MoS_2$、$WS_2$ 和 $WSe_2$ 的厚度与摩擦学性能之间的关系，发现了两种不同的行为规律。当使用锋利的针尖时，出现了随着厚度增加而摩擦力减小的行为。然而，当使用预磨损和平头针尖时，观察到异常趋势，在 $WS_2$ 和 $WSe_2$ 上，摩擦力随厚度单调增加，而对于 $MoS_2$，摩擦力从单层到双层减少，然后随厚度增加。Fang 等结合 DFT 计算提出假设整体摩擦行为是褶皱效应与压缩区域内的固有能量波纹之间的竞争。基于此，提出通过改变针尖的形状来改变褶皱效应的相对强度，可以调整摩擦力对样品厚度的依赖性。

### 3.2.3 结构变形机制

Deng 等[20]通过 FFM 研究石墨烯的摩擦力时，发现在不同的载荷区，单层石墨烯的摩擦力随层数的变化规律不同。相比相同层数的 $SiO_2$ 支撑石墨烯，单层石墨烯具有更低的黏着力和摩擦力(图 3.34)。在负载荷或较低的正载荷下，单层石墨烯的摩擦力随层数的增加而增加，其中单层石墨烯具有更低的摩擦力。Deng 等认为这是因为探针与石墨烯表层间的接触压力是悬浮型石墨烯的主要的摩擦力来源，即随着石墨烯层数的增加，石墨烯亚层对探针针尖的吸引力变大，探针针尖和石墨烯表层间的接触压力急剧增大，石墨烯表面的摩擦力也随之增大。然而，在较高的正载荷下，悬浮型石墨烯的摩擦力随层数的增加而减小。这

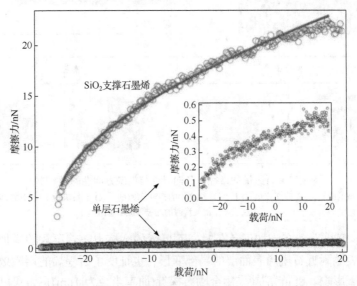

图 3.34 使用 $Si_3N_4$ 针尖在支撑的石墨烯单层和裸露的 $SiO_2$ 表面上获得的摩擦载荷曲线[20]

是因为在较高的正载荷下，较薄的悬浮型石墨烯发生更大的变形。此外，相对于探针针尖上施加的大压应力，亚层对探针针尖与石墨烯表层间接触压力的作用减小。因此，在不同载荷下，探针针尖-石墨烯局部接触区域的变形和探针针尖-石墨烯亚层间范德华相互作用之间的竞争作用最终产生了悬浮型石墨烯膜摩擦力随层数的变化趋势。

Peng 等[72]通过 AFM 研究了石墨烯在软弹性 PDMS 基底上与硬质 SiO₂/Si 基底上的纳米摩擦学特性(图 3.35)。研究表明，基底越软会使得石墨烯变形越严重，不利于获得良好的润滑性能，摩擦过程的耗能越多。基于此，提出一种弹性变形增强褶皱效应模型来解释石墨烯在软弹性基底上的纳米摩擦学特性。

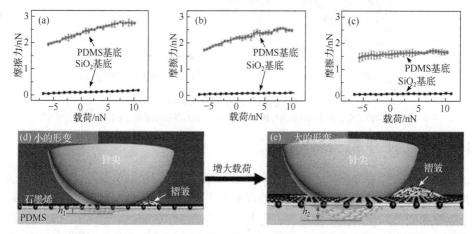

图 3.35　石墨烯在软弹性 PDMS 基底上与硬质 SiO₂/Si 基底上的摩擦力变化及作用机理图[72]

(a) 厚度为 2nm 的石墨烯在不同的基底摩擦时摩擦力与载荷的函数关系图；(b) 厚度为 3nm 的石墨烯在不同的基底摩擦时摩擦力与载荷的函数关系图；(c) 厚度为 4nm 的石墨烯在不同的基底摩擦时摩擦力与载荷的函数关系图；(d) AFM 针尖在低载荷下于软弹性 PDMS 上扫描石墨烯的示意图；(e) AFM 针尖在高载荷下于软弹性 PDMS 上扫描石墨烯的示意图

Reguzzoni 等[101]通过 MD 研究了固定在刚性基底表面不同层数的石墨烯表面的滑动针尖与石墨烯表面之间的作用，模拟系统的球棒示意图见图 3.36。当表面层被探针针尖拖拽发生剪切位移(绝热运动)，产生冻结声子，一旦探针针尖跳至下一个最小能位，表面层又被底层拉回到初始位置(非绝热运动)，冻结声子瞬间释放。基于此，研究表明石墨烯的表面摩擦力随层数的增加而增大。Reguzzoni 等认为膜基间结合力的存在与否及其大小显著影响石墨烯的面外和剪切变形，从而产生不同的石墨烯表面摩擦力随层数的变化趋势。对于强结合力基底上的多层石墨烯，探针针尖引起的石墨烯面外变形和探针黏滑运动产生的剪切变形随石墨烯层数的增加而增大。其中，探针黏滑运动产生的剪切变形通过剪切振动引起能量耗散，石墨烯膜越厚，其表层处于更长的黏着相，即剪切位移越大，而对于更薄的石墨烯膜，强的恢复力使表层快速缩回，探针迅速跳至下一个最小势能位，从而产生更小的摩擦力，因此单层石墨烯的表面摩擦力最小。

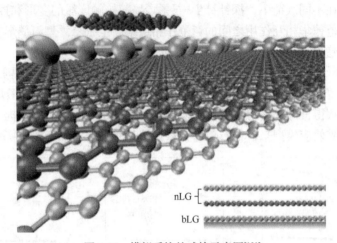

nLG

bLG

图 3.36　模拟系统的球棒示意图[101]

堆叠层的深色和浅色表示伯纳尔石墨的特征 ABAB 序列；nLG-多层石墨烯膜；bLG-组合石墨烯层

## 3.2.4　有效接触质量变化机制

摩擦发生在接触配副之间，则两者之间的接触面积对润滑性能也会产生明显的影响。上述三种机制根据实验中的现象提出，然而，随着材料的层数增多，褶皱效应和变形均呈现变小的趋势，尤其是当样品的层数超过 4 层时，材料的润滑性能接近于其块体材料，而且原子尺度的黏滑行为将不能通过 PT 模型[102]解释，需要新的润滑机制揭示。Li 等[103]对铺展在具有粗糙非晶 Si(a-Si)表面石墨烯的摩擦行为进行了研究，从计算上重现了石墨烯摩擦行为(图 3.37)。研究表明，在接触摩擦过程中，石墨烯由于厚度(层数)的不同会引起表面变形能力的差异，进而影响真实的接触面积；这种单纯的黏着褶皱效应对界面摩擦力的影响在某些情况下可能有限。通过对原子尺度界面作用力的统计分析，发现主导二维层状材料界面摩擦(包括其瞬态演化)行为的关键因素是界面的咬合程度，即接触区上、下表面原子间的局部钉扎强度和整个界面咬合作用。在滑动过程中，石墨烯由于具有很强的面外变形能力，能够动态地调整其构型，从而改变与压头原子之间紧密接触和协同钉扎的程度。由于这种特殊的接触界面"质量"调控能力，使得二维层状材料在摩擦中具有奇特的演化效应。与传统观点中界面摩擦取决于接触面积(即接触区的"量")不同，Li 等提出，对于具有超薄几何特性和超大柔性的二维层状材料来讲，其界面的摩擦还可以由接触区的"质"来进行调控。

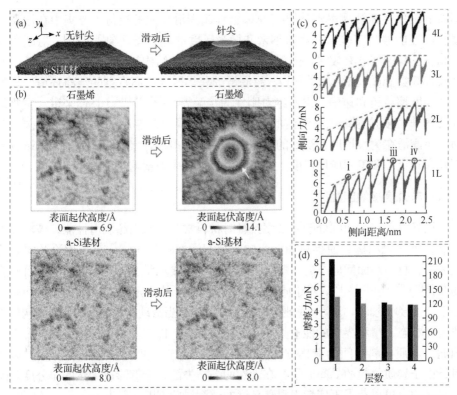

图 3.37　在 300K 时在石墨烯/a-Si 基材系统上滑动的 Si 针尖的 MD 模型和摩擦行为[103]

(a) 探针铺展在粗糙 Si 基材上石墨烯滑动的 MD 模型；(b) 滑动前后石墨烯及 a-Si 基材的表面起伏高度变化；

(c) MD 模拟得到的侧向力曲线；(d) 模拟中界面原子摩擦力的分布图

"i～iv"表示摩擦过程中的不同阶段

## 3.3　二维层状固体超润滑材料超润滑性能影响因素

20 世纪 90 年代，超润滑的概念被提出[104,105]，研究者们就致力于在实验中获得超润滑性能[106]。最初的研究主要集中在云母、石墨等典型的层状材料上，而且多采用 AFM、FFM 及扫描隧道显微镜(scanning tunneling microscope，STM)等进行摩擦学性能的研究。

Hirano 等[107,108]通过使用超高真空 STM 研究了原子级别清洁表面的滑动系统，获得了超润滑性能的证据。研究表明，非公度接触时，几乎没有摩擦力(达到超润滑状态)，而在公度接触时观察到摩擦力与理论计算结果相当，他们还在研究中发现层状材料的摩擦力存在各向异性的现象。科学家们在验证超润滑的过程中付出了很多努力[109,110]，为实验上获得超润滑的存在奠定了基础，在多项研究中均发现层状材料摩擦力存在层间公度性的依赖性。在研究过程中，一些超润滑的现象逐渐被观察到[61,111]。总体上，超润滑性能的获得主要集中在微观尺度，已经能够从实验角度获得纳米和微米尺度的超润滑现象[3,111-113]，对超润滑机制和影响因素已有较深入的理解，而且在非公度结构超润滑的理论指导下，宏观尺度观察到超润滑状态[112,114]。超润滑的获得需要超高真空的洁净环境，较为缓和的摩擦载荷和速度，以及绝对刚性的接触界面[107,115,116]。具体来讲，主要是理想的非公度接触结构，清洁的摩擦滑移接触界面及有序的层状滑移结构。然而，超润滑在更大尺度上受到的影响因素更多，多种因素之间还可能相互影响，因此宏观尺寸和工程应用尺度上的超润滑还需要多因素的考量。

### 3.3.1　非公度接触匹配

层状滑动接触面间处于非公度接触时材料常常表现出超润滑性能，破坏理想的非公度接触结构会使得超润滑态向非超润滑态转化[3,111,113,116]。理论及实验研究表明，材料晶面间原子的匹配状态会影响公度接触状态，从而影响超润滑性能的获得[77,107,108,111,116,117]。对于同质材料，层间处于特定角度(0°和60°)，层间原子处于公度接触态时，滑动会呈现高摩擦系数状态；当滑动接触面间的原子结构处于非公度状态，滑移界面的能量势垒和剪切力很低，能够获得低摩擦系数[3,118,119]。因此，同质材料层间的滑移方向会对其摩擦系数产生明显的影响。对于异质材料，由于异质材料的晶间原子存在天然的晶格失配，能够形成天然的非公度匹配接触结构，可以获得不依赖于滑移角度的超润滑状态[113,120,121]。

Martin 等[61]研究发现，$MoS_2$ 在高真空的条件下能够获得小于 0.002 的超低摩擦系数，并在图 3.38 展示的摩擦界面高分辨透射结构两个位置发现二硫化钼层间处于非公度接触状态(图 3.38(b)中标注的 1 和 2)。Martin 等认为实际摩擦体系的摩擦系数不可能达到零，并重新定义了超润滑的概念，即当实际的摩擦体系的摩擦系数在 $10^{-3}$ 数量级及以下时，就称达到了超润滑状态。

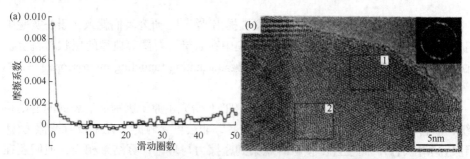

图 3.38　早期观察到的 $MoS_2$ 超低摩擦状态以及层间的错开角度[61]

(a) 摩擦系数变化曲线；(b) 摩擦界面高分辨透射结构图

Hirano 等[108]在干燥和空气气氛两种环境中，于很小的载荷下用函数法测定了单晶白云母的静摩擦力和动摩擦力。研究表明，摩擦力相对于晶格错配角是各向异性的，即当接触面接近成公度(或非公度)时，摩擦力增加(或减少)(图 3.39)。Hirano 等采用扩展的 PT 模型从理论上解释了观察到的有关现象确实是超润滑的证据。Hirano[122]研究了由两个接触面组成的摩擦系统，并推导出了原子发生非绝热运动的条件。通过对各种体系的考察，得出原子发生绝热运动，即在实际体系中存在超润滑现象。研究结果表明，当体系中的每个原子都遵循其平衡位置，并且接触的晶面间处于非公度接触时，超润滑状态出现(图 3.40)。原子的绝热运动可能发生在二维和三维系统而不是一维系统中，这说明接触表面的高维对于超润滑性至关重要。在超高真空中使用 STM 对原子级清洁表面进行摩擦力测量，STM 在 AFM 操作的吸引力模式中通过表面的弹性接触实现滑动。结果表明，当接触界面处于公度接触时，摩擦力约为 $8\times10^{-9}$N，该数值与计算的数值相当；当接触界面处于非公度接触时，实验中没有测到摩擦力，而计算得到的摩擦力为 $3\times10^{-9}$N。因此可以得出的结论是，观察到的摩擦力各向异性源于接触表面的公度性差异，这也意味着存在超润滑性，即接触界面间处于非公度时有可能实现超润滑。

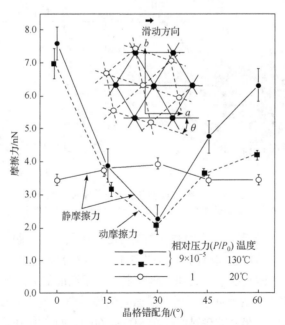

图 3.39　两个接触云母晶格之间的晶格错配角与静摩擦力和滑动摩擦力之间的函数关系变化图[108]
当两个试样在处于公度接触时，晶格错配角约为 0°
$P$-压力；$P_0$-基准压力

Dienwiebel 等[111]采用 FFM 探针在完美的石墨[0001]晶面间滑动，实现了数个纳米尺寸的微观超润滑，实验还发现石墨摩擦力具有各向异性(图 3.41)，说明石

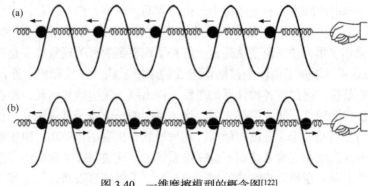

图 3.40　一维摩擦模型的概念图[122]

(a) 出现摩擦；(b) 摩擦消失(超润滑)

符号←和→表示原子所受的力的方向

墨的层间超润滑状态的获得表现出对非公度结构的依赖性。这也是首次在实验上观察到超润滑性能，在纳米尺度上验证了理论预测的基于非公度接触匹配的超润滑状态的存在。

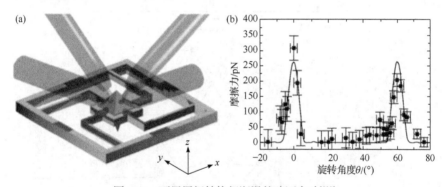

图 3.41　石墨层间结构超润滑的验证实验[111]

(a) 特制摩擦测量装置；(b) 石墨层间结构摩擦力与旋转角度相关性

　　Liu 等[116]研究发现，高定向热解石墨(HOPG)晶面自回缩的超润滑现象，在微米尺度上证实了结构超润滑的存在(图 3.42)。这种自回缩现象发生在尺寸不大于 10μm×10μm 的 HOPG 中。此外，研究表明，超润滑的周期与石墨晶间一样，均为 60°，即 HOPG 的超润滑对于其晶面间的旋转角度具有依赖性(图 3.43)。只有接触界面之间处于非公度接触时(除了 0°和 60°)，两个摩擦面之间的摩擦力几乎消失，获得超润滑性能。自由的石墨烯片会自回缩降低表面能，发生超润滑滑动。这是因为接触界面间晶格处于相对旋转角度时，整个系统在原子尺度上的力可以相互抵消，表现出超润滑性能，但在几个特殊角度时(晶格的接触界面处于公度接触状态时)，摩擦系数较高。

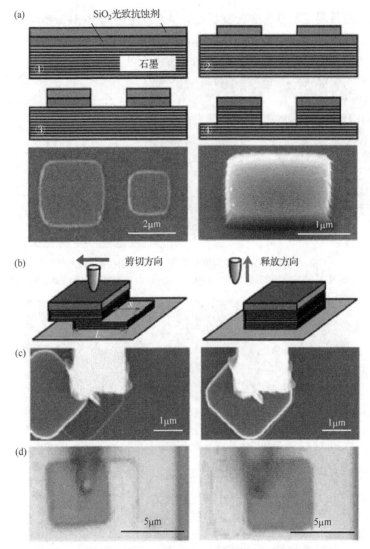

图 3.42　高定向热解石墨(HOPG)的超润滑自回缩现象[116]

(a) 石墨平台的构建；(b) 用显微操纵器部分剪切台面，在石墨平台上形成自回缩薄片的图示；(c) 在 SEM 中观察到的自回缩过程；(d) 用光学显微镜在环境条件下观察到的自回缩过程
(a)中①~④表示石墨平台的构建顺序

　　Feng 等[3]通过 FFM 观察到石墨烯表面的石墨烯纳米片首先从公度状态平移至非公度状态，然后快速滑动到另一个公度状态位置(图 3.44)，研究表明，当接触面形成非公度接触的界面时，表现出超润滑性能。在几个特殊角度会呈现高摩擦系数的状态，而且对于同质的石墨和石墨烯碳材料，滑移方向会影响其摩擦学性能。Feng 等认为堆叠的多层石墨烯是更加有效的纳米润滑剂，因为多层石墨

烯中的纳米层片易于转变为非公度状态，从而产生超润滑(图 3.45)。

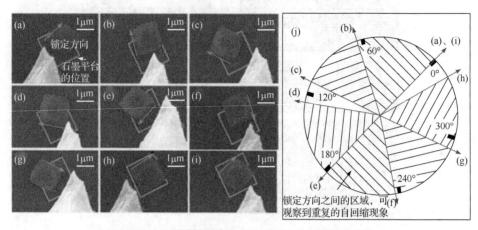

图 3.43　不同旋转角度状态下石墨岛的回缩情况[116]

(a)~(i)在 SEM 中对石墨片层进行原位操作；(j)从(a)~(i)平移的方向锁定图，清楚地表明了 60°对称性

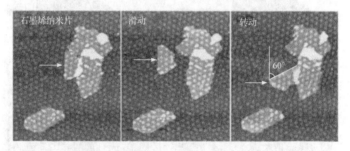

图 3.44　石墨烯纳米片在石墨烯表面上发生滑动和转动现象[3]

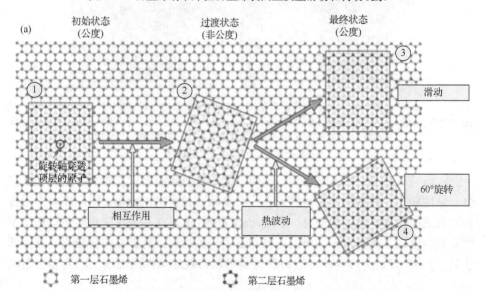

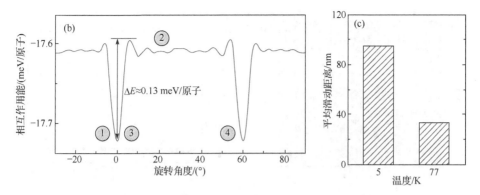

图 3.45　石墨烯表面的石墨烯片超润滑滑动机制[3]

(a) 纳米片旋转达到非公度状态(超润滑状态)的示意图；(b) 石墨烯纳米片和石墨烯表面之间的相互作用能随旋转
角度的变化图；(c) 石墨烯纳米片在 5K 和 77K 处的平均滑动距离
①~④表示变化过程中的 4 种状态

　　Wang 等[123]通过第一性原理研究了二维氟化石墨烯(FG)/MoS$_2$ 异质结构的原子级摩擦。研究表明，由于 FG 与 MoS$_2$ 之间存在固有的晶格失配，使得周期性的莫尔条纹形成，与同质的 FG/FG 和 MoS$_2$/MoS$_2$ 双层结构相比，异质的 FG/MoS$_2$ 双层结构的势能面非常光滑，层间剪切强度降低了近两个数量级，进入超润滑状态(图 3.46)。Wang 等进一步通过对滑动路径研究证实，FG/MoS$_2$ 异质界

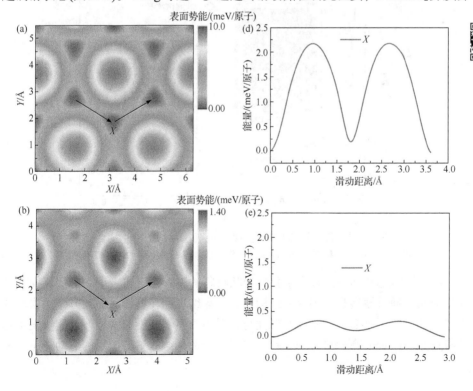

彩图

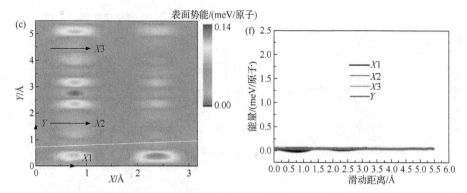

图 3.46　不同晶格失配度体系的表面势能(PES)分布及其随路径的变化[123]

(a)～(c)分别为 MoS$_2$/MoS$_2$、FG/FG、FG/MoS$_2$ 体系的表面势能分布(箭头表示的滑动路径)；(d)～(f) 分别为不同滑动路径下 MoS$_2$/MoS$_2$、FG/FG、FG/MoS$_2$ 体系的表面势能随滑动距离的变化情况

面之间极弱的超低剪切强度使得其展现出超润滑性，研究中发现莫尔条纹的形成，消除了局部能量和力的变化，这是异质 FG/MoS$_2$ 结构的超润滑性的主要原因。Wang 等还研究了不同固有晶格失配率的不同异质结构，预测晶格失配率能够估计出现莫尔条纹所需的尺寸并实现超润滑性(图 3.47)。

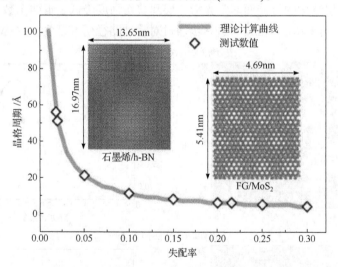

图 3.47　无量纲最小晶格周期在出现具有失配率的莫尔条纹时的变化[123]

副图为石墨烯/h-BN 和 FG/MoS$_2$ 异质结构的莫尔条纹，失配率分别约为 0.0183 和 0.2158

Hod[118]通过引入 RI 概念量化了层状材料的失配度且再现了它们的层间滑动能量分布。通过模型观察到六方结构的石墨烯纳米片在石墨表面上方摩擦滑动的细节，并预测了 h-BN 的摩擦学特性与石墨的摩擦学特性非常相似，能够发生超润滑现象。Leven 等[120]引入 RI 研究了异质石墨烯/h-BN 界面间的滑动能态，发

现由于异质的界面间存在天然晶格失配，相比于石墨烯与石墨烯之间的摩擦，异质的石墨烯与 MoS$_2$、石墨烯与 h-BN 等二维层状材料间存在天然非公度接触匹配超润滑现象(图 3.48)。理论模拟结果发现，当石墨烯薄片在 h-BN 上滑动时，对于存在天然晶格失配的晶格，其滑动能波纹的各向异性随薄片尺寸而减小。当薄片足够大时，不管层间相对的取向如何，滑动能波纹比匹配晶格所获得的波纹至少低一个数量级。足够大的石墨烯片在 h-BN 表面上滑动时发生稳定的超润滑行为，并且与石墨烯片层间的超润滑行为受层间晶格错配角影响，不同异质结之间的超润滑行为即使在层间晶格错配角为零时依然存在。

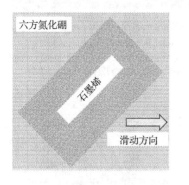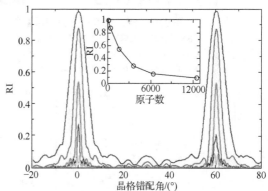

图 3.48　异质的石墨烯与 h-BN 之间的超润滑[120]
峰面积越大表示接触面积越大

　　Song 等[113]将 h-BN 衬底刚性固定在 AFM 载物台上，在其上放置 SiO$_2$ 封盖的石墨薄片。由压电陶瓷换能器(PZT)、加热带和 SiO$_2$/Si 表面组成石墨/h-BN 异质结摩擦测量平台。通过与 SiO$_2$ 尖端的中心区域接触的 AFM 探针施加法向力和横向力。将物镜耦合到 AFM 上，以观测剪切薄片关于 h-BN 基底的相对运动。研究表明，探针拽离 h-BN 的石墨片能够快速自发地回到 h-BN 上(图 3.49)，在石墨和 h-BN 单晶构成的微米尺度异质界面中存在结构超润滑，并结合 MD 和实验研究表明，石墨和 h-BN 异质结中的摩擦应力各向异性比在同类异质结中的摩擦应力各向异性小几个数量级(图 3.50)，在均质界面上质心在摩擦过程中的运动耗散的能量比异质界面上的高出 3 个数量级。在异质界面上，由于形成了莫尔条纹，质心的运动大大减少，以至于原子之间的相对运动在较小角度下(小于 10°)甚至变成了不可忽视的因素。结果表明，在石墨/h-BN 异质界面上摩擦应力表现出六重对称性，在旋转错位状态下的摩擦应力仅为 0.03MPa，和过去在石墨均质体系中观察到的结果相当，并且即便在对齐状态下，摩擦应力仅增加 4 倍，说明在对齐时体系依然处于非公度状态。

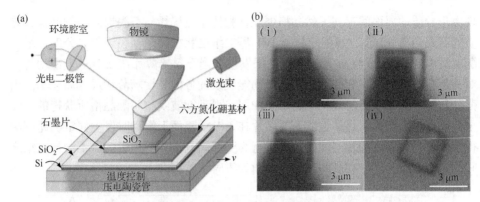

图 3.49　测试装置示意图和超润滑自回缩的光学照片[113]

(a) 石墨/h-BN 异质结摩擦测量的实验装置示意图；(b) 石墨/h-BN 异质结制备过程的光镜图像
(i) 将钨探针连接到 HOPG 台面的 SiO₂ 尖端；(ii)石墨台的钨探针剪切导致台面顶部的阻力；(iii)从钨探针释放时，下部石墨台面部分顶部的拖曳石墨薄片表现出的自回缩运动；(iv)将石墨薄片转移到 h-BN 表面

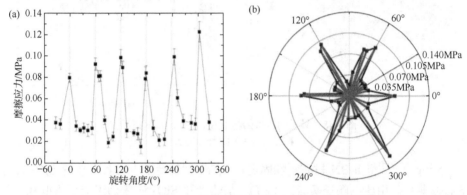

图 3.50　石墨/h-BN 异质结的摩擦应力旋转各向异性[113]

(a) 摩擦应力的各向异性和六重对称性线性数据；(b) 不同角度下的摩擦应力等值线

Wang 等[124]采用石墨烯和 MoS₂ 单分子层组装了范德华异质结构，用 DFT 计算并验证了石墨烯和 MoS₂ 异质结之间的超润滑行为，研究表明，与同质的双层材料相比，异质的石墨烯与 MoS₂ 层间横向力常数降低了两个数量级，这也展现出获得超润滑性的可能。滑动界面诱导的界面电荷密度波动，而不是界面结合能或界面的平均电荷密度对于势能波动和原子尺度的摩擦发挥了关键作用。

Liu 等[125]通过使用无金属催化剂的化学气相沉积方法制备了石墨烯涂层微球(GMS)探针并采用该微球探针直接测量纳米二维层状材料层间的摩擦力，其中石墨烯包覆的 SiO₂ 微球探针的制备过程及摩擦配副如图 3.51 所示。步骤 1，将 SiO₂ 微球分散在石英板上；步骤 2，通过 CVD 法在 SiO₂ 微球上生长多层石墨烯薄膜；步骤 3，将石墨烯涂层的 SiO₂ 微球用紫外线固化胶黏附在悬臂梁上；步骤 4，通过 FFM 对石墨烯涂层微球探针进行摩擦学测试。在 1GPa 的局部粗糙接触压力下，测量石墨烯和石墨烯及石墨烯和 h-BN 之间的滑动摩擦，分别获得了 0.003 和 0.0025 的超低摩擦系数，而且该超低摩擦系数对 RH=51%的相对湿度不敏感。将这种超低摩擦系数归因于随机取向的石墨烯纳米颗粒覆盖的多粗糙接触形成的非公度匹配接触。

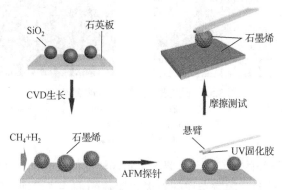

图 3.51　石墨烯包覆的 SiO₂ 微球探针的制备及摩擦配副示意图[125]
UV-紫外线

Cihan 等[57]研究了空气环境条件中由石墨上的 Au 岛形成的介观界面(4000～130000nm²)处的结构超润滑滑动(图 3.52)。采用从头计算模拟(ab initio simulations)表明，金-石墨界面基本上不含污染物分子，从而能够获得结构上的超润滑滑动(图 3.53)。Kawai 等[75]使用 AFM 将石墨烯纳米带拖过定向的金表面时发现摩擦力极低，称具有超润滑性。研究表明，当大的石墨薄片或金纳米团簇(Au 簇)滑过表面时就会出现超润滑状态，结合实验和计算方法证明了石墨烯纳米带在金上滑动时的超润滑性，并阐明了纳米带尺寸和弹性，以及表面重建的作用。Cahangirov 等[76]通过第一性原理研究 Ni 金属间插入不同层数石墨烯后的滑动摩擦行为时发现，对于单层石墨烯，由于其与 Ni(111)面具有很好的匹配性，屏蔽了 Ni(111)面间的吸引力，因此显著减小了 Ni 金属间的黏着力和滑动摩擦力(但仍然存在黏滑运动和能量耗散)；对于结合在 Ni 表面的双层石墨烯，Ni 和石墨烯间较强的耦合作

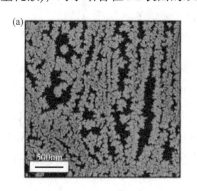
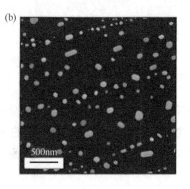

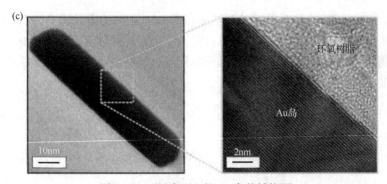

图 3.52　石墨表面上的 Au 岛状结构[57]

(a) 1Å 金热沉积在石墨上的 SEM 图像；(b) 在 650℃沉积退火后各种大小 Au 岛的石墨表面 SEM 图像；(c) 单个
Au 岛的横截面 TEM 图

TEM-透射电子显微镜

用减弱了石墨烯层间的相互作用，降低了石墨烯的能垒起伏，其滑动方式由黏滑运动转变为连续滑动。随着金属间石墨烯层数的进一步增加，能垒起伏逐渐减小，并最终饱和于很小的值。然而，当金属基底被移除后，多层石墨烯的能垒起伏相对较高，且不随石墨烯层数变化。

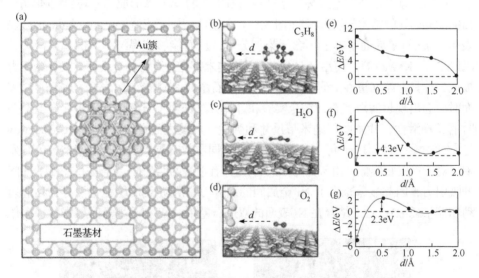

图 3.53　金-石墨界面与污染物分子之间相互作用的从头计算模拟[57]

(a)用于计算模型系统的俯视图；(b)~(d)丙烷、水、氧分子接近金-石墨界面的侧视图；(e)~(g)在(b)~(d)三种情况下，系统总能量(ΔE)关于滑动距离(d)的函数

He 等[126]采用 AFM 通过未改性和十八烷基三氯硅烷自组装单层(OTS-SAM)功能化的 AFM 硅(Si)针尖与未涂覆的 $SiO_2$ 基底、OTS-SAM 涂覆的 $SiO_2$ 基底和 $SiO_2$ 接触，以及基底表面带有的石墨烯片组成六对摩擦配副(图 3.54)，结果表

明，不同配副之间黏着力和摩擦力存在巨大差异。其中，OTS-SAM 涂覆在针尖或基底上时会产生较小的黏着力和摩擦力，尤其是石墨烯片处于基底上且 OTS 涂层尖端在其上滑动时，能够获得超小的摩擦力。这种超小摩擦力的获得是因为石墨烯片和 OTS-SAM 之间的疏水性和晶格失配引起的非公度接触。

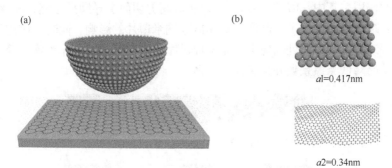

图 3.54　不同晶格常数的摩擦配副示意图[126]

(a) 探针在 $SiO_2$ 衬底上的石墨烯表面滑动的示意图；(b) 上层的 OTS-SAM 和下层石墨烯的晶格常数 $ai$

Jiang 等[127]研究发现，石墨烯和 $MoWS_4$ 纳米片异质复合材料在干燥氩气环境下实现了钢-钢摩擦配副的宏观超润滑，平均摩擦系数约为 0.008(图 3.55)。Jiang 等认为宏观接触力作用下，摩擦界面上形成的易剪切保护层降低了摩擦系数，磨屑中还形成了卷状的纳米结构，在金属的钢-钢滑动界面将形成了非公度界面，从而减少了摩擦和磨损。

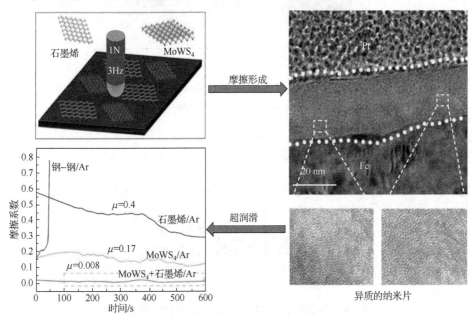

图 3.55　摩擦过程示意图及超润滑性能和摩擦界面微观结构[127]

　　Liu 等[128]将氟化石墨烯(FG)与 $MoS_2$ 纳米复合涂层沉积在具有激光表面织构纹理的不锈钢基底上。沉积在纹理表面上的 $FG$-$MoS_2$ 纳米复合涂层使摩擦系数降低至 0.036(图 3.56)，与使用 $MoS_2$ 涂层相比，它显著降低了磨损率并延长了使用寿命。Liu 等将优异的摩擦学性能归因于 FG 和 $MoS_2$ 纳米薄片之间的协同作用和织构的作用，其中，$MoS_2$ 纳米薄片由于层间剪切而主导润滑性能，FG 纳米薄片由于其疏水性而抑制了外部湿度对 $MoS_2$ 纳米薄片的影响。同时，纹理化表面可以通过改变滑动界面处的应力分布来促进摩擦膜的形成，并作为纳米薄片的储存库，从而降低摩擦系数并延长使用寿命。

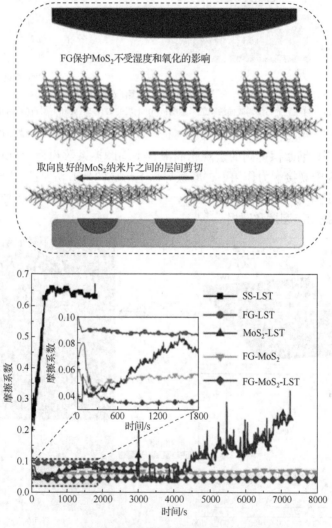

图 3.56　摩擦机理示意图及不同条件下摩擦学性能[128]

SS-不锈钢；LST-激光表面织构

　　Mutyala 等[129]采用石墨烯和 MoS$_2$ 纳米片复合，将复合物沉积在基底上并与 DLC 镀层的对偶球进行配副，在干燥氮气条件下进行的摩擦测试表明，与钢与 a-C:H(基线)配副的摩擦实验相比，摩擦系数和磨损率分别减少 94%和 97%(图 3.57)。结合光学和拉曼光谱研究，以及 TEM 中的磨损碎片分析表明，在滑动界面处形成了无定形碳混合石墨烯层，导致摩擦系数和磨损率的显著减少。

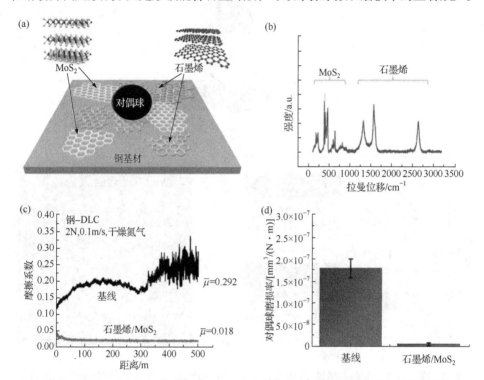

图 3.57　钢与 a-C:H 在 2N 载荷和 0.1 m/s 速度下在干燥氮气环境下的摩擦行为[129]
(a) 石墨烯/MoS$_2$ 固体润滑剂摩擦配副示意图；(b) 沉积在 440C 钢盘上的石墨烯和 MoS$_2$ 的拉曼光谱信号；(c) 基线和石墨烯/MoS$_2$ 固体润滑剂的摩擦系数曲线；(d) 基线和石墨烯/MoS$_2$ 的对偶球磨损率的比较
$\bar{\mu}$ -平均摩擦系数

　　Ren 等[130]通过旋涂的方法在硅基底上制备了石墨烯/MoWS$_4$ 异质结构(G-MW)纳米复合材料，并研究其摩擦学性能(图 3.58)。通过球-盘摩擦试验机、三维表面轮廓仪及高分辨率表征技术研究了纳米复合材料的润滑机制。结果表明，摩擦系数从 0.4 降低到超低水平(摩擦系数 $\mu$ 约为 0.02)，由于硅基体的润滑作用和转移膜的形成，硅基体的磨损率降低了 3 个数量级。纳米复合材料的高分辨率结果表明转移膜的形成，且纳米结构的石墨烯和 MoWS$_4$ 完全混合在转移膜中。转移膜通过将钢/硅的直接相互作用转移到易于滑动的钢/转移膜/硅接触中形成低摩擦系数接触。此外，纳米片的特殊堆叠和取向使得复合物在摩擦过程中展现超低摩擦系数。

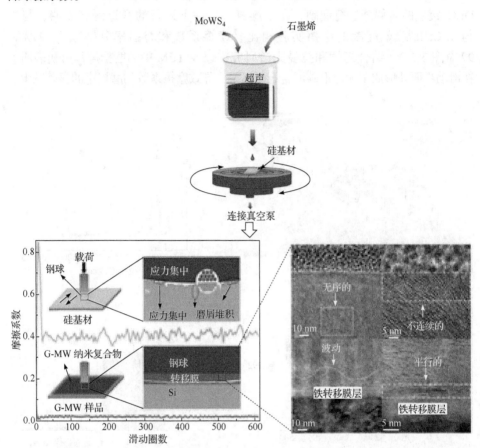

图 3.58　在硅基底上制备石墨烯/MoWS$_4$异质复合材料的旋涂示意图、摩擦磨损机理示意图和
摩擦界面微观结构[130]

　　Hou 等[131]通过简便的一釜水热法合成了具有不同成分的还原氧化石墨烯(RGO)/MoS$_2$异质结构(图 3.59)，研究了两种比例的氧化石墨烯和 MoS$_2$ 复合物的摩擦学性能，以探索合成异质结构的形态、化学成分和润滑性能之间的关系。在RGO 上含高负载量 MoS$_2$ 的情况下，翘起的 MoS$_2$ 纳米片的结构提供了额外的空间位阻效应，从而抑制了其在液体石蜡中的分散聚集和沉降趋势。结果表明，RGO/MoS$_2$ 异质结构具有更好的润滑性能，摩擦系数更低(作为添加剂的油润滑时摩擦系数约为 0.09，作为涂层的真空润滑时摩擦系数约为 0.02)，并且比单一和物理混合形式的 RGO 或 MoS$_2$ 具有更高的耐磨性。Hou 等提出润滑性能提升的原因是 RGO 和 MoS$_2$ 之间固有的晶格失配，剪切强度降低。

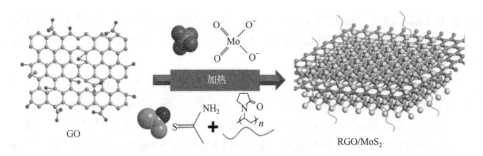

图 3.59　异质 RGO/MoS$_2$ 复合物合成过程的示意图[131]

Zhang 等[132]通过化学还原法合成了 RGO/Cu 纳米颗粒复合材料(图 3.60)，并采用摩擦试验机研究了该材料作为润滑油添加剂的摩擦学性能。结果表明，与只含有 RGO 纳米片的润滑油相比，复合材料表现出更优异的耐磨性、承载能力和润滑性能，这归因于极薄的层状结构和该复合材料在基础油中的协同作用。

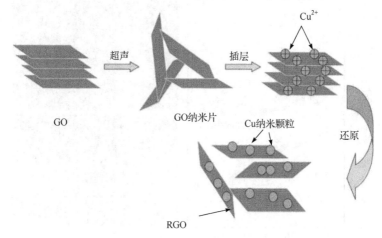

图 3.60　通过化学还原法合成 RGO/Cu 纳米颗粒复合材料过程的示意图[132]

### 3.3.2　接触界面间尺寸

基于 F-K 模型预测出的超润滑状态，需要滑移的界面之间构建稳定的非公度接触状态(结构超润滑)。该理论的提出是基于一个无限大的不存在边界的接触界面[133-135]，同时需要接触界面之间保持刚性的原子级洁净且弱的相互作用[75,76,136-138]。但是，实际的摩擦体系总是存在边界，接触界面之间的面积并非无限大且存在边缘[57,73,139,140]。因此，在真实的摩擦过程中，体系的实际尺寸会对体系的润滑性能产生影响。

Ye 等[11]通过 MD 证实了 Lee 等[18]提出的石墨烯表面摩擦力随层数增加而减小的褶皱机理。研究表明，仅当石墨烯尺寸超过某一临界长度时，石墨烯表面的摩擦力才随石墨烯层数的增加而减小。这是因为随着石墨烯尺寸的减小，石墨烯层间的结合能减小，石墨烯层间距离增大，下层石墨烯对上层的约束减小，表层石墨烯更易于发生褶皱。

Dietzel 等[140]通过测量不同尺寸的锑(Sb)颗粒在 $MoS_2$ 和 HOPG 上的滑动摩擦力，提供了理论预测的接触面积阈值的实验证据。理论预测认为接触面积存在一个极限值，临界接触面积阈值($A_{critical}$)主要取决于横向接触和界面相互作用能之间的相互作用(图 3.61)。研究表明，对于接触面积小于 $15000nm^2$ 的小颗粒，普遍存在剪切应力随接触面积线性下降的超润滑滑动，而对于接触面积较大的 Sb 颗粒则表现为向恒定剪应力行为。此外，石墨上的 Sb 颗粒在整个尺寸范围内显示超润滑性。模拟计算表明，$Sb/MoS_2$ 的化学相互作用比 $Sb/HOPG$ 的化学相互作用强得多。因此，Sb 颗粒与 $MoS_2$ 和 HOPG 之间的摩擦学性能和接触面之间临界接触面积阈值大小不同。

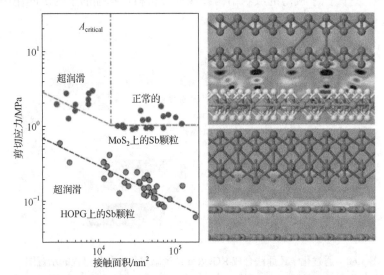

图 3.61　不同尺寸的 Sb 颗粒在 $MoS_2$ 和 HOPG 上的滑动以及相互作用的原理[140]

Mandelli 等[141]研究了石墨烯与 h-BN 异质结的鲁棒性超润滑性能。对于对齐的界面，确定了特征的接触面积，在该接触面积以下，异质结的行为像其他均质材料一样，其摩擦力随接触面积线性增长。随着接触面积的增加，莫尔条纹逐渐出现，逐渐能够获得超润滑性，进而使得超晶格结构由光滑的孤子状滑移转变成集体黏滑运动。在未对齐的接触界面中，非公度接触效应得到了增强，摩擦系数进一步下降了几个数量级。原子模拟结果表明，与同质的石墨烯界面相比，异质的石墨烯/h-BN 结构中的超润滑状态可以持续承受更高的载荷，揭示了石墨烯和 h-BN 的异质结表现出的超低摩擦系数的原理。

### 3.3.3　边缘钉扎效应

实际的润滑材料不可避免地存在晶体边缘[35,121,142-145]，这些边缘处能量高，容易发生反应。在摩擦过程容易被破坏，不利于超润滑性能的获得。尤其是宏观材料一般为多晶结构，还不可避免地存在缺陷和棱边悬键，这些位置处的不饱和化学键活性高，就会影响其摩擦学性能[63]。此外，宏观摩擦力还会对材料造成破坏，在局部剪切力的作用下，完整的片层结构就会遭到不同程度的破坏，进一步促使新的活性悬键暴露，化学键之间的强相互作用会引起强烈的黏着和摩擦[32,52,55]。二维层状材料具有独特的纳米薄片及坚固的低维共价结构，使得边缘的化学键相对分散和弱化，对环境气氛的敏感性相对较弱[4,45]，在多种环境中展现出优异的宏观润滑特性[5,7,45,51,56,65,90,129,130,146-149]。此外，氢气、氧气及水分子等活性气体分子及官能团化均能够起到钝化边缘悬键的作用，使得化学键的不利作用有所缓解[51,52,150]。材料中引入缺陷、边缘悬键及材料表面改性会破坏材料理想的层状非公度接触结构，导致超润滑失效。

Liao 等[121]采用 AFM 研究了外延生长的 $MoS_2$-石墨(晶格失配度约为 26.8%)及 $MoS_2$-h-BN(晶格失配度约为 24.6%)异质界面的摩擦学特性，对大晶格失配范德华异质界面的超润滑现象进行了研究(图 3.62)。研究表明，这两种大晶格失配范德华异质界面是理想的超润滑系统，摩擦系数低于 $10^{-6}$(和测量极限处于同一水平)，且不依赖于层间的相互转角(即各向同性)。模拟结果表明，由于晶格周期性在边缘被破坏，边缘原子束缚减弱。因此，相较于中心原子，边缘原子更加活跃。同时计算结果也显示边缘原子势能面较中心原子显著升高。MD 模拟结果清晰地显示出了边缘原子和中心原子的不同状态，更不稳定的边缘原子更容易在滑移中耗散能量。研究还表明，在界面超润滑体系中要尽量避免晶格边缘、界面台

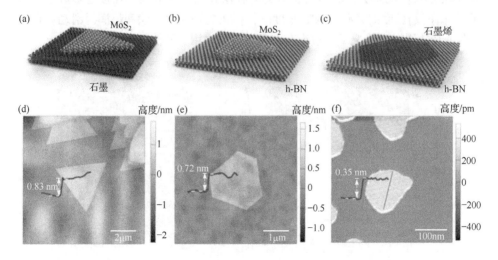

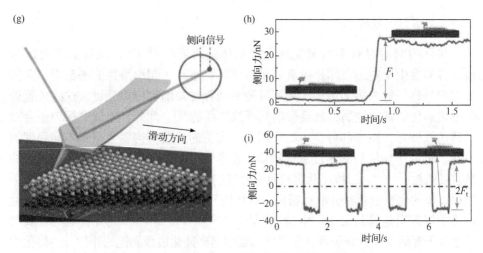

图 3.62　二维异质结构的范德华界面摩擦表征[121]

(a)~(c) 三种异质结构的原子结构图；(d)~(f)为(a)~(c) 对应的三种异质结构的 AFM 形貌；(g) 摩擦力测量过程示意图；(h) 从边缘推时 MoS$_2$/石墨异质结的摩擦力；(i) 从中心针尖拖动时 MoS$_2$/石墨异质结的摩擦力

$F_{\text{t}}$-摩擦力

阶及位错等结构缺陷，从而降低其对结构超润滑的不利作用(图 3.63)。

Gigli 等[151]通过数值模拟和建模研究了沉积在金上的石墨烯纳米带(GNR)滑动的纵向静摩擦的原子性质，石墨烯纳米带(GNR)内部在结构上是润滑的(超润滑)，静摩擦力由 GNR 的前/尾区域主导，其中与金表面下方相互作用产生的剩余未补偿侧向力阻碍自由滑动。由于边缘的钉扎效应，静摩擦力不会随着 GNR 长度的增长而增大，而是在一个相当恒定的平均值附近振荡。Gigli 等提出这些摩擦振荡可以用 GNR-Au(111)晶格失配来解释，即在某些 GNR 长度接近拍频(或莫尔条纹)长度的整数时，具有良好的力补偿和超润滑滑动。在接近整数个周期(或莫尔条纹)长度的某些 GNR 长度下，存在良好的力补偿和超润滑滑动；在接近半个奇数周期的情况下，边缘存在明显钉扎作用，摩擦力更大。

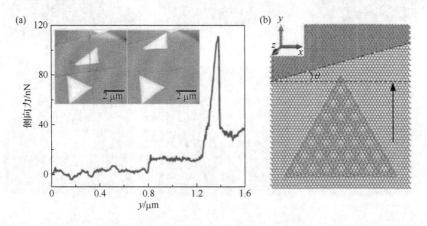

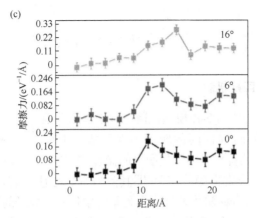

图 3.63　界面台阶对摩擦力的影响[121]

(a) 将一个 MoS₂ 域推过石墨单层台阶时的侧向力(在 AFM 图像中，灰色线标记石墨台阶，箭头表示尖端路线);
(b) MD 计算的构型图(虚线标记石墨台阶，箭头标记垂直于滑动方向的方向); (c) MoS₂ 片的平均摩擦力与在
16°、6°和 0°的行进距离的函数关系

### 3.3.4　结构变形效应

结构超润滑的获得受到材料所处的气体环境(气氛环境、气体分子吸附和解吸)等因素的影响[53,114,152]。实验表明，石墨、MoS₂ 等层状材料沿着平行于基础面的方向滑移时，层间剪切能量势垒低，摩擦系数处于较低状态[153,154]，其平行于基础面的层状滑移结构被认为是具有低摩擦系数特性的原因[116,155-158]。然而，材料多为多晶结构，由不同晶面取向的晶粒组合而成。在摩擦的初始阶段，滑移可能并非完全发生在基础面上，并不利于低摩擦系数的获得。二维纳米结构是层状材料的组成单元，研究表明，二维纳米结构的石墨烯在宏观摩擦力的诱导下，其特有的二维纳米结构能促使滑移界面形成有序的层状滑移结构[4]。

微观上对于结构变形的研究大多集中在层数上[18,103]。研究表明，层数及材料与基底之间的相互作用均会对结构变形产生影响，从而显著影响其摩擦学性能。对于悬浮型的石墨烯，没有基底的支撑，如果受到外加作用力，则会产生褶皱使得接触界面之间有效接触压力增大，进而使得摩擦力增大[103]。层数增多时，其抗弯曲刚度增加会抑制其变形程度，因此在一定层数和尺寸范围内，摩擦系数会随着层数的增多而呈现下降趋势[11,13,18,159,160]。如果将石墨烯沉积在基底上形成支撑型的石墨烯涂层，将有助于其面外弯曲刚度增加，可以在一定程度上抑制外力作用时的褶皱效应，使得其变形程度减小，有利于摩擦力的降低[22]。尤其是当石墨烯与基底之间相互作用强时，其褶皱效应得到很好的抑制[161]，层数对于摩擦系数的依赖性不再明显[2]。通过等离子体处理基底，提升基底与石墨烯之间的结合力，也有助于获得低摩擦力[77,161]。此外，基底越软材料越容易发生变形，摩擦力作用时，材料也不可避免地发生变形，不利于获得低摩擦力[73]。

# 3.4　二维层状固体超润滑材料超润滑机制

### 3.4.1　非公度接触匹配机制

Hirano 等借助经典的 F-K 模型，通过理论预测发现，当两个洁净晶面在处于理想的非公度接触时界面间的摩擦力等于零，并将这一现象定义为超润滑(superlubricity)，由此首次提出了超润滑的概念[104,105,108]。具体来讲，就是当两个晶体接触界面处于公度接触状态时(即其晶格常数之比为有理数且取向一致，图 3.64(a))，系统的滑移阻力非常大，是系统中每一个原子的滑移阻力之和；当两个晶体接触界面之间处于非公度接触(即晶格常数之比为无理数或者存在相对转角，图 3.64(b))时，接触界面之间原子受力的方向随机，而且滑移界面上各个方向的摩擦力大小相等，方向相反，矢量和为零，因此在整个接触区域内沿各个方向的作用力相互抵消。如果界面之间的接触面积足够大，那么所有晶面原子之间的静摩擦力趋向于零，而且滑动时没有能量耗散，滑移界面之间没有阻力，即动摩擦力也为零。这意味着整个体系表现为摩擦力为零的状态。

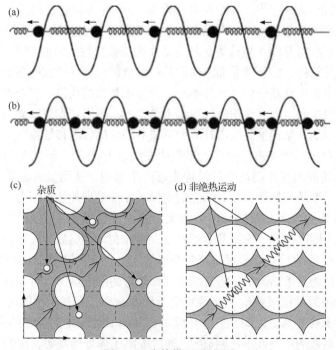

图 3.64　摩擦模型图[122,157]

(a) 正常一维摩擦模型；(b) 超润滑状态；(c) 二维原子接触表面；(d) 三维摩擦系统(图中白色部分表示不稳定区域，阴影部分表示稳定区域)

　　由以上超润滑的理论模拟可以预测，对于原子级光滑的表面，只有当两个滑动原子晶面满足特定的取向，即非公度接触，才有可能实现超润滑。然而，在真实的摩擦过程中，虽然滑移界面能量势垒处于极低的状态，但是摩擦界面之间总是由于激发声子、电子而产生能量耗散，难以达到摩擦力绝对为零的状态。因此，以上提出的绝对意义上摩擦系数和能量消耗均为零的状态，只能是理论上的，此时摩擦接触界面之间表现为一种准静态摩擦。

　　Dienwiebel 等[111]在实验上观察到完美结构石墨晶面间的超润滑状态，首次证实了纳米尺度上的结构超润滑。如图 3.65 所示，通过 FFM 在石墨晶面上滑动，发现石墨的超润滑获得依赖于层间非公度接触状态的维持，还观察到石墨摩擦力的各向异性。

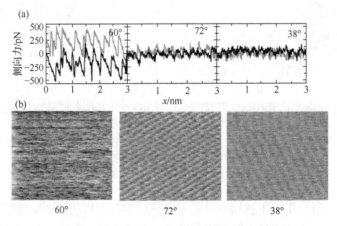

图 3.65　纳米尺度上石墨层间的结构超润滑[111]

(a) 摩擦环(黑色向前，灰色反向)；(b) 侧向力图像(正向，沿扫描方向以尖面取向角)

　　Liu 等[162]提出一种热辅助机械剥离转移法制备了二维层状材料纳米片包裹的 AFM 探针针尖(图 3.66)，将石墨、h-BN、$MoS_2$、$ReS_2$、$TaS_2$ 等 5 种二维纳米片包裹到 AFM 探针上，并与体相的层状材料(石墨等)组成摩擦配副进行实验，测得了 5 种单晶二维层状材料范德华异质界面的原子尺度摩擦系数，获得高接触应力、较高湿度时、无相对转角依赖性的可持续稳定超润滑，摩擦系数低至 0.0001，并获得了原子级分辨的二维层状材料层间滑动摩擦力图案(图 3.67)。

　　将石墨包裹针尖与石墨基底组成摩擦配副进行对摩，研究了超润滑体系的旋转角度依赖性，发现摩擦力呈现显著的转角依赖性，即石墨/石墨间摩擦力随着摩擦副旋转角度而变化，每隔 60°出现摩擦峰值，此时针尖包裹的石墨与石墨基底处于公度接触状态；与此形成鲜明对比的是，采用同一根石墨探针和 h-BN 基底对摩，发现在各个相对转角下，均可以实现异质界面超润滑。此外，超润滑状态在有限的摩擦实验时间内(40000s 后停止实验)依然能够稳定维持，超润滑在法向载荷 1.2μN 下仍可实现，并能在相对湿度 60%的环境气氛中维持。

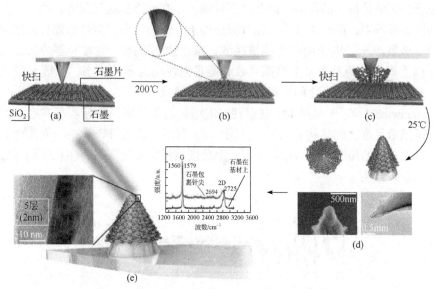

**图 3.66　热辅助机械剥离转移法制备的二维层状纳米片包裹的 AFM 探针针尖[162]**

(a) 在室温下对新鲜剥离的石墨基底进行常规探针扫描；(b) 快速加热过程中的针尖断裂；(c) 在高温下，在针尖扫描过程中将石墨薄片包裹在断裂针尖上；(d) 石墨包裹断裂针尖的 SEM 图(左)和 TEM 图(右)；(e) 拉曼光谱测量的示意图及针尖上石墨的高分辨透射图(左)和拉曼光谱(右)

### 3.4.2　有序层层滑移机制

Song 等[4]研究了三维结构的石墨与二维结构石墨烯的真空摩擦学行为。研究表明，二维结构的石墨烯在真空中能形成自定序的摩擦界面，且观察到了在 8～10 层石墨烯低能量外层表面层层滑移现象的发生(图 3.68(a)和图 3.68(b))。Song 等认为在摩擦定序及摩擦润滑过程中存在着特殊的二维纳米结构效应，影响层状滑移结构的形成和层间的择优低能量滑移。Song 等还提出，石墨基底料宏观低摩擦学性能的获得不仅需要具有定向层状滑移结构，而且必须抑制边缘悬键的作用。

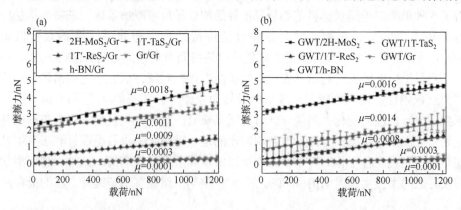

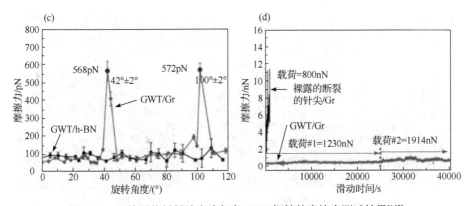

图 3.67 二维层状材料纳米片包裹 AFM 探针的摩擦力测试结果[162]

(a) 各种二维纳米片包裹 AFM 探针针尖与石墨基体之间的摩擦力；(b) 石墨包裹针尖(GWT)与各种层状材料基体之间的摩擦力；(c) 在 100nN 的法向载荷下，GWT 扫描对扫描尺寸为 5nm 的石墨或 h-BN/Gr 的旋转角度依赖性；(d) 裸露断裂尖端和石墨包裹的断裂尖端与石墨基体的摩擦随着滑动时间的曲线

2H-六方相结构；1T-稳态四方相结构；1T'-亚稳态四方相结构

石墨材料的棱面边缘上有大量的活泼悬键，相对于基础面具有更高的表面能，在摩擦过程中会优先与对偶表面发生黏着，阻止了基础面在摩擦面的平行排列，摩擦界面不能形成定向层状滑移结构(图 3.68(c))。对于多晶的石墨更是如此，犹如一堆随意堆积的砖头，棱面所占比例更为显著，棱面上悬键会发生更为强烈的作用，因此其真空摩擦学性能极差。石墨烯将石墨的三维结构转变为二维薄纸页结构，有效地控制了悬键发挥作用，在摩擦的驱动下，多晶结构会定向自形成平行于基础面的易剪切层状滑移结构，并自发形成了高度定向有序的层状滑移结构(图 3.68(d))，使得石墨烯具有优异润滑性能，极大地突破了石墨类润滑材料的真空性能。

Won 等[163]研究了石墨烯涂层在干接触滑动作用下的摩擦磨损机理。在宏观尺度上，超薄石墨烯涂层在干接触滑动下对金属表面具有保护能力，然而持续的摩擦过程仍会导致石墨烯良好的片层结构被破坏，进而形成非晶碳，该结构的形成会导致摩擦系数增大。高雪等[164]研究了结构形貌不同的四种 $MoS_2$ 材料的摩擦学性能(图 3.69)，包括块状 $MoS_2$(记为 M1)、微米级 $MoS_2$ 微球花(记为 M2)、纳米级 $MoS_2$ 微球花(记为 M3)、单层 $MoS_2$(记为 M4)。研究表明，宏观摩擦过程主要作用机制是层层滑移机制，纳米级 $MoS_2$ 微球花在摩擦力作用下也会剥离成片状结构(图 3.70)，且随着 $MoS_2$ 尺寸和层数的减小，其耐磨寿命显著提升。

Li 等[150]研究了石墨烯在空气和氮气气氛中的摩擦行为，讨论了大气环境变化引起的微观结构演化及其对石墨烯摩擦系数的影响(图 3.71)。结果表明，石墨烯在空气和氮气气氛环境中均表现出优异的宏观润滑性能。在空气中，氧气分子($O_2$)和水分子($H_2O$)可以钝化石墨烯纳米片的边缘悬键和缺陷，在滑动界面处可以形成高度有序的层状滑移结构。因此，石墨烯纳米片与纳米片层之间的相互作

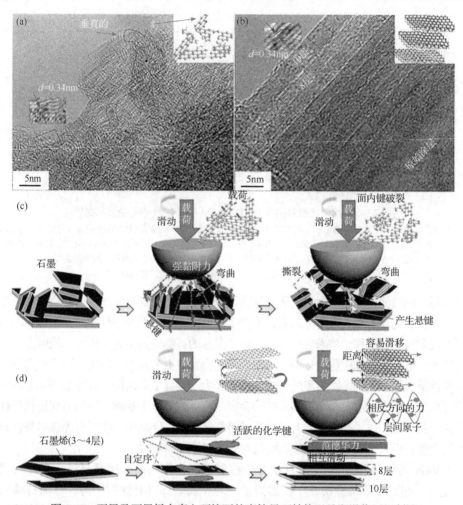

图 3.68　石墨及石墨烯在真空环境下的摩擦界面结构以及润滑作用机制[4]

(a) 石墨的滑移界面微观结构；(b) 石墨烯的滑移界面微观结构，副图为摩擦界面结构示意图；(c) 石墨在真空中
的润滑机制示意图；(d) 石墨烯在真空中的润滑机制示意图

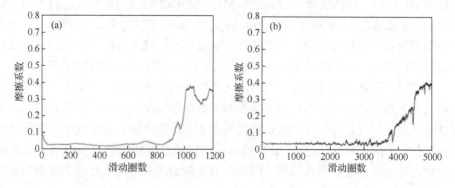

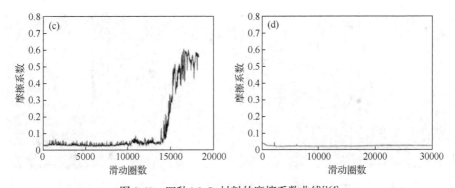

图 3.69　四种 $MoS_2$ 材料的摩擦系数曲线[164]

(a) 块状 $MoS_2$(M1)；(b) 微米级 $MoS_2$ 微球花(M2)；(c) 纳米级 $MOS_2$ 微球花(M3)；(d) 单层 $MoS_2$(M4)

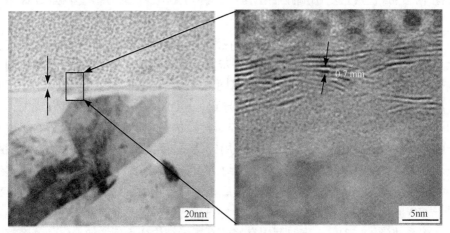

图 3.70　纳米级 $MoS_2$ 微球花(M3)摩擦稳定期磨痕截面的高分辨透射电镜照片[164]

用较弱，摩擦系数低(0.06～0.07)。在氮气气氛中，由于滑动过程中产生的缺陷之间发生相互作用，摩擦系数增加到 0.14～0.15，而具有孤对电子的氮气分子只能在一定程度上钝化纳米片，从而破坏有序的层状滑移结构形成，使得摩擦系数处于较高的状态。

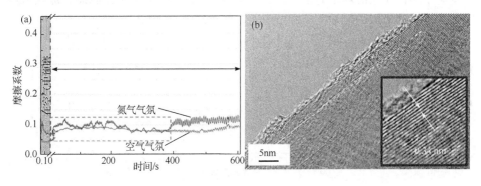

图 3.71　石墨烯在不同气氛中的摩擦系数变化及相应的摩擦界面微观结构[150]

(a) 石墨烯在不同气氛环境中的摩擦系数变化曲线；(b) 石墨烯在空气中经过短时间的预磨合后的摩擦界面微观结构；(c) 石墨烯在空气中经过短时间的预磨合后在空气中进行正式的摩擦实验后摩擦界面微观结构；(d) 石墨烯先在空气中预磨合后又在氮气中进行正式的摩擦实验后摩擦界面微观结构

Gao 等[165]发现，通过摩擦过程可在滑动界面上诱导氧化石墨烯(GO)结构转化为石墨烯。通过实验和理论模拟进一步揭示了控制因素和分子相互作用机制，结果表明，剪切力驱动 GO 的—OH 基团和对应物的活性键之间，以及相邻 GO 片的—OH 基团之间的摩擦化学反应，导致 C—OH 断裂，$sp^3C$ 转变为 $sp^2C$，从而形成完美的六元环。断裂的—OH 与摩擦对的悬空键结合或从相邻 GO 片的—OH 捕获氢并生成水分子。Gao 等利用拉曼面扫表征了摩擦过程中 GO 涂层磨痕表面 GO 的 D 拉曼特征峰(拉曼位移约 $1350cm^{-1}$)与 G 拉曼特征峰(拉曼位移约 $2700cm^{-1}$)的强度比($I_D/I_G$)的动态变化及摩擦系数变化(图 3.72)，发现摩擦力可以诱导 GO 向理想的石墨烯结构转变，良好石墨烯结构的形成有利于获得低且稳定的摩擦系数(图 3.73)。一定时间内良好的石墨烯结构会不断增加，但随着摩擦的不断进行，良好的石墨烯结构会受到破坏，持续的摩擦最终会导致 GO 结构受到严重的破坏，导致摩擦系数上升且出现波动。

### 3.4.3　多点接触结构机制

基于结构超润滑理论的指导，实验中观察到瞬态宏观超润滑状态，被认为是因为摩擦转移形成的纳米片与摩擦配副之间形成多点接触结构[166,167]。

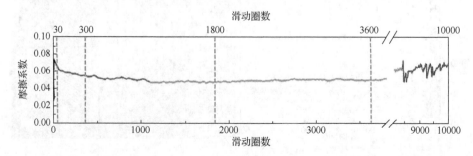

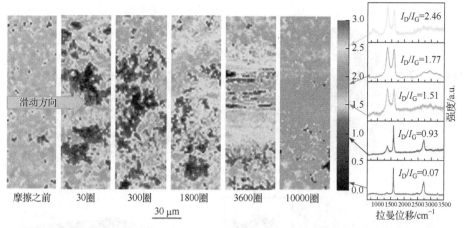

图 3.72　GO 在干燥氩气下的摩擦曲线以及宏观接触模式下不同摩擦阶段 $I_D/I_G$ 的拉曼面扫结果[165]

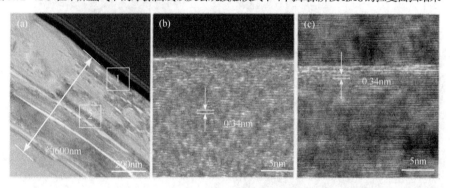

图 3.73　摩擦进行 300 转时 GO 涂层摩擦界面的断面微观形貌[165]

(a) 断面结构的 TEM 形貌；(b) 图(a)中框 1 的 HRTEM 形貌；(c) 图(a)中框 2 的 HRTEM 形貌

HRTEM-高分辨透射电子显微镜

　　Berman 等[114]将石墨烯与纳米金刚石颗粒混合涂覆在基底表面并与在 DLC 薄膜镀层的对偶球配副，在干燥氮气条件下获得了宏观超润滑状态，摩擦系数低至 0.004(图 3.74)。研究表明，这是因为滑动过程中在滑动界面的石墨烯片会包裹纳米金刚石形成纳米卷，该纳米卷能在 DLC 表面滑动，石墨烯包裹到纳米接触点上，与上下接触界面上的石墨烯片形成非公度接触，并减小了摩擦配副之间的接触面积，两者协同作用下，复合体系的摩擦系数显著降低，实现了宏观接触尺度上的超润滑性能。

　　Li 等[166]采用针尖在 HOPG 表面滑动时观察到超润滑现象，这是因为针尖上转移形成的石墨烯纳米片与石墨界面之间形成非公度接触结构，摩擦系数约为 0.0003，该状态归因于在非公度接触中石墨烯/石墨界面极低的剪切强度。当压力超过某个阈值时，超润滑状态突然崩溃，摩擦系数增加约 10 倍。超润滑的失效是因为在超高接触压力下石墨最顶层石墨烯层的分层，这需要尖端在滑动过程

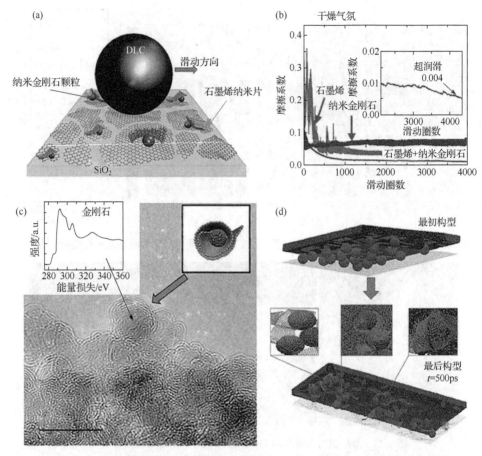

图 3.74 石墨烯/纳米金刚石颗粒复合物的宏观超润滑及摩擦界面上形成的石墨烯纳米卷结构[114]
(a) 摩擦实验中配副构型的示意图; (b) 氮气气氛中获得的超润滑性能; (c) 摩擦界面上形成的石墨烯纳米卷结构; (d) 模拟过程中纳米卷的形成过程

中提供额外的剥离能量。采用 $SiO_2$ 微球与石墨对摩时[167]发现,滑动摩擦后石墨在 $SiO_2$ 微球凹凸不平的表面上转移石墨烯纳米片,并与 HOPG 之间形成非公度匹配接触(图 3.75),实现了在环境条件下的超润滑。另外,Li 等[168]制备了金纳米晶体涂层探针在接触区形成多个金-石墨异质界面,通过分析摩擦力随接触面积的幂律关系发现,在异质界面高接触压力下实现了超润滑,摩擦系数降低到 0.001 数量级(图 3.76)。超低摩擦系数可归因于多个金-石墨异质界面处的失配晶格形成了非公度接触结构,获得了结构超润滑。此后,Li 等[112]通过在初始滑动后在钢接触区形成许多摩擦转移的多层石墨烯纳米薄片(MGNF),在宏观尺度上实现了石墨对钢的瞬时超润滑,摩擦系数可以降低到 0.001 的最小值。

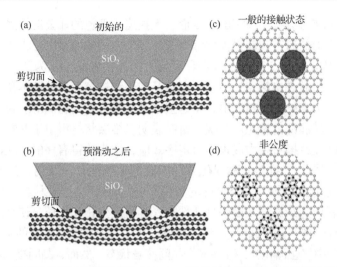

图 3.75　摩擦转移的石墨烯纳米片与 HOPG 形成多点接触构型示意图及摩擦力[167]

(a) 初始阶段时 $SiO_2$ 与石墨之间的剪切面示意图；(b) 预滑动后 $SiO_2$ 表面和剪切面上转移的石墨烯纳米片示意图；(c) 初始阶段 $SiO_2$ 与石墨接触的示意图；(d) 预滑动后转移的 GNFs 与石墨之间非公度接触示意图

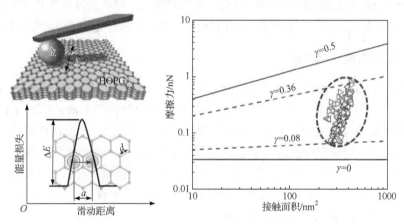

图 3.76　金纳米晶体涂层探针与 HOPG 之间的异质滑动界面与摩擦学性能[168]

$\gamma$ 为幂指数

## 3.5　宏观尺度上超润滑的获得与设计

经过多年的研究，微观尺度结构超润滑已经能够实现，一些材料体系中也观察到宏观尺度超润滑现象[111,114,169-171]，研究者们发现实现宏观尺度的超润滑满足平直且无变形的层状滑移结构、无化学污染及理想的非公度匹配三方面的基本条件[9,113,118]。宏观摩擦与微观摩擦最突出的差异就在于宏观摩擦接触面积大，因此宏观尺度上获得大接触面积的无变形、无缺陷且理想的非公度接触是很难的。宏观尺度超润滑的研究和获得需要综合考虑多个方面的因素。首先,微观尺度上的结构超润滑容易获得,那么将宏观尺度上大的接触面分割为微观上小的接触点,然后在每个微观接触点处控制,以满足实现结构超润滑的基本条件,就能够在每个微观接触点处获得超润滑,将这些微观接触点处的超润滑组合在一起就能实现其向宏观超润滑的转化。其次,研究表明二维层状材料由于其特有的低维纳米效应,能够在摩擦过程中展现出自定序效应,这为获得有序的层状滑移结构提供了可能[4,150,165]。二维层状材料优异的宏观润滑特性,以及纳米技术的兴起和蓬勃发展,也为此提供了一个良好的契机[1,7,172]。然而,宏观材料一般为多晶取向,而且材料的边缘悬键及缺陷处活性高,容易发生相互作用,使得二维层状材料在定序过程受到气氛、载荷等因素的影响[52,63],因此需要多因素的考量。再次,宏观摩擦过程中接触面积大,存在多个晶间接触状态。然而,晶间接触状态难以全部有效控制,宏观摩擦中获得不依赖于层间滑移角度的天然非公度匹配就非常重要。理论以及实验研究均表明,异质的材料接触界面之间可以获得不依赖层间旋转角度的非公度匹配结构[120,121,141]。最后,石墨烯等二维层状材料的界面滑移发生在低能量势垒外层表面[4],这为实现异质材料界面结构的设计提供了可参考的思路。

### 3.5.1　有序层层滑移界面

微观尺度上,结构超润滑的实现是基于完美的层状滑移结构[111,116],到了宏观尺度上,平直无变形的有序层状滑移结构是实现结构超润滑的前提条件。然而,宏观摩擦并非完全发生在基础滑移面上[155]。考虑到二维层状材料具有独特的薄层结构,能够在摩擦过程中形成高度有序的层状滑移结构[4,165],因此二维层状材料可以成为获得有序滑移结构的合适候选材料。然而,宏观摩擦过程中,还需要考虑二维层状材料的层状滑移结构形成会受到外加载荷、气氛(缺陷和边缘之间发生相互作用)等外界环境的影响。

Li 等[173]通过引入空气中的预磨合实验获得了有序的层状滑移结构,实验结果表明,在空气中进行预磨合后,石墨烯/$MoS_2$ 复合物的摩擦系数相对较低,为 0.008～0.009。在氮气中进行预磨合后,石墨烯/$MoS_2$ 复合物的摩擦系数相对较高,为 0.012～0.013。整个摩擦过程中,在空气中进行预磨合后,再在氮气中进行摩擦实验时,石墨烯/$MoS_2$ 复合物的摩擦系数进一步降低,稳定在 0.006～0.007。在空气中进行预磨合和摩擦实验时,石墨烯/$MoS_2$ 复合物的摩擦系数稍高,为 0.013～0.016。在氮气中进行预磨合,再在氮气中进行摩擦实验时,石墨烯/$MoS_2$ 复合物的摩擦系数最高,为 0.018～0.019,且摩擦系数存在波动,最高达到 0.022。结果表明,在空气中经历过短时间的预磨合过程,有利于石墨烯/$MoS_2$ 复合物在后续的摩擦实验中获得低摩擦系数。在氮气气氛中经历预磨合后,石墨烯/MoS₂ 复合物的摩擦系数稍高。进一步通过拉曼光谱研究不同气氛对于预磨合过程的影响，其中石墨烯/MoS₂ 复合物原始表面、经历过空气预磨合及经历过氮气预磨合后磨痕的结构变化，分别对应于图 3.77 中的 Ⅰ、Ⅱ及Ⅲ三个阶段的状态。拉曼光谱研究结果表明，在 1350cm⁻¹、1580cm⁻¹ 及 2680cm⁻¹ 附近均出现石墨烯的特征峰，即 D 峰、G 峰及 2D 峰。在 375.1cm⁻¹ 及 398.8cm⁻¹ 附近均出现MoS₂ 的 $E_{2g}^1$ 峰及 A₁ᵍ 特征峰。与石墨烯/MoS₂ 复合物涂层原始表面的结构相比，无论在氮气还是空气中预磨合之后，D 峰强度均升高，这说明宏观摩擦实验不可避免地对材料结构产生破坏。尤其是经历过氮气中预磨合后，其D峰强度更高，2D 峰的强度明显降低，说明氮气中的预磨合过程对材料结构的破坏更为严重。从石墨烯/MoS₂ 复合物在空气中预磨合后的磨痕断面结构可以看出，空气中预磨合后，复合物中纳米片的有序性和定向性提高，在摩擦界面处形成了有序的层状滑移结构(图 3.78(a))。氮气中预磨合后，摩擦界面处形成了弯曲无序的纳米片结构，即无序滑移界面(图 3.78(b))，这也与拉曼光谱的结果一致。这表明预磨合过程中，具有一定活性的空气气氛有利于石墨烯/MoS₂ 复合物有序的层状滑移结构形成。

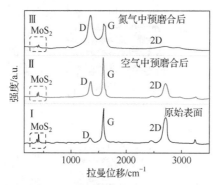

图 3.77 石墨烯/MoS₂复合物涂层表面及不同气氛中预磨合后磨痕的拉曼光谱图[173]

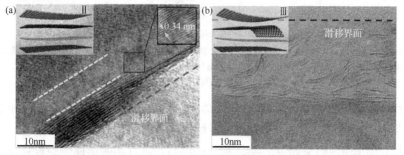

图 3.78 不同气氛环境中预磨合形成的滑移界面 HRTEM 形貌图[173]

(a) 空气中预磨合形成的有序层状滑移结构；(b) 氮气中预磨合形成的无序滑移界面
副图为相应的滑移结构示意图

在空气中预磨合时，$O_2$和$H_2O$等活性气体分子可以钝化石墨烯/$MoS_2$复合物纳米片的缺陷和边缘悬键，有利于纳米片在摩擦力的诱导作用下形成有序的层状滑移结构，使得复合物纳米片沿着摩擦的方向铺展，这种有序的层状滑移结构提供了实现超润滑的结构基础。在氮气中预磨合时，石墨烯/$MoS_2$复合物纳米片的缺陷或边缘键之间的相互作用占据主导地位，导致纳米片的结构严重受损，并阻碍其有序层状滑移结构的形成。因此，空气中预磨合有助于形成有序层状滑移结构(图 3.79)。然而，在形成有序的层状滑移结构之后，如果继续在空气中进行后续的摩擦实验，则空气中$O_2$和$H_2O$等过量的气体分子可能会吸附在复合物的层间，阻隔纳米片之间滑动，使得摩擦系数升高。因此，空气中预磨合时间不能太长。空气中的预磨合后继续在氮气中进行后续的摩擦实验时，氮气分子可以防止空气中的活性气体分子进入层状滑移结构的夹层之间，消除了可能吸附在层间的气体分子对层状滑移结构的干扰，有助于进一步降低摩擦系数。总的来说，引入一个空气中小载荷、短时间的预磨合过程有利于促进有序层状滑移结构的形成。预磨合后，需要惰性的不存在吸附的影响时，进行后续的摩擦实验以保持形成的层状滑移结构发挥润滑作用，进而有利于获得低摩擦系数。

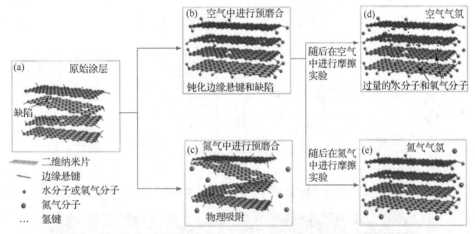

图 3.79 不同气氛中预磨合形成的摩擦界面结构示意图[150]

(a) 原始石墨烯等二维纳米片涂层的结构示意图；(b) 在空气中预磨合后，空气分子钝化缺陷和边缘悬键形成有序层状滑移结构；(c) 在氮气中预磨合后形成无序的滑移结构；(d) 在空气中预磨合后在空气中的摩擦实验；(e) 在空气中预磨合后在氮气中的摩擦实验

作为石墨烯的衍生物，氧化石墨烯(GO)的摩擦学性能也展现出对环境气氛的敏感性[174]，这是因为 GO 含有大量的含氧官能团，含氧官能团很容易与水分子发生相互作用。有关研究表明，水分子会与含氧官能团形成强的氢键作用，从而使得其界面黏着力和剪切强度显著增大[175]。水分子的增多会对 GO 微观尺度上摩擦和磨损性能产生不利的影响[176]。Gao 等[56]考察了 GO 涂层在不同湿度下

宏观尺度的摩擦学行为，并研究了水分子在整个动态摩擦过程中的作用机制。在交变湿度下的 GO 摩擦学行为和相应阶段的拉曼光谱分析(图 3.80)表明，GO 涂层的摩擦系数能随湿度的变化迅速响应，并随着湿度的变化呈现出交替变化的趋势。在最初的低湿度阶段(阶段 1)，GO 摩擦系数最低，小于 0.1 且呈现缓慢上升趋势。之后 GO 在 RH=50%中摩擦，其摩擦系数迅速增大到 0.1 以上，并且摩擦系数呈现快速上升的趋势(阶段 2)。当样品再次在 RH=10%下摩擦时，摩擦系数迅速降低，约为 0.12，且此时摩擦系数呈现缓慢下降趋势(阶段 3)。当摩擦曲线没有出现明显波动时，样品从高湿度进入低湿度环境摩擦时，摩擦系数均呈现下降趋势，而在高湿度环境下始终处于上升趋势。当摩擦曲线出现剧烈波动时，GO 在高低湿度下的摩擦系数呈现相反的变化趋势，即高湿度下其摩擦系数降低，低湿度下其摩擦系数升高。将摩擦学现象与结构特征相结合，可以推断出 GO 涂层在低湿度下摩擦时，会在摩擦界面上形成层状滑移结构，此时 GO 摩擦界面变得更有序，$I_D/I_G$减小。湿度会显著影响这种已经形成的层状滑移结构，也就是说，当湿度增加后，高湿度会破坏这一层状滑移结构，此时 $I_D/I_G$ 明显增大，GO 变得更无序。当湿度从高到低变化时，在高湿度下受到破坏的层状滑移结构能一定程度地自修复，摩擦界面的 $I_D/I_G$ 有所降低，说明 GO 摩擦界面结构变得更有序，此时摩擦系数会呈现下降趋势。当 GO 在交变湿度下摩擦几个周期后，观察到 GO 涂层的摩擦系数开始出现严重的波动，这可能是因为其摩擦界面结构发生了显著的变化，同时，GO 的摩擦系数开始随着湿度的增加而减小。

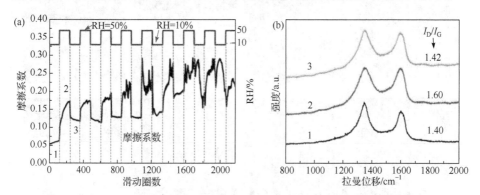

图 3.80　GO 在交变湿度下的摩擦曲线以及涂层相应的拉曼光谱图[56]

(a) GO 涂层在多循环交变湿度下的摩擦曲线；(b) 摩擦实验后涂层对应的拉曼光谱

1～3 表示阶段 1～阶段 3

结合不同摩擦阶段 GO 涂层摩擦界面的 HRTEM 结构(图 3.81)可以看出，在摩擦的第一阶段，GO 摩擦界面上形成了沿摩擦方向的层状滑移结构，能看到明显的层状滑移结构单元，该滑移单元的厚度约为 9nm，且层状滑移结构单元之间能观察到明显的滑移界限。从放大的 HRTEM 照片可知，每个层状滑移结构单元由平行的(002)晶面组成，原始的 GO 片厚度约为 3nm，该层状滑移结构单元的厚度约为 9nm，刚好是 GO 片厚度的整数倍，可以推测滑移过程主要发生在 GO 片的外表面。此外，与原始 GO 晶面相比，摩擦后的晶面局部出现了弯曲的现象，并且层间距($d$)在滑移后由 0.34nm 增加到 0.36nm，考虑到水分子的直径约为 0.3nm，小于 GO 片的层间距。因此，水分子有可能插入 GO 片的层间，至少在片层滑移过程中，水分子可以插入 GO 层间，推断摩擦后 GO 层间距略微增大是因为水分子的插入。在摩擦的第二阶段，层状结构在滑移过程中，优先在片层的边缘处发生弯曲和剥离。由图中放大的照片可知，在片层结构发生卷曲的部位，原本 10 层左右的 GO 片被剥离成 4～6 层，这一现象进一步证明水分子在摩擦过程中可以插入 GO 片的层间。卷状的 GO 片层外侧受到拉应力的作用，使得层间距增大到 0.43nm，内层则受到压应力作用，使得层间距减小到 0.35nm。因此，在摩擦过程中，卷状的 GO 片的内侧和外侧在应力的作用下更容易发生破坏，形成非晶碳结构。在摩擦的第三阶段，GO 涂层的局部结构损伤逐渐扩展到整个涂层，且润滑膜磨损严重，摩擦界面润滑膜的厚度仅为 55nm，原始大片的 GO 逐渐被破坏成小 GO 片和非晶碳结构。在摩擦的第四阶段，摩擦界面的结构发生了严重的破坏，GO 层状结构完全被破坏为无序的非晶碳结构，且润滑膜磨损非常严重，磨痕表面只覆盖了一层 5nm 左右的非晶碳薄膜。

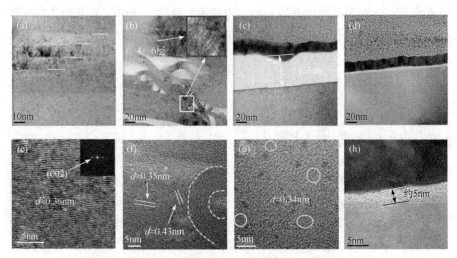

图 3.81　在不同摩擦阶段 GO 涂层摩擦界面的断面形貌[56]

(a)～(d) 摩擦的第一阶段到第四阶段 GO 涂层的断面 TEM 形貌；(e)～(h) 摩擦的第一阶段到第四阶段 GO 涂层的断面高分辨透射形貌

(a)中白线表示层状滑移结构单元之间明显的滑移界限

　　不同湿度下 GO 的摩擦学行为和结构演变表明(图 3.82)，在低湿度条件下，环境中的水分子较少，因此水分子对 GO 涂层的摩擦学行为和微观结构的影响较小，GO 在滑移过程中因水分子产生的层间氢键阻碍也较小。由于 GO 特殊的二维层状结构，在摩擦力的诱导下，GO 片很容易在摩擦界面上自形成层状滑移结构，此时层层滑移机制在摩擦过程中起主导作用。层层滑移过程的阻碍较小，因此摩擦系数低且平稳，GO 的摩擦系数小于 0.10。氧原子的引入改变了石墨烯理想的非公度结构，导致势能增大，且羟基也会与相邻的含氧官能团形成氢键[175]，从而使得层层滑移阻碍增大。因此，GO 涂层在不同湿度下的摩擦系数均高于理想石墨烯结构的摩擦系数，约为 0.02[4]。当湿度增大或者在低湿度下摩擦较长时间，滑移界面会吸附较多的水分子，插入 GO 层间的水分子会与含氧官能团形成大量的氢键。水分子会在 GO 层间形成氢键[176]，特别是羟基官能团化的 GO[175]。氢键具有强的相互作用，因此 GO 层层滑移阻力增大，摩擦系数增大，层状滑移结构很容易受到破坏。与 GO 片表面相比，GO 片的边缘含氧官能团更多，这意味着 GO 片的边缘更容易吸附水分子形成氢键[177,178]。此外，缺陷具有高的化学活性，使得缺陷位点也很容易吸附水分子形成氢键。因此，在 GO 片的边缘和缺陷处形成了大量的氢键，使得 GO 在边缘和缺陷处展现出更强的黏着作用，阻碍 GO 片的滑移，GO 以这些部位为薄弱点发生卷曲，破坏了 GO 良好的层状滑移结构。持续的摩擦会导致更多的层状滑移结构发生破坏，产生更多的边缘和缺陷，新产生的边缘和缺陷会成为新的薄弱点，加速结构的破坏。局部结构破坏逐渐扩展到整个 GO 涂层，大 GO 片逐渐被破坏为小的 GO 片和非晶碳结构，结构的变化导致摩擦系数出现波动。经过不断的摩擦，GO 片最终被完全破坏为非晶碳结构，非晶碳中含有大量的边缘和悬键，但是水分子可以钝化边缘和悬键，因此在高湿度下摩擦系数会呈现下降趋势，从而呈现出与层状滑移结构相反的变化趋势。

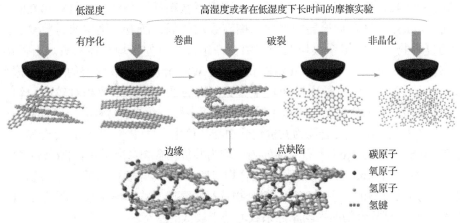

图 3.82　不同湿度下 GO 涂层在摩擦的结构演变作用机理图[56]

以上研究表明，GO 由于其自身含氧官能团的引入，可以钝化石墨烯的边缘悬键。因此，在摩擦力的诱导下，GO 能够自形成层状滑移结构，摩擦系数呈现迅速下降的趋势，层状滑移结构的形成有利于实现稳定的摩擦系数。在摩擦过程中，水分子仍然可以插入滑移界面并形成氢键，导致摩擦系数增大。随着摩擦的持续，水分子不断积累，GO 的摩擦系数也呈上升趋势，随着湿度的增加，这种上升趋势更加明显，持续的摩擦会导致 GO 层状滑移结构发生破坏，最终形成非晶结构。在层状滑移结构保持良好的情况下，随着水分子的吸附与解吸，GO 的摩擦学行为呈现出可逆的变化规律。

### 3.5.2 异质复合层间弱化学相互作用

异质材料复合之后通常表现出协同润滑效应(指复合物的摩擦学性能优于其任一组分)[129,131]。同质材料层间错开一定的角度时处于非公度接触状态，异质二维层状材料之间具有天然的晶格失配，即异质材料之间存在固有的非公度匹配接触，能够在接触面之间起到有效减摩的作用[61,111,120,123,141]。二维层状材料具有独特的薄层结构，有更多的表面暴露，有可能为异质材料的复合提供更多的接触界面，为界面间弱相互作用的结构设计提供可行的途径。

几种具有不同价键结构类型和分子结构特征的二维层状材料制备的二元纳米复合材料涂层(包括单组分的石墨烯、$MoS_2$、$WS_2$、h-BN、α-ZrP 及其复合物涂层，如石墨烯/$MoS_2$、h-BN/$MoS_2$、石墨烯/α-ZrP、$MoS_2$/$WS_2$、石墨烯/h-BN)。在空气中进行 10s 的预磨合实验后，进一步评估和比较它们在氮气中的摩擦学性能(图 3.83)。结果表明，单纯二维层状材料涂层的平均摩擦系数处于较高的状态，其中 h-BN 和 α-ZrP 的平均摩擦系数较高，分别为 0.155～0.175 和 0.141～0.192，且平均摩擦系数存在较大的波动。其次为石墨烯，平均摩擦系数为 0.038～0.042，而 $MoS_2$ 和 $WS_2$ 的平均摩擦系数稍低，分别为 0.015～0.020 和 0.017～0.032。复合物涂层的平均摩擦系数均较低，所有二维层状材料复合之后的复合物平均摩擦系数均低于其中任一组成组分的平均摩擦系数。石墨烯/$MoS_2$、h-BN/$MoS_2$、石墨烯/α-ZrP 和 $MoS_2$/$WS_2$ 异质复合物涂层的平均摩擦系数均小于 0.01，而石墨烯/h-BN 异质复合物的平均摩擦系数相对较高，约为 0.02。按照物质的价键结构类型不同，将上述多种二维层状材料异质复合物进行分类。石墨烯/h-BN 复合物为共价化合物与共价化合物(共价/共价型)复合物，石墨烯/$MoS_2$、h-BN/$MoS_2$、石墨烯/α-ZrP 均为共价化合物与离子化合物(共价/离子型)复合物，而 $MoS_2$/$WS_2$ 则为离子化合物与离子化合物(离子/离子型)复合物。因此，共价/共价型的石墨烯/h-BN 复合物具有较高的平均摩擦系数，而共价/离子及离子/离子型复合物的平均摩擦系数均处于较低的状态。

石墨烯/$MoS_2$ 异质复合物摩擦 30min 后的摩擦界面结构中，石墨烯/$MoS_2$ 异质复合物在摩擦界面上形成大面积的层状滑移结构，且该结构的基本单元厚度均匀(图 3.84)。高分辨透射结构结果表明该结构中形成了理想的类三明治状结构，其中，MoS₂纳米片夹在石墨烯纳米片滑移单元之间。在石墨烯或 MoS₂单个滑移单元中没有观察到滑移引起的边界，这表明滑移几乎没有发生在石墨烯或者 MoS₂纳米片的内部，而是主要发生在石墨烯/MoS₂异质界面上。此外，在石墨烯/MoS₂异质滑移界面还观察到了莫尔条纹，快速傅里叶变换(FFT)衍射图可以看出，石墨烯和 MoS₂的片层之间错配角 $\theta=27.8°$，这表明异质界面上非公度匹配结构的存在，即宏观接触摩擦过程石墨烯/MoS₂异质界面上存在非公度匹配接触结构。

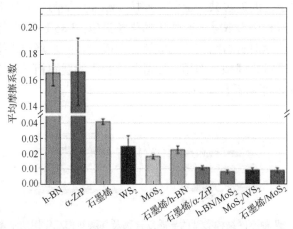

图 3.83　不同结构类型的二维层状材料单组分涂层及其复合物涂层氮气中的平均摩擦系数[173]

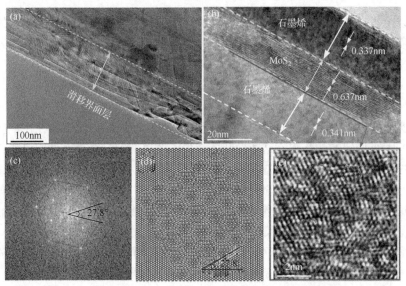

图 3.84　石墨烯/MoS₂异质复合物摩擦界面的微观结构[173]

(a) 石墨烯/MoS₂涂层在摩擦稳定阶段滑动界面的 TEM 图；(b) 石墨烯/MoS₂涂层在摩擦稳定阶段滑动界面的 HRTEM 图；(c) 异质石墨烯/MoS₂滑动界面的 FFT 衍射图；(d) 异质石墨烯/MoS₂莫尔条纹的示意图；(e) 异质石墨烯/MoS₂莫尔条纹

对于共价/离子型石墨烯/MoS$_2$、h-BN/MoS$_2$ 及石墨烯/α-ZrP，离子型的 MoS$_2$(WS$_2$)或者离子化合物 α-ZrP 能够插入共价的石墨烯(h-BN)之间形成共价/离子/共价型的夹层结构(图 3.85(a))。由于惰性离子屏蔽层的插入可以阻止共价物质层间的共价键强相互作用，复合物均展现出极低的摩擦系数。尤其是离子/离子型的 MoS$_2$/WS$_2$ 复合物，其单个组分之间就具有良好的化学惰性，复合之后摩擦系数也能够处于较低的状态。然而，对于共价/共价构型的石墨烯/h-BN 异质复合物，其层间的原子之间通过共价键相互连接，相邻层缺陷处的悬键往往会直接接触，从而在滑动过程中形成强相互作用的化学键(图 3.85(b))。摩擦过程中，宏观摩擦力还不可避免地对材料结构造成破坏，形成更多的缺陷和边缘悬键。这些高能量处的缺陷和悬键之间相互作用，使得共价物质的层间相互作用强。因此，共价/共价型复合物的摩擦系数比较高。

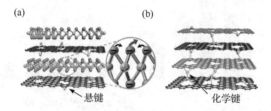

图 3.85　两种不同结构类型的异质复合物及其层间相互作用的示意图[173]
(a) 离子/共价型复合物；(b) 共价/共价型复合物

以上研究结果表明，通过异质界面的结构设计，将自身具有化学惰性的离子型物质插入共价物质中，形成共价/离子/共价型夹层结构，能够阻隔层间的强化学键相互作用，使得异质复合物的摩擦系数较低。

### 3.5.3　大面积非公度接触界面

实验中用到的 M2 高速钢基底(粗糙度 $R_a$ 约为 39nm)，其表面存在一些随机分布的大小均匀的微凸体，这些微凸体减少了摩擦配副接触界面处的尺寸。通过对有序层状滑移结构、异质复合层间的化学作用及大面积非公度接触界面的控制，石墨烯/MoS$_2$ 复合物在微凸体分布随机的 M2 钢基底表面获得了超润滑性能，这说明基底表面存在的微凸体起到了将宏观的接触面分割为微观的接触点的作用(图 3.86)，解决了宏观尺度上大面积非公度接触难以形成的难题。进一步对以上实验中采用的 M2 高速钢基底进行处理，获得了其他三种具有不同粗糙度和形貌的 M2 钢基底：第一种是经过进一步的精细抛光(粗糙度 $R_a$ 约为 18nm)较光滑的钢基底；第二种是砂纸打磨后更加粗糙(粗糙度 $R_a$ 约为 99nm)的钢基底；第三种是通过激光织构之后在基底表面形成具有规则的微岛状结构(横向尺寸约为 18μm)的钢基底。不同粗糙度的钢基底形貌与石墨烯/MoS$_2$ 复合物涂层在不同粗糙度 M2 基底上的摩擦学性能如图 3.87 所示。结果表明，随着钢基底表面粗糙度增加，复合物的摩擦系数逐渐降低。在精细抛光处理后较光滑的钢基底表面(粗糙度 $R_{a1}$ 约为 18nm)，石墨烯/MoS$_2$ 复合物涂层具有较高的摩擦系数，为 0.015～0.021，整个过程中均未出现超润滑状态。这是因为光滑的基底表面不存在有效的分割，使得复合物的摩擦系数较高。在其余的三种钢基底上(原始未处理的 M2 钢基底，砂纸打磨后更加粗糙的钢基底，以及激光织构形成规则微凸体的钢基底表面)，石墨烯/MoS$_2$ 复合物涂层的摩擦系数均低于 0.01 且保持稳定，实现了宏观超润滑。尤其是经过激光织构构建的微凸体规则分布的基底表面，石墨烯/MoS$_2$ 复合物的摩擦系数最低，为 0.006～0.007。证实了石墨烯/MoS$_2$ 复合物在粗糙的基底表面才能实现超润滑，而且需要基底的表面粗糙度达到一定程度，即需要一定程度大小的微凸体才能起到分割的作用。不同粗糙度的基底上石墨烯/MoS$_2$ 复合物涂层的磨损寿命对比结果表明，在未经处理的钢基底(粗糙度 $R_{a2}$ 约为 39nm)上，涂层的磨损寿命约为 $1×10^5$ 圈，在粗糙钢基底(粗糙度 $R_{a3}$ 约为 99nm)上，其磨损寿命达 $2.2×10^5$ 圈。在激光织构的钢基底上，石墨烯/MoS$_2$ 复合物涂层的寿命达到 $1×10^6$ 圈，大约实现了 43.5h 的超润滑(摩擦实验预设滑动时间自动结束)，但依然没有磨穿。在设定的 10000m 内，摩擦系数均保持在约 0.006 的超低水平。此时，石墨烯/MoS$_2$ 复合物涂层的磨损寿命与未处理的钢基底上复合物的磨损寿命相比，已经延长了 10 倍。表明粗糙的钢基底表面的微凸体或者主动构建的微岛状结构可以起到分割宏观接触面的作用，即解决了宏观摩擦中难以获得大面积的非公度接触结构的问题。此外，基底表面存在起伏，使得石墨烯/MoS$_2$ 复合物涂层在摩擦过程中保持在配副的接触界面上，发挥有效润滑的作用，不易从磨痕中推出，因此石墨烯/MoS$_2$ 复合物涂层的磨损寿命得到了大大提高。

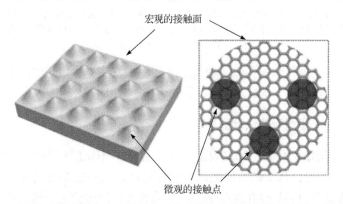

图 3.86　工程粗糙的钢基底的表面形貌以及宏观接触面分割为微观接触点的原理示意图

　　综上，通过激光织构在钢基底表面构建规则分布的微凸体，在激光织构的基底上涂覆石墨烯/MoS$_2$ 异质复合物涂层，然后引入一个缓和的空气预磨合过程，

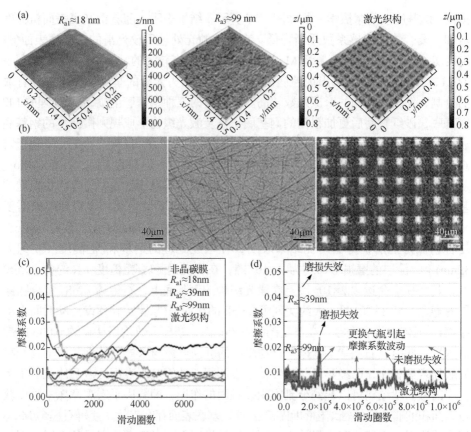

图 3.87　不同粗糙度的钢基底形貌与石墨烯/MoS₂复合物涂层在不同粗糙度 M2 基底上的摩擦学性能[173]

(a) 不同粗糙度钢基底的三维轮廓图；(b) 不同表面粗糙度钢基底的相应光镜图；(c) a-C:H 薄膜和石墨烯/MoS₂涂层在不同表面粗糙度钢基底上的摩擦系数曲线；(d) 石墨烯/MoS₂涂层在不同表面粗糙度钢基底上的长时间的抗磨损寿命(以滑动圈数计)

接着惰性氮气中进行摩擦实验，获得了工程粗糙基底上稳定长效的宏观结构超润滑，摩擦系数稳定在 0.006～0.007，磨损寿命达到 1×10⁶ 圈(图 3.88)。

### 3.5.4　宏观尺度超润滑的设计原理

Li 等[173]提出工程粗糙基底表面宏观尺度实现结构超润滑表/界面设计的新方法(图 2.9)。首先，基于微纳接触尺度更容易满足结构超润滑的理想获得条件，利用工程基底表面本身存在的微纳凹凸体或者主动通过激光织构构建的微岛状结构，将宏观的面接触分解为无数的微纳点接触，接触区域的面积减小，解决了宏观摩擦接触面积大，难以获得理想的大面积非公度接触匹配的问题。其次，引入一个缓和的空气中小载荷(0.5N)、短时间(5～16s)的预磨合过程，控制磨合过

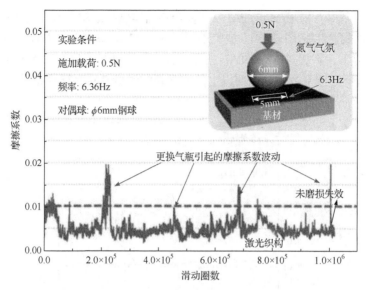

图 3.88　工程基底表面宏观结构超润滑地实现[173]

程中的棱边键和缺陷间化学作用、接触力等条件，利用二维层状材料独特的纳米薄片结构及摩擦自定序效应，使得二维层状材料异质复合物平铺包覆于每个接触点区域，调控摩擦界面上平直的层状滑移结构形成，满足了无变形层层滑移机制的要求；再次，将具有化学惰性的多原子层离子型纳米材料插入共价型物质中，调控层状界面的层间相互作用，阻隔了共价物质之间强相互作用，形成弱相互作用的离子/共价型复合界面，获得了层间弱相互作用的层状滑移结构；最后，通过二维层状材料异质复合，利用异质材料晶间固有的晶格失配，控制界面之间的非公度晶格匹配状态，减少宏观摩擦过程中对滑移方向的依赖性，使得每个微观的接触点处形成稳定非公度接触状态，大量接触点组合形成了整个接触面上的宏观超润滑。以上通过对层层滑移方式、层间弱的化学相互作用和非公度的晶格匹配的控制，在 0.5GPa 的接触应力下，工程粗糙的钢-钢接触摩擦副间获得了稳定、长效的超润滑性能(摩擦系数约 0.007，寿命大于 $1×10^6$ 圈)。这些结果充分验证了微/纳尺度非公度接触超润滑组合扩大获得宏观尺度非公度接触超润滑机制的正确性。

　　进一步分析异质材料的复合体系，其中 h-BN/$MoS_2$、石墨烯/α-ZrP，以及 $MoS_2$/$WS_2$ 的摩擦系数均处于稳定的超润滑状态，这说明设计原理有多个材料体系的普适性。尤其是对于石墨烯与 α-ZrP 的复合材料体系，无论是石墨烯涂层还是单纯的 α-ZrP 涂层，摩擦系数均很高。然而，两种材料通过上述宏观原理的设计和控制之后，制备的异质复合物摩擦系数极低，实现了宏观超润滑。为了提高涂层与基底之间的结合强度，将水性聚酰胺酰亚胺(PAI)加入石墨烯/$MoS_2$ 的异质复合物，制得石墨烯/MoS$_2$/PAI 三元复合物固体黏结涂层，其在大载荷(8.0N 和10.0N)的摩擦学性能(图 3.89)。研究表明，在 1.27GPa(8.0N)和 1.37GPa(10.0N)的高接触压力下，石墨烯/MoS$_2$/PAI 三元复合物固体黏结涂层表现出低至 0.010～0.013 的超低摩擦系数。这表明以上的宏观超润滑机制对高载荷也具有较好的适用性。

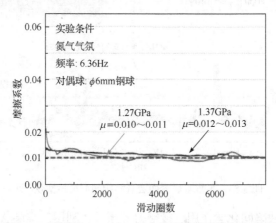

图 3.89　　石墨烯/MoS$_2$/PAI 复合物的摩擦系数变化图[173]

　　二维层状固体润滑材料不仅能够作为固体润滑剂，还可以作为固体润滑添加剂及油润滑添加剂，尤其是在实现超润滑性能及其应用中展现出巨大的优势和潜能。近年来，二维层状材料制备技术的迅速发展，将会推动其润滑技术的发展。研究以石墨烯为代表的二维层状固体润滑材料的润滑机制及超润滑的影响因素，将加深人们对二维层状润滑材料作为润滑剂的理解和认识，不仅在微观上能够提供理论指导，在宏观甚至是工程应用尺度上对于其应用具有重要的意义。还有一些新型二维层状材料作为固体润滑剂，包括石墨炔、硅烯、黑磷[179,180]及 MXene材料[181]等。

## 参 考 文 献

[1] NOVOSELOV K S, GEIM A K, MOROZOV S V, et al. Electric field effect in atomically thin carbon films[J]. Science, 2004, 306(5696): 666-669.

[2] KIM K S, LEE H J, LEE C, et al. Chemical vapor deposition-grown graphene: The thinnest solid lubricant[J]. ACS Nano, 2011, 5(6): 5107-5114.

[3] FENG X, KWON S, PARK J Y, et al. Superlubric sliding of graphene nanoflakes on graphene[J]. ACS Nano, 2013, 7(2): 1718-1724.

[4] SONG H, JI L, LI H, et al. Self-forming oriented layer slip and macroscale super-low friction of graphene[J]. Applied Physics Letters, 2017, 110(7): 073101.

[5] BERMAN D, ERDEMIR A, SUMANT A V. Approaches for achieving superlubricity in two-dimensional materials[J]. ACS Nano, 2018, 12(3): 2122-2137.

[6] SPEAR J C, EWERS B W, BATTEAS J D. 2D-nanomaterials for controlling friction and wear at interfaces[J]. Nano Today, 2015, 10(3): 301-314.

[7] XIAO H, LIU S. 2D nanomaterials as lubricant additive: A review[J]. Materials & Design, 2017, 135: 319-332.

[8] 蒲吉斌, 王立平, 薛群基. 石墨烯摩擦学及石墨烯基复合润滑材料的研究进展[J]. 摩擦学学报, 2014, 34(1): 93-112.

[9] HOD O, MEYER E, ZHENG Q, et al. Structural superlubricity and ultralow friction across the length scales[J]. Nature, 2018, 563(7732): 485-492.

[10] ZHENG Q, LIU Z. Experimental advances in superlubricity[J]. Friction, 2014, 2(2): 182-192.

[11] YE Z, TANG C, DONG Y, et al. Role of wrinkle height in friction variation with number of graphene layers[J]. Journal of Applied Physics, 2012, 112(11):116102.

[12] ZENG X, PENG Y, LANG H. A novel approach to decrease friction of graphene[J]. Carbon, 2017, 118: 233-240.

[13] FILLETER T, MCCHESNEY J L, BOSTWICK A, et al. Friction and dissipation in epitaxial graphene films[J]. Physical Review Letter, 2009, 102(8): 086102.

[14] QUEREDA J, CASTELLANOS-GOMEZ A, AGRAIT N, et al. Single-layer $MoS_2$ roughness and sliding friction quenching by interaction with atomically flat substrates[J]. Applied Physics Letters, 2014, 105(5): 053111.

[15] LONG F, YASAEI P, YAO W, et al. Anisotropic friction of wrinkled graphene grown by chemical vapor deposition[J]. ACS Applied Materials & Interfaces, 2017, 9(24): 20922-20927.

[16] SPEAR J C, CUSTER J P, BATTEAS J D. The influence of nanoscale roughness and substrate chemistry on the frictional properties of single and few layer graphene[J]. Nanoscale, 2015, 7(22): 10021-10029.

[17] CHO D H, WANG L, KIM J S, et al. Effect of surface morphology on friction of graphene on various substrates[J]. Nanoscale, 2013, 5(7): 3063-3069.

[18] LEE C, LI Q, KALB W, et al. Frictional characteristics of atomically thin sheets[J]. Science, 2010, 328(5974): 76-80.

[19] MOHAMMADI H, MUESER M H. Friction of wrinkles[J]. Physical Review Letters, 2010, 105(22): 224301.

[20] DENG Z, KLIMOV N N, SOLARES S D, et al. Nanoscale interfacial friction and adhesion on supported versus suspended monolayer and multilayer graphene[J]. Langmuir, 2013, 29(1): 235-243.

[21] LEE H, LEE N, SEO Y, et al. Comparison of frictional forces on graphene and graphite[J]. Nanotechnology, 2009, 20(32): 325701.

[22] LI Q, LEE C, CARPICK R W, et al. Substrate effect on thickness-dependent friction on graphene[J]. Physica Status Solidi B, 2010, 247(11-12): 2909-2914.

[23] PAOLICELLI G, TRIPATHI M, CORRADINI V, et al. Nanoscale frictional behavior of graphene on $SiO_2$ and Ni(111) substrates[J]. Nanotechnology, 2015, 26(5): 055703.

[24] HUANG P, CASTELLANOS-GOMEZ A, GUO D, et al. Frictional characteristics of suspended $MoS_2$[J]. Journal of Physical Chemistry C, 2018, 122(47): 26922-26927.

[25] XU L, MA T B, HU Y Z, et al. Vanishing stick-slip friction in few-layer graphenes: The thickness effect[J]. Nanotechnology, 2011, 22(28): 285708.

[26] GUO Y, GUO W, CHEN C. Modifying atomic-scale friction between two graphene sheets: A molecular-force-field study[J]. Physical Review B, 2007, 76(15): 155429.

[27] ZENG X, PENG Y, LANG H, et al. Controllable nanotribological properties of graphene nanosheets[J]. Scientific Reports, 2017, 7(1): 41891.

[28] HOPSTER J, KOZUBEK R, BAN-D'ETAT B, et al. Damage in graphene due to electronic excitation induced by highly charged ions[J]. 2D Materials, 2014, 1(1): 011011.

[29] SUN X Y, WU R, XIA R, et al. Effects of stone-wales and vacancy defects in atomic-scale friction on defective graphite[J]. Applied Physics Letters, 2014, 104(18):183109.

[30] SHIN Y J, STROMBERG R, NAY R, et al. Frictional characteristics of exfoliated and epitaxial graphene[J]. Carbon, 2011, 49(12): 4070-4073.

[31] EBRAHIMI S. The effect of stone-wales defects and roughness degree on the lubricity of graphene on gold surfaces[J]. Journal of Molecular Modeling, 2018, 24(4): 1-9.

[32] XU L, WEI N, XU X, et al. Defect-activated self-assembly of multilayered graphene paper: A mechanically robust architecture with high strength[J]. Journal of Materials Chemistry A, 2013, 1(6): 2002-2010.

[33] CHEN L, CHEN Z, TANG X, et al. Friction at single-layer graphene step edges due to chemical and topographic interactions[J]. Carbon, 2019, 154: 67-73.

[34] PENG Y, WANG Z, ZOUT K. Friction and wear properties of different types of graphene nanosheets as effective solid lubricants[J]. Langmuir, 2015, 31(28): 7782-7791.

[35] QI Y, LIU J, DONG Y, et al. Impacts of environments on nanoscale wear behavior of graphene: Edge passivation vs. substrate pinning[J]. Carbon, 2018, 139: 59-66.

[36] TRIPATHI M, AWAJA F, BIZAO R A, et al. Friction and adhesion of different structural defects of graphene[J]. ACS Applied Materials & Interfaces, 2018, 10(51): 44614-44623.

[37] WANG J, WANG F, LI J, et al. Theoretical study of superlow friction between two single-side hydrogenated graphene sheets[J]. Tribology Letters, 2012, 48(2): 255-261.

[38] POPOV A M, LEBEDEVA I V, KNIZHNIK A A, et al. Structure, energetic and tribological properties, and possible applications in nanoelectromechanical systems of argon-separated double-layer graphene[J]. Journal of Physical Chemistry C, 2013, 117(21): 11428-11435.

[39] KO J H, KWON S, BYUN I S, et al. Nanotribological properties of fluorinated, hydrogenated, and oxidized graphenes[J]. Tribology Letters, 2013, 50(2): 137-144.

[40] ZENG X, PENG Y, YU M, et al. Dynamic sliding enhancement on the friction and adhesion of graphene, graphene oxide, and fluorinated graphene[J]. ACS Applied Materials & Interfaces, 2018, 10(9): 8214-8224.

[41] FAN K, CHEN X, WANG X, et al. Toward excellent tribological performance as oil-based lubricant additive: Particular tribological behavior of fluorinated graphene[J]. ACS Applied Materials & Interfaces, 2018, 10(34): 28828-28838.

[42] WANG L F, MA T B, HU Y Z, et al. Ab initio study of the friction mechanism of fluorographene and graphane[J]. Journal of Physical Chemistry C, 2013, 117(24): 12520-12525.

[43] LI Q, LIU X Z, KIM S P, et al. Fluorination of graphene enhances friction due to increased corrugation[J]. Nano Letters, 2014, 14(9): 5212-5217.

[44] MATSUMURA K, CHIASHI S, MARUYAMA S, et al. Macroscale tribological properties of fluorinated graphene[J]. Applied Surface Science, 2018, 432: 190-195.

[45] LIU Y, LI J, CHEN X, et al. Fluorinated graphene: A promising macroscale solid lubricant under various environments[J]. ACS Applied Materials & Interfaces, 2019, 11(43): 40470-40480.

[46] KIM H J, PENKOV O V, KIM D E.Tribological properties of graphene oxide nanosheet coating fabricated by using electrodynamic spraying process[J]. Tribology Letters, 2015, 57(3): 1-10.

[47] LIANG H, BU Y, ZHANG J, et al. Graphene oxide film as solid lubricant[J]. ACS Applied Materials & Interfaces, 2013, 5(13): 6369-6375.

[48] JIANG Y, LI Y, LIANG B, et al. Tribological behavior of a charged atomic force microscope tip on graphene oxide films[J]. Nanotechnology, 2012, 23(49): 495703.

[49] WANG L F, MA T B, HU Y Z, et al. Atomic-scale friction in graphene oxide: An interfacial interaction perspective from first-principles calculations[J]. Physical Review B, 2012, 86(12): 125436.

[50] ZHANG J, LU W, TOUR J M, et al. Nanoscale frictional characteristics of graphene nanoribbons[J]. Applied Physics Letters, 2012, 101(12):123104.

[51] BHOWMICK S, BANERJI A, ALPAS A T. Role of humidity in reducing sliding friction of multilayered graphene[J]. Carbon, 2015, 87: 374-384.

[52] LI Z Y, YANG W J, WU Y P, et al. Role of humidity in reducing the friction of graphene layers on textured surfaces[J]. Applied Surface Science, 2017, 403: 362-370.

[53] RESTUCCIA P, FERRARIO M, RIGHI M C. Monitoring water and oxygen splitting at graphene edges and folds: Insights into the lubricity of graphitic materials[J]. Carbon, 2020, 156: 93-103.

[54] YANG Z, BHOWMICK S, SEN F G, et al. Roles of sliding-induced defects and dissociated water molecules on low friction of graphene[J]. Scientific Reports, 2018, 8(1): 121.

[55] BERMAN D, DESHMUKH S A, SANKARANARAYANAN S K R S, et al. Extraordinary macroscale wear resistance of one atom thick graphene layer[J]. Advanced Functional Materials, 2014, 24(42): 6640-6646.

[56] GAO X, CHEN L, JI L, et al. Humidity-sensitive macroscopic lubrication behavior of an as-sprayed graphene oxide coating[J]. Carbon, 2018, 140: 124-130.

[57] CIHAN E, IPEK S, DURGUN E, et al. Structural lubricity under ambient conditions[J]. Nature Communications, 2016, 7(1): 12055.

[58] ZHAO X, ZHANG G, WANG L, et al. The tribological mechanism of $MoS_2$ film under different humidity[J]. Tribology Letters, 2017, 65(2): 1-8.

[59] BERMAN D, NARAYANAN B, CHERUKARA M J, et al. Operando tribochemical formation of onion-like-carbon leads to macroscale superlubricity[J]. Nature Communications, 2018, 9(1): 1164.

[60] CHHOWALLA M, AMARATUNGA G A J. Thin films of fullerene-like $MoS_2$ nanoparticles with ultra-low friction and wear[J]. Nature, 2000, 407(6801): 164-167.

[61] MARTIN J M, DONNET C, LEMOGNE T, et al. Superlubricity of molybdenum-disulfide[J]. Physical Review B, 1993, 48(14): 10583-10586.

[62] LANG H, PENG Y, ZENG X, et al. Effect of relative humidity on the frictional properties of graphene at atomic-scale steps[J]. Carbon, 2018, 137: 519-526.

[63] XIAO J, ZHANG L, ZHOU K, et al. Anisotropic friction behaviour of highly oriented pyrolytic graphite[J]. Carbon, 2013, 65: 53-62.

[64] BERMAN D, ERDEMIR A, SUMANT A V. Few layer graphene to reduce wear and friction on sliding steel surfaces[J]. Carbon, 2013, 54: 454-459.

[65] BERMAN D, ERDEMIR A, SUMANT A V. Reduced wear and friction enabled by graphene layers on sliding steel surfaces in dry nitrogen[J]. Carbon, 2013, 59: 167-175.

[66] XU S, LIU Y, GAO M, et al. Selective release of less defective graphene during sliding of an incompletely reduced graphene oxide coating on steel[J]. Carbon, 2018, 134: 411-422.

[67] LIU Z, BOGGILD P, YANG J R, et al. A graphite nanoeraser[J]. Nanotechnology, 2011, 22(26): 265706.

[68] VU C C, ZHANG S, URBAKH M, et al. Observation of normal-force-independent superlubricity in mesoscopic graphite contacts[J]. Physical Review B, 2016, 94(8): 081405.

[69] MA M, SOKOLOV I M, WANG W, et al. Diffusion through bifurcations in oscillating nano-and microscale contacts: Fundamentals and applications[J]. Physical Review X, 2015, 5(3): 031020.

[70] YAN C, KIM K S, LEE S K, et al. Mechanical and environmental stability of polymer thin-film-coated graphene[J]. ACS Nano, 2012, 6(3): 2096-2103.

[71] MARCHETTO D, HELD C, HAUSEN F, et al. Friction and wear on single-layer epitaxial graphene in multi-asperity contacts[J]. Tribology Letters, 2012, 48(1): 77-82.

[72] PENG Y, ZENG X, LIU L, et al. Nanotribological characterization of graphene on soft elastic substrate[J]. Carbon, 2017, 124: 541-546.

[73] ZHANG H, GUO Z, GAO H, et al. Stiffness-dependent interlayer friction of graphene[J]. Carbon, 2015, 94: 60-66.

[74] KLEMENZ A, PASTEWKA L, BALAKRISHNA S G, et al. Atomic scale mechanisms of friction reduction and wear protection by graphene[J]. Nano Letters, 2014, 14(12): 7145-7152.

[75] KAWAI S, BENASSI A, GNECCO E, et al. Superlubricity of graphene nanoribbons on gold surfaces[J]. Science, 2016, 351(6276): 957-961.

[76] CAHANGIROV S, CIRACI S, OZCELIK V O. Superlubricity through graphene multilayers between Ni(111) surfaces[J]. Physical Review B, 2013, 87(20): 205428.

[77] GIGLI L, KAWAI S, GUERRA R, et al. Detachment dynamics of graphene nanoribbons on gold[J]. ACS Nano, 2019, 13(1): 689-697.

[78] SHIBUTA Y, ELLIOTT J A. Interaction between graphene and nickel(111) surfaces with commensurate and incommensurate orientational relationships[J]. Chemical Physics Letters, 2012, 538: 112-117.

[79] ELINSKI M B, LIU Z, SPEAR J C, et al. 2D or not 2D? The impact of nanoscale roughness and substrate interactions on the tribological properties of graphene and $MoS_2$[J]. Journal of Physics D-Applied Physics, 2017, 50(10): 103003.

[80] MEYER J C, GEIM A K, KATSNELSON M I, et al. The structure of suspended graphene sheets[J]. Nature, 2007, 446(7131): 60-63.

[81] KRYLOV S Y, JINESH K B, VALK H, et al. Thermally induced suppression of friction at the atomic scale[J]. Physical Review E, 2005, 71(6): 065101.

[82] JANSEN L, HOELSCHER H, FUCHS H, et al. Temperature dependence of atomic-scale stick-slip friction[J]. Physical Review Letters, 2010, 104(25): 256101.

[83] GNECCO E, BENNEWITZ R, GYALOG T, et al. Velocity dependence of atomic friction[J]. Physical Review Letters, 2000, 84(6): 1172-1175.

[84] CHEN C, DIAO D. Tribological thermostability of carbon film with vertically aligned graphene sheets[J]. Tribology Letters, 2013, 50(3): 305-311.

[85] ZHANG Y, DONG M, GUEYE B, et al. Temperature effects on the friction characteristics of graphene[J]. Applied Physics Letters, 2015, 107(1):011601.

[86] PAKHOMOV M A, STOLYAROV V V, MEZRIN A M, et al. Effect of graphene and temperature on friction coefficient of nanocomposite $Al_2O_3$ / graphene[J]. Journal of Physics: Conference Series, 2021, 1967(1): 012028.

[87] SANG L V. Graphene nanoparticles for ultralow friction at extremely high pressures and temperatures[J]. Langmuir, 2022, 38(46): 14364-14370.

[88] NIETO A, LAHIRI D, AGARWAL A. Synthesis and properties of bulk graphene nanoplatelets consolidated by spark plasma sintering[J]. Carbon, 2012, 50(11): 4068-4077.

[89] GAO X, JU P, LIU X, et al. Macro-tribological behaviors of four common graphenes[J]. Industrial & Engineering Chemistry Research, 2019, 58(14): 5464-5471.

[90] WU P, LI X, ZHANG C, et al. Self-assembled graphene film as low friction solid lubricant in macroscale contact[J]. ACS Applied Materials & Interfaces, 2017, 9(25): 21554-21562.

[91] TRAN-KHAC B C, KIM H J, DELRIO F W, et al. Operational and environmental conditions regulate the frictional behavior of two-dimensional materials[J]. Applied Surface Science, 2019, 483: 34-44.

[92] DONNET C, ERDEMIR A. Solid lubricant coatings: Recent developments and future trends[J]. Tribology Letters, 2004, 17(3): 389-397.

[93] SCHARF T W, PRASAD S V. Solid lubricants: A review[J]. Journal of Materials Science, 2013, 48(2): 511-531.

[94] LIECHTI K M. Understanding friction in layered materials[J]. Science, 2015, 348(6235): 632-633.

[95] FILLETER T, BENNEWITZ R. Structural and frictional properties of graphene films on SiC(0001) studied by atomic force microscopy[J]. Physical Review B, 2010, 81(15): 155412.

[96] DONG Y. Effects of substrate roughness and electron-phonon coupling on thickness-dependent friction of graphene[J]. Journal of Physics D-Applied Physics, 2014, 47(5): 055305.

[97] LEE C, WEI X, LI Q, et al. Elastic and frictional properties of graphene[J]. Physica Status Solidi B-Basic Solid State Physics, 2009, 246(11-12): 2562-2567.

[98] CHOI J S, KIM J S, BYUN I S, et al. Friction anisotropy-driven domain imaging on exfoliated monolayer graphene[J]. Science, 2011, 333(6042): 607-610.

[99] CHOI J S, KIM J S, BYUN I S, et al. Facile characterization of ripple domains on exfoliated graphene[J]. Review of Scientific Instruments, 2012, 83(7):073905.

[100] FANG L, LIU D M, GUO Y, et al. Thickness dependent friction on few-layer $MoS_2$, $WS_2$, and $WSe_2$[J]. Nanotechnology, 2017, 28(24): 245703.

[101] REGUZZONI M, FASOLINO A, MOLINARI E, et al. Friction by shear deformations in multilayer graphene[J]. Journal of Physical Chemistry C, 2012, 116(39): 21104-21108.

[102] PRANDTL L. Ein Gedankenmodell zur kinetischen Theorie der festen Körper[J]. ZAMM - Journal of Applied Mathematics and Mechanics / Zeitschrift für Angewandte Mathematik und Mechanik, 1928, 8(2): 85-106.

[103] LI S, LI Q, CARPICK R W, et al. The evolving quality of frictional contact with graphene[J]. Nature, 2016, 539(7630): 541-545.

[104] HIRANO M, SHINJO K. Atomistic locking and friction[J]. Physical Review B, 1990, 41(17): 11837-11851.

[105] SHINJO K, HIRANO M. Dynamics of friction: Superlubric state[J]. Surface Science, 1993, 283(1-3): 473-478.

[106] VERHOEVEN G S, DIENWIEBEL M, FRENKEN J W M. Model calculations of superlubricity of graphite[J]. Physical Review B, 2004, 70(16): 165418.

[107] HIRANO M, SHINJO K, KANEKO R, et al. Observation of superlubricity by scanning tunneling microscopy[J]. Physical Review Letters, 1997, 78(8): 1448-1451.

[108] HIRANO M, SHINJO K, KANEKO R, et al. Anisotropy of frictional forces in muscovite mica[J]. Physical Review Letters, 1991, 67(19): 2642-2645.

[109] MASLOVA M V, GERASIMOVA L G, FORSLING W. Surface properties of cleaved mica[J]. Colloid Journal, 2004, 66(3): 322-328.

[110] CHRISTENSON H K, THOMSON N H. The nature of the air-cleaved mica surface[J]. Surface Science Reports, 2016, 71(2): 367-390.

[111] DIENWIEBEL M, VERHOEVEN G S, PRADEEP N, et al. Superlubricity of graphite[J]. Physical Review Letters, 2004, 92(12): 126101.

[112] LI J J, GE X Y, LUO J B. Random occurrence of macroscale superlubricity of graphite enabled by tribo-transfer of multilayer graphene nanoflakes[J]. Carbon, 2018, 138: 154-160.

[113] SONG Y, MANDELLI D, HOD O, et al. Robust microscale superlubricity in graphite/hexagonal-boron nitride layered heterojunctions[J]. Nature Materials, 2018, 17(10): 894-899.

[114] BERMAN D, DESHMUKH S A, SANKARANARAYANAN S K R S, et al. Macroscale superlubricity enabled by graphene nanoscroll formation[J]. Science, 2015, 348(6239): 1118-1122.

[115] DE WIJN A S, FUSCO C, FASOLINO A. Stability of superlubric sliding on graphite[J]. Physical Review E, 2010, 81(4): 046105.

[116] LIU Z, YANG J, GREY F, et al. Observation of microscale superlubricity in graphite[J]. Physical Review Letters, 2012, 108(20): 205503.

[117] KIM W K, FALK M L. Atomic-scale simulations on the sliding of incommensurate surfaces: The breakdown of superlubricity[J]. Physical Review B, 2009, 80(23): 235428.

[118] HOD O. Interlayer commensurability and superlubricity in rigid layered materials[J]. Physical Review B, 2012, 86(7): 075444.

[119] YANG J, LIU Z, GREY F, et al. Observation of high-speed microscale superlubricity in graphite[J]. Physical Review Letters, 2013, 111(2): 255504.

[120] LEVEN I, KREPEL D, SHEMESH O, et al. Robust superlubricity in graphene/h-BN heterojunctions[J]. Journal of Physical Chemistry Letters, 2013, 4(1): 115-120.

[121] LIAO M, NICOLINI P, DU L, et al. Ultra-low friction and edge-pinning effect in large-lattice-mismatch van der Waals heterostructures[J]. Nature Materials, 2022, 21(1): 47-53.

[122] HIRANO M. Superlubricity: A state of vanishing friction[J]. Wear, 2003, 254(10): 932-940.

[123] WANG L F, MA T B, HU Y Z, et al. Superlubricity of two-dimensional fluorographene/$MoS_2$ heterostructure: A first-principles study[J]. Nanotechnology, 2014, 25(38): 385701.

[124] WANG L, ZHOU X, MA T, et al. Superlubricity of a graphene/$MoS_2$ heterostructure: A combined experimental and DFT study[J]. Nanoscale, 2017, 9(30): 10846-10853.

[125] LIU S W, WANG H P, XU Q, et al. Robust microscale superlubricity under high contact pressure enabled by graphene-coated microsphere[J]. Nature Communications, 2017, 8(1): 14029.

[126] HE L, WANG J, HOU K, et al. Robust ultralow friction between graphene and octadecyltrichlorosilane self-assembled monolayers[J]. Applied Surface Science, 2019, 475: 389-396.

[127] JIANG B, ZHAO Z, GONG Z, et al. Superlubricity of metal-metal interface enabled by graphene and $MoWS_4$ nanosheets[J]. Applied Surface Science, 2020, 520: 146303.

[128] LIU Y, LI J, YI S, et al. Enhancement of friction performance of fluorinated graphene and molybdenum disulfide coating by microdimple arrays[J]. Carbon, 2020, 167: 122-131.

[129] MUTYALA K C, WU Y A, ERDEMIR A, et al. Graphene-$MoS_2$ ensembles to reduce friction and wear in DLC-Steel contacts[J]. Carbon, 2019, 146: 524-527.

[130] REN K, YU G, ZHANG Z, et al. Self-organized transfer film-induced ultralow friction of Graphene/$MoWS_4$

heterostructure nanocomposite[J]. Applied Surface Science, 2022, 572: 151443.

[131] HOU K, WANG J, YANG Z, et al. One-pot synthesis of reduced graphene oxide/molybdenum disulfide heterostructures with intrinsic incommensurateness for enhanced lubricating properties[J]. Carbon, 2017, 115: 83-94.

[132] ZHANG Y, TANG H, JI X, et al. Synthesis of reduced graphene oxide/Cu nanoparticle composites and their tribological properties[J]. RCS Advances, 2013, 3(48): 26086-26093.

[133] MÜSER M H. Structural lubricity: Role of dimension and symmetry[J]. Europhysics Letters, 2004, 66(1): 97-103.

[134] CAMPAÑÁ C E, MÜSER M H. Theoretical Studies of Superlubricity[M]. Amsterdam: Elsevier, 2007.

[135] MÜSER M H. Theoretical aspects of superlubricity[M]//GNECCO E, MEYER E. Fundamentals of Friction and Wear. Heidelberg: Springer Berlin, 2007.

[136] CUMINGS J, ZETTL A. Low-friction nanoscale linear bearing realized from multiwall carbon nanotubes[J]. Science, 2000, 289(5479): 602-604.

[137] MA M, BENASSI A, VANOSSI A, et al. Critical length limiting superlow friction[J]. Physical Review Letters, 2015, 114(5): 055501.

[138] HIRANO M. Superlubricity of clean surfaces[M]//ERDEMIR A, MARTIN J M. Superlubricity. Amsterdam: Elsevier, 2007.

[139] GONGYANG Y, QU C, ZHANG S, et al. Eliminating delamination of graphite sliding on diamond-like carbon[J]. Carbon, 2018, 132: 444-450.

[140] DIETZEL D, BRNDIAR J, STICH I, et al. Limitations of structural superlubricity: Chemical bonds versus contact size[J]. ACS Nano, 2017, 11(8): 7642-7647.

[141] MANDELLI D, LEVEN I, HOD O, et al. Sliding friction of graphene/hexagonal-boron nitride heterojunctions: A route to robust superlubricity[J]. Scientific Reports, 2017, 7(1): 10851.

[142] VARINI N, VANOSSI A, GUERRA R, et al. Static friction scaling of physisorbed islands: The key is in the edge[J]. Nanoscale, 2015, 7(5): 2093-2101.

[143] HUNLEY D P, FLYNN T J, DODSON T, et al. Friction, adhesion, and elasticity of graphene edges[J]. Physical Review B, 2013, 87(3): 035417.

[144] TARTAGLINO U, SAMOILOV V N, PERSSON B N J. Role of surface roughness in superlubricity[J]. Journal of Physics-Condensed Matter, 2006, 18(17): 4143-4160.

[145] PIERNO M, BRUSCHI L, MISTURA G, et al. Frictional transition from superlubric islands to pinned monolayers[J]. Nature Nanotechnology, 2015, 10(8): 714-718.

[146] CHEN X, LI J. Superlubricity of carbon nanostructures[J]. Carbon, 2020, 158: 1-23.

[147] WU S, HE F, XIE G, et al. Black phosphorus: Degradation favors lubrication[J]. Nano Letters, 2018, 18(9): 5618-5627.

[148] WANG W, XIE G, LUEIR J. Superlubricity of black phosphorus as lubricant additive[J]. ACS Applied Materials & Interfaces, 2018, 10(49): 43203-43210.

[149] PENG S, GUO Y, XIE G, et al. Tribological behavior of polytetrafluoroethylene coating reinforced with black phosphorus nanoparticles[J]. Applied Surface Science, 2018, 441: 670-677.

[150] LI P, WANG B, JI L, et al. Environmental molecular effect on the macroscale friction behaviors of graphene[J]. Frontiers in Chemistry, 2021, 9: 679417.

[151] GIGLI L, MANINI N, BENASSI A, et al. Graphene nanoribbons on gold: Understanding superlubricity and edge effects[J]. 2D Materials, 2017, 4(4): 045003.

[152] WANG C, YANG S, WANG Q, et al. Super-low friction and super-elastic hydrogenated carbon films originated from

a unique fullerene-like nanostructure[J]. Nanotechnology, 2008, 19(22): 225709.

[153] WEI L, ZHANG B, ZHOU Y, et al. Ultra-low friction of fluorine-doped hydrogenated carbon film with curved graphitic structure[J]. Surface and Interface Analysis, 2013, 45(8): 1233-1237.

[154] MIDGLEY J W, TEER D G. Surface orientation and friction of graphite, graphitic carbon and non-graphitic carbon[J]. Nature, 1961, 189(4766): 735-736.

[155] SAVAGE R H. Graphite lubrication[J]. Journal of Applied Physics, 1948, 19(1): 1-10.

[156] BOLLMANN W, SPREADBOROUGH J. Action of graphite as a lubricant[J]. Nature, 1960, 186(4718): 29-30.

[157] HIRANO M. Atomistics of superlubricity[J]. Friction, 2014, 2(2): 95-105.

[158] HIRANO M, SHINJO K. Superlubricity and frictional anisotropy[J]. Wear, 1993, 168(1-2): 121-125.

[159] SMOLYANITSKY A, KILLGORE J P, TEWARY V K. Effect of elastic deformation on frictional properties of few-layer graphene[J]. Physical Review B, 2012, 85(3): 035412.

[160] EGBERTS P, HAN G H, LIU X Z, et al. Frictional behavior of atomically thin sheets: Hexagonal-shaped graphene islands grown on copper by chemical vapor deposition[J]. ACS Nano, 2014, 8(5): 5010-5021.

[161] ZHENG X, GAO L, YAO Q, et al. Robust ultra-low-friction state of graphene via moire superlattice confinement[J]. Nature Communications, 2016, 7(1): 13204.

[162] LIU Y, SONG A, XU Z, et al. Interlayer friction and superlubricity in single-crystalline contact enabled by two-dimensional flake-wrapped atomic force microscope tips[J]. ACS Nano, 2018, 12(8): 7638-7646.

[163] WON M S, PENKOV O V, KIM D E. Durability and degradation mechanism of graphene coatings deposited on Cu substrates under dry contact sliding[J]. Carbon, 2013, 54: 472-481.

[164] 高雪, 吉利, 鞠鹏飞, 等. 纳米结构对二硫化钼摩擦学性能的影响[J]. 表面技术, 2020, 49(7): 133-158.

[165] GAO X, ZHANG J, JU P, et al. Shear-induced interfacial structural conversion of graphene oxide to graphene at macroscale[J]. Advanced Functional Materials, 2020, 30(46): 2004498.

[166] LI J, LI J, LUO J. Superlubricity of graphite sliding against graphene nanoflake under ultrahigh contact pressure[J]. Advanced Science, 2018, 5(11): 1800810.

[167] LI J, GAO T, LUO J. Superlubricity of graphite induced by multiple transferred graphene nanoflakes[J]. Advanced Science, 2018, 5(3): 1700616.

[168] LI J, LI J, CHEN X, et al. Microscale superlubricity at multiple gold-graphite heterointerfaces under ambient conditions[J]. Carbon, 2020, 161: 827-833.

[169] JI L, LI H, ZHAO F, et al. Effects of environmental molecular characteristics and gas-surface interaction on friction behaviour of diamond-like carbon films[J]. Journal of Physics D-Applied Physics, 2009, 42(13): 135301.

[170] ERDEMIR A, ERYILMAZ O L, NILUFER I B, et al. Synthesis of superlow-friction carbon films from highly hydrogenated methane plasmas[J]. Surface & Coatings Technology, 2000, 133: 448-454.

[171] SASAKI N, ITAMURA N, ASAWA H, et al. Superlubricity of graphene/$C_{60}$/graphene interface-experiment and simulation[J]. Tribology Online, 2012, 7(3): 96-106.

[172] BERMAN D, ERDEMIR A, SUMANT A V. Graphene: A new emerging lubricant[J]. Materials Today, 2014, 17(1): 31-42.

[173] LI P, JU P, JI L, et al. Toward robust macroscale superlubricity on engineering steel substrate[J]. Advanced Materials, 2020, 32(36): e2002039.

[174] BI H, YIN K, XIE X, et al. Ultrahigh humidity sensitivity of graphene oxide[J]. Scientific Reports, 2013, 3(1): 2714.

[175] SOLER-CRESPO R A, GAO W, MAO L, et al. The role of water in mediating interfacial adhesion and shear strength

in graphene oxide[J]. ACS Nano, 2018, 12(6): 6089-6099.

[176] ARIF T, COLAS G, FILLETER T. Effect of humidity and water intercalation on the tribological behavior of graphene and graphene oxide[J]. ACS Applied Materials & Interfaces, 2018, 10(26): 22537-22544.

[177] MEDHEKAR N V, RAMASUBRAMANIAM A, RUOFF R S, et al. Hydrogen bond networks in graphene oxide composite paper: Structure and mechanical properties[J]. ACS Nano, 2010, 4(4): 2300-2306.

[178] LEVITA G, RESTUCCIA P, RIGHI M C. Graphene and $MoS_2$ interacting with water: A comparison by ab initio calculations[J]. Carbon, 2016, 107: 878-884.

[179] TANG G, WU Z, SU F, et al. Macroscale superlubricity on engineering steel in the presence of black phosphorus[J]. Nano Letters, 2021, 21(12): 5308-5315.

[180] WANG W, XIE G, LUO J. Black phosphorus as a new lubricant[J]. Friction, 2018, 6(1): 116-142.

[181] YI S, GUO Y, LI J, et al. Two-dimensional molybdenum carbide (MXene) as an efficient nanoadditive for achieving superlubricity under ultrahigh pressure[J]. Friction, 2023, 11(3): 369-382.

# 第 4 章　球状/卷状分子结构固体超润滑材料

在多种润滑材料体系中，都能观察到类富勒烯卷状分子结构(简称"卷状结构")[1,2]，石墨烯等二维层状材料在纳米颗粒的驱动下也能在摩擦界面上形成石墨烯卷状结构，研究表明，该结构在摩擦过程中能够起到有效的润滑作用。球状/卷状结构润滑体系的理论及实验研究均发现，球状/卷状结构的形成有助于超润滑性能的获得。对于球状/卷状结构润滑机制的认识主要集中在减小摩擦配副之间的接触面积以及非公度接触结构的形成上[3,4]。除此之外，封闭的球状/卷状结构屏蔽了悬键之间的相互作用，因此有利于获得低摩擦系数。

球状结构的富勒烯($C_{60}$、$C_{70}$ 等)由于具有独特的高硬度以及摩擦学特性而受到摩擦学研究者的重视。然而，对富勒烯用作固体润滑剂的实验研究相对较少、润滑机制分析还不深入。富勒烯作为典型的球状分子，虽然在理论上能作为分子轴承起到滚动作用，然而实验上滚动是否发生还有待证实。

## 4.1　富　勒　烯

以 $C_{60}$ 为代表的富勒烯是由 60 个 C 原子以 C—C 相连，由十二个五元环和二十个六元环组成的三十二面体空心笼状结构的分子，其外形酷似足球，也被称为足球烯。1985 年，科学家克罗托、斯莫利和柯尔首次制得了这种除石墨和金刚石之外的碳的第三种同素异形体(图 4.1)。典型的 $C_{60}$ 的分子直径约 0.71nm，内腔直径约 0.3nm[5-7]。

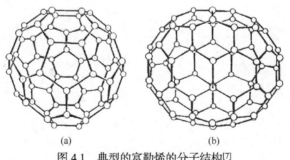

(a)　　　　　　　　　(b)

图 4.1　典型的富勒烯的分子结构[7]

(a) $C_{60}$；(b) $C_{70}$

### 4.1.1　富勒烯分子

富勒烯具有独特的完美球状结构[8,9]，这赋予了它强抗压能力和高显微硬度。此外，富勒烯分子具有强的分子内作用力，弱的分子间作用力，较低的表面能等特性，从而引起了摩擦学研究者的极大兴趣。摩擦学研究者们预测它具有一定的润滑性能，具有分子滚珠润滑的可能性。然而，富勒烯作为分子轴承起到滚动润滑的作用依然没有证据。

### 1. 理论研究

Miura 等[10]通过理论研究发现，将单层 $C_{60}$ 限制在石墨片之间时，在 $C_{60}$ 分子和石墨之间六元碳环纳米齿轮的辅助下，$C_{60}$ 分子在摩擦过程中能够与石墨烯的层间形成纳米齿轮结构，并在石墨烯片层之间局部滚动起到分子滚珠轴承的作用，直到 100nN 的高载荷时平均动摩擦力均为零。通过石墨/$C_{60}$/石墨系统提出了一种新型摩擦机理，在该系统中，静摩擦力为有限值，但动摩擦力为零，由此提出单分子轴承的概念[11](图 4.2)。在考虑热活化影响的基础上，提出了富勒烯 $C_{60}$ 分子步进旋转的黏滑滚动模型，Miura 等认为这种超润滑系统有助于实现微纳机械并有望打开分子轴承的新领域。Miura 等进一步对石墨/$C_{60}$/石墨界面沿着[100]方向的超低摩擦特性进行了数值研究，并与石墨/石墨/石墨界面进行了比较，模拟得出大约 1.3nm 的层间距，与之前的实验结果一致[12]。研究发现，石墨/$C_{60}$/石墨界面的原子级摩擦系数可以降低到石墨/石墨/石墨界面的原子级摩擦系数的30%左右。这说明石墨/$C_{60}$/石墨的界面在获得原子级超低摩擦系数中起着重要作用(图 4.3)，$C_{60}$ 插层运动的三维自由度是石墨/$C_{60}$/石墨界面沿着[100]方向超低摩擦系数的起源之一。Miura 等还通过分子力学模拟研究了 $C_{60}$ 分子轴承系统(石墨/$C_{60}$/石墨体系界面)超润滑性能的扫描方向依赖性，并与石墨系统(石墨/石墨/石墨界面)的超润滑性进行了比较[13]。平均横向力在大约[1010]方向的狭窄区域内达到最大值，其他区域具有小于 1pN 几乎恒定的值，在[1230]方向，达到的最小值几乎为零。

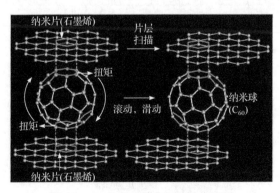

图 4.2　$C_{60}$ 分子的单分子轴承作用[11]

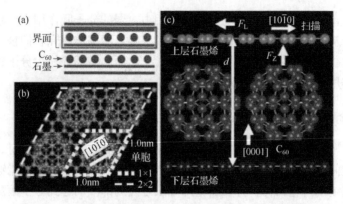

图 4.3　C$_{60}$ 插层形成的原子级超低摩擦石墨/ C$_{60}$ /石墨界面[12]

(a) C$_{60}$ 插入石墨纳米片之间形成的石墨/C$_{60}$/石墨界面示意图；(b) 虚线平行四边形和断线平行四边形分别表示
1×1 和 2×2 单元格；(c) 对于固定石墨层间距离 $d$，可计算每 1×1 单位的侧向力 $F_L$ 和加载力 $F_Z$

　　Li 等[14]通过 MD 模拟研究了石墨烯/C$_{60}$/石墨烯夹层结构表面的摩擦学特性，计算了由石墨烯层和单个 C$_{60}$ 薄膜层(C$_{60}$ 面心立方晶体的(111)单层)组成的夹层结构的摩擦系数。在实验中采用三种不同的表面粗糙度(0Å、2.5Å 和 5Å)涂覆金刚石表面，研究表面粗糙度对石墨烯/C$_{60}$/石墨烯夹层结构表面摩擦学性能的影响(图 4.4)。结果发现，三种不同的表面粗糙度(0Å、2.5Å 和 5Å)涂覆金刚石表

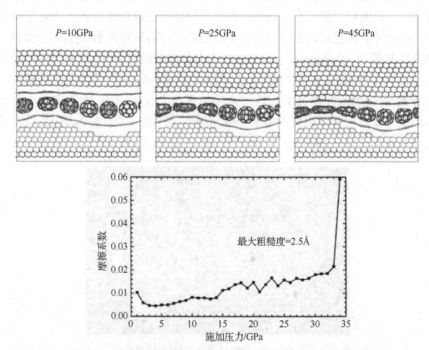

图 4.4　夹层结构的模型以及摩擦系数随施加压力的变化图[14]

面时，无论涂层表面的粗糙度如何，上述三明治夹层结构都表现出超低摩擦系数($\mu$<0.01)和高达 8GPa 的抗压强度。模拟结果表明，$C_{60}$ 分子形状和变形模式的变化是影响三明治结构强度和摩擦力的关键。Li 等指出封闭堆积的 $C_{60}$ 薄膜能够通过将 $C_{60}$ 分子弹性变形为扁球体形状来延迟塑性变形($C_{60}$ 分子之间及 $C_{60}$ 分子与石墨烯之间的键的生成)来支撑高压载荷。这种夹层结构将石墨烯优异的强度和低摩擦系数与 $C_{60}$ 分子的纳米轴承特性相结合。

### 2. 实验研究

富勒烯($C_{60}$、$C_{70}$ 等)是接近球形的分子，用作固体润滑剂时，其研究主要集中在 $C_{60}$ 分子是否可以作为分子滚珠轴承，即防止两个固体表面之间的直接接触，同时通过快速旋转消散剪切应力。在初期 $C_{60}$ 作为润滑剂的研究中，$C_{60}$ 并未表现出有效的润滑减摩作用，摩擦系数较高，研究者们认为主要原因是 $C_{60}$ 分子的成膜不均匀、分子团聚等。$C_{60}$(或 $C_{70}$ 等)用作固体润滑膜时，制备方法对其润滑性能有着明显的影响，常见的沉积方式主要有升华沉积法、溶剂挥发法(喷涂法、旋涂法等)、LB(Langmuir-Blodgett)膜法以及自组装法等。

Blau 等[15]采用溶剂挥发法在 Al 基底表面上沉积了 $C_{60}$ 微粒层，研究了以厚层和薄层形式存在于抛光 Al 上的 $C_{60}$ 富勒烯颗粒的微观摩擦学行为。Blau 等采用 440C 型不锈钢作为滑块材料，使用美国橡树岭国家实验室开发的摩擦学微探针仪器，在低载荷下与不锈钢摩擦副间进行了一系列滑动接触实验。结果表明，与 Al 基底相比，沉积了 $C_{60}$ 微粒层之后，摩擦界面却表现出更高的摩擦系数，这可能是因为制备的 $C_{60}$ 膜不均匀且微粒之间结块堆积，在摩擦条件下易压缩成高剪切强度膜，使得其比金属 Al 基底更难变形，表现出更高的摩擦系数。与以相同方式应用于 Al 和厚石墨箔材料的几种商业石墨润滑剂层的摩擦力进行了比较，在一些粉末的应用条件下，$C_{60}$ 层形成厚实的压块并具有非常大的摩擦力，在更宽泛的颗粒分散条件下，与未涂覆的 Al 表面相比，摩擦力没有显著差异。Bhushan 等[16]采用真空升华沉积法在抛光硅片上制备了 $C_{60}$ 薄膜并与 52100 钢球摩擦副对摩，研究了不同载荷、速度、温度及环境气氛的摩擦系数变化。研究表明，$C_{60}$ 薄膜使摩擦系数从 0.7 降低到 0.18～0.12，这归因于 $C_{60}$ 独特的晶体结构及化学键，并推测 $C_{60}$ 是具有潜力的固体润滑剂。Zhao 等[17]采用升华法在 Si(001)上制备得到纯富勒烯 $C_{70}$ 润滑膜，并研究了 $C_{70}$ 的摩擦学性能。结果发现，采用不同材质的销作为摩擦配副时均观察到较高的摩擦系数，其中采用 $Al_2O_3$ 销时，摩擦系数约为 0.5；采用 400C 不锈钢销时，摩擦系数约为 0.9。Zhao 等认为这是因为 $C_{70}$ 粉末的结块倾向于压缩成高剪切强度的薄膜，使得摩擦系数处于较高的状态。Mate[18]采用 FFM 在空气气氛及低载荷下，研究了钨针尖在不同类型碳表面上的滑动摩擦学性能，发现溅射沉积的 $C_{60}$ 膜在厚度为 10nm 的磁盘上的摩擦系数高达 0.8 左右。Nakagawa 等[19]采用分子束取向生长法在 $MoS_2$ 基体上制备得到了高结晶度的超薄 $C_{60}$ 膜,其晶格常数为 1.0nm,他们通过 AFM 及 FFM 测得了约为 0.012 的超低摩擦系数,这是因为 $C_{60}$ 的分散形式较好、分布取向度较高,因此 $C_{60}$ 膜展现出较好的润滑性能。Lhermerout 等[20]在边界润滑状态下对 $C_{60}$ 溶液的摩擦学性能进行研究,并采用表面力平衡在由 $C_{60}$ 溶液分离的云母片之间进行高分辨率剪切和法向力测量,以提供单粗糙度接触和薄膜厚度的亚纳米分辨率。研究表明,即使在很小的体积分数下,$C_{60}$ 仍会形成维持高法向载荷的固体无定形边界膜,这表明该系统在受限条件下会发生玻璃化转变。Lhermerout 等还讨论了 $C_{60}$ 在分子尺度上起到滚珠轴承作用的可能性。然而,富勒烯分子能否作为滚动轴承依然未得到证实。Hirata 等[21]通过热处理制备了类洋葱结构的富勒烯碳,在常压的氩气环境中用红外辐射炉将金刚石加热至 1730℃并使其转化为了类洋葱碳(OLC)结构,通过高分辨率透射电子显微镜(HRTEM)观察确认具有近球形和多层同心结构的类洋葱碳形成,粒径范围为 5~10nm(图 4.5),与金刚石团簇的原始尺寸对应。他们采用球-盘式摩擦试验机将硅片和钢球组成的摩擦配副分别在空气、55%的湿度以及真空环境中研究了 OLC 结构的富勒烯碳的摩擦学性能,发现在没有黏结剂的情况下类洋葱碳散布在硅片基底上,其在空气和真空中均表现出低于 0.1 的摩擦系数,而且相同条件下的类洋葱碳磨损率远低于石墨的磨损率。

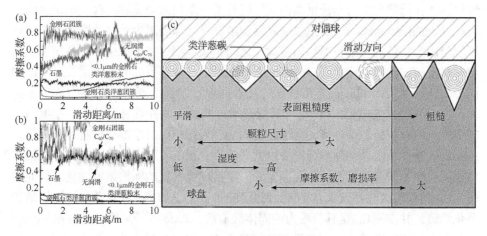

图 4.5　类洋葱碳的摩擦学性能研究[21]

(a) 不同的碳结构在空气中的摩擦系数曲线; (b) 不同的碳结构在真空中的摩擦系数曲线; (c) 类洋葱碳结构的摩擦机理

Gubarevich 等[22]在研究金刚石细粉在摩擦学中的作用时,通过新型高速喷射机采用高速氩气喷射在 SUS304 不锈钢基体上制备了纳米金刚石沉积物,在对比采用同样的方法在 SUS304 不锈钢基体上形成的 $C_{60}$ 沉积物薄膜的摩擦学性能时，发现 $C_{60}$ 沉积物在真空中很容易从基底上刮掉，在露天条件下以 SiC 作为配副球时，摩擦系数约为 0.1，磨损率约为 $2 \times 10^{-6} mm^3/(N \cdot m)$，这一现象引起了研究者对于沉积方法对 $C_{60}$ 薄膜的摩擦学性能影响的关注。Okita 等[23]使用扫描力显微镜(SFM)研究了极低负载下在 KCl(001)表面上形成的 $C_{60}$ 薄膜的纳米摩擦学行为。实验中观察到 SFM 尖端根据扫描方向进行分子解析的黏滑运动。在 RH=20%时的摩擦力约为干燥氩气中的 1/4。在 RH=20%时摩擦力的降低源于尖端与样品接触的刚度较低，这表明水吸附会使得 $C_{60}$ 分子具有滚动或平移的流动性。Okita 等[24]还研究了 $C_{60}$ 和 $C_{70}$ 薄膜在石墨基底上的纳米摩擦学行为。石墨上的 $C_{60}$ 分子开始以单层形式生长，而 $C_{70}$ 分子开始以双层形式生长。$C_{60}$ 单层和石墨之间的剪切应力约为 0.2GPa。对于 $C_{60}$ 薄膜，随着施加负载力的减小，尖端运动发生了变化，从一维黏滑到二维锯齿型黏滑。Okita 等[25]还通过自制的表面力仪研究了在 HOPG 衬底上生长单层 $C_{60}$ 膜的摩擦学行为，衬底温度为 150℃。研究表明，$C_{60}$ 单分子膜在 8MPa 的法向应力下进行 100 次扫描时表现出仅 2mN 的低摩擦力。限制 $C_{60}$ 单层薄膜的石墨衬底摩擦力是限制 $C_{60}$ 多层薄膜的石墨衬底摩擦力的 1/5。这是因为夹在石墨衬底之间的 $C_{60}$ 单层中的 $C_{60}$ 分子通过与上下石墨亚段之间的六元碳环形成纳米齿轮滚动(图 4.6)。

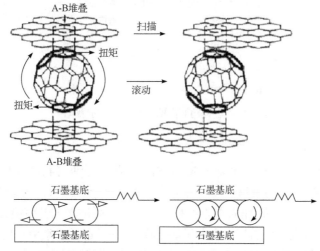

图 4.6  剪切力作用下 $C_{60}$ 分子在石墨衬底间纳米齿轮滚动的原理图[25]

　　总之，通过不同方法制备出的富勒烯固体润滑膜中纳米颗粒的分散性好、薄膜均匀且分布取向度较高，才能够获得较低的摩擦系数，展现出较好的润滑性能。

#### 4.1.2 富勒烯添加剂

1. 富勒烯作为固体添加剂

Tan 等[26]通过引入大环作为模板，在 HOPG 表面上成功地组装了富勒烯衍生物的主客体组装结构，并通过 STM 明确揭示了该结构(图 4.7)。Tan 等还使用 AFM 测量了主客体系的纳米摩擦学性能，获得了超润滑性能。这归因于引入模板后去除富勒烯分子的限制。Tan 等进一步地通过 DFT 计算了相互作用能，揭示了主客体组装结构的摩擦系数与相互作用强度之间相关。

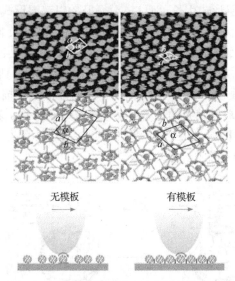

图 4.7　主客体超润滑的实验结果与示意图[26]

2. 富勒烯作为水基添加剂

雷洪等通过高分子自由基共聚的方法合成了五种富勒烯共聚物[27,28]，即 $C_{60}/C_{70}$-苯乙烯-顺酐共聚物、$C_{60}/C_{70}$-乙烯基吡咯烷酮共聚物、$C_{60}/C_{70}$-苯乙烯磺酸共聚物、$C_{60}/C_{70}$-甲基丙烯酸共聚物、$C_{60}/C_{70}$-丙烯酸聚乙二醇酯共聚物等，采用四球摩擦试验机考察了其作为水基基础液(2%三乙醇胺水溶液)的摩擦学行为，研究表明，基础液中添加 0.5%富勒烯共聚物可使基础液的最大无卡咬负荷($P_B$)从 130N 提高到 480N，摩擦系数(200N,10s)从 0.235 降低到 0.063。实验中还考察了 0.5%富勒烯共聚物与 0.5%烷基磷酸锌(DNP)的复合效果，研究表明，复合后可使基础液 $P_B$ 从含 0.5%DNP 的 520N 提高到 610N，摩擦系数(400N，10s)从 DNP 的 0.0525 降低到 0.0488，这表明合成的水溶性富勒烯共聚物均提高了基础液的承载力及减摩能力，并且与传统摩擦化学反应成膜润滑剂(DNP)具有较好的协同效应。Hisakado 等[29]研究了 $C_{60}$ 作为乙醇添加剂对陶瓷的摩擦学性能的影响，研究结果表明，添加 $C_{60}$ 微粒可降低 $Al_2O_3$、SiC、TiC 陶瓷盘与 $Si_3N_4$ 销摩擦副间的磨损速率，并且可降低 SiC、$Si_3N_4$、TiC 陶瓷盘的平均摩擦系数。

3. 富勒烯作为油基添加剂

Matsumoto 等[30]使用 OLC 作为聚 α-烯烃(PAO)中的添加剂，在接触压力为 $0.51\sim1.10GPa$ 进行摩擦实验。研究表明，OLC 保持了完好无损的结构，并且在界面上形成了约 100nm 厚的摩擦膜。因此，他们认为 OLC 膜的润滑作用主要取决于其固有的结构特性。也就是说，OLC 在摩擦过程中始终保持同心结构，使得其具有减摩润滑的效果。Yao 等[31]采用水下电弧放电法制备出洋葱状富勒烯(OLF)，并通过 HRTEM 和 X 射线衍射表征生成的 OLF 的结构和形貌(图 4.8)。进一步地，将 OLF 按照不同的质量分数添加在基础油中，并采用超声进行分散，然后使用 MRS-10A 四球摩擦试验机进行摩擦学性能测试，外加载荷分别为 100N、300N 和 500N。结果表明，直径约 25nm 的 OLF 高度石墨化，在不同的润滑剂添加浓度和施加载荷下均获得了良好的减摩性能。添加 OLF 油品的摩擦系数随着 OLF 添加量(质量分数)的增加呈现先减小后增大的趋势，在保持添加量为 0.02%不变的情况下，施加载荷为 100N 时的摩擦系数为 0.113，降幅 42%，施加载荷为 300N 时的摩擦系数为 0.073，降幅 40%，施加载荷 500N 时的摩擦系数为 0.089，降幅 27%。Yao 等认为这可能是因为 OLF 的球状结构在摩擦副表面起到"轴承"的作用，而添加量继续增大后，由于添加剂发生团聚，可能破坏了油膜的完整性，所以使摩擦系数增大。此外，在基础中添加 OLF 后，磨损表面上的划痕变得更轻、更均匀。

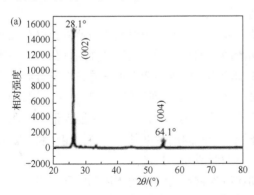
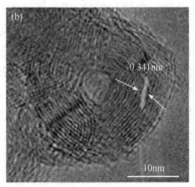

图 4.8　洋葱状富勒烯的结构和形貌[31]

(a) 洋葱状富勒烯的 X 射线衍射图；(b) 洋葱状富勒烯的高分辨透射电镜形貌图

Lee 等[32]研究了富勒烯纳米颗粒添加量对不同体积浓度的基础油润滑性能的影响。实验中他们采用滑动推力轴承测试仪，通过测量摩擦表面的温度及摩擦系数来评估摩擦学性能。研究表明，基础油中的纳米颗粒对摩擦表面之间润滑效果的增强作用很小，在滑动推力轴承中整个轨道板的各种速度(300~3000r/min)下，添加纳米颗粒润滑油的摩擦系数均小于纯油的摩擦系数，这是因为富勒烯纳米颗粒在摩擦过程中进入摩擦界面之间使得摩擦学性能提升，当富勒烯纳米颗粒体积分数高时，摩擦系数较小，磨损率也较低。

阎逢元等[33]利用固体研磨法及溶剂挥发法将 $C_{60}$ 和 $C_{70}$ 的混合物分散于液体石蜡中，微动摩擦磨损(SRV)试验机的摩擦实验结果表明，将 1%质量分数的 $C_{60}/C_{70}$ 分散到液体石蜡中，可使液体石蜡极压负荷提高 3 倍，同时摩擦系数降低 1/3，显著降低了摩擦副的磨损率。另外，溶剂挥发法的润滑效果明显优于固体研磨法，这说明精细分散的 $C_{60}/C_{70}$ 用作润滑油添加剂效果更好。阎逢元等认为 $C_{60}/C_{70}$ 颗粒的润滑作用来源于尺寸为 50nm 以下的球状晶粒团，这些晶粒团在摩擦过程中起着保护油膜及滚动润滑的作用。然而，未充分分散的大颗粒富勒烯的极压性能比不添加时还要差，因此合适的分散是必要的。Gupta 等[34]采用超声波分散法，同样将富勒烯(质量分数为 5%)加入液体石蜡中，考察 52100 钢球在含富勒烯颗粒和不含富勒烯颗粒的基础油中与 M50 钢盘接触时的摩擦和磨损情况，还将石墨和 $MoS_2$ 粉末(质量分数为 5%)添加到基础油中进行对比研究。结果表明，在基础油中添加质量分数为 5%的富勒烯，摩擦系数比不含添加剂的基础油低约 20%，磨痕宽度从 300~380μm 降低到 120~130μm，磨斑直径从 200μm 降到 60μm，摩擦系数比基础油降低了 20%，这可能是因为 $C_{60}$ 微球起到了一定的滚动作用，进而改善了摩擦学性能。富勒烯在摩擦和磨损方面的改善与石墨和 $MoS_2$ 添加剂相当，对含富勒烯的二酯润滑脂和固体润滑剂进行的实验得到了类似的趋势，富勒烯的添加对于摩擦和磨损的改善是因为在接触区域形成转移膜和 $C_{60}$ 团簇，$C_{60}$ 团簇可以作为促进滑动的微小球轴承。

李积彬等[35]采用四球摩擦试验机考察了 $C_{60}$ 添加剂对液体石蜡的抗磨和极压性能的影响，并与国外的 2 种商品润滑油添加剂进行了极压性能对比研究，发现在较高速度范围内，添加有 $C_{60}$ 添加剂油样的极压性能更加优异，在转速相同的情况下，当 $C_{60}$ 的浓度达到 0.25g/L 时，极压性能达到最优，此时进一步增大 $C_{60}$ 添加剂的浓度对润滑性能影响不大。在较高速时，$C_{60}$ 溶于油后能够形成吸附膜并覆盖于实验钢球表面，发挥润滑作用，吸附膜的强度基本维持恒定。将 $C_{60}$ 经过适宜的改性处理，有望作为有效减摩的润滑油添加剂。

Lee 等[36]将黏度较低且混有富勒烯纳米颗粒的油应用于冰箱的压缩机中，研究了富勒烯纳米颗粒在矿物油中的润滑性能。结果表明，含有富勒烯纳米颗粒(体积分数为 0.1%)的油有较好的润滑性能，摩擦系数相较于基础油下降了 90%。这是因为油品中的富勒烯纳米颗粒和样品粗糙表面间相互作用产生的抛光效果，同时具有相同或更高的承载能力。

姚延立等[37]通过 CVD 法以二茂铁为催化剂，以乙炔为碳源，制备了 Fe/洋葱状富勒烯(Fe/onion-like fullerenes，Fe/OLF)，并将其作为添加剂分散在基础油中。在 MRS-10A 型四球摩擦试验机上考察了 Fe/OLF 作为长城牌 SE 级 15W-40 机油添加剂的摩擦学性能。结果表明，Fe/OLF 作为润滑油添加剂表现出优良的抗磨减摩性能，并能显著改善基础油的承载能力。当添加剂添加量(质量分数)为 0.02%，极压负荷为 740N 时，磨损率达到最低值，润滑油的抗磨减摩性能最佳，摩擦系数与基础油相比下降 40.8%；添加剂添加量再继续增加时，极压值和摩擦系数都显著增加，润滑性能降低，这可能是因为 Fe/OLF 发生聚结，破坏了油膜的整体性。

综上，通过不同方法制备的富勒烯作为添加剂时，合适的分散浓度下，富勒烯均能够在摩擦界面上形成一层润滑保护层，降低摩擦配副之间的直接接触，从而减少摩擦磨损。此外，富勒烯特殊的球状分子结构使得界面之间接的触面积减小，还可能具有滚动效果的作用。因此，添加富勒烯纳米颗粒改善了摩擦体系的润滑效果。然而，当富勒烯纳米颗粒的添加浓度过高时，纳米颗粒的团聚会对润滑膜的摩擦学性能产生不利影响。

### 4.1.3　富勒烯复合物

$C_{60}$ 分子由于其自身的纳米效应，很容易发生团聚，进而影响其摩擦学性能。传统的物理或机械分散方式很难使得 $C_{60}$ 分子充分分散，为了改善富勒烯纳米颗粒的分散性，在富勒烯纳米颗粒表面接枝共聚物，实验中常常采用 $C_{60}$-马来酸酐聚合物微球[38]和 $C_{60}$-聚苯乙烯-马来酸酐三元共聚物微球[39]改善其分散性，同时还会在其中添加脂肪酸以提升复合物的成膜性。当后者在质量分数为 2% 的三乙醇胺水溶液中时，$P_B$ 提高了 2.7 倍，摩擦系数减小 73%。共聚物微球既起到了固体润滑作用，又发生微观弹性滚动润滑，从而大大减小了摩擦系数。

张军等[40]考察了含 $C_{60}/C_{70}$ 的各种 Langmuir-Blodgett(LB)的耐磨性及摩擦学特性。研究表明，在压膜过程中，$C_{60}$/硬脂酸 LB 膜逐渐由无定形向微晶转变，LB 膜层数对其耐磨寿命和摩擦系数有显著影响，作用规律与材料类型密切相关。张军等认为 $C_{60}$ 是 LB 膜中主要的耐磨相，可以改善 LB 膜的负荷承载能力和速度适应能力，使得 LB 膜的耐磨寿命大大提高。

杨光红等[41]采用酸碱缔合的方法，利用不同链长的脂肪酸及胺的组合设计出独特的分子"限域阱"对 $C_{60}$ 进行限域，制备了 $C_{60}$/脂肪酸 LB 膜，其中 $C_{60}$ 存在两种结构，一种是尺寸分布在 150~230nm 的聚集体，另一种是尺寸小于 20nm 的聚集体。对复合膜的微观形貌及摩擦学研究表明，大尺寸的 $C_{60}$ 聚集体对应较大的摩擦力，棘轮效应明显；小尺寸的 $C_{60}$ 聚集体则显现出微滚动效应，具有很小的摩擦力。宏观上，大尺寸 $C_{60}$ 聚集体主要起支撑载荷和耐磨作用，并随其分散性的提高及粒径的减小，$C_{60}$复合 LB 膜的耐磨寿命大幅度提高，小尺寸 $C_{60}$ 聚集体主要起减摩作用。

Zhang 等[42]研究了各种长链有机分子 LB 膜、有机分子改性无机纳米颗粒 LB 膜和 $C_{60}$-LB 膜的摩擦学行为。通过对比 $C_{60}$/花生酸(AA)/十八胺(OA)与 $C_{60}$/二十二酸(BA)LB 膜的摩擦学性能发现，有机分子改性纳米颗粒的 LB 膜在耐磨性方面优于长链有机分子薄膜，这归因于用有机分子修饰的纳米颗粒的 LB 膜中无机纳米核的承载能力增强。Xue 等[43]研究了 $C_{60}$/十八酸(SA)LB 膜的摩擦学性能，研究结果表明，$C_{60}$ 分子的一部分通过烷基链位于一定区域，其余分子组装成超细颗粒；硬脂酸是主要的减摩剂，LB 膜内 $C_{60}$ 和硬脂酸有一定的协同润滑效应，并提出碳氢长链的分子刷效应、$C_{60}$ 分子的滚动效应以及 $C_{60}$ 分子在 SA 表面承受载荷等机理。局部区域的硬脂酸分子有序化，显著地提高了耐磨性。

Shi 等用自由基聚合法合成了星状 $C_{60}$-苯乙烯共聚物，利用原子转移自由基聚合法(ATRP)合成单取代 $C_{60}$-苯乙烯共聚物，采用 AFM 和 FFM 研究了在极轻载荷下星型 $C_{60}$-PS(聚苯乙烯)与单取代 $C_{60}$-PS 的摩擦学性能，发现星型 $C_{60}$-PS 膜比单取代 $C_{60}$-PS 膜有更小的摩擦系数，这是因为星型聚合物的球形结构，且多条 PS 长链有效隔绝 $C_{60}$ 从而使得分散性提高，摩擦学性能较好[44,45]。Huang 等[46]采用自组装方法制备了含硝基的重氮树脂-聚对苯乙烯磺酸钠(NDR-PSS)薄膜，然后通过小角度 X 射线衍射(SAXD)证实了紫外线照射离子键向共价键的转化形成的交联结构，并采用 AFM/FFM 研究了 NDR-PSS 膜的粗糙度和摩擦学性能。

周金芳等[47]通过氨基(—NH₂)与 $C_{60}$ 自组装反应，采用含端氨基的氨基酸在银基底表面上制备了 $C_{60}$ 单分子膜，通过 AFM 研究了 $C_{60}$ 分子自组装膜的微观摩擦学行为。结果表明，长链羧酸/$C_{60}$ 分子膜的摩擦学性能优于短链羧酸分子膜，羧酸/$C_{60}$ 分子膜的碳链中极性基团，如羰基的存在，可以提高膜的平整度，改善膜的摩擦学性能。张平余等[48]采用端基带有氨基(—NH₂)的氨基酸与 $C_{60}$ 烯键反应并通过自组装的方法制备了氨基十一酸-$C_{60}$、氨基丙酸-$C_{60}$ 等单分子自组装膜，通过 AFM 研究了单分子膜的微观摩擦学性能，发现羧酸中极性羰基基团的存在可提高膜的平整度，改善膜的摩擦学性能，而长链分子膜的微观摩擦学性能优于短链分子膜，原因是长链分子的有序性和密集性相对于短链分子膜更高。

任嗣利等[49]利用胺基与 $C_{60}$ 分子的加成反应，在 3-胺基丙基-三乙氧基硅烷(APS)的自组装单分子膜(SAM)表面上成功地制备了与基底化学键结合的 $C_{60}$-SAM，膜厚约为 1.15nm。APS 自组装单分子膜分子链短，膜的有序性差，表面颗粒聚集物及针孔等缺陷多，因此不具有润滑作用。当在其上形成 $C_{60}$ 单分子层膜后，表现出优异的摩擦学性能，摩擦系数为 0.09～0.13，在给定实验条件下抗磨损寿命大于 10000 圈。

黄兰等[50]采用自组装法通过过氧化苯甲酰(BPO)引发的溶液聚合，将含 $C_{60}$

的三元共聚物与重氮树脂通过正负离子间的吸附力在云母基片上有序地组装成了一层一层交替的水溶性星状 $C_{60}$-苯乙烯-苯乙烯磺酸钠的三元共聚物固体膜。通过 AFM/FFM 考察了 $C_{60}$ 在润滑膜中的承载作用，并比较了不同链结构、不同链长、不同层数的自组装膜的表面形貌和微观摩擦学性能。结果表明，聚合物薄膜的摩擦学性能与聚合物的化学结构、链长和膜的层数有密切关系。在相同载荷下，分子量较大的共聚物摩擦行为较稳定。星状苯乙烯-苯乙烯磺酸钠的三元共聚物/重氮树脂([Coo-poly(St-SS)]/DAR)自组装膜的摩擦学性能明显不同于 $C_{60}$ 与苯乙烯磺酸钠的共聚物/DAR 自组装膜，后者在负载过程中表现的摩擦行为很不稳定。黄兰等认为苯乙烯链段作为柔性基团可以起到减小摩擦力和减少分子链在组装过程中的缺陷的作用。黄兰等[51]还利用紫外光照射反应，通过自由基引发溶液聚合反应合成了星状 $C_{60}$-苯乙烯-丙烯酸聚合物，其钠盐作为高聚物负离子，与高聚物正离子的重氮树脂在云母上自组装成膜，使膜层间连接的离子键转化成共价键。通过 AFM 和 FFM 研究了不同链长和不同层数自组装润滑膜的表面形貌及微观摩擦学性能，发现其分子量大、柔性链段长柔软黏弹性好，可减小摩擦力，但同时承载能力会下降。柔软的聚合物长链提供减摩功能，刚性基团用于承载。

Pu 等[52]通过一种多步自组装方法在硅表面上制备了含 $C_{60}$ 的混合涂层。原始 $C_{60}$ 均匀地化学吸附在氨基官能团化石墨烯的表面上，该石墨烯通过亲核加成反应键合在硅表面上。研究表明，含 $C_{60}$ 混合涂层的结构很好地解决了涂层与硅衬底的黏附力不足的问题。$C_{60}$ 的外层促进了滑动过程中的微球接触，可以减小接触面积。此外，石墨烯层作为承重和耐磨成分，促进了混合涂层的抗磨损性能。$C_{60}$ 和氨基官能团化石墨烯的复合涂层，其磨损率增强和摩擦系数减小的效果均超出了单组分(图 4.9)。

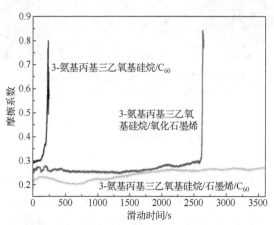

图 4.9 混合涂层摩擦系数随滑动时间的变化图[52]

张靖等[53]在云母基体上制备了含烷烃链的 $C_{60}$-PS 和含氟代烃链的 $C_{60}$-全氟

代辛硫醇($C_{60}$-POTSF)2 种 $C_{60}$ 共聚物旋涂膜，采用 AFM 和表面力仪研究了摩擦力随速度和载荷变化的规律以及聚合物支链种类、长度对 $C_{60}$ 共聚物旋涂膜摩擦学性能的影响。当分子量相同时，含氟代烃支链的 $C_{60}$ 共聚物($C_{60}$-PST)旋涂膜的摩擦学性能优于含烷烃支链 $C_{60}$ 共聚物($C_{60}$-POTSF)旋涂膜。含烷烃支链的 $C_{60}$ 共聚物旋涂膜的支链越长，其摩擦力越小。薛群基等[54]对纳米级单晶聚集而成的 $C_{60}/C_{70}$ 粉末的摩擦相变进行了研究，发现擦涂破坏单晶间的同向聚集，造成分子重新排列，六角密堆积结构具有擦涂相变现象，根据富勒烯分子间的易滑移性推测其可能具有分子滚动效应。王晓敏等[55]对 CVD 法制备的 Fe/OLF 进行硬脂酸修饰，微观结构如图 4.10 所示，产物粒径均匀分布在 500nm 左右，没有明显的团聚现象。王晓敏等在 MRS-10A 型四球摩擦试验机上考察了 Fe/OLF 作为机油添加剂的润滑性能。将样品添加到基础油中，经过超声分散和去离子水冲洗，静置 30d 后观察样品，发现硬脂酸修饰的 Fe/OLF 在润滑油中没有出现明显的分层，稳定性较好。这可能与修饰后的 Fe/OLF 表面能降低，具有亲油性有关，并且吸附在 Fe/OLF 上的硬脂酸能在油中形成位阻层阻碍了 Fe/OLF 的碰撞团聚和重力沉淀。摩擦实验结果表明，Fe/OLF 添加到基础油中确实起到了抗磨的作用，最佳的添加量约为 0.02%，这可能是因为 Fe/OLF 填充在摩擦副的凹坑起到了降低表面粗糙度的作用，Fe 颗粒在一定程度上还起到了修复的作用。

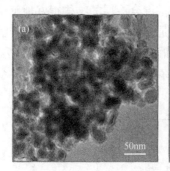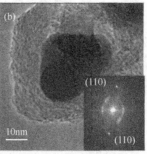

图 4.10　CVD 法制备的内包金属 Fe/OLF[55]

(a) TEM 图；(b) HRTEM 及选区电子衍射图

## 4.2　碳 纳 米 管

碳纳米管(CNTs)，又称巴基管，是一种径向尺寸为纳米级，轴向尺寸为微米级的一维碳材料，主要由呈六边形排列的碳原子构成数层到数十层的同轴圆管，可以看成是石墨烯围成的中空圆柱体，按照石墨烯片的层数可分为单壁碳纳米管(又称"单层碳纳米管"，single-walled carbon nanotubes，SWCNT)和多壁碳纳米管(又称"多层碳纳米管"，multi-walled carbon nanotubes，MWCNT)。根据碳六边形沿轴向的不同取向可以将其分成锯齿型、扶手椅型和螺旋型三种。其中，螺旋型的碳纳米管具有手性，而锯齿型和扶手椅型碳纳米管没有手性。CNTs 作为一维纳米卷状结构材料，密度小，六边形结构连接完美，具有许多奇异的力学、电学和化学性能，弹性模量为 1.8GPa，弯曲强度为 14.2GPa，拉伸强度为钢的 100 倍，而密度仅为钢的 1/6，同时还具有优异的润滑性能。

## 4.2.1　单壁碳纳米管

CNTs 中碳原子以 $sp^2$ 杂化为主，同时六角型网格结构存在一定程度的弯曲，形成空间拓扑结构，其中可形成一定的 $sp^3$ 杂化键，即形成的化学键同时具有 $sp^2$ 和 $sp^3$ 混合杂化状态。SWCNT 可以看作是单层石墨烯片层卷曲形成。实际上，在 CNTs 生长过程中不可避免地引入了许多缺陷，如空位、吸附原子和 Stone-Wales 缺陷，这会导致滑动过程中更多的摩擦能量耗散[56]。由于很难生产出具有理想、无缺陷结构的 CNTs，因此 CNTs 在实验中测量的摩擦力通常远高于其理论计算值。

Smolyanitsky 等[57]研究了 SWCNT 在自支撑单层石墨烯表面的滑动摩擦力随载荷的变化。当对探针施加向上的载荷，即探针从石墨烯片表面逐渐离开时，在正载荷区，由于接触面积逐渐减小，探针在石墨烯表面的滑动摩擦力逐渐减小。当载荷进入负值区时(由黏着产生的拉拔力)，石墨烯的黏弹性变形产生了传统摩擦学理论无法解释的反常摩擦行为，即随着探针与石墨烯间接触力越接近负值区，摩擦力越大，直至探针从石墨烯表面脱开。这是因为随着黏着力的增大，自支撑石墨烯层与探针接触的局部区域会向上位移，形成弹性凸起。当探针针尖横向滑动时，推动凸起向前移动需消耗更多能量，超过了常规的摩擦能量耗散，从而导致摩擦力增加。Liu 等[58]采用 MD 模拟研究了探针针尖与石墨烯表面之间的距离变化和石墨烯层数不同时，封端的 SWCNT 在多层石墨烯表面的滑动摩擦学行为。研究结果表明，摩擦力和平均法向力随着针尖距离的增加而减小，摩擦系数同样随着针尖距离的增大而减小；摩擦力和平均法向力随着石墨烯层数的增加而增加，而摩擦系数随着石墨烯层数的增加而减小。Liu 等认为这个变化规律是源于石墨烯的面外变形，即在探针的作用下，石墨烯层数越少，其面外变形越大，从而使得探针与石墨烯之间的接触面积增加，摩擦系数增大。Liu 等的研究还发现，探针针尖与石墨烯之间的距离越小，面外变形越大，进而探针针尖与石墨烯之间的接触面积增加，摩擦系数随之增大。在模拟计算中，上端固定的 CNTs 非常短，具有较高的刚性，没有观察到单壁碳纳米管(SWCNT)在石墨烯表面的黏滑运动，而是通过周期性的加速-减速振荡运动将动能转变为热能，从而产生能量耗散。Westover 等[59]使用微划痕测试研究了垂直对齐的 SWCNT 从低负载到高负载的范围内在固体表面上表现出的黏附特性(图 4.11)。与传统薄膜不同，由于机械能耦合到 SWCNT 材料中，SWCNT 基体界面的形态变化使得摩擦响应增加，促使 SWCNT 基体界面的重组。这种情况一直持续到达到最大摩擦响应为止，此时没有进一步的机械能可以耦合到 SWCNT 阵列中，并且摩擦响应趋于平稳。

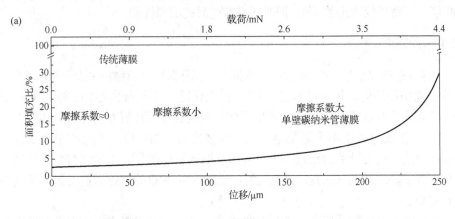

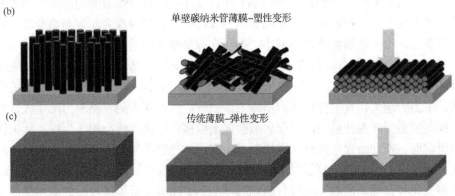

图 4.11　单壁碳纳米管薄膜与传统薄膜的对比[59]

(a) 单壁碳纳米管薄膜和传统薄膜的面积填充比随施加载荷及位移变化的函数图；(b) 单壁碳纳米管薄膜形貌随载荷增加而变化的示意图；(c) 传统薄膜的弹性响应的示意图

Wei 等[60]使用 MD 模拟对水分子在 CNTs 和氮化硼纳米管(BNNTs)内部的传输过程进行建模，并且通过 Green-Kubo 公式计算了体积摩擦系数。结果表明，在相似的直径下，水分子在之字型的 CNTs 中的体积摩擦系数要比在之字型的 BNNTs 中小(图 4.12)。通过分析这些纳米管内部的势能图发现，CNTs 中缺少部分电荷，因此其与水分子之间没有静电相互作用，使得势能分布更加平滑，体积摩擦系数也更小。尽管扶手椅型的 BNNTs 中的部分电荷会导致与水的静电相互作用，但扶手椅型的纳米管中的原子排列不会产生局部势能陷阱，因此相应的体积摩擦系数小于之字型的 BNNTs。Johannes 等[61]将 SWCNT 添加到 Al 中进行摩擦搅拌处理(FSP)，通过拉曼光谱结合 SEM 图像的表征，结果表明 SWCNT 经受住了摩擦搅拌加工的热和应力循环。Vander 等[62]通过化学处理对石墨烯构建的 SWCNT 进行表面氟化改性，获得一系列具有可变 $C_nF(n=2\sim20)$化学计量的氟化纳米管(又称"氟纳米管")。通过在圆盘摩擦试验机上与蓝宝石配副，在相对湿度为40%的空气中单向滑动摩擦运动，进行摩擦学性能的评估测试。研究表明，氟纳米管及原始和化学切割的氟纳米管的摩擦系数在 0.002~0.07。这些初步结果证明了 CNTs 具有超低摩擦系数。

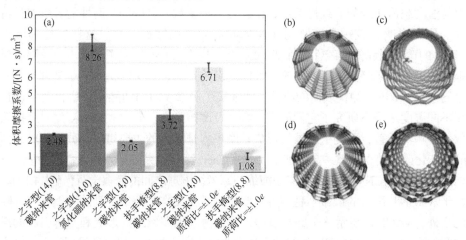

图 4.12　水分子在不同类型纳米管内传输的体积摩擦系数以及不同类型纳米管内水分子的原子结构示意图[60]

(a) 体积摩擦系数图；(b) 扶手椅型(8,8)CNTs；(c) 锯齿型(14,0)CNTs；(d) 扶手椅型(8,8)BNNTs；(e) 锯齿型(14,0)BNNTs

*e*-带电离子所带电荷数

## 4.2.2　多壁碳纳米管

MWCNT 由一定高纵横比的同轴圆柱形石墨烯层组成，也可以看成由石墨烯卷曲形成。由于其自身表面原子光滑，层间可以形成高度非公度的晶格结构，被认为是实现超润滑性的理想摩擦配副[63,64]。理论计算预测，在没有任何缺陷的情况下，完美的 MWCNT 可以成为最光滑的轴承，当碳纳米管层间处于非公度接触时，由于其黏滑运动被抑制，因此摩擦力几乎消失[65-67]。然而，由于MWCNT 的直径处于纳米尺度，因此很难对其进行测量，只有少数实验研究报告了 MWCNT 壳的滑动或旋转行为[68]。

Yu 等[68]使用机械加载实现了 SEM 室中 MWCNT 嵌套壳之间的滑动。观察到两个独立的 MWCNT 之间的黏滑运动和平滑运动，并将其归因于剪切相互作用、毛细管效应和纳米管中的边缘效应。Tu 等[69]通过化学催化气相沉积法在阳极氧化铝(AAO)模板上制备了垂直阵列的 MWCNT，这些从 AAO 膜孔中生长出来的碳纳米管直径均匀，长度约为 3μm。在干燥条件下，使用 FFM 和圆盘上的球摩擦测试仪研究了垂直阵列取向 CNTs 膜的微观摩擦学特性。研究结果表明，由于该取向碳纳米管薄膜的自润滑作用，CNTs 膜与氧化铝对偶球对摩时的摩擦系数随滑动速度的增加而降低，该取向的 CNTs 膜与 AAO 模板的黏附力保持不变。在相对较低的施加载荷下，具有较低的摩擦系数，约为 0.082。Miyake 等[70]通过 AFM 在具有不同直径和长度的密集堆积、垂直排列的 CNTs 上观察到了摩擦力与法向载荷曲线的非线性关系，以及高摩擦系数和良好的耐磨性能等摩擦学特性。研究表明，较短和较厚的 CNTs 具有较高的摩擦系数，这些特性归因于 CNTs 的弯曲引起的非线性弹性能。Ler 等[71]采用 FFM 研究了侧壁表面及湿度对垂直排列碳纳米管(VACNT)摩擦学性能的影响。通过 CF$_4$ 和 O$_2$ 等离子处理对 2μm 厚的 VACNT 进行侧壁表面的改性，并证实了侧壁表面的功能化。然后使用 FFM 在不同湿度水平下研究了它们的润湿特性及摩擦系数。研究表明，湿度对摩擦系数的影响不显著，而侧壁摩擦形成尖端摩擦力是摩擦的主要组成部分，侧壁表面的功能化改性使得摩擦系数增加了 1 倍。Chen 等[72]研究各种条件下森林状垂直排列的 CNTs(VACNT)和块状 CNTs 海绵与毫米级铜球之间的摩擦学行为(图 4.13)。由于 VACNT 固有的机械不稳定性，观察到其比 CNTs 海绵更高的摩擦状态，除此之外，VACNT 显示一个磨合过程，作为由准周期裂纹的形成和重排引起的滑动圆的函数；相反，CNTs 海绵的摩擦力非常稳定。此外，研究还发现滑动摩擦力与速度和温度无关，由于毛细力的增加，滑动摩擦力随着相对湿度的增加而增加。

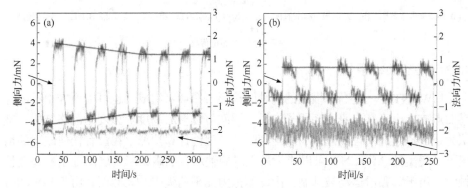

图 4.13　侧向力和法向力曲线[72]

(a) VACNT 的侧向力和法向力曲线；(b) CNTs 的侧向力和法向力曲线

　　Akita 等[73]使用控制良好的电击穿过程和扫描电子显微镜的组合，成功地测量了单个 MWCNT 的层间滑动摩擦力。在滑动过程中，对于 5nm 的内层直径，保持约为 4nN 的滑动摩擦力。该结果不仅与基于层间范德华相互作用的理论计算非常吻合，而且与使用经验电位的双壁纳米管的分子力学计算也相吻合。分子力学计算还揭示了随着纳米管蜂窝结构周期在滑动摩擦力上存在 5pN 的波动。
Schaber 等[74]研究了通过化学气相沉积法制备合成的垂直排列且长达 1.1mm 密集
排列的 VACNT 的摩擦学特性。研究表明，摩擦系数($\mu$)在第一次滑动循环时高达
6，并在第 4～5 次滑动循环中下降到 2～3 的稳定值，如此高的 $\mu$ 是因为摩擦实
验过程中施加的剪切力引起的强黏着力。测试后，观察到 VACNT 表面磨损引起
的变形，这种变形在很大程度上取决于摩擦实验过程中施加的法向力。而且，经
过几个滑动循环后，VACNT 的塑性变形不会显著地影响 $\mu$。Cumings 等[64]的研
究中展示了 MWCNT 的可控和可逆伸缩延伸，进而实现了超低摩擦纳米线性轴
承和恒力纳米弹簧。在 HRTEM 内对单个设计的纳米管进行原位测量，证明了预
期的范德华能量回缩力，并对嵌套纳米管之间的静态和动态壁间摩擦力进行定量
限制。伸缩纳米管段的反复伸展和缩回显示原子尺度上没有磨损或疲劳。因此，
这些纳米管可以构成近乎完美的无磨损表面。Kis 等[75]使用带有力传感器的 AFM
研究了 MWCNT 在 TEM 室中长时间循环伸缩运动期间的层间力(图 4.14)，如
图 4.14 所示，MWCNT 的突出中心连接到原子力显微镜针尖，外壳的另一端连
接到一根铂丝，该铂丝连接到压电扫描仪上，用于诱导循环伸缩运动，作用在套

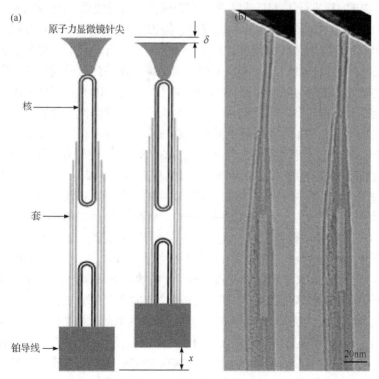

图 4.14　测量装置示意图以及两张显示伸缩式 MWCNT 的 TEM 图像[75]

(a) 测量装置示意图；(b) TEM 图像显示的伸缩式 MWCNT

管和岩心之间的力是通过测量悬臂梁的挠度来监测的，悬臂梁的挠度远小于套管位移。研究表明，MWCNT 与外壳之间的作用力是通过缺陷的存在而调制，并且通常表现出超小摩擦力，低于 $1.4 \times 10^{15}$N/原子的测量极限，每个周期的总耗散低于 0.4meV/原子。引入悬空键形式的缺陷会导致暂时的机械耗散，而纳米管的自愈能力能够迅速优化原子结构并恢复平稳运动。

Li 等[76]通过分子力学模拟研究了不同长度、直径和手性的 MWCNT 中外壁相对于其内壁之间的拉出过程。研究表明，双壁碳纳米管(DWCNT)和 MWCNT 的拉拔力与临界壁(滑动表面的直接外壁)的直径成正比，并且与 CNTs 的长度和手性无关。通过研究拉出过程中的界面剪切应力和相应的表面能密度，研究了其中的滑动机制。对于 DWCNT，只有其边缘部分对摩擦力有贡献，因此超润滑性与 CNTs 长度无关。MWCNT 比 DWCNT 的表面能密度更高，界面剪切强度的传统定义不适用于 MWCNT 中嵌套壁之间的滑动行为。他们提出了一套通用公式，用于预测临界壁直径的拉拔力，即对于给定 MWCNT 在任意界面处的滑动拉拔力仅与 MWCNT 临界壁的直径成正比，与纳米管长度和手性无关。Seifoori 等[77]在室温(300K)的系统中，对一系列具有不同长度、弹丸质量和弹丸冲击几何形状的 MWCNT 进行了 MD 和有限元(FE)模拟。通过使用 Euler-Bernoulli(EBT) 和 Timoshenko(TBT)梁的弹性非局域理论，提出了弹丸对 DWCNT 横向冲击的解析解。DWCNT 两层之间的范德华相互作用包含在分析模型中，纳米梁的弹簧常数包括结构的几何形状，剪切和弯曲的变形是通过使用弹簧质量系统来实现的。弹簧质量模型的结果与 MD 和 FE 模拟非常吻合。基于 MD 模拟，针对不同弹丸形状和动能的分析模型和有限元结果，虽然最大变形随着弹丸质量的增加而增加，但在高质量比下，增加动态偏转的效果正在减小。一方面，考虑有范德华相互作用的 DWCNT 相比没有范德华相互作用的 DWCNT 灵活性较差。另一方面，通过考虑层间的范德华相互作用，DWCNT 的最大动态偏转会减小，这是因为DWCNT 的刚度增加。MD 模拟表明，在具有相同动能的情况下，块状和圆锥形截头体弹丸比球形和圆锥形弹丸引起更多的局部偏转。MWCNT 的局部变形随着层数的增加而减小，但随着层数的增加，全局变形的结果之间没有观察到明显的区别。Gong 等[78]通过化学气相渗透(CVI)的方法制备了 CNTs 掺杂的碳/碳(C/C)复合材料，并研究了 CNTs 对 C/C 复合材料摩擦学性能的影响(图 4.15)。将碳氢化合物的催化热解合成的碳纳米管在 CVI 工艺之前添加到碳纤维形成的预制件中，然后进行环块式磨损实验，以评估 CNTs 掺杂的 C/C 复合材料的摩擦学性能。结果表明，CNTs 的掺入不仅可以提高 C/C 复合材料的耐磨性，而且不同载荷下在较长时间内摩擦系数仍能保持在较低水平(约 0.14)。CNTs 对 C/C 复合材料摩擦学性能的有利作用是通过改变焦炭的微观结构间接实现的，同时直接作为高强度润滑摩擦介质。能量色散 X 射线谱(EDS)分析结果表明，尽管双体磨蚀机制在纯 C/C 复合材料中占主导地位，纯 C/C 复合材料和 CNTs 掺杂 C/C 复合材料中均存在黏着磨损机理。

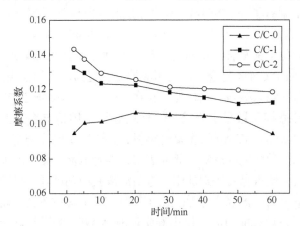

图 4.15 载荷为 200N 时 3 种 C/C 复合材料摩擦系数随时间的变化[78]

Guignier 等[79]通过火焰法在碳纤维上接枝 CNTs，并进行往复摩擦和黏附实验来研究不同接枝条件(各种催化剂)下 CNTs 在纤维上的阻力。摩擦实验结果表明，在高于 1N 的法向载荷下，CNTs 在与催化剂 n.2 进行 2000 次循环摩擦后被完全除去，而当催化剂为 n.1 时，CNTs 仍然存在于催化剂的表面。黏附力测试表明，CNTs 对黏性测试具有很强的抵抗力，并且随着催化剂 n.2 的使用，CNTs/碳纤维界面具有更强的抵抗力。Chen 等[80]将表面活性剂 MWCNT 均匀分散在硫酸镍电解质溶液中，采用化学沉积技术制备 Ni-P-MWCNT 复合涂层。然后，使用纯液体石蜡的环板磨损试验机研究了碳钢环中 Ni-P-MWCNT 复合涂层的摩擦和磨损行为。使用维氏压头的硬度测试结果表明，添加 MWCNT 可显著提高 Ni-P 复合涂层的显微硬度，显著改善 Ni-P 复合涂层的力学性能。Chen 等研究了由不同复合涂层的板和环组成的九种磨损组合的摩擦磨损行为。实验结果表明，添加 MWCNT 会显著提高 Ni-P 复合涂层的显微硬度和摩擦学性能。与 Si-C 复合涂层相比，Ni-P-MWCNT 复合涂层显示出更低的磨损量和摩擦系数，其摩擦系数和磨损量分别为 0.1087 和 $1.49 \times 10^{-6}$kg/m，这归因于其优异的机械性能和自润滑性。Arai 等[81]采用电沉积技术制备了 Ni-MWCNT 复合薄膜，选用 $Al_2O_3$ 为配副的球-盘摩擦试验机研究了其摩擦学性能。与 Ni 薄膜相比，Ni-MWCNT 复合膜显示出更加优异的摩擦学性能。随着 MWCNT 含量的增加，Ni-MWCNT 复合膜的摩擦系数降低。其中，Ni 的质量分数为 0.5%时，MWCNT 复合膜的摩擦系数最小，约为 0.13。陈卫祥等[82]采用化学镀方法制备了 Ni-P-CNTs 复合物镀层，研究了热处理对复合镀层微观结构及摩擦学性能的影响。结果表明，Ni-P-CNTs 复合镀层比 Ni-P-SiC 和 Ni-P-石墨镀层具有更好的摩擦学性能，在 673K 条件下进行 2h 热处理后，复合镀层的耐磨性能显著改善，除 Ni-P-CNTs 复合镀层的摩擦系数基本不变以外，其余复合镀层的摩擦系数均降低。Chen 等[83]还采用化学镀和粉末冶金技术制备了 Ni-P-CNTs 复合涂层和 CNTs/铜基复合材料，并研究了 CNTs 对这些复合材料摩擦学性能的影响。与 Ni-P-SiC 和 Ni-P-石墨复合涂层相比，Ni-P-CNTs 化学镀复合涂层具有更高的耐磨性和更低的摩擦系数。在 673K 下退火 2h 后，Ni-P-CNTs 复合涂层的耐磨性得到提高。与纯铜相比，CNTs/铜基复合材料的磨损率和摩擦系数均较低，且在 0%~12%，随着 CNTs 体积分数的增加，其磨损率和摩擦系数呈下降趋势。徐屹等[84]采用粉末冶金工艺制备了可作为电接触材料的 MWCNT-Ag-石墨复合材料，并研究了电流密度对 MWCNT-Ag-石墨复合材料摩擦学性能的影响。研究表明，随着电流密度的增大，摩擦磨损过程中发热量增大，使得黏着磨损加剧，进而润滑膜遭到破坏，导致复合材料的摩擦系数、磨损率增大。揭晓华等[85]提出了一种"软基体+CNTs"新型滑动轴承合金模型，通过制备承载能力高、使用寿命长的 MWCNT/铅基复合轴承材料来解决现有轴承材料承载能力与摩擦学性能不能兼顾的矛盾。含有 CNTs 的复合镀层组织致密、晶粒细化程度明显；与传统巴氏合金相比，复合镀层在保持低硬度的同时表现出更优良的减摩性能。MWCNT/铅锡复合镀层的平均摩擦系数比普通铅锡合金镀层低 12%，失效时间比普通铅锡合金镀层高约 18%。Xia 等[86]在多个长度尺度上研究了结构排列较好的 CNTs/氧化铝纳米复合材料的摩擦学行为。针盘、微划痕和 AFM 用于测试氧化铝基体、薄壁和厚壁碳纳米管/氧化铝复合材料三种纳米材料。研究表明，在所有长度尺度上测试的复合材料的摩擦系数取决于碳纳米管的屈曲行为和施加的载荷。MWCNT 的自身结构，如壁厚、屈曲、截面变形等均为影响其复合材料摩擦学性能的重要因素。

CNTs 作为典型的碳纳米材料，由于其特殊的分子卷轴结构，被认为是理想的润滑材料。然而，在制备 CNTs 的过程中，层与层之间很容易成为陷阱中心而捕获各种缺陷，因而其管壁上通常布满小洞样的缺陷，影响其摩擦学性能。其次，由于 CNTs 之间的强相互作用，其很难实现预期的分散和高负载量。普遍认为 CNTs 减摩耐磨作用的原理有以下三点：①CNTs 的管状轴承效应和自润滑效应；②CNTs 的纤维状结构阻止了基体带状结构的大面积破坏；③材料在对偶表面形成的转移膜隔离了材料与摩擦配副之间的直接接触，进而降低了磨损。

## 4.3 摩擦诱导卷状界面结构

石墨烯纳米卷或类洋葱结构的富勒烯(nano-onion-like fullerenes, NOLFs)的理想模型最早在 1980 年被提出[87]，其由诸多碳原子同心壳层结构或者具有特殊的中空笼状结构组成。这一模型由间距约 0.34nm 的同心圆环组成，最内层由 $60n^2$ 个碳原子组成，直径约 0.71nm，其余各层由内向外依次以 $60n^2$ 递增，各层之间的间距均约为 0.34nm。因此，具有特殊的物理化学性能，而且作为纳米微粒，具有小尺寸效应、表面效应、量子尺寸效应和宏观量子隧道效应等特点。研究表明，摩擦界面上的球状或卷状结构能够起到减小摩擦系数的作用，有助于超润滑性能的获得[4,88-90]。

### 4.3.1　摩擦化学反应

Erdemir 等[3]研究了由钼或钒的氮化物组成的纳米晶催化涂层，分别含有铜或镍(Ni)催化剂，发现通过催化作用基础油分子在摩擦中形成了卷状碳结构。球-盘测试表明，这些摩擦膜几乎没有被磨损，并且与用二烷基二硫代磷酸锌形成的摩擦润滑膜相比获得了更低的摩擦系数。反应性的从头计算分子动力学模拟表明，涂层的催化作用促进了润滑油中线性烯烃的脱氢及其C—C主链的随机断裂，样品重新组合成核并长成一个紧凑的润滑膜。Berman 等[91]将金刚石纳米颗粒添加到 $MoS_2$ 纳米片中，并与 DLC 镀层的对偶球组成摩擦配副时，在滑动接触界面形成了 OLC，并在干燥的氮气环境中实现了宏观接触尺度下的超润滑性能，摩擦系数约为 0.005。结合反应性分子动力学模拟(RMD)和 DFT 计算发现，高接触应力和剪切作用下硫从 $MoS_2$ 中解离扩散，并催化分解纳米金刚石使之非晶化，最终通过摩擦化学反应形成 OLC 结构。Berman 等认为在滑动界面处形成 OLC 卷轴减小了摩擦配副之间的接触面积，也有利于实现非公度接触，因此获得了宏观超润滑性能(图 4.16)。

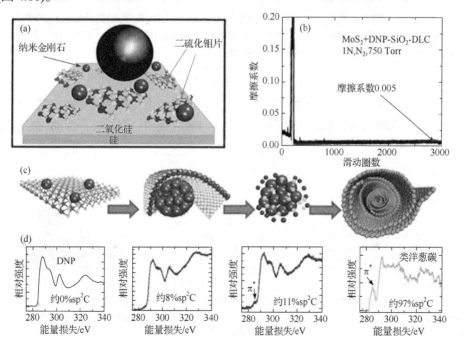

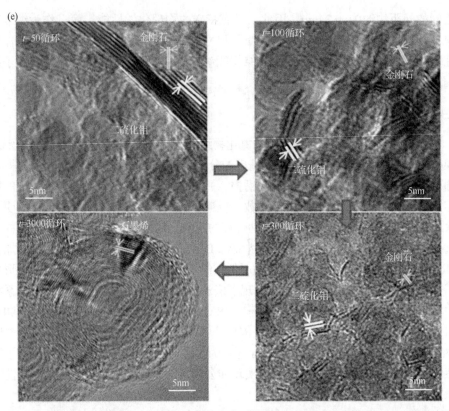

图 4.16　纳米金刚石颗粒添加到 $MoS_2$ 纳米片中在干燥氮气中实现宏观超润滑以及润滑机制[91]

(a) $MoS_2$ 中添加纳米金刚石颗粒与 DLC 球摩擦配副示意图；(b) 干燥氮气中宏观超润滑性能的摩擦系数曲线；
(c) 纳米卷形成过程的示意图；(d) 电子能量损失谱；(e) 从 50 循环、100 循环到 300 循环再到 3000 循环的磨屑
纳米结构演变

1Torr=$1.33322 \times 10^2$kPa

Breman 等[92]将铁纳米颗粒添加到石墨烯纳米片中，然后沉积在二氧化硅基底上，并与钢对偶球组成摩擦配副(图 4.17)。研究表明，在滑动界面高接触压力

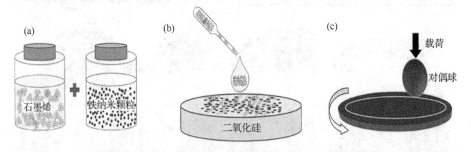

图 4.17　石墨烯中添加铁纳米颗粒制备的固体润滑膜以及摩擦学性能的测试示意图[92]

(a) 将溶液处理的石墨烯和铁纳米颗粒混合在一起；(b) 将混合液滴加到 $SiO_2$ 涂层的硅衬底上；(c) 球-盘上的摩擦实验示意图

下，由石墨烯与铁纳米颗粒混合而成的固体润滑剂经历了摩擦化学反应，促进了 OLC 的形成(图 4.18)。进一步结合 MD 模拟，阐明了铁纳米颗粒形成 OLC 的摩擦化学机理，以及该机理对于核壳结构中纳米颗粒的化学活性依赖性。在干燥的气氛条件下滑动时，摩擦界面上形成的 OLC 获得了超润滑性能，摩擦系数约为 0.009。

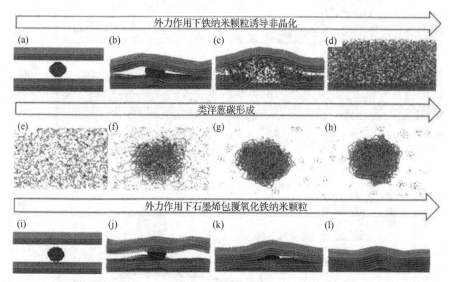

图 4.18　铁/石墨烯复合物体系的摩擦化学反应转化形成类洋葱碳实现宏观超润滑的机理[92]

(a)～(d) 外力作用下石墨烯在铁纳米颗粒存在时初始阶段的形态变换；(e)～(h) 铁/无定形碳体系形成类洋葱碳结构的动态演化；(i)～(l) 氧化铁在外力作用下的化学状态变化

Pan 等[93]研究了由不含添加剂的双元 $TiB_2$-$MoS_2$ 薄膜，其表现出优异的耐磨性和超润滑性能，其摩擦系数极小(约为 0.007)且磨损率超低(约为 $10^{-9}mm^3$/$(N·m)$)在润滑剂中保持了长滑动距离而性能没有下降。通过研究确定了由 $TiB_2$-$MoS_2$ 膜催化激活的油分子分解的摩擦化学途径，促使类富勒烯碳的原位形成，从而起到减小摩擦系数的作用。结合第一性原理计算揭示了 $TiB_2$ 结构在磨损应变下的应力响应。Shi 等[94]通过 $MoS_2$ 与非晶金属超晶格涂层，在高真空条件下实现了宏观尺度超润滑。研究表明，摩擦系数与涂层的超晶格结构密切相关，在测试的六种金属掺杂 $MoS_2$ 超晶格涂层中得到了很好的证实。与传统的 $MoS_2$ 基复合涂层相比，超晶格结构中的非晶金属层由于纳米级层的约束效应，更有利于摩擦诱导的结晶、生长和聚集成形状和尺寸均匀的金属纳米颗粒。实验结合原子模拟表明，非晶金属经历应力诱导纳米晶化，有序的 $MoS_2$ 晶粒在与金属纳米晶的相互作用下发生解离，并自发形成尺寸和分布均一的纳米粒子。随机取向的 $MoS_2$ 纳米片在滑动过程中逐渐包裹金属纳米颗粒，自发形成由非晶/纳米晶层支

撑的球形结构并在滑动摩擦界面实现了多点接触。金属纳米颗粒上随机排列的
MoS$_2$ 片提供了完美的非公度界面,降低了 MoS$_2$ 涂层超润滑性对环境的依赖性。
在高真空($10^{-2}$Pa 数量级)中实现了超过 $1.0 \times 10^6$ 循环的鲁棒性超润滑状态(图 4.19)。

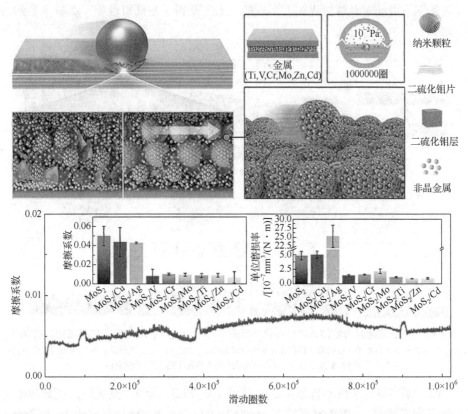

图 4.19　MoS$_2$/非晶金属超晶格涂层多点接触界面的形成和超润滑性能以及润滑机制图[94]

　　Bai 等[95]通过在氟化氨溶液中球磨商业购买的 h-BN 微米薄片,所得氟化六
方氮化硼片(F-BNNS)作为水分散性润滑油添加剂,在低于 1.0mg/mL 的低浓度下
表现出优异的抗磨减摩性能,其摩擦系数可低于 0.08,实现了低摩擦系数。Bai
等认为这种低摩擦系数源于滑动界面处的 F-BNNS 在氟化物掺杂卷曲效应和随后
的剪切力的作用下卷起形成纳米卷。这些产生的纳米卷可以在基底上滑动,实现
非公度结构,从而大大降低摩擦系数。结合第一性原理模拟,阐明了其中润滑机
制(图 4.20)。

### 4.3.2　纳米颗粒诱导

　　层状结构的石墨烯、MoS$_2$ 中添加纳米颗粒(金刚石、SiO$_2$ 及铁等)时,纳米颗
粒在摩擦过程中可以诱导纳米卷状结构的形成[96,97],并可以在摩擦界面上观察到

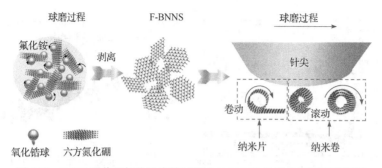

图 4.20　h-BN 剥落和氟化及摩擦过程中 F-BNNS 的卷曲过程示意图[95]

石墨烯或 $MoS_2$ 包裹纳米颗粒的卷状结构，从而使复合润滑材料体系在干燥气氛中获得宏观超润滑性能[88,91]。

　　Bejagam 等[96]通过 RMD 模拟研究石墨烯纳米片包裹纳米颗粒(NP)过程中，金刚石、Ni、铂(Pt)和金(Au)纳米颗粒在激活、引导和稳定石墨烯纳米片方面的能力。当某些直径的纳米颗粒放置在石墨烯上时，可以激活石墨烯的包裹或滚动。研究者们认为这种激活是石墨烯和 NP 之间的非键合相互作用引起的，促进了 $sp^2$ 键合石墨烯纳米卷的形成。其中，对于完整的包裹和卷状形成及其稳定性，石墨烯-石墨烯和 NP-NP 相互作用也至关重要。结果表明，Ni 和 Pt-NP 的表面原子在石墨烯的包裹或滚动过程中发生重构，与 NP-NP 和石墨烯-石墨烯相互作用相比，NP-石墨烯相互作用更有利。Berman 等[88]报道了将纳米金刚石颗粒复合到石墨烯中，与 DLC 配副在干燥氮气环境下获得宏观接触条件下的超润滑性能(图 4.21)，摩擦系数(COF)约为 0.004。研究表明，滑动界面处的石墨烯纳米片包裹纳米金刚石形成石墨烯纳米卷结构，使得界面之间接触面积减小，而且有利于非公度接触结构的实现，进而实现了宏观超润滑。此外，通过原子模拟阐明了纳米尺度与和宏观实验的整体机制及其介观联系。另有研究[91]表明，纳米颗粒的促进作用下，在滑动界面上形成 $MoS_2$ 纳米卷状结构，一方面，纳米卷结构形成减小了摩擦配副之间的接触面积；另一方面，形成的纳米卷结构可作为一个个微凸体与 DLC 镀层的对偶球形成非公度接触结构，在二者的协同作用下实现了宏观接触尺度上的超润滑性能，摩擦系数约为 0.004。

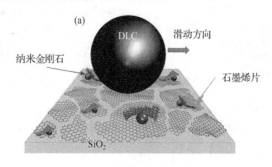

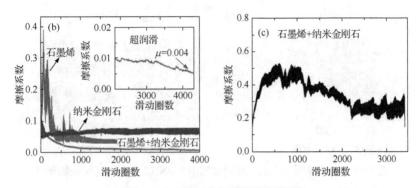

图 4.21　实验证实超润滑的获得[88]

(a) 摩擦配副的示意图；(b) 干燥氮气环境下滑动的摩擦系数(副图为石墨烯+纳米金刚石的摩擦曲线局部放大图)；(c) 潮湿环境中的摩擦系数曲线

Li 等[97]将 SiO$_2$ 纳米颗粒添加至石墨烯中，沉积在单晶硅 Si 基底上，与 GCr15 轴承钢球组成摩擦副(图 4.22)，可以实现宏观接触尺度上的超润滑性能。研究表明，纳米颗粒在实现超润滑过程中能够起到两方面的作用。一方面，在摩擦过程中通过调整施加的载荷(剪切力)，在大的施加载荷作用下纳米颗粒促进石墨烯形成石墨烯纳米卷；另一方面，通过与具有中空结构石墨烯纳米卷的富勒烯研究比较发现，具有实心结构的 SiO$_2$ 纳米颗粒在摩擦过程中起到承载宏观力的作用。在以上两方面的作用下，通过简单石墨烯/SiO$_2$ 纳米颗粒复合物与钢对偶球配副材料系统，在适当大的施加载荷(2.0N)下，实现了摩擦系数为 0.006~0.008 的宏观超润滑性能。研究表明，纳米颗粒在实现宏观尺度的超润滑过程中具有促进石墨烯纳米卷的形成和承载宏观力两方面的作用(图 4.23)。

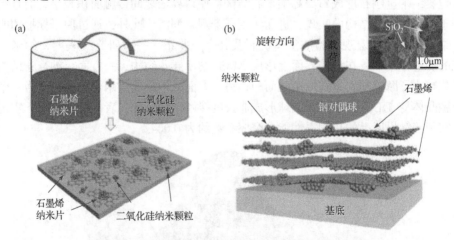

图 4.22　通过纳米颗粒和石墨烯实现超润滑的示意图[97]

(a) 石墨烯/纳米 SiO$_2$ 颗粒复合涂层制备过程；(b) 摩擦过程的示意图

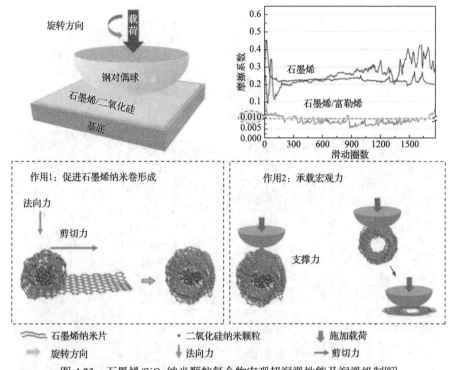

图 4.23 石墨烯/SiO₂纳米颗粒复合物宏观超润滑性能及润滑机制[97]

### 4.3.3 平片结构自卷曲

Hou 等[98]研究发现，松散堆叠的 MoS₂ 纳米片涂层于 $3.5×10^{-3}$Pa 的真空中在往复剪切应力的诱导下，通过滚动和包裹 MoS₂ 纳米片，可以在摩擦界面上原位形成卷心菜结构状的球形 MoS₂ 纳米颗粒(图 4.24)，获得 0.004~0.006 的摩擦系数，与没有在摩擦过程中形成纳米颗粒的涂层相比，该摩擦系数低一个数量级，因此认为卷心菜状结构 MoS₂ 的形成是获得超低摩擦的关键。Hou 等进一步结合经典的 MD 模拟揭示了 MoS₂ 纳米颗粒的运动形式是应力依赖性，并提出了球形 MoS₂ 纳米颗粒的滑动/滚动机理。

Saravanan 等[99]在空气、真空、氢气和氮气环境中研究了多层聚乙烯亚胺/氧化石墨烯(GO)涂层的摩擦学特性。在所有条件下，涂覆涂层后摩擦系数(COF)都会显著降低，而且干燥环境下的 COF 低于潮湿环境下的 COF，此外通过增加膜厚还可以延长其涂层的耐磨损寿命(图 4.25)。磨屑的微观结构分析表明(图 4.26)，在真空环境中能够形成碳纳米颗粒。研究者们认为这些形成的碳纳米颗粒起到滚动作用，从而减小了接触面积，获得了很低的 COF。Saravanan 等还在压力条件下对 GO 进行 DFT 模拟。结果表明，与不存在水时的弱排斥相比，存在插层水的情况时，在压力下会形成强大的氢键网络，从而阻碍 GO 片分离形成纳米结构。

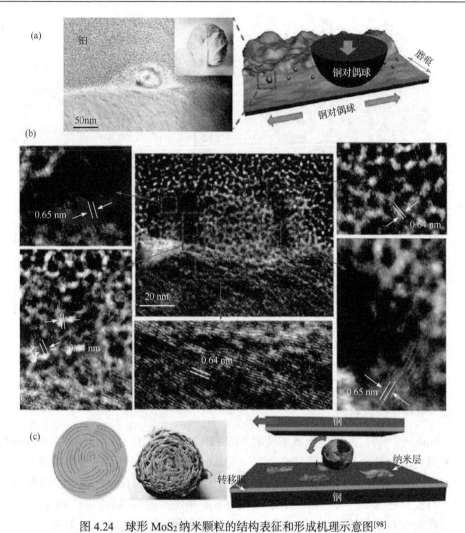

图 4.24　球形 MoS$_2$ 纳米颗粒的结构表征和形成机理示意图[98]

(a) 通过聚焦离子束(FIB)制样获得的球形纳米颗粒的截面 TEM 图像；(b) 球形纳米颗粒的 HRTEM 图像；(c) 通过连续包裹纳米片形成球形 MoS$_2$ 纳米颗粒的过程示意图

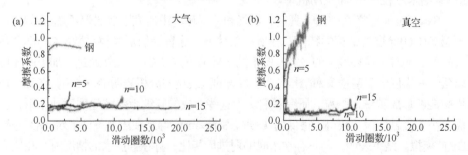

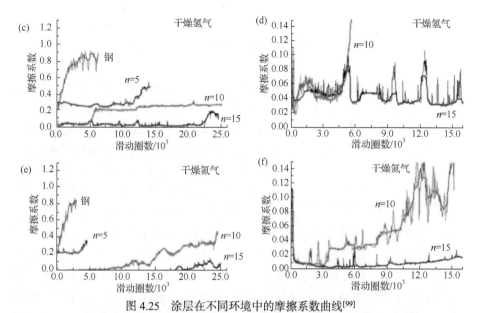

图 4.25  涂层在不同环境中的摩擦系数曲线[99]

(a) 空气的摩擦系数曲线；(b) 真空的摩擦系数曲线；(c)、(d) 干燥氢气的摩擦系数曲线；(e)、(f) 干燥氮气中的摩擦系数曲线

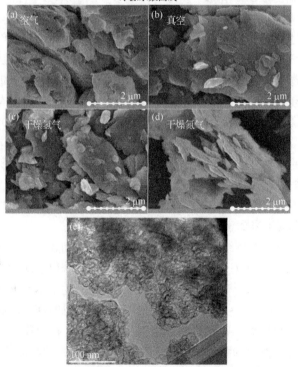

图 4.26  在不同环境中摩擦后磨屑的微观结构图[99]

(a) 空气；(b) 真空；(c) 干燥氢气；(d) 干燥氮气；(e) 真空

# 4.4　原位构建卷状纳米结构

作为一种独特的碳材料，C$_{60}$可看作是球形的类洋葱碳结构(图4.27)，其理想

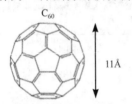

的结构完全由 sp$^2$ 杂化位点组成，具有优异的润滑性能[100-103]。在外部石墨层的包裹之下，具有较好的耐磨特性，且因层间为较强的 C—C，其弹性回复率达 92%，高弹性减小了摩擦过程中的表面损伤[104]。从能量的角度来看，近似球形的二十面体结构具有最小的能量。这

图 4.27　类洋葱碳结构的示意图[15]

种球形(结构将应力几乎分散到了所有原子上，从而使结构更加稳定，因而 OLC 具有化学惰性高、分散稳定性强、结构强度好等特点[105,106]。与 OLC 的本征结构相比，一定条件下球形结构也能够由其他材料转化而来[107]。Weingarth 等[108]使用纳米金刚石颗粒(富含 sp$^3$C 成分)分别在 1300℃、1500℃和 1750℃的真空退火温度下制备了 OLC(由 sp$^2$ 杂化位点组成)。研究人员合成了一系列具有丰富 sp$^2$ 杂化位点的球形或滚动 OLC 薄膜，并获得了许多优异的摩擦学性能[1,109]。

Li 等[110]合成了一种由单层石墨烯组成的石墨烯纳米片(GNS)。通过 AFM 进行黏着力测量时发现，GNS 的高度范围为 120～130nm，相比于单层石墨烯具有更强的黏着力，其黏着力比石墨烯强 2.5 倍，甚至高于液固和氢键增强界面，因而会在物理黏着条件下产生球形润滑效果。Yang 等[111]通过硫粉和 WO$_3$ 纳米颗粒于氢气气氛中在 500～650℃的温度下合成了具有封闭空心笼结构的无机类富勒烯 IF-WS$_2$ 纳米颗粒，平均尺寸约为 50nm。通过 X 射线衍射(XRD)、TEM、场发射扫描电子显微镜(FESEM)和 HRTEM 对产物的组成、形貌和结构进行表征。研究了反应条件的影响，并提出可能的生长机制，实验中通过改变所制备的复合粉末(WO$_3$ 和 S)含量和氢的含量，可以获得更大规模的 IF-WS$_2$。Li 等[112,113]通过球磨的方法制备了石墨纳米卷结构，实验研究表明，石墨纳米片通过滚动形成石墨烯卷状(CNTs 和碳纳米球)结构(图4.28)。

Tan 等[26]通过主客体结构的构建，研究表明，富勒烯球状分子可以起到有效润滑的作用。Liu 等[114]通过主动构建这种微球结构，获得了多种二维层状材料体系的超润滑性能。Xu 等[115]通过电泳沉积在镜面抛光的不锈钢上合成了厚度约为 1μm 的 OLC 膜(图4.29)。研究了施加的法向载荷、接触时间和对偶面材料等不同实验条件下的润滑性能。研究表明，OLC 膜表面的材料转移和相变，以及在接触区域中形成的摩擦层的物理化学性质决定了摩擦体系的润滑情况。OLC 膜的次表面在滑动时总是经历深层的非晶化转变。在钢球上形成的摩擦层主要由滑动诱导的 OLC 纳米球降解成高度有序的石墨烯状纳米薄片组成。相比之下，纳米

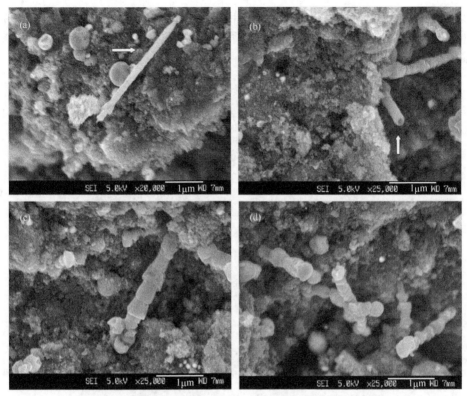

图 4.28　石墨粉末球磨 15h 后的场发射扫描电子显微镜形貌[112]

(a)、(b) CNTs 的形貌；(c)、(d) 碳纳米球的形貌

球形碳结构可以保留在 Si₃N₄ 上形成的摩擦层次表面上。这种纳米球/非晶化耦合界面能够在高接触应力下提供稳定的润滑状态。

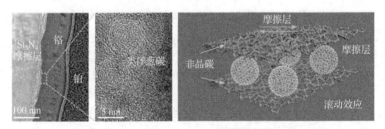

图 4.29　摩擦界面的 OLC 结构及滚动作用示意图[115]

　　Zhang 等[116]通过等离子体增强化学气相沉积(PECVD)分别在基底和微球上制备了多层石墨烯，然后在接触界面上添加镀有多层石墨烯的微球(GCS)，并与镀有多层石墨烯的微球(GCB)组成摩擦体系(图 4.30)。当在空气中施加载荷为 35mN，滑动速度为 0.2mm/s 时，可获得 0.006 的摩擦系数(图 4.31)，实现了宏观基底表面超润滑，他们结合从头计算和 MD 模拟表明超润滑的获得是因为剥落的

石墨烯薄片和 GCS 摆动和滑动的协同作用。然而，MD 模拟以及实验上均没有观察到微球结构发生滚动现象，将超低摩擦系数的获得归因于摩擦配副之间接触面积的减小。

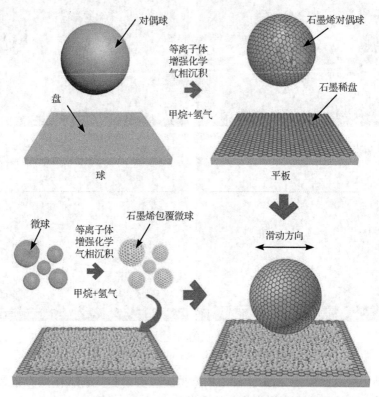

图 4.30　通过 PECVD 沉积多层石墨烯(MLG)的宏观超润滑摩擦配副体系制备过程的示意图[116]

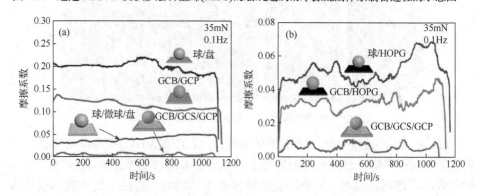

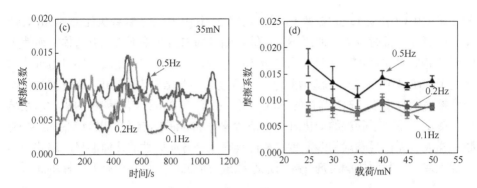

图 4.31　各种配副体系在不同条件下的摩擦系数曲线[116]

(a)、(b) 不同体系的摩擦系数曲线；(c) 不同频率下超润滑体系的摩擦系数曲线；(d) 不同频率下摩擦系数随着载荷变化情况

Bai 等[117]通过球磨法制备了 h-BN 包裹的碳纳米颗粒(CNP@h-BNNS)(图 4.32)，并将其作为添加剂添加到 DLC 薄膜的表面，在室温条件下研究了其在 2N 的法向载荷时，不同湿度条件下的摩擦学性能。往复摩擦实验结果表明，含 CNP@h-BNNS 的 DLC 薄膜作为润滑剂时，在 7.5%～55%的 RH 下具有出色的减摩和抗磨性能。尤其是与不使用润滑剂的 DLC 膜相比，在 RH 为 45%～55%时，可以实现极低的摩擦系数和磨损率，相比之下其摩擦系数和磨损率分别降低 93%和 96%。摩擦实验后对钢球表面的研究表明，形成了包含碳、硼和氮元素的摩擦保护层。该摩擦层的存在可以有效地减少摩擦并保护钢球表面免受过度磨损。h-BNNS 在充当润滑层的摩擦界面处暴露，而碳纳米颗粒被吸附在充当黏合剂的钢球表面上。研究者们认为 CNP@h-BNNS 的球运动模式，以及水分子与 CNP@h-BNNS 之间的相互作用是减少摩擦的关键因素。

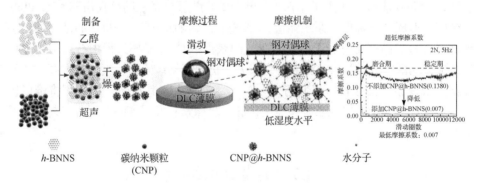

图 4.32　通过 h-BN 包裹碳纳米颗粒实现超润滑的过程示意图及其结果[117]

Hu 等[118]通过电弧放电法在水中制备了具有无机富勒烯(IF)结构的 $MoS_2$ 纳米颗粒(图 4.33)，并在干燥氮气和潮湿空气中使用侧向力显微镜研究了其摩擦学性

能。研究中使用 Si 和 Si$_3$N$_4$ 两种类型的针尖，其中尖锐的 Si 针尖比钝的 Si$_3$N$_4$ 针尖产生更高的接触应力。使用 Si$_3$N$_4$ 针尖测量横向力几乎不会造成磨损，而使用 Si 针尖进行测量时的高接触应力导致 MoS$_2$ 转移。为了进行比较，还对通过脉冲激光沉积(PLD)生长的 MoS$_2$ 薄膜进行了测量。实验结果表明，IF-MoS$_2$ 纳米颗粒的摩擦力明显小于 PLD 制备的 MoS$_2$ 膜。由于 IF-MoS$_2$ 纳米颗粒的化学惰性结构，测试环境从干到湿的变化对 IF 材料摩擦学性能的影响不像 PLD 制备的 MoS$_2$ 膜那样大。无机富勒烯的多壁封装结构具有几乎各向同性的几何形状。因此，不必像大多数层状固体润滑剂一样通过摩擦进行取向，可以在所有方向提供润滑。

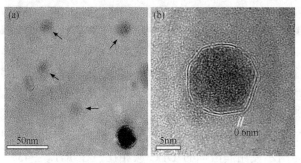

图 4.33　无机富勒烯 MoS$_2$ 纳米颗粒的微观结构[118]
(a) 透射电镜形貌图；(b) 高分辨透射电镜形貌图

Shi 等[119]利用 DFT 计算了 sp$^2$ 键合碳层的杂化和界面结合能，结果表明接触界面上的轨道相互作用有利于超低摩擦系数系统的设计，为旋转或缠绕颗粒的 sp$^2$ 键合相石墨烯形成有可能滚动的润滑结构提供了依据。

关于 OLC 的润滑机制，有以下几种观点：①OLC 纳米粒子可以像轴承一样滚动，滚动效应有效减少了摩擦[120,121]；②类洋葱碳壳之间存在滑移[115]；③球形结构的形成显著降低了系统能量，并减少了接触面积[1]；④封闭的结构钝化了悬键，材料表面钝化有利于低摩擦系数的获得[122]；⑤摩擦过程中石墨烯纳米片转移形成润滑[123]。然而，OLC 的合成方法仍处于初级阶段，生产成本高，还不具备大规模生产的条件，且随着 OLC 尺寸的增大，其缺陷、杂质等将难以控制，宏观尺寸下难以保证品质和纯度，进一步探索和发展 OLC 制备工艺是拓展 OLC 应用的关键。

## 4.5　类富勒烯结构

WS$_2$(或 MoS$_2$)等层状材料的平面结构折叠能够形成多面体类富勒烯状纳米结构或纳米管，称为类富勒烯结构 WS$_2$(或 MoS$_2$)[124,125]，它们特殊的球状或卷状结构，以及其小尺寸效应，被认为可能有效实现滚动摩擦和减少磨损[126-128]。此外，封闭的笼状结构也意味着这些分子非常稳定，因此研究者们认为它们在苛刻环境条件下也会具有优异的润滑性[129,130]。

Chhowalla 等[89]制备出了类富勒烯结构的 MoS$_2$(IF-MoS$_2$)薄膜，并对比了不同结构 MoS$_2$ 的摩擦学性能，发现 IF-MoS$_2$ 在潮湿的环境下依然能保持良好的润滑性能(摩擦系数为 0.008~0.01)。通过进一步的分析指出，S—Mo—S 弯曲平面(图 4.34)的存在使得 IF-MoS$_2$ 对于外界环境的变化响应不敏感，从而不易氧化，可以在湿润的环境下保持其润滑性能。他们认为构建出的闭合结构，阻碍了水分子在层间的吸附，进而改善 MoS$_2$ 薄膜在大气环境下的失效问题，获得了湿度为 45%的大气环境下的超润滑性能(摩擦系数低至 0.003)。

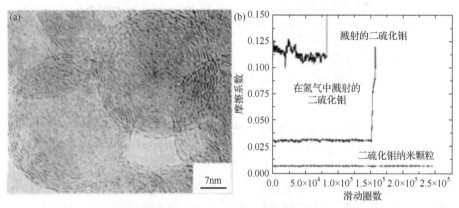

图 4.34　类富勒烯结构的 MoS$_2$ 薄膜的 HRTEM 图以及摩擦学性能[89]
(a) 类富勒烯结构的 MoS$_2$ 透射结果图；(b) MoS$_2$ 薄膜的摩擦系数变化曲线

Hou 等[98]通过摩擦过程在摩擦界面上原位形成包裹结构的 MoS$_2$ 纳米球在真空下摩擦实验发现，含球状 MoS$_2$ 的涂层比用沉积法制备的 MoS$_2$ 涂层的摩擦系数低一个数量级。进一步的 MD 模拟对球状 MoS$_2$ 的润滑机制进行了描述(图 4.35)，认为球状 MoS$_2$ 的存在可以使得滑动方式由传统材料的层层滑移变为滚动与滑移相结合的滑动方式，因此展现出更加优异的润滑性能。

Scharf 等[131]通过 Au 和 MoS$_2$ 靶材共溅射合成 Au-MoS$_2$ 纳米复合薄膜，研究了 Au-MoS$_2$ 纳米复合薄膜的合成及其在薄膜生长、原位 TEM 加热和滑动接触过程中结构的演变。TEM 图像显示，在室温温度(RT)下沉积的薄膜由 MoS$_2$ 和粒径为 2~4nm 的 Au 颗粒组成。随着生长温度的升高，纳米复合薄膜表现出结构变化，Au 纳米颗粒通过扩散驱动的奥斯特瓦尔德熟化而粗化至 5~10nm 的粒径，这是因为在较高的生长温度下，高表面扩散率和等离子体动能的结合促进了 MoS$_2$ 基础面对 Au 纳米颗粒的包裹，进而形成了核壳结构。然而，当处于 RT，沉积薄膜在 TEM 内加热时，高度有序的 MoS$_2$ 基础面并不能包裹 Au 纳米颗粒，

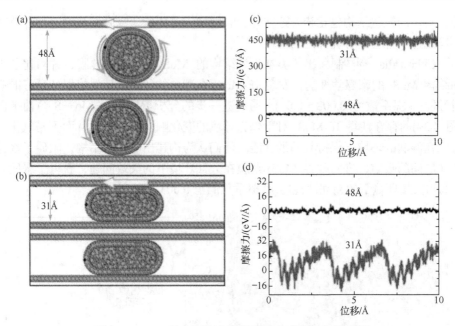

图 4.35　MoS₂ 纳米颗粒摩擦行为的 MD 模拟示意图[98]

(a) 滚动模型；(b) 滑移模型；(c)、(d) 滚动摩擦、滑动滑动摩擦的摩擦力

1eV/Å=1.602×10⁻⁹N

这表明薄膜生长过程中 MoS₂ 表面扩散与 MoS₂ 体相内的扩散不同，随着 MoS₂ 结晶度的增加，奥斯特瓦尔德熟化机制控制了 Au 纳米颗粒的粗化和纳米复合材料薄膜的致密化。在 RT 时沉积薄膜的原位 TEM 加热过程中，观察到 MoS₂ 结晶度的增加和 Au 纳米粒子的粗化(在 600℃时粒径达到 10nm)。摩擦和磨损过程中的滑动接触压力诱导 MoS₂ 基础面平行于滑动方向重新取向，亚表面下粗化的 Au 纳米颗粒起到了负载支撑的作用，从而使得表面 MoS₂ 基础面发生剪切，他们认为其中存在热诱导的表面 MoS₂ 域尺寸和结晶度的增加，以及压力诱导的与滑动方向平行的 MoS₂(0002)基面的重新取向，都有助于降低摩擦系数(图 4.36)。

　　Cizaire 等[132]在边界润滑和超高真空(UHV)环境下研究了类无机富勒烯(IF)-MoS₂ 纳米颗粒与六方结构(h-MoS₂)材料。在两种情况下润滑材料均具有超低摩擦系数。结果表明，在高接触压力(油中最大压力超过 1.1GPa，高真空中最大压力超过 400MPa)和缓慢的滑动速度(油中为 1.7mm/s，高真空中为 1mm/s)，在 800 个循环中这两种情况下摩擦系数都会降低，并稳定在 0.04 左右(图 4.37)。通过 HRTEM 和 XPS 分析发现扁平和未包裹的 IF-MoS₂ 颗粒，他们推测摩擦过程中可能会发生滚动。低摩擦系数被认为是由 IF-MoS₂ 外部扁平平面之间的滑动或单个未包裹的 MoS₂ 纳米片之间的滑动而获得的。Rapoport 等[133]在混合润滑状态下研究了 IF-WS₂ 和 IF-MoS₂ 纳米颗粒与油混合并浸渍到粉末材料的多孔基质中时纳

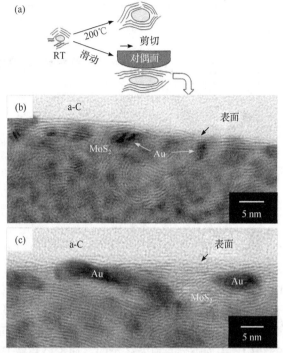

图 4.36　温度为 200℃和室温 Au-MoS₂ 纳米复合膜生长和滑动过程中纳米结构演变[131]

(a) Au-MoS₂ 纳米复合薄膜的结构演变示意图；(b)、(c)分别为在 0.3GPa、1.0GPa 的接触压力下 Au-MoS₂ 纳米复合薄膜在结构演变后的截面 HRTEM 图

a-C 表示非晶碳

米颗粒添加剂对润滑性能的影响。通过 TEM、SEM 和 XPS 研究摩擦实验前后摩擦配副表面和纳米颗粒的状态，发现与油混合的 IF 纳米颗粒可以降低混合润滑状态下的粗糙接触率，从而改善摩擦学性能。TEM 分析表明，IF 纳米颗粒的形状在低负载下能够保持，而 420N 的最大载荷下，IF 纳米颗粒的结构在摩擦后被损坏。Rapoport 等[134]还通过 WO₃ 和 H₂S 在还原气氛中进行固气反应合成了含有类无机富勒烯(IF)的金属二硫属化物 MX₂(M=Mo、W 等，X=S、Se)，并研究 IF-WS₂ 与 2H-WS₂ 及 MoS₂ 薄片在载荷和滑动速度变化时的摩擦学特性。TEM 观测到 IF-WS₂ 颗粒的平均尺寸为 120nm，而 2H-WS₂ 和 2H-MoS₂ 颗粒的平均尺寸分别约为 0.5μm 和 4μm。在湿度约为 50%的气氛环境中使用环块试验机进行摩擦实验，并结合 TEM、SEM 和 XPS 表征了摩擦磨损情况，发现与典型的金属二硫属化物相比，IF-WS₂ 纳米颗粒在一定的负载范围内具有优异的摩擦学性能，且 IF 颗粒的氧化程度低于相同化合物的片状材料固体润滑剂。IF 纳米粒子的主要优点在于其圆形结构且不存在悬键。当 IF 纳米颗粒的结构被破坏变形时，其摩擦学性能会变差。

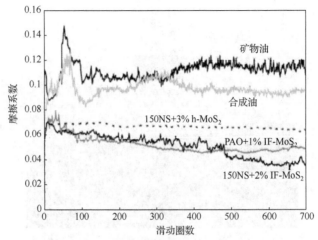

图 4.37　各种润滑材料的摩擦系数变化曲线[132]

Liu 等[135]制备了封闭空心均匀球形结构的 IF-WS$_2$ 纳米颗粒，其平均粒径约为 50nm(图 4.38)，然后通过在金属基底表面沉积 IF-WS$_2$ 纳米颗粒制备了 IF-WS$_2$ 自润滑膜。实验表明，与 2H-WS$_2$ 薄膜相比，IF-WS$_2$ 自润滑薄膜表现出优异的润滑性能，其最低摩擦系数约为 0.008(图 4.39)，这是因为制备的 IF-WS$_2$ 纳米颗粒具有独特的空心笼结构、表面惯性，以及较小的平均粒径和易于形成稳定的润滑膜，因此展现出更加优异的润滑性能。

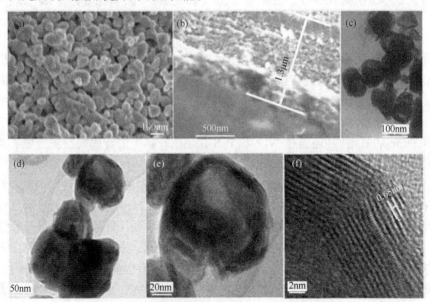

图 4.38　制备的 IF-WS$_2$ 自润滑膜的 FESEM 图像[135]

(a) 润滑膜的表面形貌图；(b) 横截面结构图；(c)、(d) 合成的 IF-WS$_2$ 纳米颗粒 TEM 图；(e)、(f) 典型的 HRTEM 图

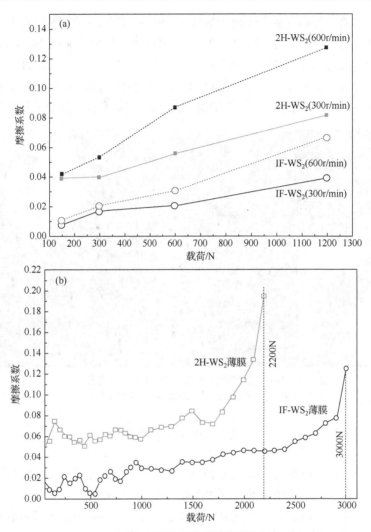

图 4.39　摩擦系数变化曲线[135]

(a) IF-WS$_2$ 薄膜和 2H-WS$_2$ 薄膜在 150～1200N 载荷下的摩擦系数变化曲线；(b) IF-WS$_2$ 薄膜和 2H-WS$_2$ 薄膜在转速为 300r/min 的摩擦系数与载荷变化关系图

Xu 等[136]采用两步溶剂热法制备了具有花状中空核壳型 MoS$_2$ 纳米颗粒 (图 4.40)，并研究了制备的花状中空核壳型 MoS$_2$ 纳米颗粒在油中的摩擦磨损特性。结果表明，花状中空核壳 MoS$_2$ 纳米颗粒可以改善油的减摩和抗磨性能。将花状中空的 MoS$_2$ 添加到油中后，摩擦系数降低了 43.8%，磨损体积降低了 87.5%。他们认为花状中空核壳 MoS$_2$ 纳米颗粒在油中润滑时被剥落成超薄纳米片，有利于在摩擦表面形成摩擦润滑膜，使得其展现出优异的润滑性能。Joly-Pottuz 等[137]将无机类富勒烯二硫化钨 IF-WS$_2$ 作为添加剂加入到聚 α-烯烃(PAO)中，进行边界润滑测试实验，并研究两个主要参数(浓度和接触压力)对其摩擦学行为的影响。研究表明，质量分数为 1%的 IF-WS$_2$ 纳米颗粒的添加量就能将摩擦系数(接触压力 0.83GPa)降低到 0.04 以下并且磨损体积非常低。进一步结合 HRTEM、SEM、XRD、拉曼光谱揭示了其中的润滑机制。由于较大的 WS$_2$ 颗粒即使不直接进入接触区域也可以作为摩擦配副周围的附加轴承，因此摩擦系数处于很低的状态。

图 4.40　花状中空核壳结构的 MoS$_2$ 形貌图[136]

(a)～(g) 不同放大倍数下的 MoS$_2$ 的透射电镜形貌图

## 4.6　量子点润滑

量子点(quantum dot，QD)是指在三维方向上粒径均小于 10nm 的材料，具有超小的尺寸、表面官能团可调、分散性好、吸附稳定性好、毒性低、环境友好、易合成、成本低等优点。由于其微小的尺寸，可以很容易地进入摩擦表面，通过填充到表面的凹槽和划痕中，起到抗磨减摩的作用。此外，QD 也容易进入摩擦表面并沉积在其上形成沉积膜，可以起到防止摩擦表面直接接触的作用，从而显著减少摩擦副的摩擦和磨损[138,139]。

碳量子点(carbon quantum dots，CQDs)具有完美的形状和较小的尺寸，当法向载荷较小时，近球形或球形结构的 CQDs 不发生化学或机械反应，仍能保持原有的球形形状，可以进入摩擦表面的接触区域，能够起到滚动的作用。同时，由于其表面具有丰富的基团，使其具有更好的嵌入稳定性，因此在摩擦过程中不会被挤出摩擦表面[140]。一般认为，摩擦界面之间添加 CQDs 时，可以隔开摩擦副的接触表面，起到滚动轴承作用，使纯滑动摩擦转变成滑动和滚动相结合的摩擦，能够有效地减小摩擦系数和降低磨损率[141]。然而，当外加载荷较大或高速运转下时，CQDs 就会发生不可逆变形，摩擦表面在摩擦过程中会产生很多热量，可能会使 CQDs 熔融，失去其纳米滚动轴承的作用[142]。

Mou 等[139]通过水热处理采用柠檬酸和不同分子量的支链聚乙烯亚胺(PEI)(分子量为 600、1800 和 10000)制备了接枝碳点的 PEI(CDs-PEI，分子量 600～10000)。借助水中的质子化和阴离子交换(Cl⁻和双三氟甲磺酰亚胺之间，缩写为 NTf2⁻)过程，进一步从 CDs-PEI(分子量 600～10000)衍生获得了支化聚电解质接枝 CDs(CDs-PEI(分子量 600～10000)-NTf2)沉淀物，并研究了 CDs-PEI(分子量 600～10000)-NTf2 作为聚乙二醇(PEG200)润滑添加剂的摩擦学性能。其中，CDs-PEI(分子量 600～10000)-NTf2 表现出优异的减摩和抗磨性能，其后顺序分别为 CDs-PEI(分子量 10000)-NTf2>CDs-PEI(分子量 1800)-NTf2>CDs-PEI(分子量 600)-NTf2。当引入质量分数为 0.07%的 CDs-PEI(分子量 10000)-NTf2 时，PEG200 的摩擦系数和磨损体积分别降低了 53.8%和 79.9%。分析结果表明，在表面上形成了由铁化合物(包括铁的氟化物、硫酸盐、氮化物、氧化物和碳化物)和含有各种元素(如 C、O、N、S 和 F)的有机化合物组成的摩擦化学反应膜。表明支化聚电解质接枝的 CDs 不仅可以在摩擦表面形成物理吸附膜，防止摩擦表面的直接接触来减轻磨损，同时，CDs 的表面官能团还会与摩擦表面的金属基体发生反应形成摩擦化学膜，可以通过低载荷下的滚动轴承效应有效降低摩擦表面的摩擦，并且 CDs 在高载荷下表现出修复和抛光作用，即碳核和表面基团的协同润滑效应使得其展现出优异的减摩和抗磨性能。Ye 等[143]通过一步热解法在较低温度下将二苯胺结构连接到无机-有机杂化碳量子点表面，成功制备了氮杂化的量子点(CQDs-N)，研究表明，具有近球形微观结构的极性 CQDs-N 能够充当轴承球并沉积在界面上形成保护膜，有利于降低摩擦系数。随着摩擦的持续，会产生高压、摩擦热和机械能，沉积的物理吸附膜开始分解并发生摩擦化学反应，在新生金属表面形成保护性转移膜，减少了摩擦副的直接接触，同时通过填充划痕表现出自修复效应，几种机制共同作用，使其展现出优异的润滑性能。Shang 等[144]通过化学接枝法制备了碳量子点-离子液体(CQDs-IL)杂化纳米材料，研究了螯合硼酸盐离子液体封端碳量子点(CQDs)杂化纳米材料的摩擦磨损特性。其中，碳量子点(CQDs)平均直径为 2.0nm，通过 3-(羟基丙基)-3-甲基咪唑鎓双(水杨酸)硼酸盐(OHMimBScB)共价接枝合成了平均直径为 7.5nm 的 CQDs-OHMimBScB 杂化纳米材料。研究表明，与单独使用 PEG200、OHMimBScB、CQDs 及其共混物相比，CQDs-OHMimBScB 作为润滑添加剂在边界润滑下，大载荷范围内的润滑性能得到了改善，摩擦系数分别降低了 75.2%、74.5%、35.0%和38.3%，磨损率分别减小了 92.2%、57.1%、52.5%和50.9%。与单独使用CQDs 和 OHMimBScB 以及它们的混合物相比，制备出的具有球壳结构的复合物纳米材料在改善边界润滑中的减摩和抗磨性能方面均表现出协同作用。此外，CQDs

纳米润滑剂和离子液体(IL)的强吸附作用及摩擦化学反应后，碳元素和硼酸盐在界面上的共沉积作用的协同下，有效地保护了表面免受摩擦和磨损(图 4.41)。

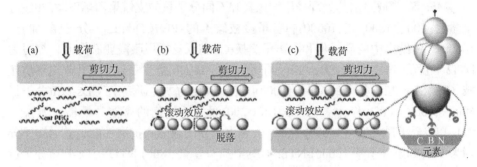

图 4.41　不同材料的减摩耐磨机理示意图[144]
(a) PEG；(b) CQDs；(c) CQDs-OHMimBScB

　　Liu 等[145]通过超声化学法制备了沉积有 $MoS_2$ 量子点($MoS_2$QDs)的还原氧化石墨烯(RGO)复合物(图 4.42)。将所制备的 $MoS_2$QDs/RGO 复合物用于改善聚合物复合材料的摩擦学性能，并与纯双马来酰亚胺(BMI)和 RGO 填充复合材料相比。研究表明，$MoS_2$QDs/RGO/BMI 表现出最优的摩擦学性能，摩擦系数和磨损率分别可降低到 0.15 和 $8.9\times10^{-6}mm^3/(N \cdot m)$，与纯 BMI 相比分别降低了 56%和81.5%。此时，$MoS_2$QDs/RGO 的质量分数仅为 0.6%(图 4.43)。而且，即使在一些苛刻的摩擦条件下，$MoS_2$QDs/RGO/BMI 复合材料的摩擦学性能仍优于纯 BMI

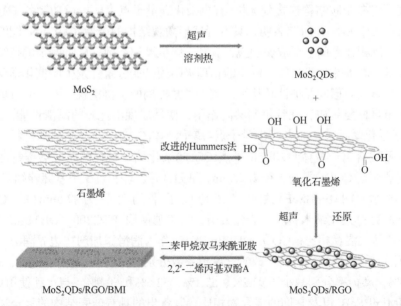

图 4.42　$MoS_2$QDs/RGO 和 $MoS_2$QDs/RGO/BMI 复合材料的制备过程示意图[145]

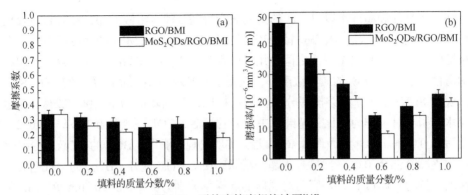

图 4.43　平均摩擦磨损统计图[145]

(a) RGO/BMI 复合材料和 MoS₂QDs/RGO/BMI 复合材料的摩擦系数；(b) RGO/BMI 复合材料和
MoS₂QDs/RGO/BMI 复合材料的磨损率

复合材料。这是因为 $MoS_2$ 负载在石墨烯表面有利于防止石墨烯纳米片的堆积，而且摩擦过程中形成的自润滑转移膜更加均匀、光滑和坚固。

Ren 等[146]通过基于液体的高能球磨方法制备了黑磷量子点(BPQDs)，且 BPQDs 能够稳定分散在乙二醇(EG)中，实验中制备的 BPQDs 的平均横向尺寸为 6.5nm±3nm，厚度为 3.4nm±2.6nm。在 336MPa 的接触压力下，通过 BPQDs-EG 悬浮液与 $Si_3N_4$ 蓝宝石对偶球的摩擦配副体系获得了宏观超润滑性能，摩擦系数 $\mu$ 约为 0.002(图 4.44)。与 EG 溶液和微米级黑磷-乙二醇(BP-EG)溶液相比，BPQDs-EG 溶液表现出更优异的润滑性和抗磨性能，BPQDs 的滚动效应和 BPQDs 层间低剪切应力在其中起着重要作用，此外，磨合过程中产生 BPQDs 的氧化产物($P_xO_y$)之间形成氢键也有助于获得高接触压力下的宏观超润滑性能。

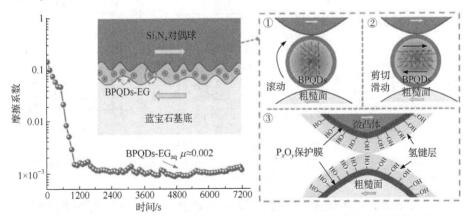

图 4.44　BPQDs-EGaq 与 $Si_3N_4$ 蓝宝石对偶球体系的宏观超润滑性能与润滑机制[146]

Gong 等[147]通过超声辅助液相剥离合成了黑磷量子点(BPQDs)，获得的 BPQDs 的平均尺寸为 3.3nm±0.85nm，且 BPQDs 在超纯水中表现出优异的分散稳定性。将甘油和超纯水以 1：5 的比例混合得到甘油水溶液($G_{aq}$)，然后超声处理将 BPQDs 分散在 $G_{aq}$ 中，命名为 $BG_{aq}$(图 4.45)。在 1193MPa 的接触压力下，在粗糙的 $Si_3N_4/SiO_2$ 接触界面之间使用未改性的 BPQDs 作为润滑剂获得了宏观超润滑性能。在 0.015% 的质量浓度下，获得了 0.0022 的最低摩擦系数(COF)，$SiO_2$ 基底和 $Si_3N_4$ 对偶球的磨损率分别与纯水相比，分别降低 78.3% 和 87.2%。在超纯水中引入甘油作为对比，超纯水中加入甘油后，COF 逐渐从 0.28 降至 0.032，然后在 0.03～0.045 波动(图 4.46)，无法实现宏观超润滑。$BG_{aq}$ 的 COF 在摩擦过程中逐渐降低至 0.01，然后进入超润滑状态($\mu<0.01$)。此外，$BG_{aq}$ 的宏观超润滑性能保持稳定超过 1h，基底与对偶球的磨损率分别为 $9.46568\times10^{-9}mm^3/(N\cdot m)$ 和 $2.57577\times10^{-10}mm^3/(N\cdot m)$，分别比 $G_{aq}$ 降低 33.1% 和 23.9%。经历过磨合期后，在所有条件下都可以观察到 $BG_{aq}$ 的宏观超润滑性能。为了研究 $BG_{aq}$ 的稳定性，将其放置一周后研究了其光学图像和超润滑性能。结果表明，一周后其颜色没有明显变化，也没有观察到明显的沉淀物，虽然平均 COF 略有增加，但也能获得宏观超润滑状态。这表明 $BG_{aq}$ 具有较好的稳定性和分散性。在摩擦过程中摩擦界面上形成了氢键网络和硅胶层，对宏观超润滑的实现起到了重要作用。此外，吸附水层也可以防止磨损表面相互接触。BPQDs 和甘油之间的协同作用可以显著降低 COF 并保持其超润滑状态。

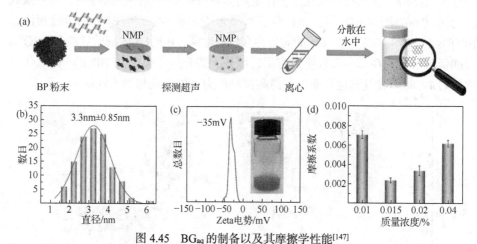

图 4.45　$BG_{aq}$ 的制备以及其摩擦学性能[147]

(a) $BG_{aq}$ 的制备过程；(b) 制备 $BG_{aq}$ 的 BPQDs 的粒径分布情况；(c) $BG_{aq}$ 的 Zeta 电势；(d) 不同质量浓度的 $BG_{aq}$ 添加时的摩擦系数

量子点在润滑领域的应用中展示了巨大发展潜力，其在摩擦学领域的研究也已经取得了很大的进步，但是还不够成熟。主要原因是其产率普遍较低，相应的生产技术仍处于实验室阶段，这极大地限制了其在摩擦领域的实际应用，因此实现实际生产应用仍需要进一步的研究和探索。随着不断地研究，更好地理解其润

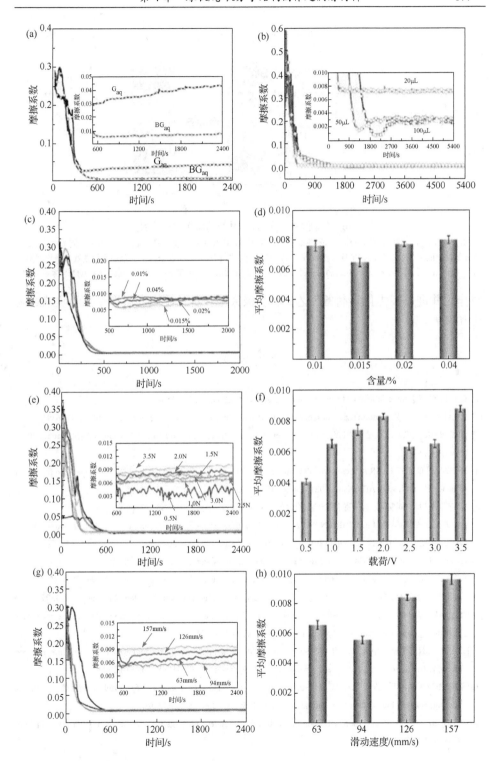

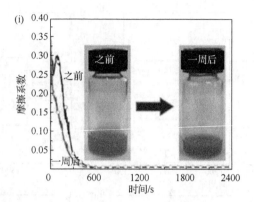

图 4.46　$G_{aq}$ 和 $BG_{aq}$ 作为润滑剂的摩擦系数曲线[147]

(a) $G_{aq}$ 和 $BG_{aq}$ 作为润滑剂时的摩擦系数曲线；(b) 不同体积 $BG_{aq}$ 时的摩擦系数曲线；(c)、(d) 不同浓度的 $BG_{aq}$ 润滑条件下的摩擦系数曲线和平均摩擦系数；(e)、(f) 不同载荷下 $BG_{aq}$ 润滑条件下的摩擦系数曲线和平均摩擦系数；(g)、(h) 不同滑动速度下 $BG_{aq}$ 润滑条件下的摩擦系数曲线和平均摩擦系数；(i) 一周后 $BG_{aq}$ 的摩擦系数变化

滑作用并进一步优化其制备工艺，将会极大地促进量子点润滑在摩擦学领域的应用和发展。

## 参 考 文 献

[1] CHEN X, LI J. Superlubricity of carbon nanostructures[J]. Carbon, 2020, 158: 1-23.

[2] ZHAI W, ZHOU K. Nanomaterials in superlubricity[J]. Advanced Functional Materials, 2019, 29(28): 1806395.

[3] ERDEMIR A, RAMIREZ G, ERYILMAZ O L, et al. Carbon-based tribofilms from lubricating oils[J]. Nature, 2016, 536(7614): 67-71.

[4] BERMAN D, ERDEMIR A. Achieving ultralow friction and wear by tribocatalysis: Enabled by in-operando formation of nanocarbon films[J]. ACS Nano, 2021, 15(12): 18865-18879.

[5] 雷红, 雒建斌, 胡晓莉, 等. 富勒烯($C_{60}$)的摩擦学研究进展[J]. 润滑与密封, 2002(1): 31-33.

[6] KROTO H W, HEATH J R, O'BRIEN S C, et al. $C_{60}$: Buckminsterfullerene[J]. Nature, 1985, 318(6042): 162-163.

[7] TAYLOR R, WALTON D. The chemistry of fullerenes[J]. Nature, 1993, 363: 685-693.

[8] GEIM A K, NOVOSELOV K S. The rise of graphene[J]. Nature Materials, 2007, 6(3): 183-191.

[9] BO F. Relationship between the structure of $C_{60}$ and its lubricity: A review[J]. Lubrication Science, 1997, 9(2): 181-193.

[10] MIURA K, KAMIYA S, SASAKI N. $C_{60}$ molecular bearings[J]. Physical Review Letters, 2003, 90(5): 055509.

[11] SASAKI N, MIURA K. Key issues of nanotribology for successful nanofabrication-from basis to $C_{60}$ molecular bearings[J]. Japanese Journal of Applied Physic, 2004, 43: 4486-4491.

[12] SASAKI N, ITAMURA N, MIURA K. Simulation of atomic-scale ultralow friction of graphite/$C_{60}$/graphite interface along[$10\bar{1}0$] direction[J]. Japanese Journal of Applied Physics, 2007, 46(45-49): L1237-L1399.

[13] ITAMURA N, MIURA K, SASAKI N. Simulation of scan-directional dependence of superlubricity of $C_{60}$ molecular bearings and graphite[J]. Japanese Journal of Applied Physics, 2009, 48(6R): 060207.

[14] LI H, BRANICIO P S. Ultra-low friction of graphene/$C_{60}$/graphene coatings for realistic rough surfaces[J]. Carbon, 2019, 152: 727-737.

[15] BLAU P J, HABERLIN C E. An investigation of the microfrictional behavior of $C_{60}$ particle layers on aluminum[J]. Thin Solid Films, 1992, 219(1-2): 129-134.

[16] BHUSHAN B, GUPTA B K, VANCLEEF G W, et al. Fullerene ($C_{60}$) films for solid lubrication[J]. Tribology Transactions, 1993, 36(4): 573-580.

[17] ZHAO W, TANG J K, LI Y X, et al. High friction coefficient of fullerene $C_{70}$ film[J]. Wear, 1996, 198(1-2): 165-168.

[18] MATE C M. Nanotribology studies of carbon surfaces by force microscopy[J]. Wear, 1993, 168(1-2): 17-20.

[19] NAKAGAWA H, KIBI S, TAGAWA M, et al. Microtribological properties of ultrathin $C_{60}$ films grown by molecular beam epitaxy[J]. Wear, 2000, 238(1): 45-47.

[20] LHERMEROUT R, DIEDERICHS C, SINHA S, et al. Are buckminsterfullerenes molecular ball bearings?[J]. The Journal of Physical Chemistry B, 2018, 123(1): 310-316.

[21] HIRATA A, IGARASHI M, KAITO T. Study on solid lubricant properties of carbon onions produced by heat treatment of diamond clusters or particles[J]. Tribology International, 2004, 37(11-12): 899-905.

[22] GUBAREVICH A V, USUBA S, KAKUDATE Y, et al. Frictional properties of diamond and fullerene nanoparticles sprayed by a high-velocity argon gas on stainless steel substrate[J]. Diamond and Related Materials, 2005, 14(9): 1549-1555.

[23] OKITA S, ISHIKAWA M, MIURA K. Nanotribological behavior of $C_{60}$ films at an extremely low load[J]. Surface Science, 1999, 442(1): L959-L963.

[24] OKITA S, MIURA K. Molecular arrangement in $C_{60}$ and $C_{70}$ films on graphite and their nanotribological behavior[J]. Nano Letters, 2001, 1(2): 101-103.

[25] OKITA S, MATSUMURO A, MIURA K. Tribological properties of a $C_{60}$ monolayer film[J]. Thin Solid Films, 2003, 443(1-2): 66-70.

[26] TAN S, SHI H, FU L, et al. Superlubricity of fullerene derivatives induced by host-guest assembly[J]. ACS Applied Materials & Interfaces, 2020, 12(16): 18924-18933.

[27] LEI HONG. Experimental study on tribological properties of fullerene copolymer nanoball[J]. Chinese Journal of Mechanical Engineering, 2000, 13(3): 201-205.

[28] 雷洪, 官文超. 水溶性 $C_{60}$ 乙烯基吡咯烷酮 nm 微球摩擦学行为[J]. 华中理工大学学报, 2000(7): 98-101.

[29] HISAKADO T, KANNO A. Effects of fullerene $C_{60}$ on the friction and wear characteristics of ceramics in ethanol[J]. Tribology International, 1999, 32(7): 413-420.

[30] MATSUMOTO N, MISTRY K K, KIM J H, et al. Friction reducing properties of onion-like carbon based lubricant under high contact pressure[J]. Tribology-Materials, Surfaces & Interfaces, 2012, 6(3): 116-120.

[31] YAO Y, WANG X, GUO J, et al. Tribological property of onion-like fullerenes as lubricant additive[J]. Materials Letters, 2008, 62(15): 2524-2527.

[32] LEE J, CHO S, HWANG Y, et al. Application of fullerene-added nano-oil for lubrication enhancement in friction surfaces[J]. Tribology International, 2009, 42(3): 440-447.

[33] 阎逢元, 金芝珊, 张绪寿, 等. $C_{60}/C_{70}$ 作为润滑油添加剂的摩擦学性能研究[J]. 摩擦学学报, 1993 (1): 59-63.

[34] GUPTA B K, BHUSHAN B. Fullerene particles as an additive to liquid lubricants and greases for low-friction and wear[J]. Lubrication Engineering, 1994, 50(7): 524-528.

[35] 李积彬, 李瀚, 孙伟安. $C_{60}$ 的摩擦学特性研究[J]. 摩擦学学报, 2000 (4): 307-309.

[36] LEE K, HWANG Y, CHEONG S, et al. Performance evaluation of nano-lubricants of fullerene nanoparticles in refrigeration mineral oil[J]. Current Applied Physics, 2009, 9(2): E128-E131.

[37] 姚延立, 伊厚会. Fe/洋葱状富勒烯作为润滑油添加剂的摩擦性能[J]. 化工学报, 2011, 62(1): 281-286.

[38] ZHANG P, LU J, XUE Q, et al. Microfrictional behavior of $C_{60}$ particles in different $C_{60}$ LB films studied by AFM/FFM[J]. Langmuir, 2001, 17(7): 2143-2145.

[39] 雷洪, 官文超, 廖道训. 富勒烯–苯乙烯–顺丁烯二酸酐三元共聚物的摩擦学行为[J]. 应用化学, 2000 (2): 180-182.

[40] 张军, 薛群基, 杜祖亮, 等. 富勒烯 LB 膜结构与其摩擦学性能[J]. 中国科学: B 辑, 1995 (3): 253-257.

[41] 杨光红, 张兴堂, 徐军, 等. $C_{60}$ 复合 LB 膜的摩擦学行为[J]. 科学通报, 2006, 51(6): 654-659.

[42] ZHANG P Y, XUE Q J, DU Z L, et al. The tribological behaviors of ordered system ultrathin films[J]. Wear, 2003, 254(10): 959-964.

[43] XUE Q J, ZHANG J. Friction and wear mechanisms of $C_{60}$/stearic-acid langmuir-blodgett films[J]. Tribology International, 1995, 28(5): 287-291.

[44] SHI B, LU X, LUO J, et al. Frictional properties of molecular thin films[J]. Surface and Interface Analysis, 2001, 32(1): 283-285.

[45] 黄兰, 于颖, 沈显峰, 等. 两种不同取代结构 $C_{60}$-苯乙烯共聚物薄膜微摩擦性能的研究[J]. 高分子学报, 2001 (4): 523-529.

[46] HUANG L, LUO G B, ZHAO X S, et al. Self-assembled multilayer films based on diazoresins studied by atomic force microscopy/friction force microscopy[J]. Journal of Applied Polymer Science, 2000, 78(3): 631-638.

[47] 周金芳, 张平余, 杨生荣, 等. 自组装 $C_{60}$ 分子膜的微观摩擦行为[J]. 材料研究学报, 2002(1): 17-21.

[48] 张平余, 周金芳, 杨生荣. $C_{60}$ 自组装单分子膜的摩擦行为研究[J]. 电子显微学报, 2001(4): 368-369.

[49] 任嗣利, 赵亚溥, 杨生荣, 等. $C_{60}$ 自组装单分子膜的制备及其摩擦特性[J]. 机械强度, 2001(4): 507-510.

[50] 黄兰, 黄飞, 何元康, 等. 水溶性含 $C_{60}$ 聚电解质的制备及其与重氮树脂自组装膜 AFM/FFM 的初步研究[J]. 高分子学报, 2002(2): 192-197.

[51] 黄兰, 顾倩颐, 何元康, 等. 含 $C_{60}$ 的聚电解质自组装膜微摩擦性能的研究[J]. 高等学校化学学报, 2002(6): 1193-1197.

[52] PU J, MO Y, WAN S, et al. Fabrication of novel graphene-fullerene hybrid lubricating films based on self-assembly for MEMS applications[J]. Chemical Communications, 2014, 50(4): 469-471.

[53] 张靖, 张涛, 王慧, 等. $C_{60}$ 共聚物旋涂膜的摩擦特性研究[J]. 摩擦学学报, 2003(4): 272-275.

[54] 薛群基, 张绪寿, 闫逢元. $C_{60}$/$C_{70}$ 晶体摩擦相变的研究[J]. 科学通报, 1994(5): 475-477.

[55] 王晓敏, 郭俊杰, 姚延立, 等. Fe/洋葱状富勒烯的化学修饰及润滑性研究[J]. 材料工程, 2009 (S1): 206-208.

[56] SAMMALKORPI M, KRASHENINNIKOV A, KURONEN A, et al. Mechanical properties of carbon nanotubes with vacancies and related defects[J]. Physical Review B, 2004, 70(24): 245416.

[57] SMOLYANITSKY A, KILLGORE J P. Anomalous friction in suspended graphene[J]. Physical Review B, 2012, 86(12): 125432.

[58] LIU P, ZHANG Y W. A theoretical analysis of frictional and defect characteristics of graphene probed by a capped single-walled carbon nanotube[J]. Carbon, 2011, 49(11): 3687-3697.

[59] WESTOVER A S, CHOI J, CUI K, et al. Load dependent frictional response of vertically aligned single-walled carbon nanotube films[J]. Scripta Materialia, 2016, 125: 63-67.

[60] WEI X, LUO T. Effects of electrostatic interaction and chirality on the friction coefficient of water flow inside single-walled carbon nanotubes and boron nitride nanotubes[J]. Journal of Physical Chemistry C, 2018, 122(9): 5131-5140.

[61] JOHANNES L B, YOWELL L L, SOSA E, et al. Survivability of single-walled carbon nanotubes during friction stir processing[J]. Nanotechnology, 2006, 17(12): 3081-3084.

[62] VANDER WAL R L, MIYOSHI K, STREET K W, et al. Friction properties of surface-fluorinated carbon nanotubes[J].

Wear, 2005, 259(1-6): 738-743.

[63] CHARLIER J C, MICHENAUD J P. Energetics of multilayered carbon tubules[J]. Physical Review Letters, 1993, 70(12): 1858-1861.

[64] CUMINGS J, ZETTL A. Low-friction nanoscale linear bearing realized from multiwall carbon nanotubes[J]. Science, 2000, 289(5479): 602-604.

[65] KOLMOGOROV A N, CRESPI V H. Smoothest bearings: Interlayer sliding in multiwalled carbon nanotubes[J]. Physical Review Letters, 2000, 85(22): 4727-4730.

[66] ZHANG R, NING Z, ZHANG Y, et al. Superlubricity in centimetres-long double-walled carbon nanotubes under ambient conditions[J]. Nature Nanotechnology, 2013, 8(12): 912-916.

[67] URBAKH M. Friction towards macroscale superlubricity[J]. Nature Nanotechnology, 2013, 8(12): 893-894.

[68] YU M F, YAKOBSON B I, RUOFF R S. Controlled sliding and pullout of nested shells in individual multiwalled carbon nanotubes[J]. Journal of Physical Chemistry B, 2000, 104(37): 8764-8767.

[69] TU J P, JIANG C X, GUO S Y, et al. Micro-friction characteristics of aligned carbon nanotube film on an anodic aluminum oxide template[J]. Materials Letters, 2004, 58(10): 1646-1649.

[70] MIYAKE K, KUSUNOKI M, USAMI H, et al. Tribological properties of densely packed vertically aligned carbon nanotube film on SiC formed by surface decomposition[J]. Nano Letters, 2007, 7(11): 3285-3289.

[71] LER J G Q, HAO Y, THONG J T L. Effect of sidewall modification in the determination of friction coefficient of vertically aligned carbon nanotube films using friction force microscopy[J]. Carbon, 2007, 45(14): 2737-2743.

[72] CHEN J, WANG W, ZHANG S. Tribological properties of vertically aligned carbon nanotube arrays and carbon nanotube sponge[J]. AIP Advances, 2020, 10(12):125209.

[73] AKITA S, NAKAYAMA Y. Interlayer sliding force of individual multiwall carbon nanotubes[J]. Japanese Journal of Applied Physics, 2003, 42(7B): 4830-4833.

[74] SCHABER C F, HEINLEIN T, KEELEY G, et al. Tribological properties of vertically aligned carbon nanotube arrays[J]. Carbon, 2015, 94: 396-404.

[75] KIS A, JENSEN K, ALONI S, et al. Interlayer forces and ultralow sliding friction in multiwalled carbon nanotubes[J]. Physical Review Letters, 2006,97(2): 025501.

[76] LI Y, HU N, YAMAMOTO G, et al. Molecular mechanics simulation of the sliding behavior between nested walls in a multi-walled carbon nanotube[J]. Carbon, 2010, 48(10): 2934-2940.

[77] SEIFOORI S, ABBASPOUR F, ZAMANI E. Molecular dynamics simulation of impact behavior in multi-walled carbon nanotubes[J]. Superlattices and Microstructures, 2020, 140: 106447.

[78] GONG Q M, LI Z, ZHANG Z, et al. Tribological properties of carbon nanotube-doped carbon/carbon composites[J]. Tribology International, 2006, 39(9): 937-944.

[79] GUIGNIER C, BUENO M A, CAMILLIERI B, et al. Tribological behaviour and adhesion of carbon nanotubes grafted on carbon fibres[J]. Tribology International, 2016, 100: 104-115.

[80] CHEN C S, CHEN X H, YANG Z, et al. Effect of multi-walled carbon nanotubes as reinforced fibres on tribological behaviour of Ni-P electroless coatings[J]. Diamond and Related Materials, 2006, 15(1): 151-156.

[81] ARAI S, FUJIMORI A, MURAI M, et al. Excellent solid lubrication of electrodeposited nickel-multiwalled carbon nanotube composite films[J]. Materials Letters, 2008, 62(20): 3545-3548.

[82] 陈卫祥, 甘海洋, 涂江平, 等. Ni-P-纳米碳管化学复合镀层的摩擦磨损特性[J]. 摩擦学学报, 2002(4): 241-244.

[83] CHEN W X, TU J P, WANG L Y, et al. Tribological application of carbon nanotubes in a metal-based composite

coating and composites[J]. Carbon, 2003, 41(2): 215-222.

[84] 徐屹, 凤仪, 王松林, 等. 碳纳米管–银–石墨复合材料的电磨损性能[J]. 机械工程学报, 2006(12): 206-210.

[85] 揭晓华, 陈玉明, 卢国辉, 等. 碳纳米管/铅基合金复合轴承合金的制备及其摩擦学特性[J]. 润滑与密封, 2007(8): 56-59.

[86] XIA Z H, LOU J, CURTIN W A. A multiscale experiment on the tribological behavior of aligned carbon nanotube/ceramic composites[J]. Scripta Materialia, 2008, 58(3): 223-226.

[87] IIJIMA S. Direct observation of the tetrahedral bonding in graphitized carbon-black by high-resolution electron-microscopy[J]. Journal of Crystal Growth, 1980, 50(3): 675-683.

[88] BERMAN D, DESHMUKH S A, SANKARANARAYANAN S K R S, et al. Macroscale superlubricity enabled by graphene nanoscroll formation[J]. Science, 2015, 348(6239): 1118-1122.

[89] CHHOWALLA M, AMARATUNGA G A J. Thin films of fullerene-like $MoS_2$ nanoparticles with ultra-low friction and wear[J]. Nature, 2000, 407(6801): 164-167.

[90] RAPOPORT L, BILIK Y, FELDMAN Y, et al. Hollow nanoparticles of $WS_2$ as potential solid-state lubricants[J]. Nature, 1997, 387(6635): 791-793.

[91] BERMAN D, NARAYANAN B, CHERUKARA M J, et al. Operando tribochemical formation of onion-like-carbon leads to macroscale superlubricity[J]. Nature Communications, 2018, 9(1): 1164.

[92] BERMAN D, MUTYALA K C, SRINIVASAN S, et al. Iron-nanoparticle driven tribochemistry leading to superlubric sliding interfaces[J]. Advanced Materials Interfaces, 2019, 6(23): 1901416.

[93] PAN J, GAO X, LIU C, et al. Macroscale superdurable superlubricity achieved in lubricant oil via operando tribochemical formation of fullerene-like carbon[J]. Cell Reports Physical Science, 2022, 3(11):101130.

[94] SHI Y, ZHANG J, PU J, et al. Robust macroscale superlubricity enabled by tribo-induced structure evolution of $MoS_2$/metal superlattice coating[J]. Composites Part B-Engineering, 2023, 250: 110460.

[95] BAI Y, ZHANG J, WANG Y, et al. Ball milling of hexagonal boron nitride microflakes in ammonia fluoride solution gives fluorinated nanosheets that serve as effective water-dispersible lubricant additives[J]. ACS Applied Nano Materials, 2019, 2(5): 3187-3195.

[96] BEJAGAM K K, SINGH S, DESHMUKH S A. Nanoparticle activated and directed assembly of graphene into a nanoscroll[J]. Carbon, 2018, 134: 43-52.

[97] LI P P, JI L, LI H X, et al. Role of nanoparticles in achieving macroscale superlubricity of graphene/nano-$SiO_2$ particle composites[J]. Friction, 2022, 10(9): 1305-1316.

[98] HOU K, HAN M, LIU X, et al. In situ formation of spherical $MoS_2$ nanoparticles for ultra-low friction[J]. Nanoscale, 2018, 10(42): 19979-19986

[99] SARAVANAN P, SELYANCHYN R, TANAKA H, et al. Macroscale superlubricity of multilayer polyethylenimine/graphene oxide coatings in different gas environments[J]. ACS Applied Materials & Interfaces, 2016, 8(40): 27179-27187.

[100] SONG H, JI L, LI H, et al. Perspectives of friction mechanism of a-C:H film in vacuum concerning the onion-like carbon transformation at the sliding interface[J]. RSC Advances, 2015, 5(12): 8904-8911.

[101] JI L, LI H, ZHAO F, et al. Fullerene-like hydrogenated carbon films with super-low friction and wear, and low sensitivity to environment[J]. Journal of Physics D-Applied Physics, 2010, 43(1): 015404.

[102] ZHAO Y M, JU P F, LIU H M, et al. A strategy to construct long-range fullerene-like nanostructure in amorphous carbon film with improved toughness and carrying capacity[J]. Journal of Physics D-Applied Physics, 2020, 53(33):

335205.

[103] GONG Z B, SHI J, ZHANG B, et al. Graphene nano scrolls responding to superlow friction of amorphous carbon[J]. Carbon, 2017, 116: 310-317.

[104] UGARTE D. Onion-like graphitic particles[J]. Carbon, 1995, 33(7): 989-993.

[105] XU B S. Prospects and research progress in nano onion-like fullerenes[J]. New Carbon Materials, 2008, 23(4): 289-301.

[106] LIN Y, PAN X, QI W, et al. Nitrogen-doped onion-like carbon: A novel and efficient metal-free catalyst for epoxidation reaction[J]. Journal of Materials Chemistry A, 2014, 2(31): 12475-12483.

[107] XIA D, XUE Q, YAN K, et al. Diverse nanowires activated self-scrolling of graphene nanoribbons[J]. Applied Surface Science, 2012, 258(6): 1964-1970.

[108] WEINGARTH D, ZEIGER M, JAECKEL N, et al. Graphitization as a universal tool to tailor the potential-dependent capacitance of carbon supercapacitors[J]. Advanced Energy Materials, 2014, 4(13): 1400316.

[109] CALDERON H A, ESTRADA-GUEL I, ALVAREZ-RAMRIEZ F, et al. Morphed graphene nanostructures: Experimental evidence for existence[J]. Carbon, 2016, 102: 288-296.

[110] LI H, PAPADAKIS R, JAFRI S H M, et al. Superior adhesion of graphene nanoscrolls[J]. Communications Physics, 2018, 1(1): 44.

[111] YANG H B, LIU S K, LI J X, et al. Synthesis of inorganic fullerene-like WS$_2$ nanoparticles and their lubricating performance[J]. Nanotechnology, 2006, 17(5): 1512-1519.

[112] LI J L, PENG Q S, BAI G Z, et al. Carbon scrolls produced by high energy ball milling of graphite[J]. Carbon, 2005, 43(13): 2830-2833.

[113] LI J L, WANG L J, JIANG W. Carbon microspheres produced by high energy ball milling of graphite powder[J]. Applied Physics A, 2006, 83: 385-388.

[114] LIU S W, WANG H P, XU Q, et al. Robust microscale superlubricity under high contact pressure enabled by graphene-coated microsphere[J]. Nature Communications, 2017, 8(1): 14029.

[115] XU J, CHEN X, GRUETZMACHER P, et al. Tribochemical behaviors of onion-like carbon films as high-performance solid lubricants with variable interfacial nanostructures[J]. ACS Applied Materials & Interfaces, 2019, 11(28): 25535-25546.

[116] ZHANG Z, DU Y, HUANG S, et al. Macroscale superlubricity enabled by graphene-coated surfaces[J]. Advanced Science, 2020, 7(4): 1903239.

[117] BAI C N, AN L L, ZHANG J, et al. Superlow friction of amorphous diamond-like carbon films in humid ambient enabled by hexagonal boron nitride nanosheet wrapped carbon nanoparticles[J]. Chemical Engineering Journal, 2020, 402: 126206.

[118] HU J J, ZABINSKI J S. Nanotribology and lubrication mechanisms of inorganic fullerene-like MoS$_2$ nanoparticles investigated using lateral force microscopy (LFM)[J]. Tribology Letters, 2005, 18(2): 173-180.

[119] SHI J, XIA T, WANG C, et al. Ultra-low friction mechanism of highly sp$^3$-hybridized amorphous carbon controlled by interfacial molecule adsorption[J]. Physical Chemistry Chemical Physics, 2018, 20(35): 22445-22454.

[120] CAO Z, ZHAO W, LIANG A, et al. A general engineering applicable superlubricity: Hydrogenated amorphous carbon film containing nano diamond particles[J]. Advanced Materials Interfaces, 2017, 4(14): 1601224.

[121] SCHAEFER C, REINERT L, MACLUCAS T, et al. Influence of surface design on the solid lubricity of carbon nanotubes-coated steel surfaces[J]. Tribology Letters, 2018, 66: 1-15.

[122] SONG H, JI L, LI H, et al. External-field-induced growth effect of an a-C:H film for manipulating its medium-range

nanostructures and properties[J]. ACS Applied Materials & Interfaces, 2016, 8(10): 6639-6645.

[123] ABOUELSAYED A, ANIS B, HASSABALLA S, et al. Preparation, characterization, Raman, and terahertz spectroscopy study on carbon nanotubes, graphene nano-sheets, and onion like carbon materials[J]. Materials Chemistry and Physics, 2017, 189: 127-135.

[124] MARGULIS L, SALITRA G, TENNE R, et al. Nested fullerene-like structures[J]. Nature, 1993, 365(6442): 113-114.

[125] TENNE R, MARGULIS L, GENUT M, et al. Polyhedral and cylindrical structures of tungsten disulphide[J]. Nature, 1992, 360(6403): 444-446.

[126] RAO C N R, NATH M. Inorganic nanotubes[J]. Dalton Transactions, 2003 (1): 1-24.

[127] TENNE R. Advances in the synthesis of inorganic nanotubes and fullerene-like nanoparticles[J].Angewandte Chemie Internation Edition, 2003, 42(42): 5124-5132.

[128] REMŠKAR M. Inorganic Nanotubes[J]. Advanced Materials, 2004, 16(17): 1497-1504.

[129] RAPOPORT L, FLEISCHER N, TENNE R. Applications of $WS_2$ ($MoS_2$) inorganic nanotubes and fullerene-like nanoparticles for solid lubrication and for structural nanocomposites[J]. Journal of Materials Chemistry, 2005, 15(18): 1782-1788.

[130] RAPOPORT L, LESHCHINSKY V, LVOVSKY M, et al. Friction and wear of powdered composites impregnated with $WS_2$ inorganic fullerene-like nanoparticles[J]. Wear, 2002, 252(5-6): 518-527.

[131] SCHARF T W, GOEKE R S, KOTULA P G, et al. Synthesis of Au-$MoS_2$ nanocomposites: Thermal and friction-induced changes to the structure[J]. ACS Applied Materials & Interfaces, 2013, 5(22): 11762-11767.

[132] CIZAIRE L, VACHER B, LE MOGNE T, et al. Mechanisms of ultra-low friction by hollow inorganic fullerene-like $MoS_2$ nanoparticles[J]. Surface & Coatings Technology, 2002, 160(2-3): 282-287.

[133] RAPOPORT L, LESHCHINSKY V, LAPSKER I, et al. Tribological properties of $WS_2$ nanoparticles under mixed lubrication[J]. Wear, 2003, 255: 785-793.

[134] RAPOPORT L, FELDMAN Y, HOMYONFER M, et al. Inorganic fullerene-like material as additives to lubricants: Structure-function relationship[J]. Wear, 1999, 225: 975-982.

[135] LIU S, JIA K, CHEN Y, et al. Convenient synthesis of inorganic fullerene-like $WS_2$ self-lubricating films and their tribological behaviors[J]. MRS Communications, 2020, 10(2): 317-323.

[136] XU W, FU C, HU Y, et al. Synthesis of hollow core-shell $MoS_2$ nanoparticles with enhanced lubrication performance as oil additives[J]. Bulletin of Materials Science, 2021, 44: 1-7.

[137] JOLY-POTTUZ L, DASSENOY F, BELIN M, et al. Ultralow-friction and wear properties of IF-$WS_2$ under boundary lubrication[J]. Tribology Letters, 2005, 18(4): 477-485.

[138] MOU Z, WANG B, LU H, et al. Synthesis of poly (ionic liquid) s brush-grafted carbon dots for high-performance lubricant additives of polyethylene glycol[J]. Carbon, 2019, 154: 301-312.

[139] MOU Z, WANG B, LU H, et al. Branched polyelectrolyte grafted carbon dots as the high-performance friction-reducing and antiwear additives of polyethylene glycol[J]. Carbon, 2019, 149: 594-603.

[140] TANG W, WANG B, LI J, et al. Facile pyrolysis synthesis of ionic liquid capped carbon dots and subsequent application as the water-based lubricant additives[J]. Journal of Materials Science, 2019, 54(2): 1171-1183.

[141] XIAO H, LIU S, XU Q, et al. Carbon quantum dots: An innovative additive for water lubrication[J]. Science China-Technological Sciences, 2019, 62(4): 587-596.

[142] SHAHNAZAR S, BAGHERI S, ABD HAMID S B. Enhancing lubricant properties by nanoparticle additives[J]. International Journal of Hydrogen Energy, 2016, 41(4): 3153-3170.

[143] YE M, CAI T, SHANG W, et al. Friction-induced transfer of carbon quantum dots on the interface:Microscopic and spectroscopic studies on the role of inorganic-organic hybrid nanoparticles as multifunctional additive for enhanced lubrication[J]. Tribology International, 2018, 127: 557-567.

[144] SHANG W, CAI T, ZHANG Y, et al. Covalent grafting of chelated othoborate ionic liquid on carbon quantum dot towards high performance additives: Synthesis, characterization and tribological evaluation[J]. Tribology International, 2018, 121: 302-309.

[145] LIU C, LI X, LIN Y, et al. Tribological properties of bismaleimide-based self-lubricating composite enhanced by MoS₂ quantum dots/graphene hybrid[J]. Composites Communications, 2021, 28: 100922.

[146] REN X, YANG X, XIE G, et al. Black phosphorus quantum dots in aqueous ethylene glycol for macroscale superlubricity[J]. ACS Applied Nano Materials, 2020, 3(5): 4799-4809.

[147] GONG P, QU Y, WANG W, et al. Macroscale superlubricity of black phosphorus quantum dots[J]. Lubricants, 2022, 10(7): 158.

# 第5章　非晶碳薄膜固体超润滑材料

碳材料是固体超润滑材料中最为重要的一类，如石墨、石墨烯、碳纳米管、富勒烯等，它们依赖于自身特殊的结构实现了超润滑性能，但受尺寸、形状、环境、制备工艺等限制难以实现工程化应用[1,2]。非晶碳是介于石墨和金刚石之间的一类碳材料，1971 年非晶碳被发现以来，受到人们愈来愈多的关注。非晶碳薄膜具有良好的耐磨性能，摩擦系数较低，同时还具有自润滑特性，是一种优异的表面抗磨损改性膜，尤其是 a-C:H 薄膜，其在惰性或真空环境下的摩擦系数可以达到$10^{-3}$数量级，磨损率可以低于$10^{-9} mm^3/(N \cdot m)$，是目前观察到的可以应用到实际工况下摩擦系数最低的固体润滑材料[3]。

碳是自然界中分布非常广泛的元素，也是一种非常独特的元素，它可以采取三种不同的成键方式，即 $sp^1$ 杂化、$sp^2$ 杂化和 $sp^3$ 杂化。因此，碳在自然界中具有丰富的存在形式，如金刚石、石墨、白碳、富勒烯、石墨烯、碳纳米管、非晶碳等，并且这些不同形态的碳材料性能迥异。Heimann 等[4]讨论了碳的同素异形现象，并给出了碳存在方式的分类，如图 5.1 所示。

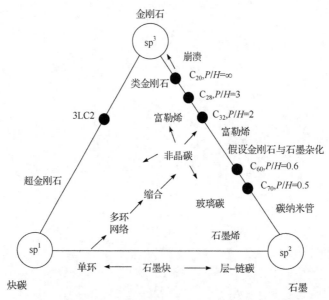

图 5.1　碳同素异形体的三相示意图[4]

*P/H*-五元环和六元环的比例；3LC2-层状和链状结构组成的碳材料

　　在上述不同形态的碳材料中，非晶碳(amorphous carbon，a-C)常被称作类金刚石(diamond-like carbon，DLC)，a-C 薄膜具有独特的结构，以及高硬度、低摩擦、高耐磨等优异的机械力学和摩擦学性能，受到科学界和工业界的广泛重视。

　　非晶碳薄膜实际上是含有一定 $sp^3$ 键无定形碳的一种亚稳定形态，它没有严格的定义，可以包括很宽性质范围的非晶碳，其氢原子含量可以从小于 1%到大于 60%，而 $sp^3C$ 含量则可以在 30%～85%变化[5]。Jacob 等[6]通过报道的数据，认为非晶碳薄膜是由 $sp^2C$、$sp^3C$ 和 H 三相组成，并绘出了它们的三元相图，如图 5.2 所示。该相图详细地描述了非晶碳的结构以及成分构成情况，并直观地表示出非晶碳结构的 $sp^2$ 键和 $sp^3$ 键混杂特征。由于非晶碳制备方法、沉积条件的不同，非晶碳中原子的键合方式(C—H、C—C、$sp^2$ 杂化键、$sp^3$ 杂化键)及其比例的不同，决定了材料的基本性质和在相图中的位置。研究表明，通过掺杂 H 原子改变 $sp^3$ 和 $sp^2$ 杂化键的比例，可以显著影响 DLC 薄膜的力学和摩擦学性质。因此，按照膜中是否含氢，非晶碳可以分为两大类：含氢的非晶碳和不含氢的非晶碳。在此基础上，根据 $sp^3C$ 含量的高低，前者又可分含氢非晶碳(a-C:H，$sp^3C$ 含量较低)和四方体的含氢非晶碳(ta-C:H，$sp^3C$ 含量较高)，后者可分为一般的非晶碳(a-C，$sp^3C$ 含量较低)以及四面体配位碳(ta-C，$sp^3C$ 含量较高)。由于对非晶碳薄膜没有明确的界定，在已发表的文献中出现了很多近似的名称，如 DLC、a-DLC、a-C、a-C:H、ta-C、i-C、GLC 和 H-DLC 等。

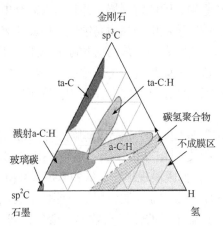

图 5.2　非晶碳的三元相图[6,7]

# 5.1　非晶碳薄膜摩擦学性能研究

## 5.1.1　非晶碳薄膜摩擦学研究历程

　　非晶碳是目前唯一兼具高硬度和干摩擦下低摩擦系数的薄膜材料，其硬度高于大多数的金属及其合金，甚至高于一些陶瓷材料，因此可以提供优异的抗磨损性能；同时，通过优化薄膜结构，其在干摩擦下的摩擦系数一般可以在 0.05～0.2，在特殊情况下，可以获得 0.01 以下的摩擦系数，即可实现超润滑。这些优异的摩擦学性能使得非晶碳薄膜逐渐引起研究者的广泛关注和重视，无论在实验室研究还是工业化应用方面都取得了长足进展和成功。图 5.3 给出了非晶碳薄膜首次制备至今不同阶段研究的时间线。

图 5.3　非晶碳薄膜不同阶段研究的时间线

最早尝试制备非晶碳薄膜可以追溯到 1953 年，当时 Schmellenmeier[7]报告了一种由辉光放电等离子体解离 $C_2H_2$ 气体制备的黑碳薄膜(black carbon film)，这种薄膜硬度很高，很难被其他硬物刮伤，但该薄膜并没有引起太多关注。直到 1971 年，Aisenberg 等[8]使用碳离子束沉积系统在负偏压金属衬底上制备了此类非晶碳薄膜，薄膜非常坚硬，因此耐刮擦，并且具有高介电常数、高折射率、优异的光学透明度和在强酸性溶液中的高耐腐蚀性，因此命名为类金刚石薄膜。20 世纪 70 年代，其他少数研究者尝试采用射频施加偏压，从其他烃源产生等离子合成非晶碳薄膜。由于这些薄膜具有极高的硬度，一些研究人员推测其可能由结晶金刚石组成。随着更深入的系统研究，70 年代末研究者确认 DLC 薄膜具有非晶结构[9,10]。

1980 年，Enke 等[11]率先报道了非晶碳薄膜具有极低摩擦系数，其利用射频-等离子增强化学气相沉积技术(RF-PECVD)，采用 $C_2H_2$ 沉积了 a-C:H 薄膜，当水蒸气气压低于 $10^{-1}$Torr 时，薄膜表现出非常低的摩擦系数(0.01～0.02)。1981 年，King[12]探索了 DLC 薄膜作为磁盘介质应用的可能性，他认为在磁盘介质中使用 DLC 薄膜能极大提高磁盘介质的性能和效率，会使磁盘行业取得一些重大进步，显然他的预测是正确的。

20 世纪 90 年代，非晶碳薄膜的研究势头非常迅猛，对其制备、结构、摩擦学性能及工业应用进行了系统研究。许多新型的非晶碳薄膜成功制备，并阐明了 H 及其他掺杂元素(F、N、Si、W 等)对薄膜摩擦学性能的影响，非晶碳薄膜在工业领域也逐渐取得成功应用。

2000 年初以来，美国阿贡国家实验室 Erdemir 等[3,13]发现了含氢非晶碳薄膜在干燥 $N_2$ 中具有摩擦系数为 0.001～0.003 的超润滑特性和超低磨损特性。美国空军研究实验室(AFRL)Voevodin 等[14,15]提出了基于"纳米晶/非晶"多元复合结构设计发展具有"变色龙"或者"自适应"的智能润滑涂层设计，如图 5.4 所示。超润滑和自适应智能润滑特性拓展了非晶碳薄膜的研究领域，进一步激发了研究者的研究热情。我国薛群基等[16]，国外 Robertson[5]、Erdemir 等[17]和 Donnet[18]相继发表和出版了关于 DLC 薄膜综述论文和书籍，指出非晶碳薄膜值得更多的科学研究和工业关注。结合最近十多年发展的新型闭合磁场非平衡磁控溅射技术和高功率脉冲磁控溅射技术，研究者从薄膜制备技术、薄膜多组分结构设计等，一方面，探究非晶碳薄膜结构与超润滑关系机制，实现非晶碳薄膜超润滑性能的普适性；另一方面，突破非晶碳薄膜超润滑性能的环境敏感性，发展具有多环境适应性的超润滑非晶碳薄膜。

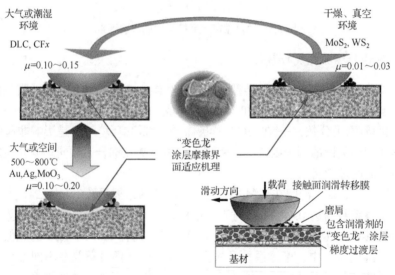

图 5.4　基于"变色龙"仿生理念的多环境自适应润滑涂层设计[14,15]

### 5.1.2　非晶碳薄膜摩擦学性能研究进展

影响非晶碳薄膜摩擦学性能的因素分为两类：内因和外因。内因是指薄膜本身的结构特征，包括 $sp^3C$、$sp^2C$ 和 H 含量及掺杂元素，由制备方法和工艺条件所决定，各种制备工艺获得的非晶碳薄膜的摩擦学性能表现出较大差异。外因是指由测试条件和环境，包括底材、对偶材料、载荷、速度、环境气氛、温度、湿度等(图 5.5)。已有的研究表明，受上述因素的影响，非晶碳薄膜的摩擦系数可以在很宽的范围内变化，为 0.001～0.6。

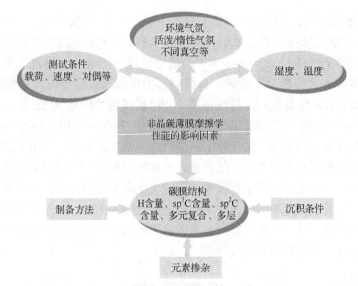

图 5.5　非晶碳薄膜摩擦学性能影响因素

## 1. 结构和环境气氛的影响

非晶碳薄膜最重要的两种类型是无氢非晶碳(a-C)薄膜和 a-C:H 薄膜。前者主要是由 $sp^3C$ 和 $sp^2C$ 相互混杂的三维网络构成；后者在三维网络中结合一定量的氢，氢含量(原子分数)一般在 20%～40%。氢含量和环境气氛是影响非晶碳薄膜摩擦学性能最关键的两个因素，二者相互作用，交互耦合，共同影响并决定了非晶碳薄膜的摩擦学行为。

一般而言，a-C 薄膜在高湿度下具有比较低的摩擦系数(0.1～0.2)，而在惰性气氛中摩擦系数高达 0.4 以上。对于 a-C:H 薄膜则表现出完全相反的趋势，即高氢含量的 a-C:H 薄膜在惰性气氛或者干燥空气中具有 0.001～0.02 的超低摩擦系数，在高湿度空气中，摩擦系数升高到 0.05～0.2。两种薄膜在不同湿度环境下的摩擦系数变化如图 5.6 所示[19]，显示了薄膜结构、环境与高摩擦系数、低摩擦系数、超低摩擦系数的关系。

在超高真空下，a-C 薄膜具有和在惰性气氛中一样的摩擦学性能，即高摩擦系数和高磨损率。a-C:H 薄膜在超高真空下则具有超低摩擦系数(小于 0.01)，但是在重载高速下极易因脆性剥落而失效，只适合在轻载低速条件下谨慎使用。

李红轩[20]系统验证了上述摩擦学性能，并从摩擦物理、化学角度提出了相关机理。采用脉冲电弧离子镀技术和 PECVD 技术分别制备了 a-C 薄膜和 a-C:H 薄膜，对比考察了两种薄膜在空气(RH=40%)、干燥 $O_2$(RH<5%)、真空(0.1Pa)、干燥 $N_2$(RH<5%)和潮湿 $N_2$(RH=100%)环境下的摩擦学性能与磨损率，摩擦偶件采用直径为 4mm 的 $Si_3N_4$ 球，法向负荷为 2N，环境温度20℃。结果如图 5.7 所示。

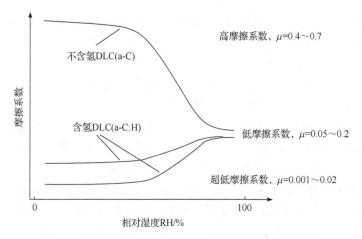

图 5.6　相对湿度对 a-C 和 a-C:H 薄膜摩擦系数的影响[19]

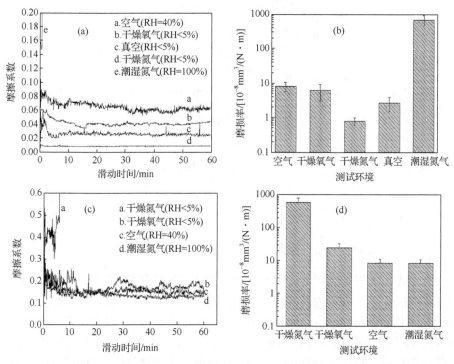

图 5.7　a-C:H 薄膜和 a-C 薄膜在不同环境下的摩擦系数和磨损率[20]
(a) a-C:H 薄膜在不同环境中的摩擦系数；(b) a-C:H 薄膜在不同环境中的磨损率；(c) a-C 薄膜在不同环境中的摩擦系数；(d) a-C 薄膜在不同环境中的磨损率

在干燥 $N_2$(RH<5%)环境中，a-C:H 薄膜表现出非常优异的摩擦学性能，其摩擦系数非常低且稳定(约 0.008)，磨损率为 $7.8\times10^{-9}mm^3/(N\cdot m)$。在真空中，a-C:H 薄膜的摩擦系数升高到 0.025 左右，磨损率升高到 $2.7\times10^{-8}mm^3/(N\cdot m)$。

在干燥 $O_2$ 中，a-C:H 薄膜的摩擦系数升高到 0.040 左右，相应的磨损率升高到 $6.2\times10^{-8}$mm³/(N·m)。在空气中，a-C:H 薄膜的摩擦系数进一步升高至 0.071，而且波动加剧，磨损率升高到 $8.2\times10^{-8}$mm³/(N·m)。值得注意的是，当测试环境的湿度升高到 100%时，a-C:H 薄膜的摩擦系数升高到 0.15，磨损寿命急剧降低，a-C:H 薄膜出现灾难性的磨损，快速失效。

a-C 薄膜在不同环境中表现出和 a-C:H 薄膜刚好相反的摩擦磨损行为，即 a-C 薄膜在 $H_2O$ 分子和 $O_2$ 分子存在的环境中具有较低的摩擦系数和磨损率，在干燥的 $N_2$ 中具有高达 0.4 的摩擦系数，薄膜快速失效。

通过对薄膜磨痕表面 XPS 分析发现，在 $H_2O$ 分子和 $O_2$ 分子存在的环境中，两种薄膜磨痕表面的 O 元素含量显著增大，意味着薄膜磨痕表面发生了氧化作用，其氧化过程如图 5.8 所示。

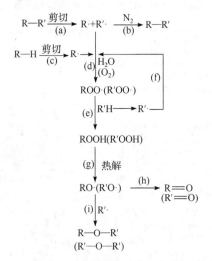

图 5.8　a-C:H 薄膜和 a-C 薄膜磨痕表面氧化过程示意图[20]

在摩擦力的剪切作用下，DLC 薄膜表面的 C—C 和 C—H 发生断裂，形成自由基(R·和 R′·)。在干燥的 $N_2$ 中，$N_2$ 分子阻止了自由基与活泼的 $H_2O$ 分子和 $O_2$ 分子发生化学作用，这些自由基可能重新结合形成 C—C。然而，在 $H_2O$ 分子和 $O_2$ 分子存在的环境中(空气和高湿度 $N_2$)，自由基与 $H_2O$ 分子和 $O_2$ 分子发生一系列的化学反应，形成 C—O 和 C=O，导致薄膜表面被氧化，薄膜表面化学状态从富氢层变为富氧层。

基于上述研究表明，环境气氛对薄膜摩擦学性能的作用机理主要取决于薄膜的结构特点及薄膜和环境气氛中的 $H_2O$ 分子和 $O_2$ 分子之间的摩擦化学反应。薄膜中的 H、环境气氛中的 $H_2O$ 分子和 $O_2$ 分子及它们之间的摩擦化学反应对 a-C:H 和 a-C 薄膜的摩擦磨损行为的作用机理如图 5.9 所示。

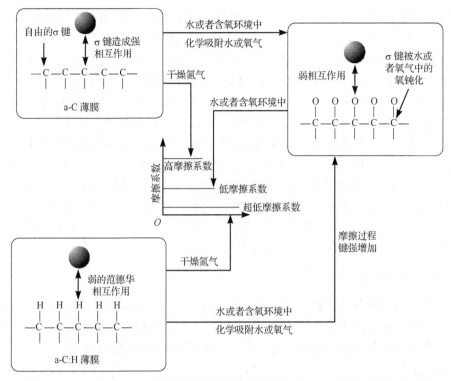

图 5.9　a-C:H 薄膜和 a-C 薄膜在不同环境中的摩擦磨损行为的作用机理示意图[20]

Donnet 等[19]提出，非晶碳薄膜的摩擦主要起源于自由 σ 键在滑动界面之间引起的强化学相互作用。因此，DLC 薄膜表面自由 σ 键的消除是获得低摩擦系数的关键因素。

对于 a-C 薄膜，其表面碳原子与邻近的三个碳原子结合成键，而第四个键则是自由的，并且暴露于薄膜表面形成很强的自由 σ 键[15]。在空气中，a-C 薄膜表面的这些自由 σ 键可以吸附 $H_2O$ 分子或 $O_2$ 分子而被消除和钝化。当在干燥的 $N_2$ 中进行摩擦实验时，由于摩擦力的剪切作用、磨损作用或者热解吸作用，吸附物很快被除去，自由 σ 键重新形成并暴露在滑动接触面之间。惰性的 $N_2$ 分子有效地阻止了活泼的 $H_2O$ 分子和 $O_2$ 分子进入摩擦接触面，抑制了自由 σ 键的重新消除和钝化，因此这些自由 σ 键在摩擦过程中一直存在于摩擦接触面，引起滑动表面之间强的共价键相互作用，导致薄膜在干燥 $N_2$ 中的高摩擦系数和磨损率。在 $H_2O$ 分子和 $O_2$ 分子存在的环境中，a-C 薄膜表面的自由 σ 键与化学吸附 $H_2O$ 分子和 $O_2$ 分子形成 C—O 和 C=O，有效消除和钝化了表面自由 σ 键，显著降低摩擦接触面之间的强共价键相互作用。即使在摩擦过程中这些自由 σ 键能够重新形成，它们也能够很快地重新吸附 $H_2O$ 分子和 $O_2$ 分子而被消除和钝化，因此滑动接触面之间由于自由 σ 键引起的强共价键相互作用显著降低，只存在较弱的黏着作用，使 a-C 薄膜在 $H_2O$ 分子和 $O_2$ 分子存在的环境中具有较低的摩擦系数和磨损率。

　　a-C:H 薄膜是在高 H 等离子体中制备的，持续的氢离子轰击，使薄膜中的氢含量增高，大多数 H 以共价键方式与碳结合，从而消除薄膜表面的自由 σ 键。因此，滑动接触面之间由于自由 σ 键引起的强共价键相互作用基本上是不存在的。此外，在干燥的 $N_2$ 中，不活泼的 $N_2$ 分子有效阻止了活泼的 $H_2O$ 分子和 $O_2$ 分子进入摩擦接触面，保护摩擦接触面之间不发生任何摩擦化学作用，并保护 a-C:H 薄膜结构不变。这时，滑动接触面之间只可能存在很弱的范德华相互作用，因此 a-C:H 薄膜在干燥的 $N_2$ 中具有很低的摩擦系数和磨损率。然而，在 $H_2O$ 分子和 $O_2$ 分子存在的环境中(空气和高湿度 $N_2$)，a-C:H 薄膜在摩擦过程中与 $H_2O$ 分子或 $O_2$ 分子发生摩擦化学作用，导致薄膜表面氧化，a-C:H 薄膜表面的化学结构由 C—H 变为 C—O 和 C=O 结构，而相对应的键合强度从 0.08eV 升高到 0.21eV，导致薄膜摩擦系数和磨损率升高。

　　2. 温度的影响

　　非晶碳薄膜作为一种典型的高应力亚稳态材料，在高温下会发生 $sp^3$ 键向 $sp^2$ 键转化、$sp^2$ 键团簇及 H 从薄膜中逸出等一些结构上不可逆的变化，导致薄膜从类金刚石结构转变为类石墨结构，使薄膜的机械性能和摩擦学性能等均发生退化。

　　Liu 等[21]考察了 a-C:H 薄膜与 $Al_2O_3$ 在大气不同温度下对摩时的摩擦学性能，发现薄膜在 200℃以下摩擦学性能比较稳定，但当温度达到 300℃及以上时，石墨化导致磨损急剧增加，薄膜快速失效。摩擦系数却从室温的 0.15 降低到 300℃时的 0.02(图 5.10)。

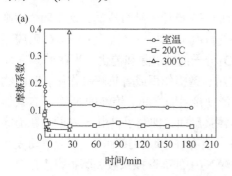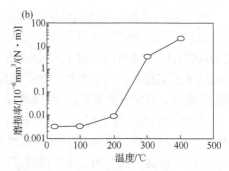

图 5.10　不同温度下 a-C:H 薄膜与 $Al_2O_3$ 空气中对摩时的摩擦学性能[21]

(a) 摩擦系数变化曲线；(b) 磨损率变化曲线

　　高温退火常被用来降低薄膜内应力。对于含氢非晶碳薄膜，高温退火会导致膜中的氢解吸。根据不同的沉积技术和沉积参数制备的 a-C:H 薄膜，在 300~700℃的高温下，会发生氢析出。例如，高氢含量的类聚合碳(polymeric-like carbon)薄膜在 260~350℃温度下发生氢析出，a-C:H 在 400~550℃温度下发生氢析出，而更致密更硬的四面体非晶碳薄膜(ta-C:H)具有更高的退火温度(接近 700℃)。

Memming 等[22]观察到，当退火温度为 550℃时，a-C:H 薄膜中的氢损失，在超高真空和干燥 $N_2$ 中摩擦系数显著增加至 0.68。然而，在潮湿的大气中没有观察到摩擦系数明显变化。但是，高温退火会导致磨损增加，主要是氢析出后发生 $sp^3$ 键到 $sp^2$ 键结构的石墨化转变和高温导致的薄膜氧化。

Li 等[23]考察了在 $N_2$ 中 a-C:H 薄膜经过 100℃、200℃、300℃、400℃不同温度退火 1h 后结构、力学和摩擦学性能的变化，如图 5.11 所示。结果表明热处理温度对 a-C:H 薄膜结构和性能的影响可以分为两个阶段，薄膜结构和性能的变化与薄膜中 H 的逸出密切相关。第一阶段在 200℃及以下处理时，只有少量的粒子边界弱吸附、未成键的 H 和弱键合的 C—H 从薄膜中缓慢逸出，薄膜的结构、硬度和摩擦学性能没有发生明显改变，但薄膜内应力显著降低；第二阶段，在 300℃及以上高温处理时，薄膜中的 H 以 $H_2$ 和 C—H 大量逸出，薄膜结构由类金刚石特征向类石墨特征转变，薄膜的硬度和摩擦学性能显著下降。基于此，Li 等认为，在 200℃低温下对 a-C:H 薄膜进行热处理，可以在基本不改变薄膜结构和硬度的情况下，显著降低薄膜的内应力，因此低温处理(不大于 200℃)是降低薄膜内应力的一种有效方式。

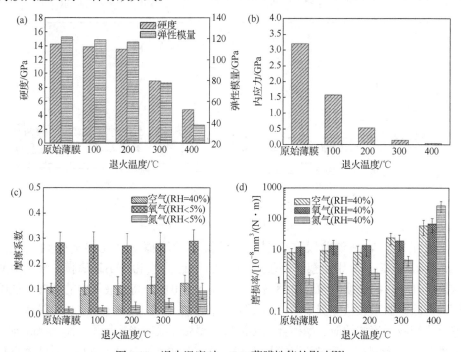

图 5.11 退火温度对 a-C:H 薄膜性能的影响[23]

(a) 硬度和弹性模量；(b) 内应力；(c) 摩擦系数；(d) 磨损率

与含氢非晶碳薄膜相比，无氢碳薄膜能够在更高的温度下抵抗氧化或相变。四面体非晶碳 ta-C 仅含杂质氢，结构为高度 $sp^3$ 杂化。通过电弧放电法沉积的 ta-C 薄膜在真空中退火时能够保持 1000K(727℃)下稳定。如果在空气中加热，则在 450~500℃下观察到薄膜氧化[5,19]。通过磁控溅射沉积的 a-C 薄膜在 300℃以下具有热稳定性，之后由于涂层结构的石墨化，硬度随温度急剧下降。

无氢碳薄膜(包括 ta-C 和 a-C)在高温下摩擦时，由于表面水蒸气在高温下去除，因此薄膜摩擦系数和磨损率显著增加。这与其在干燥环境中摩擦学性能相似，即无氢碳薄膜在有水分子存在时具有低摩擦磨损特性。

通过多元掺杂和纳米复合可以提高非晶碳薄膜的热稳定性能，如掺杂 Si。许多研究表明，与纯 a-C:H 相比，薄膜中掺杂合适 Si 含量可以稳定结构，在更高温度下发生石墨化。Si 掺杂的 a-C:H 薄膜在 300℃时仅发生轻微氧化，在 600℃时转化为石墨相，而未掺杂的 a-C:H 在 500℃时转化为石墨相。

Yu 等[24]通过射频溅射 Si 靶，利用 Ar 和 $C_2H_2$ 混合离子源制备了 Si-DLC 薄膜，改变 Si 靶功率，沉积了不同 Si 含量的薄膜。在大气环境中，考察了薄膜/$Al_2O_3$ 摩擦副在 25℃、100℃、200℃、300℃、400℃、500℃下的摩擦学性能，结果发现，纯 DLC 薄膜在 400℃时磨损失效(图 5.12)。掺杂了 4.56%(原子分数)Si 的 Si-DLC 薄膜在 500℃高温下仍保持低摩擦系数和低磨损率。

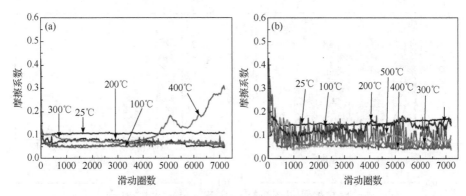

图 5.12　薄膜在不同温度下的摩擦系数曲线[24]
(a) 纯 DLC 薄膜；(b) Si-DLC 薄膜

近年来，非晶碳薄膜在低温及超低温下的摩擦学性能逐渐受到关注。Ostrovskaya 等[25]分别考察了高硬度(90GPa)和低硬度(40GPa)碳薄膜在液氮中的摩擦学性能。高硬度碳薄膜摩擦系数从室温下的 0.4 升高至液氮中的 0.76；低硬度碳薄膜摩擦系数从室温下的 0.21 升高至液氮中的 0.45，Ostrovskaya 等认为摩擦行为与液氮流体效应、摩擦界面热消散、磨粒分散转移等相关。Aggleton 等[26]考察了微晶金刚石、超纳米晶金刚石和含氢非晶碳薄膜在 8~300K 时摩擦系数的温度依赖性。氢含量高(26%)的碳薄膜在室温~200K 温度下具有 0.03 的低摩擦系数,但温度低于 170K 时摩擦系数急剧升高至 0.1。氢含量相对较低(3.2%)的微晶金刚石薄膜在整个温度范围内的摩擦系数均较高(0.6),对温度的依赖性很小。超纳米晶金刚石薄膜(4.8%氢含量)在 230K~室温温度内具有低摩擦系数(0.05~0.15),当温度进一步降低至 100K,摩擦系数逐渐升高到 0.3~0.4。Aggleton 等提出了氢钝化和氢传输机制,薄膜中的氢传输到摩擦界面钝化悬键,使摩擦系数降低;低温抑制了氢传输和氢钝化,因此低温下摩擦系数升高。

吉利等[27]发现,在真空常温环境中,a-C:H 薄膜的摩擦系数极低(<0.02),但磨损寿命却非常短(<900 圈)(图 5.13)。在真空超低温环境中其摩擦系数升高(约0.3),但磨损寿命数量级增加,经过 $3\times10^5$ 次滑动摩擦后磨痕深度仅为 200nm(碳薄膜厚度 2.0μm)(图 5.14),涉及的科学原理和机制值得深入研究。Peng 等[28]发现 DLC 薄膜经过深冷(−196~−120℃)处理后,$sp^2$ 杂化键向 $sp^3$ 杂化键转变,表面硬度提高,耐磨性能增加。这为开展超低温机理研究提供了思路。

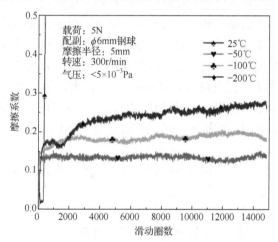

图 5.13 真空中 a-C:H 薄膜在−200℃~25℃的摩擦系数曲线[27]

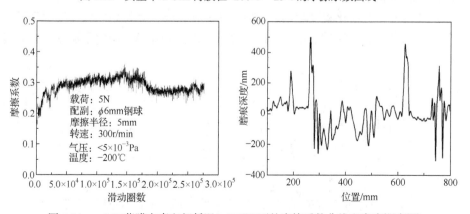

图 5.14 a-C:H 薄膜在真空超低温(−200℃)下的摩擦系数曲线和磨痕深度[27]

3. 测试条件的影响

一般地，随着载荷和滑动速度的增加，非晶碳薄膜的摩擦系数和磨损率逐渐降低。当载荷和滑动速度超过临界值时，会导致薄膜严重磨损。

Ronkainen 等[29]采用射频等离子体制备了 a-C:H 薄膜，考察了薄膜分别与钢球、$Al_2O_3$ 球在大气中不同载荷(5～40N)和滑动速度(0.1～3.0m/s)对摩时的摩擦学性能，发现两种摩擦配副的摩擦系数随载荷和滑动速度的增加而降低。主要与两点因素相关，一是 a-C:H 薄膜表层形成了具有低剪切强度的富碳层，二是在球表面形成了转移膜。

Liu 等[30]发现 $DLC/ZrO_2$ 摩擦副在空气中对摩时摩擦系数也随着载荷和滑动速度的增加而降低，低摩擦系数与磨损率引起的石墨化摩擦层的形成有关。载荷和滑动速度通过影响石墨化过程而影响摩擦系数。高载荷增加了剪切变形，促进了薄膜中贫氢结构向石墨转变；高滑动速度提高了接触频率，引起温升加速了 H 的释放，这都有利于石墨化转变。Liu 等还发现，滑动速度比载荷对摩擦系数有更显著的影响。在摩擦过程中，由于接触面微观粗糙不平，局部温升可达几百摄氏度，相对滑动速度越快，同一点摩擦重复概率越高，摩擦产生的热量扩散时间越短。在实验条件下，温升可达到 1000℃以上，大量氢逸出，这种氢几乎耗尽的膜层在接触应力作用下极易被剪切形成石墨，从而降低了摩擦系数。增大载荷，伴随着实际接触面积的增加，对温升的影响较小，因而载荷对摩擦系数的影响不如滑动速度明显。

Kim 等[31]发现，a-C:H/钢球摩擦副的摩擦系数随着载荷和滑动速度的增加而降低，磨损率随着载荷的增加而降低。随着滑动速度的增加，无论是 a-C:H 薄膜的磨损率，还是钢球的磨损率，都出现先升高后降低的趋势(图 5.15)。a-C:H 薄膜磨痕表面石墨化及钢球表面转移膜影响了摩擦系数的变化，而转移层形成程度和两面硬度变化应是磨损率变化的主要因素。滑动速度增加引起摩擦闪温升高，a-C:H 薄膜表面石墨化程度增加，AISI52100 钢软化，摩擦副表面硬度都降低。随着滑动速度升高，转移层形成和硬度降低程度互相竞争，决定了磨损率先升高后降低。

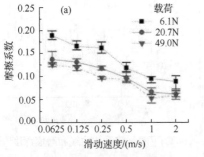
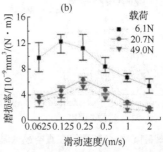

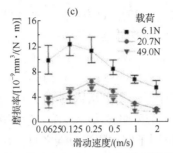

图 5.15　不同载荷和滑动速度下 a-C:H/钢球摩擦副的摩擦学性能[31]

(a) 摩擦系数变化；(b) a-C:H 薄膜磨损率变化；(c) 钢球磨损率变化

### 4. 摩擦配副的影响

与非晶碳薄膜组成摩擦副的材料一般可以分为高硬度材料和普通硬度材料两类。前者包括刚玉($Al_2O_3$)、陶瓷($Si_3N_4$、SiC、WC 等)、金刚石，以及非晶碳自配副；后者包括钢、钛、铝、铜等各种金属。总体来说，高硬度材料/非晶碳薄膜的摩擦系数较低；低硬度材料/非晶碳薄膜的摩擦系数较高。

Na 等[32]研究了经过不同温度退火处理后产生的四种钢作为对偶时 DLC 薄膜的摩擦学行为。Na 等认为，软的对偶材料(奥氏体)具有较大的接触面积而导致较高的摩擦系数；硬的对偶材料(马氏体)则具有较小的摩擦系数。Bai 等[33]同样发现硬度高的摩擦副材料接触半径越小，对应的摩擦系数越；硬度低的摩擦副材料接触半径越大，对应的摩擦系数越高(图 5.16)。

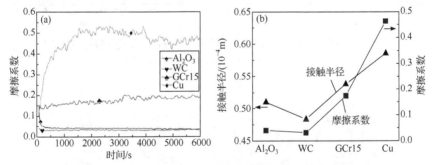

图 5.16　对偶材料对 a-C:H 薄膜接触及摩擦系数的影响[33]

(a) a-C:H 薄膜与不同摩擦副的摩擦系数；(b) 摩擦副材料对摩擦系数与接触半径的影响

在特殊环境下，还需要考虑摩擦副材料与非晶碳薄膜之间的相互作用强弱、相互转移，以及摩擦副材料、非晶碳、环境气氛之间的摩擦物理和化学反应，这些因素共同影响摩擦学行为。

Cui 等[34]发现高真空中($2×10^{-4}$Pa)，a-C:H 薄膜与 SiC、$Si_3N_4$对摩时，在最初阶段摩擦系数低于 0.01，但很快升高到 0.5 以上，薄膜快速磨损失效。a-C:H 薄膜与 $Al_2O_3$ 对摩时平均摩擦系数为 0.084，与 $ZrO_2$ 对摩时平均摩擦系数为 0.037，薄膜耐磨寿命数量级延长(图 5.17)。这表明通过摩擦副材料设计，a-C:H 薄膜在高真空中可以展现出低摩擦系数、低磨损率特性。通过第一性原理模拟计算了摩擦副与金刚石碳之间的分离功，SiC、$Si_3N_4$、$Al_2O_3$、$ZrO_2$ 四种陶瓷与金刚石碳之间的分离功分别为 $4.38J/m^2$、$3.68J/m^2$、$0.65J/m^2$、$0.34J/m^2$，这反映了摩擦副与碳之间黏着效应的强弱(图 5.18)。从图 5.19 中的电子密度分布可以看出，SiC(001)/金刚石(111)的电子密度明显重叠，而 $Al_2O_3$(001)/金刚石(111)在界面区几乎没有电子密度重叠，证明了四种陶瓷与碳之间黏着力的差异。进一步讨论摩擦机理。a-C:H薄膜与SiC、$Si_3N_4$对摩时，由于SiC、$Si_3N_4$与碳之间强黏着作用，磨屑碳转移到对偶表面形成碳转移层，摩擦实际上发生在C—C之间(图 5.20)。在高真空中，H 析出，C—C 之间存在强的 σ 悬键作用，导致高摩擦系数和高磨损。反之，$Al_2O_3$、$ZrO_2$ 与碳之间黏着作用弱，无法在对偶球表面形成转移膜，摩擦一直发生在陶瓷球-碳之间，避免了强的 C—C 相互作用。滑动界面弱相互作用使得 a-C:H 在高真空下具有低摩擦系数和长寿命特性。

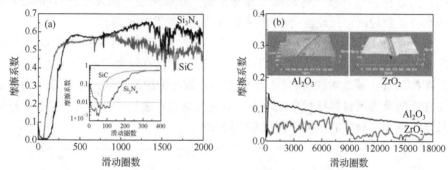

图 5.17　高真空中 a-C:H 薄膜与不同摩擦副材料对摩的摩擦系数曲线[34]

(a) 与 SiC、$Si_3N_4$对摩；(b) 与 $Al_2O_3$、$ZrO_2$对摩

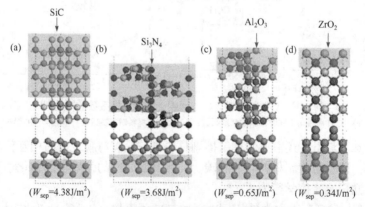

图 5.18　第一性原理计算不同界面的分离功[34]

(a) SiC(001)/金刚石(111)；(b) $Si_3N_4$(001)/金刚石(111)；(c) $Al_2O_3$(001)/金刚石(111)；(d) $ZrO_2$(001)/金刚石(001)

$W_{sep}$-分离功

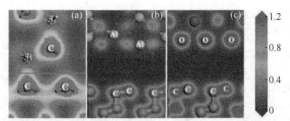

图 5.19　不同界面的电子密度分布图[34][单位：(e⁻/Å³)]
(a) SiC(001)/金刚石(111)；(b) Al₂O₃(001)/金刚石(111)Al 原子；(c) Al₂O₃(001)/金刚石(111)O 原子

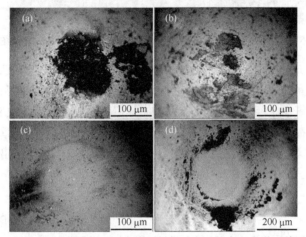

图 5.20　a-C:H 薄膜与不同摩擦副材料对摩后的磨斑光学形貌图[34]
(a) SiC；(b)Si₃N₄；(c) Al₂O₃；(d) ZrO₂

Li 等[35]研究了高湿度 N₂ 中 a-C:H 薄膜与钢球、Al₂O₃ 球和 Si₃N₄ 球之间的摩擦学行为，并从摩擦化学的角度解释了摩擦机理。在高湿度 N₂ 中，当 a-C:H 薄膜与 Si₃N₄ 球对摩时，表现出最低的平均摩擦系数(0.085)和最低的磨损率(5.53×10⁻⁸mm³/(N·m))(图 5.21)，归因于 Si₃N₄ 球与水分子之间发生化学反应形成硅酸溶胶 Si(OH)₄，聚集在 a-C:H 薄膜和 Si₃N₄ 球磨痕表面(图 5.22)，起到了良好的润滑作用。

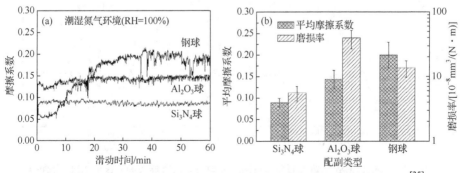

图 5.21　高湿度 N₂ 中 a-C:H 薄膜与不同摩擦副材料对摩时的摩擦磨损行为[35]
(a) 摩擦系数随滑动时间的变化；(b) 平均摩擦系数和磨损率的变化

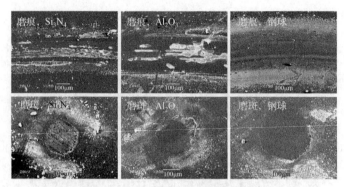

图 5.22　高湿度 $N_2$ 中 a-C:H 薄膜及摩擦偶对偶磨痕表面 SEM 图[35]

当与 $Al_2O_3$ 球对摩时，a-C:H 薄膜氧化使其表面从富氢层变为富氧层(图5.23(c))。而 $Al_2O_3$ 是一种弱的路易斯酸，酸性 Al 原子可以接受薄膜表面两个氧原子的孤对电子，使与氧原子相连的 C 原子呈现部分正电性质，进而导致邻近的 H 原子转移到带正电荷的碳原子上，碳氢链断裂(图 5.24)，引起薄膜剥落(图 5.22)。因此与 $Al_2O_3$ 球对摩时，薄膜的摩擦系数升高到 0.145，薄膜呈现出最高的磨损率 $(3.925\times10^{-7}mm^3/(N \cdot m))$(图 5.21)。

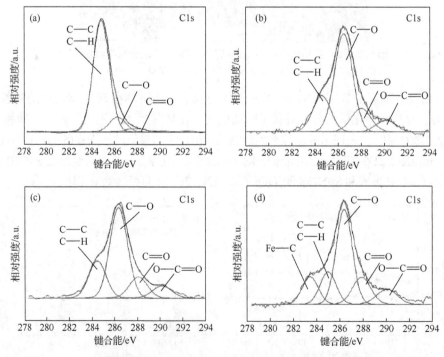

图 5.23　a-C:H 薄膜原始表面和与不同摩擦副对摩后磨痕表面 C1s 的 XPS 能谱[35]

(a) 原始表面；(b) 与 $Si_3N_4$ 球对摩；(c) 与 $Al_2O_3$ 球对摩；(d) 与钢球对摩

当与钢球对摩时，在摩擦剪切作用下薄膜表面的C—C和C—H发生断裂，形成自由基(R·和R′·)。这些自由基不仅会与水分子和氧分子反应，也会与活泼的Fe原子反应形成Fe—C(图5.23(d))，引起接触面之间非常强的黏着作用，导致薄膜具有非常高而不稳定的摩擦系数(图5.21)。此外，由于钢球的硬度低于a-C:H薄膜，在强的黏着摩擦作用下，Fe会转移到薄膜磨痕表面，引起钢球的严重磨损(图5.22)。

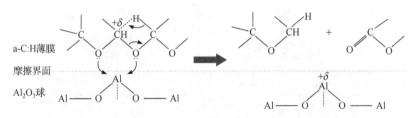

图 5.24　Al₂O₃对a-C:H薄膜的相互作用示意图[35]

5. 基体材料的影响

非晶薄膜可以在许多基体材料上沉积，如硅、陶瓷、钢、钛、铝甚至橡胶等。基体对非晶碳薄膜的影响主要有三个方面：一是基体硬度。非晶薄膜硬度很高，如果基体硬度软，无法提供足够的支撑，会形成鸡蛋壳效应，导致薄膜脆性剥落。二是粗糙度。非晶碳薄膜厚度一般在 1～5μm，对于太粗糙的基底表面，非晶碳薄膜无法完全覆盖，微凸体产生犁沟效应导致薄膜失效。三是与非晶碳薄膜有相同的晶格匹配、热膨胀系数，以及能与碳形成强有力的化学键，以保证良好的膜基结合力。大多数物质都不能满足，因此寻找合适的过渡层，对 a-C:H 薄膜的大规模应用是很重要的。

Meletis 等[36]研究了在 M50 钢、Ti-6Al-4V 合金及离子氮化 Ti-6Al-4V 合金上 DLC 薄膜的摩擦学性能。发现随基体硬度的增加，摩擦系数不断减小，摩擦寿命不断增加。在氮化处理后的钛合金上 DLC 薄膜的摩擦系数最低为 0.04，磨损寿命最长。Meletis 等认为氮化处理后摩擦学性能的改善不是由于 DLC 薄膜与基体结合力的增加，而是由于氮化使基体表面硬度增加，从而使 DLC 薄膜有更好的机械支持。经过氮化处理后，在基体表面形成了深度在 10～15μm 的 TiN 和 Ti₂N 过渡层，钛合金的微硬度增加了 40%。该过渡层提供了一个硬度梯度，在摩擦过程中减少了表面的变形(弹性或塑性变形)，并且使应力分布变得统一，从而减小了摩擦系数，延长了摩擦寿命。

Vladimirov 等[37]发现基体材料的表面粗糙度对 DLC 薄膜的摩擦学性能有很大影响。在 R6M5 钢上制备的 DLC 薄膜的摩擦、磨损性能与 $R_a/h$ 或 $R_a$ 有关，其中 $R_a$ 是基体材料的平均表面粗糙度，$h$ 是薄膜的厚度；最佳的 $R_a/h$ 不应偏离 0.2～0.3。

　　首先，非晶碳薄膜与基体晶格失配、热膨胀系数差异大、化学键合弱，导致薄膜与基体结合强度差；其次，非晶碳薄膜在高能离子轰击作用下沉积，薄膜的内应力很高，导致薄膜容易发生脆性剥落；最后，非晶碳薄膜应用环境复杂，工况苛刻，传统单层、单元非晶碳薄膜无法满足应用需求。因此，采用功能梯度+纳米多层+纳米复合的结构设计逐渐受到重视，并快速发展(图 5.25)[38]。

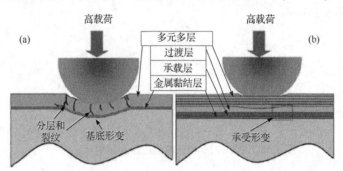

图 5.25　功能梯度+纳米多层+纳米复合的结构设计及机理示意图[38]

(a) 传统单层单元非晶碳薄膜结构示意图；(b) 梯度多层复合非晶碳薄膜结构示意图

　　功能梯度主要是在非晶碳薄膜与基体之间引入不同过渡层(多为金属)、承载层(多为高硬度金属氮化物或者碳化物)和梯度层(多为金属碳氮化物)，以缓解膜基界面的不匹配性，降低应力，以及提高膜基结合力、薄膜强韧性、承载能力和磨损寿命。

　　纳米多层是指沉积两种不同材料，它们具有不同的弹性模量。如果两种材料厚度足够小，以至于该薄膜中没有位错源。在外加应力状态下，位错将从较软层朝界面运动。具有较高弹性模量的第二层中产生变形，引起排斥力，阻止位错沿界面穿过。

　　纳米晶/非晶复合碳薄膜主要是在非晶碳薄膜中掺杂与碳成不同键态结合的异质元素，这些元素以纳米晶团簇的形式均匀分布在非晶碳网络中。当纳米晶尺寸小于 10nm 时，非晶碳可以较好地容纳随机取向的晶粒错配。同时非晶碳相对于位错具有排斥作用，可阻止位错迁移，即使在高应力下位错也无法穿过非晶网络结构。

　　Voevodin[39]设计了 Ti 和 TiC 为过渡层的 Ti/TiC/DLC 纳米梯度多层薄膜，同时调控 Ti 和 C 分别呈梯度减少和增加的趋势，保持结构和成分的缓慢变化，在软钢基体上实现了超硬(60～70GPa)DLC 膜的制备。进一步在 DLC 梯度层上覆以含有纳米晶/非晶复合的 Ti-DLC 结构层，制备了 Ti/TiC/DLC/$n$-(Ti-DLC)多层复合薄膜(图 5.26)，显著提高了薄膜韧性和抗冲击整体特性。目前，这类纳米多层梯度复合薄膜因其具有强膜基结合、高硬度、低摩擦系数、良好耐磨耐蚀等优异特性，获得深入研究和广泛应用。

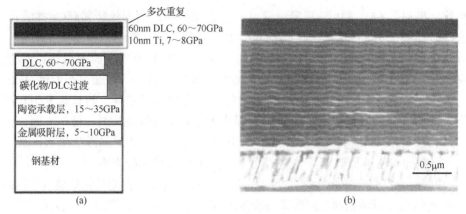

图 5.26 Ti/TiC/DLC/n-(Ti-DLC)功能梯度多层复合薄膜[39]

(a) 结构设计图; (b) 薄膜截面 SEM 图

### 5.1.3 非晶碳薄膜摩擦学机制

Fontaine 等[40]从涂层摩擦学基础角度,认为涂层摩擦力主要是由磨粒、剪切和黏着引起的(图 5.27),并从磨粒、剪切、黏着三个方面分析了非晶碳薄膜的摩擦机理。

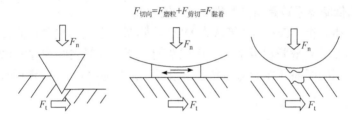

图 5.27 涂层磨粒、剪切、黏着作用示意图[40]

$F_n$-法向力; $F_t$-切向力

磨粒:表面粗糙或磨粒的犁削或刮伤。由于 DLC 表面的高硬度和高应变容限,在大多数摩擦接触下,DLC 表面上磨粒现象不太可能发生,除非是和非常硬且粗糙的陶瓷对摩。硬度较低的 a-C:H 是黏塑性的,可以对韧性划痕表现出一定的"修复"能力。如果滑动过程中发生磨粒磨损,则主要是因为 DLC 微凸体对摩擦配副表面造成的磨粒磨损,而不是 DLC 薄膜本身被刮伤。因此,DLC 薄膜的表面粗糙度至关重要,其粗糙度主要由基底粗糙度决定。对于非常光滑的基底,除了采用未过滤的阴极真空电弧沉积的 DLC 薄膜表面粗糙度会增大外,大多数 DLC 薄膜非常光滑,工业上常用 DLC 薄膜保护金属免受磨粒磨损。

剪切:界面材料的塑性流动。DLC 薄膜的高硬度使薄膜内部剪切现象最小化。但是，在与 DLC 薄膜滑动时，会在摩擦副表面形成转移膜(摩擦膜)，这些转移膜的成分和结构与原始 DLC 薄膜不同，会在滑动过程中发生剪切。剪切是膜内滑动(摩擦膜本身的流动)还是膜间滑动(摩擦膜表面的剪切)，取决于转移膜组成结构、机械性能和流变特性。研究表明，一方面，与原始 DLC 薄膜相比，这些转移膜的 $sp^2C$ 含量增加，氢含量可能减少，转移膜发生石墨化，即形成大的石墨烯片，导致转移膜内发生剪切(膜内滑动)。另一方面，由 DLC薄膜形成的转移膜通常非常薄(小于100nm)，并且相对局限于接触区域。因此，Fontaine 等更倾向于认为剪切主要发生在转移膜的表面(膜间滑动)。

　　黏着：滑动面之间的黏接处断裂。对于 DLC 薄膜，预期最强的黏着作用是通过 σ 轨道在滑动表面之间形成共价键(σ 键)。这些 σ 键非常活泼，容易与环境中的 O 原子、H 原子或·OH 反应形成双键。如果测试环境中存在 O 原子、H 原子或·OH，则不会发生 σ 键导致的强黏着作用。第二强黏着作用则是 π—π 相互作用。当两个表面的 π 轨道足够接近时，表面上 $sp^2C$ 双键 π 轨道的存在(与平面内 σ 轨道相反)会导致相对较强的相互作用。来自表面的分子可以很容易屏蔽这些短程相互作用。在高真空或超纯惰性气体环境下，σ 键的形成以及 π 键之间的强烈相互作用，是无氢 DLC 薄膜高摩擦系数的主要原因。对黏着作用最小的是表面之间的范德华相互作用，表面高度钝化的含氢 DLC 薄膜(a-C:H 薄膜)在惰性环境中的超低摩擦系数是弱范德华相互作用导致的。

　　通过上述分析，Fontaine 等认为 DLC 薄膜摩擦学性能主要是黏着作用决定的。黏着程度受到薄膜组成结构、机械性能、环境气氛之间物理和化学作用的强烈影响。利用摩擦界面剪切和黏着作用可以较好地解释DLC薄膜的摩擦磨损行为。

## 5.2　a-C:H 薄膜的超润滑行为研究

　　在固体超润滑材料中，a-C:H 薄膜占据重要地位，也是最有希望实现工程超润滑及应用的材料之一。1980 年，Enke 等[11]首先发现了 a-C:H 薄膜在 $10^{-1}$Torr 水蒸气压下具有 0.01 的超低摩擦系数。1987 年，Miyake 等[41]发现具有高氢含量的非晶碳薄膜在真空中具有 0.01 的摩擦系数。1990 年，Sugimoto 等[42]报道了 Si 掺杂的 a-C:H 在 $10^{-6}$Torr 真空中摩擦系数低至 0.007，这是首次发现 a-C:H 薄膜摩擦系数低于 0.01 的超润滑现象。1994 年，Donnet 等[43]详细研究了 a-C:H 薄膜在不同真空度下($10^{-7}$～50Pa)的摩擦学性能，当真空度小于 $10^{-1}$Pa 时，摩擦系数在磨合 100 圈后稳定到 0.006～0.008。2000 年，Erdemir 等[3,44]系统研究了不同 $CH_4$ 和 $H_2$ 气源比例制备的 a-C:H 薄膜在 $N_2$ 中的摩擦学性能，发现高氢碳比的 a-C:H

薄膜在 $N_2$ 中摩擦系数可低至 0.001，这是目前发现的具有最低摩擦系数的固体润滑材料。此后，在过去的 20 多年里，广泛研究了含氢非晶碳薄膜的超润滑行为。通过薄膜中氢元素消除强 σ 键、元素掺杂改变界面状态、摩擦配副调控摩擦界面相互作用或者在特殊气氛下使摩擦界面满足低剪切力，都有可能实现超润滑或者超低摩擦系数[45-50]。表 5.1 给出了典型含氢非晶碳薄膜及掺杂非晶碳薄膜的超润滑行为。本节将重点从结构影响因素、环境影响因素、摩擦界面调控等方面讨论 a-C:H 薄膜的超润滑行为。

**表 5.1　典型含氢非晶碳薄膜及掺杂非晶碳薄膜的超润滑行为**

| 非晶碳类型 | 测试环境 | 摩擦系数 | 磨损寿命/磨损率 | 参考文献 |
|---|---|---|---|---|
| a-C:H | $N_2$ | 0.001～0.003 | 17500000 圈/$10^{-9}mm^3/(N \cdot m)$ | [3]、[13]、[44] |
| a-C:H | 高真空 | 0.003～0.007 | 200～100000 圈 | [51]～[54] |
|  | $H_2(1～1000Pa)$ | 0.002～0.004 | <1000 圈 | [55] |
| FL-a-C:H (类富勒烯) | 大气 RH=20% | 0.009 | <65000 圈 | [56] |
|  | $N_2$ | 0.008 | $8×10^{-10}mm^3/(N \cdot m)$ | [57]、[58] |
| 类洋葱碳(OLC) | 大气 RH=30% | 0.008 | $6.41×10^{-9} m^3/(N \cdot m)$ | [59] |
| a-C:H:N (氮掺杂) | $N_2$ | 0.004 |  | [52] |
| a-C:H:S(硫掺杂) | 大气 RH<50% | 0.004 |  | [60] |
| a-C:H:F(氟掺杂) | 高真空 | 0.005 |  | [61] |
|  | 高真空 | 0.007 | <400 圈 | [42] |
|  | 水 | 0.005 | $1.7×10^{-8}mm^3/(N \cdot m)$ | [62] |
| a-C:H:Si | $N_2$ | $0.001(N_2)$ | — | [63] |
|  | 40%(体积分数)$H_2$+60%(体积分数)He | $0.003(H_2)$ | — | — |
|  | 大气 RH=22%±2% | 0.004(空气) | — | — |
| a-C:H:Al(Si) | 高真空 | 0.001～0.002 | 约 $10^{-8}mm^3/(N \cdot m)$ | [64] |
| a-C:H:Ti(Cr) | 大气 RH=20% | 0.006～0.008 | — | [62] |
| a-C:H:$MoS_2$复合 | 高真空 | 0.002 | — | [65] |

续表

| 非晶碳类型 | 测试环境 | 摩擦系数 | 磨损寿命/磨损率 | 参考文献 |
|---|---|---|---|---|
| a-C:H:MoS$_2$多层 | 大气 RH=40% | 0.004 | — | [66]、[67] |
| ta-C | 甘油和油酸 | 0.005 | — | [68]~[71] |

### 5.2.1 a-C:H 薄膜超润滑行为的结构影响因素

1. 薄膜氢含量

毫无疑问，在干摩擦下，非晶碳薄膜中的氢是薄膜具有超润滑特性的必要条件。

Fontaine 等[51]和 Donnet 等[72]采用直流等离子体增强化学气相沉积(DC-PECVD)技术，通过控制偏压、沉积气压、碳氢气源，制备了不同氢含量、sp$^2$C 含量：sp$^3$C 含量的 a-C:H 薄膜，考察了 a-C:H 薄膜与 440C 钢球(直径为 3mm)在高真空中(10$^{-7}$Pa)对摩的超润滑行为(实验条件：1N，往复滑动，速度 1mm/s，最大赫兹接触应力 1GPa)。氢含量(原子分数)34%的薄膜，摩擦系数低至 0.003，但 100 圈后急剧升高到 0.3。具有最高氢含量(42%)的薄膜，摩擦系数稳定在 0.03。氢含量适中的薄膜(原子分数 40%)具有摩擦系数为 0.003 的超润滑特性和较长寿命(表 5.2)。因此，要想获得超润滑性能并维持长寿命，a-C:H 薄膜的氢含量需为 34%~40%。

不同制备技术制备的 a-C:H 薄膜，在真空中达到超润滑所需的氢含量也不相同，如图 5.28 所示[51]。高密度等离子体(high density plasma，HDP)制备的薄膜达到超润滑的氢含量位于 26%~30%，PECVD 技术制备的薄膜达到超润滑的氢含量位于 34%~40%，采用磁控溅射+PECVD(HEF)制备的薄膜达到超润滑状态时的氢含量位于 46%~53%。

在 PECVD 制备 a-C:H 薄膜过程中，碳氢气源是影响薄膜 H 含量的重要因素。Erdemir 等[3,13]利用 PECVD 技术，采用不同碳氢气源(CH$_4$，不同比例 CH$_4$、H$_2$)，制备了不同 H 含量的 a-C:H 薄膜，系统考察了气源组成对薄膜在干燥 N$_2$ 中摩擦学性能的影响规律。发现等离子体气源中氢碳比越高，薄膜的摩擦系数和磨损率越低(图 5.29)。100%C$_2$H$_2$(氢碳比为 1)制备的薄膜摩擦系数高达 0.3。100%CH$_4$(氢碳比为 4)制备的薄膜为 0.02。由 25%CH$_4$+75%H$_2$(氢碳比为 10)制得的薄膜具有极低的摩擦系数 0.003，达到了超润滑状态。将该薄膜沉积于更为光滑的蓝宝石盘和球上对摩，其在 N$_2$ 中摩擦系数可进一步降低至 0.001，磨损寿命超长。摩擦实验连续测试 32d，薄膜经过 1.75×10$^7$ 圈(滑动距离 1300km)摩擦后仍然没有失效(图 5.30)。

表 5.2　三种 a-C:H 薄膜的沉积条件、组成和在真空中的摩擦学性能[51]

| 样品 | 反应气体 | 偏压/气压 | 氢含量(原子分数)/% | sp²C含量:sp³C含量(核磁) | 键合H(红外)/% | 键合H(核磁)/% | 超高真空环境下的摩擦系数 | DLC涂层的样品表面磨痕 |
|---|---|---|---|---|---|---|---|---|
| AC8 | C₂H₂ | −800V/100mTorr | 34 | 70 : 30 | 57 | 93 | | |
| AC5 | C₂H₂ | −500V/300mTorr | 40 | 65 : 35 | 73 | 98 | | |
| CY5 | C₆H₁₂ | −500V/300mTorr | 42 | 56 : 44 | 100 | 100 | | |

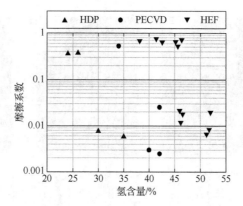

图 5.28　不同制备技术制备的 a-C:H 薄膜在真空中稳定摩擦系数与氢含量的关系[51]

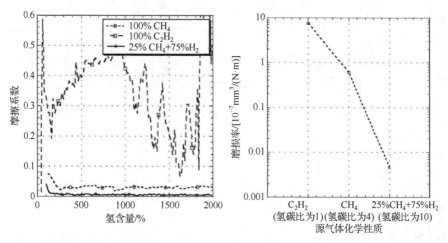

图 5.29　不同等离子体气源(100%C₂H₂、100%CH₄ 和 25%CH₄+75%H₂)制备的 a-C:H 薄膜在 N₂ 中的摩擦系数和磨损率[13]

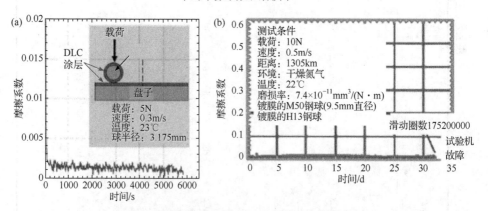

图 5.30　高度氢化 a-C:H 薄膜在 N₂ 中摩擦系数曲线[3]

(a) 0.001 超低摩擦系数；(b) 超长寿命

陈新春等采用四甲基硅烷(TMS)和甲苯($C_7H_8$)，通过调节偏压(0.25～3.5kV)沉积了不同 H 含量的 a-C:H:Si 薄膜[48,63]，其性质如表 5.3 所示。随着偏压升高，薄膜中 Si 含量(原子分数)保持在 8.9%～9.9%，H 含量(原子分数)从 36.7%降低到 17.3%。重点考察了薄膜在 $N_2$、稀释性 $H_2$(40%体积分数 $H_2$+60%体积分数 He)和空气(RH=22%±2%)中摩擦系数和 H 含量的关系，如图 5.31 所示。在 $N_2$ 中和稀释性 $H_2$ 中，当 H 含量超过 20%时薄膜摩擦系数低于 0.01，可以实现超润滑。特别地，当 a-C:H:Si 薄膜中的氢原子分数控制在 20%～35%时，其在潮湿空气中也可以实现超润滑，如图 5.31(c)所示。研究表明，Si 掺杂能够改善 a-C:H 在湿度环境中的摩擦学性能，主要是其滑移界面在相互摩擦剪切过程中，能发生摩擦化学反应，生成亲水的硅氧基团(Si—OH)，并吸附着边界水膜，即形成极易剪切的有序化纳米结构滑移界面。

**表 5.3　a-C:H:Si 薄膜组分、粗糙度、硬度、弹性模量、残余应力和黏塑性指数**

| 偏压/kV | 组分 | | | | | 粗糙度/nm | 硬度/GPa | 弹性模量/GPa | 残余应力/GPa | 黏塑性指数 |
| --- | --- | --- | --- | --- | --- | --- | --- | --- | --- | --- |
| | H 原子分数/% | C 原子分数/% | Si 原子分数/% | O 原子分数/% | N 原子分数/% | | | | | |
| 0.25 | 36.7 | 52.5 | 9.3 | 1.2 | 0.3 | 0.08 | 13.8 | 123.9 | 0.78 | 0.059 |
| 0.5 | 31.9 | 57.2 | 9.3 | 1.2 | 0.4 | 0.13 | 16.2 | 155.7 | 1.04 | 0.031 |
| 1.0 | 25.8 | 61.2 | 9.2 | 2.7 | 1.1 | 0.17 | 17.9 | 175.7 | 1.41 | 0.017 |
| 1.5 | 23.2 | 64.8 | 9.1 | 2.1 | 0.8 | 0.09 | 17.0 | 176.1 | 1.12 | 0.021 |
| 2.0 | 20.8 | 68.1 | 8.9 | 1.7 | 0.6 | 0.11 | 17.3 | 178.6 | 1.00 | 0.015 |
| 2.5 | 20.5 | 66.6 | 9.6 | 3.0 | 0.3 | 0.10 | 15.8 | 166.0 | 0.77 | 0.007 |
| 3.0 | 18.2 | 68.8 | 9.7 | 2.7 | 0.6 | 0.09 | 15.2 | 164.3 | 0.86 | 0.022 |
| 3.5 | 17.3 | 70.1 | 9.9 | 2.0 | 0.7 | 0.09 | 14.9 | 150.2 | 0.84 | 0.006 |

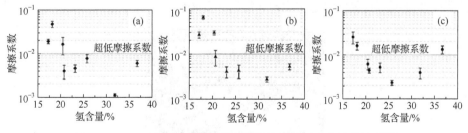

图 5.31　a-C:H:Si 薄膜在不同气氛中摩擦系数与 H 含量的关系[63]
(a) $N_2$ 中；(b) 稀释性 $H_2$ 中(40%体积分数 $H_2$+60%体积分数 He)；(c) 空气中(RH=22%±2%)

上面证实了非晶碳薄膜中大量氢可以实现超润滑，对于无氢或者氢含量较低的非晶碳薄膜，可以通过氢等离子体处理在表面形成富氢层而实现超润滑。这方面研究也可以进一步证明氢钝化超润滑机制。

Erdemir 等[73]对 $CN_x$(氮元素掺杂非晶碳薄膜)和无氢 DLC 薄膜进行氢等离子体改性，经过约 3min 处理后表面形成富氢层。对改性前后的薄膜自配副(薄膜/镀薄膜的球)进行摩擦学性能测试，发现氢等离子体改性后薄膜摩擦系数比改性前至少降低约 95%。图 5.32 展示了氢等离子体改性对 $CN_x$ 薄膜摩擦学性能的影响。氢等离子体改性前，摩擦系数约为 0.18；改性之后，摩擦系数降至 0.005 水平，磨损率也将显著降低。

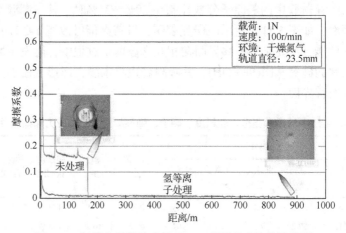

图 5.32　氢等离子体处理前后 $CN_x$ 薄膜的摩擦学性能[73]

如 Eryilmaz 等[74]所述，在氢等离子体处理无氢 DLC 薄膜后也获得了类似的效果。在氢改性前，摩擦系数约为 0.7，寿命只有约 10m。经过氢等离子体处理后，薄膜摩擦系数降低至 0.005。图 5.33 可以看到氢等离子体处理和未处理区域之间存在明显边界，氢等离子体处理部分确实变得富含氢。因此，氢等离子体处理后无氢 DLC 和 $CN_x$ 薄膜的超润滑行为主要是因为顶部表面附近氢浓度增加。这进一步证明了薄膜中氢是实现超润滑的必要条件。

图 5.33　氢等离子体处理后的无氢 DLC 薄膜截面氢飞行时间二次离子质谱(TOF-SIMS)成像图[74]

### 2. 中程有序结构

非晶碳薄膜结构本质上是由 $sp^3$、$sp^2$、H 杂化共价键相互混杂形成的三维碳骨架无序结构，处于热力学非平衡状态，其原子排列表现为长程无序，中短程有序。因此，碳薄膜整体上表现为非晶无序结构，但局部包含短程有序的C-C原子间 $sp^3$ 和 $sp^2$ 杂化键(2～5Å)以及中程有序的 $sp^3$ 和 $sp^2$ 纳米团簇(5～30Å)[5]。长期以来，大部分研究主要集中在短程有序的化学键上，认为碳薄膜的力学、摩擦学性能主要由薄膜中 $sp^2$ 杂化碳和 $sp^3$ 杂化碳化学键的含量决定。

研究表明，通过沉积参数和工艺调控，可以在非晶碳薄膜中形成一些特殊中程有序纳米结构(如富勒烯、类洋葱碳、石墨烯、碳纳米管、纳米金刚石等)，增加碳网络键架结构的强度与韧性，有利于提高薄膜力学、摩擦学性能。

1995 年，瑞典林雪平大学 Sjöström 等[75]制备出具有特殊纳米结构的碳基薄膜材料)——类富勒烯碳氮薄膜(fullerene-like carbon nitride film，FL-CN$_x$)。该薄膜由弯曲的石墨片层结构相互交织组成类似指纹的三维网络状结构，每个片层非常类似于富勒烯的卷状结构(1～3nm)。弯曲结构将二维平面内的力学强度扩展到三维，增强了碳网络结构，因此尽管薄膜主要由 $sp^2$ 杂化碳组成，但具有高的硬度和韧性。1996 年，英国利物浦大学 Amaratunga 和 Chhowalla 等采用高压碳弧技术制备了具有纳米管和类洋葱碳的非晶碳薄膜[76]。

针对前面提及的美国阿贡实验室 Erdemir 等制备的具有超润滑性能的 a-C:H 薄膜，Johnson 等[77]、Arenal 等[78]和 Liu 等[79]先后研究发现，非晶碳网络中的氢稳定了较大的 $sp^2$ 键合团簇(1～3nm)，并有助于其结构和拓扑的完善。$sp^2$ 键合团簇的大小、拓扑和结构有序性随着氢含量的增加而增加。因此，这种 $sp^2$ 键合团簇的中程有序结构可能是 a-C:H 薄膜超润滑性能的一个重要影响因素。

2008 年，Wang 等[56]报道了一种具有类富勒烯结构的含氢碳薄膜(FL-C:H)，其由大量 $sp^2$ 杂化碳弯曲交织形成三维网络结构，具有较高的硬度和弹性恢复性能，并且在湿度为 20%的大气环境中其摩擦系数可达到 0.009，实现了湿度环境下的超润滑(图 5.34)[80]。

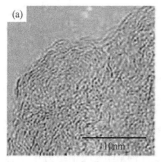
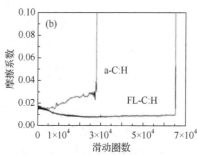

图 5.34　FL-C:H 薄膜的结构和摩擦系数曲线[56]

(a) 高分辨透射电子显微镜图；(b) a-C:H 和 FL-C:H 薄膜的摩擦系数曲线

吉利等[57,58]用脉冲辅助等离子体增强化学气相沉积的技术，通过调节等离子体放电时间和周期，成功在非晶碳网络结构中构建了中程有序的类富勒烯结构(图 5.35)。脉冲偏压的占空比对类富勒烯结构的形成发挥了重要作用，占空比越小，其类富勒烯结构特征越明显。提出了富勒烯结构"生长—退火"模型，脉冲偏压可以提供一个不连续的、周期性放电的等离子体环境。在放电过程中，可以视为一个非晶碳生长的过程，在不放电过程中，可以视为是一个淬火的过程，等离子体的高能量可以提供足够高的淬火温度，而小的占空比对应于长的淬火时间，有利于非晶碳向富勒烯结构碳的转化。因此，整个沉积过程可以看作非晶碳生长和淬火处理下向富勒烯结构碳(FL 碳)转化循环进行的过程(图 5.36)。

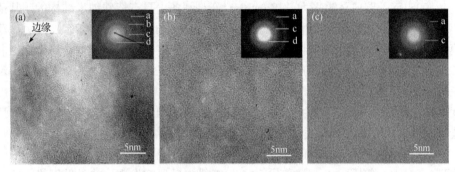

图 5.35　不同脉冲占空比下 a-C:H 薄膜的 HRTEM 照片及相应的电子选区衍射花样[57,58]

(a) 20%；(b) 50%；(c) 100%

a~d 表示晶型的变化，衍射环减少，说明非晶结构逐渐形成

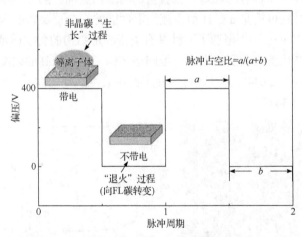

图 5.36　周期放电等离子体中生长类富勒烯结构的机理模型示意图("生长—退火"模型)[57,58]

图 5.37 类富勒烯结构薄膜(FL-C:H 和 a-C:H 薄膜)展现了更好的抗湿度、抗氧气影响的能力。即使在高湿度的大气环境下，仍然保持了超低的摩擦系数和磨损率。这种优异的性能得益于富勒烯结构良好的化学惰性(悬键少)，以及高硬度和强弹性变形能力。闭合的卷状结构可以消除晶面边界处的悬键，减少了环境中的

H₂O 及 O₂ 分子在薄膜表面上的吸附，从而降低了其环境依赖性。强的弹性变形能力可以使其在摩擦过程中将局部高的压力释放到较大的面积，而不发生键的断裂，那么就有利于降低磨损率(图 5.38)。从能量耗散的角度看，这种可逆的弹性变形可以将能量有效地储存，一方面可以减少能量损失，减小摩擦系数，另一方面可以抑制能量向热能转化，减小摩擦热引起的对偶间及薄膜与气氛间的化学相互作用，有利于减小摩擦系数，提高环境适应性。

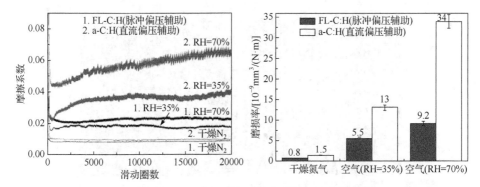

图 5.37　FL-C:H 和 a-C:H 薄膜在不同环境中的摩擦学性能[57,58]

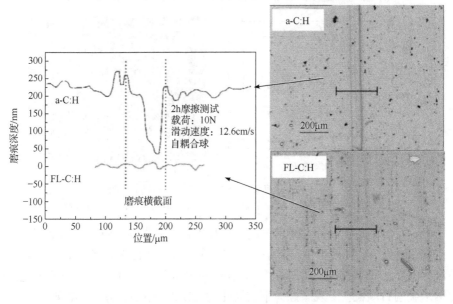

图 5.38　FL-C:H 与 a-C:H 薄膜在摩擦后的磨痕形貌和磨痕深度[57,58]

　　龚珍彬等采用恒流高频双脉冲辅助 PECVD 技术，制备了一种类洋葱碳氢薄膜[59,81]。从图 5.39 可以看出，薄膜具有独特的双纳米结构，由同心石墨球壳制成的近球形类洋葱碳(尺寸范围为 5～7nm)随机分布在非晶态区域。类洋葱碳结构是经单层或者多层石墨基平面高度弯曲成球状而成，碳簇中心或多或少具有无序结构。该薄膜不仅具有 92%的超高弹性恢复率，而且在潮湿空气中实现了超低摩擦系数和磨损率(约 0.008 和 6.41×10⁻¹⁸m³/(N·m))。类洋葱碳簇可从薄膜中移出并停于两个滑动表面之间。分离的团簇在摩擦过程中起到"分子轴承"的作用，造成了滚动摩擦和非公度接触，这在实现超润滑和低磨损率中起关键作用，如图 5.40 所示。

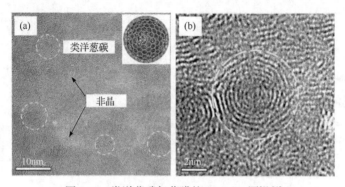

图 5.39　类洋葱碳氢薄膜的 HRTEM 图[59,81]

(a) 类洋葱碳氢膜 HRTEM 图，副图是其示意图；(b) 单个类洋葱碳 HRTEM 图

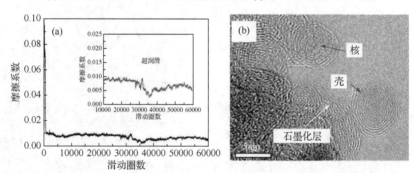

图 5.40　类洋葱碳氢薄膜的摩擦系数曲线与磨屑结构图[59,81]

(a) 类洋葱碳氢膜超润滑行为，副图显示摩擦系数小于 0.01；(b) 磨屑 HRTEM 照片

Cao 等[82]制备了一种含纳米金刚石颗粒的含氢非晶碳薄膜。纳米金刚石颗粒(5~8nm)嵌入 a-C:H 薄膜中，它们可以在载荷大于 20N(2GPa 接触压力)下转化为类洋葱碳，从而实现速度范围为 1~15cm/s 的超润滑(摩擦系数约 0.005)。这是因为纳米金刚石颗粒在宏观摩擦力下被转化为无定形碳(<1GPa)、石墨碳(1~2GPa)及类洋葱碳(>2GPa)。此外，含有纳米金刚石颗粒薄膜表现出较好的机械性能(硬度约为 19GPa，弹性模量约为 130GPa，弹性恢复约为 84%)能够满足高应力下的工程应用。

在反应磁控溅射中，如果活性气体组分过多，会引起靶中毒现象，这对薄膜制备是有害的，应尽量避免。当靶刚好处于中毒临界点时，靶表面存在一种靶面催化与等离子体共诱导生长效应，可以促进特殊纳米结构的形成。

Song 等提出了一种外场诱导生长效应的中程有序特殊纳米结构 a-C:H 薄膜制备方法[83,84]。将反应磁控溅射技术与等离子体催化技术相结合，利用溅射靶表面电磁场诱发的等离子体环境和靶材的化学催化特性，实现特殊结构碳前驱体在靶面的诱导生长；前驱体进一步被以原子、原子团簇、分子或分子片段的形式溅射出来，在非晶碳结构中形成具有类似特征的中程有序纳米结构(图 5.41)。该方法可以将富勒烯、碳纳米管、石墨烯等纳米结构通过外场控制引入碳薄膜，而不影响本体的等离子体生长环境，碳薄膜结构通过本体等离子体控制，中程有序结构通过外场参数控制。

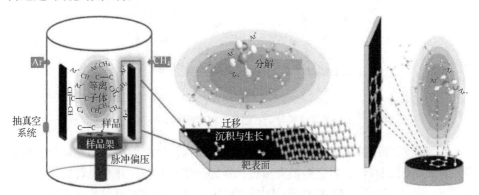

图 5.41　外场诱导生长效应特殊纳米结构碳薄膜过程示意图[83,84]

在强等离子体离化程度下，靶表面形成了 3~5 层高定向结构碳石墨晶面层，晶面间距为 0.34nm，对应于石墨(200)晶面。薄膜内出现明显的有序晶格结构，有序区域尺寸为数纳米，晶格层数为 10 层左右，晶面间距为 0.216nm 和 0.34nm，对应于石墨的(200)和(002)晶面，因此薄膜的整体结构为中短程有序的类石墨烯纳米结构镶嵌于非晶碳骨架网络(图 5.42)。

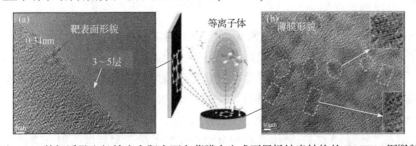

图 5.42　外场诱导生长效应在靶表面和薄膜中生成石墨烯纳米结构的 HRTEM 图[83,84]

(a) 靶表面；(b) 薄膜

传统非晶 a-C:H 薄膜在真空中具有超润滑特性(摩擦系数<0.01)，但寿命非

常短。利用外场诱导生长效应制备的类石墨烯碳氢薄膜，保持了非晶碳氢薄膜在真空中的超润滑特性(摩擦系数<0.01)，同时显著提高了真空磨损寿命($8.8\times10^5$圈)(图5.43)。这些石墨烯微晶因自身固有层间低剪切性能，而自定向滑移促使摩擦界面形成石墨烯，在真空环境中具有极好的润滑性能。基于这种纳米结构的设计，摩擦界面形成石墨烯证实了层间摩擦的存在。

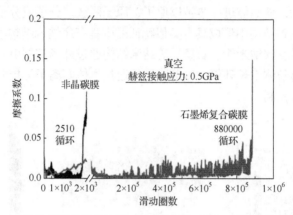

图5.43　传统非晶碳薄膜与类石墨烯碳氢薄膜真空摩擦系数曲线[83,84]

特殊中程有序纳米结构的构筑有望从本征结构设计上解决非晶碳氢薄膜超润滑性能的环境依赖性、真空磨损寿命短、强韧一体化问题，具有显著的科学和工程意义。从应用上看，FL-C:H 是其中最突出的一种。类富勒烯结构的形成是在高含量 $sp^2$ 杂化碳的六元环结构中诱导出五元环或七元环，使层状结构发生弯曲，且层与层之间是无序的 $sp^3$ 杂化结构。由于弯曲结构，其将石墨六边形的优势延伸到三维空间网络，不但增加了碳薄膜的硬度和弹性，而且基于其体相结构特殊性，有助于在摩擦界面之间形成石墨烯弯曲结构，在空气中实现低摩擦力，其可以在大气条件下表现出具有工程应用价值的固体超润滑(最低摩擦系数为0.002)。

3. 不同元素掺杂

非晶碳氢薄膜的超润滑性能受环境气氛的影响很大，对湿度非常敏感，只能在惰性气氛或者高真空中实现超润滑。另外，非晶碳氢薄膜具有高的内应力，这限制了薄膜的厚度和膜基结合强度。元素掺杂被用于降低非晶碳氢薄膜内应力，改善薄膜超润滑性能的环境敏感性。主要掺杂 N、S、F、Si 等非金属轻元素，Ti、Cr、W、Cu、Al 等金属元素，$MoS_2$、$WS_2$、WC 等化合物。

Liu 等[85]预测 $\beta$-$C_3N_4$ 晶体具有和金刚石相媲美的优异性能，氮元素掺杂非晶碳薄膜($CN_x$)的研究受到广泛研究，其中 $CN_x$ 薄膜的超润滑行为也是研究的重要主题。特别地，日本东北大学 Adachi[52]发现，$CN_x$ 薄膜通过空气中特殊预磨合过程后，在干燥 $N_2$ 中可以获得摩擦系数为 0.004 的超润滑状态(图 5.44)。掺入 N 后薄膜表面能增加，在空气中磨合后发生反应形成高度惰性和无黏着的特殊表面层，在 $N_2$ 中实现超润滑。

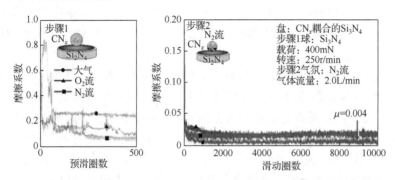

图 5.44　预磨合过程(步骤 1)对 $CN_x$ 薄膜在 $N_2$ 中(步骤 2)超低摩擦系数的影响[52]

美国西北大学 Freyman 等[60]利用复合磁控溅射技术，在 $Ar/H_2/H_2S$ 混合气体的等离子体中反应溅射石墨靶，制备了 S 元素掺杂的 DLC 薄膜(S-DLC)。室温下不同湿度的摩擦实验表明(图 5.45)，S 元素掺杂可以有效降低 DLC 的湿度敏感性，在潮湿空气环境下 S-DLC 可以达到 0.004 的超润滑摩擦系数。Freyman 等认为 S-DLC 薄膜的超润滑行为是因为硫化表面与水分子间结合较弱，水分子难以在其表面吸附，形成低黏着表面。

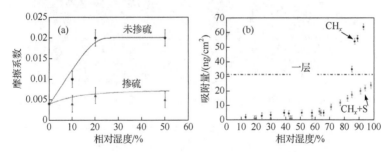

图 5.45　室温下未掺硫及掺硫的 DLC 薄膜在不同湿度中的摩擦学性能[60]
(a) 未掺硫及掺硫的 DLC 薄膜的摩擦系数随相对湿度的变化关系；(b) 水在未掺硫及掺硫的 a-C:H 薄膜表面的吸附情况

F 掺入 a-C:H 膜中也可以实现摩擦系数小于 0.01 的超润滑状态。a-C:H:F 膜含 18%(原子分数)的 F 和 5%(原子分数)的 H，在超高真空中测得稳定摩擦系数约为 0.005[61,86]。F 掺入碳共价网络结构中，除了像 H 一样终止 C—C 来控制网络交联结构提供钝化外，由于 F 原子比 H 原子的尺寸和电负性大，还可能在结构中存在一些自由体积和柔性分子链，因此在滑动中表现出超润滑状态。

如前文所述，Si 掺杂的 a-C:H:Si 在 $10^{-6}$Torr 高真空中摩擦系数低至 0.007，这是 a-C:H 薄膜超润滑的第一个实验证据[42]。随后，赵飞采用反应磁控溅射技术制备了 Si 含量(原子分数)3.9%的 a-C:H:Si 薄膜，在水环境中摩擦化学反应形成硅酸溶胶，表现出 0.005 的超润滑摩擦系数[62]。Chen 等[63]采用四甲基硅烷(TMS)和甲苯($C_7H_8$)，采用调节偏压的方法制备了不同 H 含量(原子分数)的 a-C:H:Si 薄膜(Si 含量 8.9%～9.9%)。当 H 含量在 20%～35%时，a-C:H:Si 薄膜在干燥 $N_2$、稀释性 $H_2$(40%体积分数 $H_2$+60%体积分数 He)和空气(RH=22%±2%)中的摩擦系数都达到了超润滑状态，实现了超润滑的多环境适应性。

　　Liu 等[64]采用反应磁控溅射方法，在无偏压和无加热条件下制备了一种 Si、Al 共掺杂的含氢富勒烯薄膜((Si,Al)/FL-C:H)，同时具有网状和类富勒烯的双纳米结构。Si、Al 两种元素并非均匀地分散在薄膜中，而是分布于网状支架的周围(图 5.46)。由此可以推测，Si、Al 元素的引入促进了薄膜双纳米结构的形成。真空摩擦学实验结果表明($1\times10^{-4}$～$3\times10^{-4}$Pa，直径为 3mm 的 AISI52100 钢球，载荷 2N，滑动速度 0.32m/s)，该薄膜在真空环境下表现出极其优异的摩擦学性能，经过一段时间磨合后，摩擦系数稳定在 0.001～0.002(图 5.47)，达到超润滑状态，磨损率低至 $10^{-8}$mm³/(N·m)数量级。这项研究为真空条件低磨损率和稳定超润滑(摩擦系数 0.001)提供了思路。但遗憾的是薄膜的硬度很低(1.7GPa)，不具有 DLC 薄膜固有的高硬度特点。

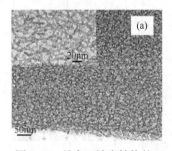

图 5.46　具有双纳米结构的(Si, Al)/FL-C:H 薄膜的 HRTEM 图[64]

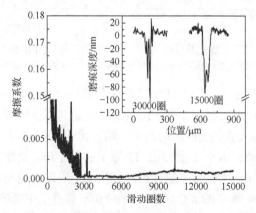

图 5.47　(Si,Al)/FL-C:H 薄膜在真空中的摩擦系数曲线(副图为磨痕深度)[64]

各种金属元素，如 Ti、Cr、W、Cu、Al 等常被用来掺杂到非晶碳薄膜中，根据金属与碳作用的强弱，以纯金属或金属碳化物的小纳米晶形式分散在非晶碳网络中。例如，强碳化合物形成相(Ti、Cr、W)易形成碳化物纳米晶，非碳化合物形成相(Cu、Al、Ag)等以金属纳米晶存在。

研究表明，将金属掺杂到非晶碳中最显著的优点是降低内应力和提高结合力，但这依赖于金属掺杂量。微量金属掺杂时(原子分数一般不大于 20%)应力大幅降低而力学性能损伤小，能够获得最佳的摩擦系数和低的磨损率。金属掺杂量高时会显著降低薄膜力学性能和摩擦学性能。

汪爱英等从原子/分子尺度对金属掺杂 DLC(Me-DLC)薄膜的电子结构做了细致研究，建立了常用金属掺杂元素与碳原子间的"成键特征元素周期表"，提出金属掺杂元素与碳原子形成离子键、共价键、非键、反键的四类成键特征，是应力降低的本质原因(图 5.48)[87-89]。对同族金属元素，其成键种类相同，但随电子层数增加金属与碳原子间电负性差值大，应力降低更显著；对同周期金属元素，随外层电子数增加，成键特征差异大。以 3d 过渡金属(Sc～Cu)作为掺杂元素为例，Me—C 成键特征由共价键(Sc、Ti)→非键(V、Cr、Mn、Fe)→反键(Co、Ni、Cu)决定；微量金属掺杂时，键长和键角畸变含量的协同减少导致应力降幅均显著。对某一金属掺杂，金属含量不同键长和键角畸变含量的协同作用不同，导致应力变化不同。

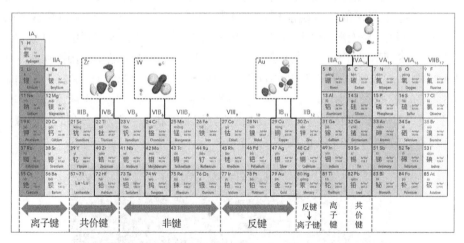

图 5.48　碳薄膜体系常用掺杂元素与碳的"成键特征元素周期表"[87-89]

稀有气体与碳不成键，故图中未列出 0 族元素；目前暂无第七周期元素掺杂碳薄膜体系的研究，故也未列出

大多数研究表明，金属掺杂的 DLC 薄膜在湿空气下的稳定摩擦系数在 0.05～0.20。金属掺杂 DLC 薄膜的摩擦学行为主要是由薄膜的类陶瓷性能(高硬度)和类聚合性能(高弹性、低表面能)共同作用的结果。不同金属元素掺杂 DLC

薄膜的摩擦学性能和机械性能差别较大。赵飞[62]比较了微量掺杂的Ti-DLC和Cr-DLC(金属含量(原子分数)为 2.0%)摩擦系数随接触压力的变化关系。Cr-DLC 与 Ti-DLC 薄膜均可在大气气氛下得到小于 0.01 的超低摩擦系数。但是,两者实现超低摩擦系数时所需的最大赫兹接触压力范围不同,对 Cr-DLC 来说,为 1.9~1.95GPa;对于 Ti-DLC,则仅为 1.1~1.5GPa。这表明,Ti-DLC 适于在相对较低载荷下实现超润滑,而 Cr-DLC 则可满足较高载荷下的超润滑要求(图 5.49)。

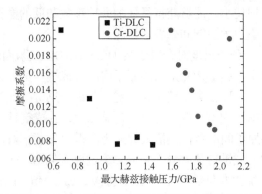

图 5.49　Cr-DLC 薄膜与 Ti-DLC 薄膜的摩擦系数随最大赫兹接触压力的变化关系[62]

鉴于非晶碳薄膜在真空中磨损寿命短的问题,Voevodin 等[14,15]提出了"变色龙"或"自适应"的润滑涂层设计思想,将 WS$_2$、MoS$_2$ 传统真空润滑材料与非晶碳薄膜复合,制备具有超晶格、纳米晶/非晶复合结构的 WS$_2$(MoS$_2$)/a-C(a-C:H)薄膜材料。吴艳霞[65]采用在 Ar、CH$_4$ 质量流量比为 105/5 气氛中同时溅射石墨靶和 MoS$_2$ 靶,制备了 a-C:H:MoS$_2$ 复合薄膜。MoS$_2$ 纳米晶团簇镶嵌在非晶碳网络结构中,选区电子衍射(SAED)图的衍射环对应于 MoS$_2$ 的(002)、(100)和(006)晶面(图 5.50)。对 a-C:H:MoS$_2$ 复合薄膜在大气、N$_2$、真空中的摩擦学实验表明,在真空中薄膜摩擦系数为 0.002,达到超润滑状态,但在大气和 N$_2$ 中摩擦系数较高,分别为 0.05 和 0.03(图 5.51)。

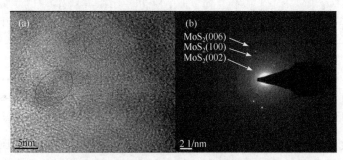

图 5.50　a-C:H:MoS$_2$ 复合薄膜结构[65]

(a) HRTEM 照片;(b) 相应的 SAED 图

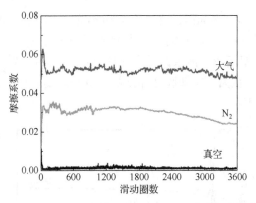

图 5.51　a-C:H:MoS₂ 复合薄膜在不同测试环境中的摩擦曲线[65]

　　Yu 等[66]和 Gong 等[67]通过等离子体增强化学气相沉积(PECVD)和磁控溅射系统，分别制备了具有短程石墨烯片层结构的类石墨非晶碳(GL)/MoS₂ 多层膜和 a-C:H/MoS₂ 多层异质结构薄膜。研究表明，在潮湿空气中稳定摩擦周期内，两种多层薄膜均可达到超润滑状态，平均摩擦系数为 0.004±0.001。MoS₂ 和 GL、a-C:H 之间存在协同效应，在摩擦过程中会产生足够多的纳米滚动体和转移膜，这些纳米结构可提供摩擦界面非公度接触并减少接触表面之间的接触面积，最终在潮湿的空气中获得超润滑。

　　总之，多年的研究表明，掺杂可以改变非晶碳薄膜结构和表面化学活性，从而控制摩擦界面的表面物理和化学相互作用，有效消除非晶碳薄膜滑动过程中的内在和外在摩擦源，从而在高真空、惰性气氛甚至大气潮湿环境中实现超润滑。

### 5.2.2　a-C:H 薄膜超润滑行为的环境影响因素

#### 1. 真空

　　非晶碳薄膜在真空中的摩擦学性能受到广泛重视和研究，其超低摩擦系数和超润滑也是在真空环境中被发现的。1980 年，Enke 等[11]首次发现了非晶碳薄膜在 $10^{-8}\sim10^{-1}$Torr 的真空环境下具有 0.01~0.02 的超低摩擦系数，但没有给出薄膜磨损寿命。1987 年，Miyake 等[41]分别采用 $C_2H_2$ 和 $CH_4$ 制备了两种非晶碳薄膜，对比了两种薄膜在真空中($10^{-5}$Pa)的摩擦学性能。$C_2H_2$ 制备的薄膜在真空中发生严重黏着，摩擦系数高达 0.03~0.04；$CH_4$ 制备的薄膜在真空中摩擦系数低至 0.01，但低摩擦系数只能维持约 200 圈，随后摩擦系数升高到 0.35。1990 年，日本学者 Sugimoto 等[42]首次报道了 Si 掺杂 a-C:H 在 $10^{-6}$Torr 真空中大约于 300 圈后表现出超润滑行为(摩擦系数低至 0.007)，但这种超润滑行为在 400 圈后就失效。这种真空超润滑现象是因为对偶球表面形成了有序碳氢化合物。

　　图 5.52 是 a-C:H 薄膜在不同真空度下($10^{-7}\sim10^5$Pa)的摩擦系数变化曲线(往复

滑动，载荷 4N，速度 1.7mm/s，直径为 4.5mm 的 AISI52100 钢球)。a-C:H 薄膜采用 RF-PECVD 制备，氢含量(原子分数)40%，在真空度 $10^{-7} \sim 10^{-1}$Pa，薄膜具有 0.006~0.008 的超润滑摩擦系数[43]。气压升高到 10~50Pa 时，摩擦系数相应升高到 0.01~0.07。在大气中薄膜摩擦系数为 0.15。实验只进行了 300 圈，没有考虑薄膜真空磨损寿命。

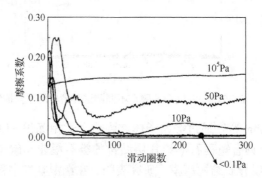

图 5.52　a-C:H 薄膜在不同真空度下的摩擦系数变化曲线[43]
由于部分曲线差异较小，故只标注了具有代表性的条件说明规律

Donnet 等[19,43]和 Fontaine[55]系统研究了 a-C:H 薄膜的真空超润滑行为，重点关注了 H 含量在真空超润滑中的关键作用，见 5.2.1 小节的薄膜氢含量。同时指出，真空超润滑与薄膜黏塑性存在关系。氢是单价原子，增加氢含量及自由氢原子的存在会降低 C—C 的比例，减少碳共价网络交联，高氢含量 a-C:H 薄膜表现出一定黏塑性。当黏塑性系数在 0.02~0.07 时，薄膜具有超润滑特性(图 5.53)。

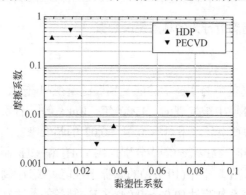

图 5.53　a-C:H 薄膜在高真空中稳定摩擦系数与黏塑性系数的关系[55]

基于 a-C:H 薄膜在高真空中的超润滑特性，研究者考虑其作为新型固体润滑薄膜，像 $MoS_2$ 薄膜一样应用于空间技术。空间技术不仅要求润滑薄膜必须具有超低摩擦系数，还要具有长使用寿命。

Vercammen 等[53]采用 $CH_4/H_2$ 等离子体制备了 a-C:H 薄膜，对比考察了 a-C:H

薄膜与溅射 $MoS_2$ 薄膜在真空中的摩擦学性能(载荷 3.3～20N，速度 200r/min，0.2m/s，真空度 $2\times10^{-4}$Pa)。a-C:H 薄膜最低摩擦系数可达 0.005，低于 $MoS_2$ 薄膜的摩擦系数(0.01～0.03)。a-C:H 薄膜自配副的磨损寿命最长仅为 84000 圈，不足 $MoS_2$ 薄膜寿命的 1/10。随着载荷增加至 20N，磨损寿命降低至约 4750 圈。Vercammen 等指出，有限寿命是限制 a-C:H 薄膜空间应用的关键问题，优化薄膜结构，提高真空寿命是未来研究重点。

Vanhusel 等[54]采用 80%$CH_4$+20%$H_2$ 作为气源，制备了高度氢化的 a-C:H 薄膜(氢含量约 50%)，在真空中(5N，200r/min，0.2m/s，真空度 $5\times10^{-4}$Pa)具有 0.007 的超润滑摩擦系数和 100000 圈的磨损寿命。将 a-C:H 薄膜沉积在轴承滚道和保持架上，发现真空下具有 $3g \cdot cm$ 的扭矩和 $2.6\times10^6$ 圈的寿命，是相同条件下 $MoS_2$ 轴承寿命的 2 倍。因此，a-C:H 薄膜具有空间应用的潜力。

吴艳霞等[65,90-92]系统研究了 a-C:H 薄膜在真空环境中的摩擦学性能。考察了 a-C:H 薄膜在不同真空度下的摩擦学行为，测试条件如下：真空度控制在 $1.0\times10^{-4}$～$1.0\times10^5$Pa，摩擦对偶为直径($\Phi$)6mm 的 GCr15 钢球，旋转半径为 6mm，转速为 300r/min。从图 5.54 可以看出，随着真空度的升高，薄膜的摩擦系数逐渐减小。在 $5.0\times10^{-3}$Pa 时，摩擦学行为发生突变，此时薄膜的摩擦系数为 0.005，磨损寿命很短。当真空度进一步降低至 $1.0\times10^{-4}$Pa 时，薄膜摩擦系数仍为 0.005，磨损寿命也很短。因此，在该实验条件下，a-C:H 薄膜超润滑和超润滑失效的临界真空度在 $5.0\times10^{-3}$～$1.0\times10^{-2}$Pa。

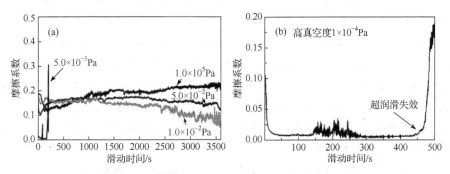

图 5.54　不同真空度下 a-C:H 薄膜的摩擦系数曲线[90]

(a) 不同真空度；(b) 高真空下超润滑特性

通过研究在不同载荷和不同速度时 a-C:H 薄膜的真空摩擦学性能发现，高载高速下薄膜具有超润滑摩擦系数，但超润滑寿命很短；轻载低速下薄膜摩擦系数较高，但磨损寿命较长(图 5.55)。高载下薄膜磨痕出现了明显的脆性裂纹和剥落现象，属于典型的薄膜应力释放花样图，说明在真空中较高接触应力作用下，薄膜发生了应力释放，从而导致薄膜失效(图 5.56)。高速下，摩擦热急剧增加，真空中热量很难传导出去，薄膜内部 H 在摩擦力和高温的情况下从薄膜中逸出，导致发生黏着而快速失效。

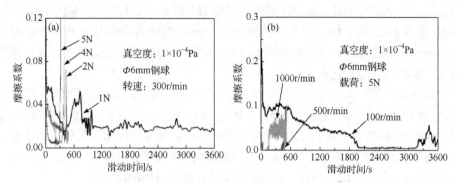

图 5.55　高真空下 a-C:H 薄膜在不同工况下的摩擦系数曲线[91]

(a) 不同载荷；(b) 不同转速

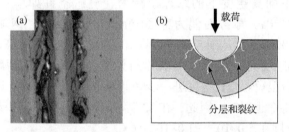

图 5.56　高真空下 a-C:H 薄膜在 5N、300r/min 条件下的磨痕形貌和失效机制[92]

(a) 磨痕形貌；(b) 失效示意图

　　宋惠等进一步研究发现，高真空中 a-C:H 薄膜超低摩擦系数会出现明显波动现象[84,93]。吴艳霞[65]、Fontaine[55]、Donnet 等[19]的研究报道中给出的高真空 a-C:H 薄膜超润滑摩擦系数也出现了明显波动(图 5.57)。宋惠等进一步分阶段研究了 a-C:H 膜磨痕形貌及结构的演变过程(图 5.58)。a-C:H 膜在高真空下经历了磨合期——稳定、波动、再稳定、失效四个阶段。通过对薄膜在不同摩擦时间段的磨痕形貌分析发现：在第一阶段，超低的摩擦系数主要源于氢钝化的摩擦表面，传统的表面钝化理论发挥了主要作用。第二阶段，摩擦系数的波动主要是由于应力释放下氢快速逸出，摩擦表面暴露的自由悬键得不到补充，会引起摩擦界面间强的黏着作用，摩擦系数升高；随后，旧膜被撕裂后新膜重新作用，摩擦系数再降低，如此反复。第三阶段，尽管磨痕表面经过黏着磨损后，已变得粗糙，但摩擦系数再次出现低而平稳的阶段。通过对磨痕表面 TEM 分析发现，在没有氢钝化的情况下，磨屑自发形成相结构变化，在摩擦表面形成具有闭合结构的类洋葱碳球，起到了降低摩擦系数的作用，并维持了较长时间。第四阶段，类洋葱碳结构在反复摩擦情况下，发生了变形、破裂；磨痕表面由于氢逸出产生强的自由悬键，摩擦界面发生严重黏着，摩擦系数急剧上升，最终薄膜完全失效。

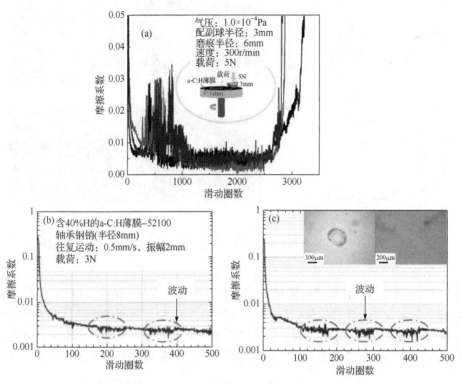

图 5.57　高真空中 a-C:H 薄膜超低摩擦系数存在的明显波动现象

(a) 宋惠报道的三次摩擦曲线[84]；(b) Fontaine[55]的工作；(c) Donnet 等[19]的工作

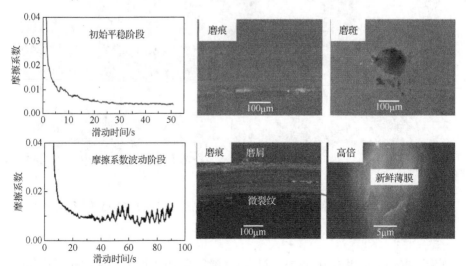

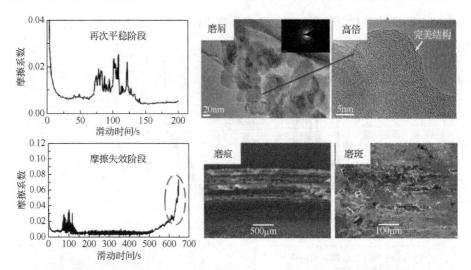

图 5.58　高真空中 a-C:H 薄膜不同摩擦阶段摩擦系数变化及磨痕形貌的演变过程[69]

王立平等针对非晶碳薄膜高真空摩擦失效本质开展了理论计算和实验验证[94-96]。利用第一性原理计算和分子动力学方法，结合压缩应力-应变关系，确认在高真空条件下塑性变形引起的石墨化产生的接触界面间的强黏着直接导致了薄膜的本质失效(图 5.59)。设计的真空下氟化非晶碳薄膜摩擦实验验证了薄膜在高真空中的本质失效机制是石墨化引起界面之间强黏着，和计算预测结果一致。

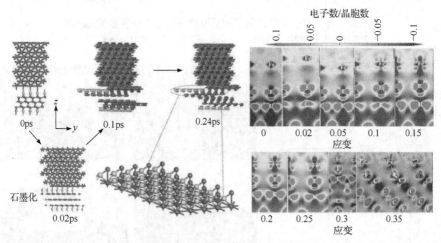

图 5.59　第一性原理和分子动力学方法研究非晶碳薄膜高真空摩擦界面行为[94-96]

## 2. 气氛

为了进一步证明 H 在 a-C:H 薄膜超润滑行为中的作用，Fontaine 等[51,55]研究了不同 H$_2$ 气压对 a-C:H 薄膜超润滑性能的影响。图 5.60 显示了氢含量(原子分数)

为 34%的 a-C:H(AC8)在不同氢气分压(约 $10^{-7}$Pa 高真空，50～1000Pa $H_2$)中的摩擦系数。在高真空和 50Pa $H_2$ 中，超润滑行为在约 200 个摩擦循环后失效，摩擦系数急剧增加。在 200Pa $H_2$ 中，超润滑摩擦系数在 500 个循环后升高，然后又降低至超润滑状态。在 1000Pa 的 $H_2$ 中，超润滑寿命显著增加，经过 1000 个循环也没有失效。因此，$H_2$ 能够保护 a-C:H 薄膜的超润滑性能并延长寿命。Fontaine 等认为，高真空中摩擦导致 C—H 断裂形成更多 $sp^2$C，滑动界面产生强黏着引起摩擦系数升高。当界面有 $H_2$ 存在时，H—H 也可以在摩擦过程中断裂，从而与 $sp^2$C 发生反应，产生新的 C—H，保护超润滑性能并延长寿命。

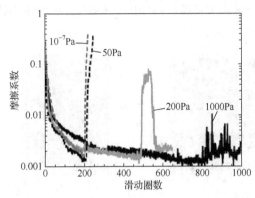

图 5.60  34%H 含量的 a-C:H 薄膜在不同 $H_2$ 气压下的摩擦系数变化[51]

除了 a-C:H 薄膜，有研究人员考察了 $H_2$ 对 a-C 薄膜摩擦学性能的影响。结果表明，只要在滑动界面提供足够的 $H_2$，a-C 薄膜也可以获得超低摩擦系数。

Qi 等[97]制备了掺杂 Cr 的富 $sp^2$ 杂化的无氢 DLC 薄膜(Graphit-iCTM)，考察了薄膜在 RH=40%空气、RH=0%干空气、$N_2$ 和 $H_2$+He 混合气氛(40%(体积分数)$H_2$+60%(体积分数)He)中的摩擦学性能。实验过程如下：抽至真空度低于 $3.99×10^{-3}$Pa 后，通入所需气体，所有测试均在 1 个标准大气压下进行。载荷 5N，速度 0.12m/s(25r/min)，摩擦配副为直径 4mm 的 319Al 球，测试结果如图 5.61 所示，可以看出，在 $N_2$ 中无氢 DLC 薄膜摩擦系数高达 0.8 左右，界面发生强烈黏着，Al 转移到 DLC 磨痕表面。在空气中摩擦系数降低。特别是在 $H_2$+He 中，初始摩擦系数很高(0.7)，经过 250 个循环磨合后摩擦系数快速下降至 0.015 的超低状态。这表明 $H_2$ 化学吸附到 DLC 表面，钝化了悬键，降低了强黏着作用。

基于第一性原理计算研究了无氢 DLC 薄膜表面与 $N_2$、$H_2$、$H_2O$ 分子的相互作用，如图 5.62 所示。电子局部化函数(ELF)计算表明，$H_2$ 中的两个 H 原子完全解离，并与金刚石最表面 C 原子之间形成共价键。在 $N_2$ 中，$N_2$ 分子吸附在金刚石表面，但 $N_2$ 分子没有发生解离，吸附能量很低，这意味着在摩擦过程中暴露的悬键不能被 $N_2$ 分子钝化。$H_2O$ 分子中，一个 C 原子和 O 之间形成强共价键，

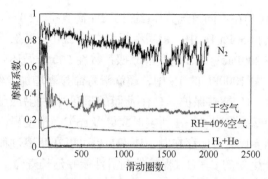

图 5.61　无氢 DLC 薄膜/319Al 配副在不同气氛中的摩擦系数变化[97]

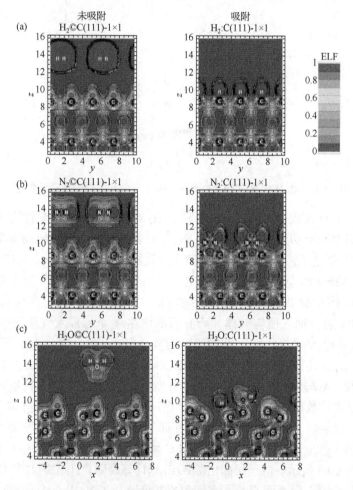

图 5.62　在金刚石表面未吸附和气体吸附状态的电子局部化函数图[97]

(a) H$_2$；(b) N$_2$；(c) H$_2$O

©-未发生键合；:-其他原子与金刚石表面 C 原子之间存在键合；1×1-构型

氧上的孤对电子转移到—OH 的另一侧。因此金刚石表面悬键被—OH 钝化。计算得出了不同界面的分离功，Al/H—C 界面分离功为 0.02J/m²，Al/HO—C 界面分离功为 0.20J/m²，Al/C 分离功为 4.5J/m²，H—C/C—C 界面分离功最小，为 0.008J/m²，这很好地解释了无氢 DLC 薄膜在不同气体中的摩擦系数变化现象。同时发现当 H—C/C—C 界面接近 2.5Å 时，斥力显著增加，从而导致在氢环境中测试时具有超低的摩擦系数。

如前文所述，高氢含量 a-C:H 薄膜在高真空中具有超润滑性能但寿命很短。与高真空不同的是，a-C:H 薄膜在干燥 $N_2$ 中不仅具有超润滑性能(0.001～0.005)，同时具有超低磨损率(约为 $10^{-9}mm^3/(N \cdot m)$)和超长寿命(图 5.30)。这一现象被众多研究者证明，已达成共识。对于 $N_2$ 的作用，大多数研究者仅仅考虑了 $N_2$ 作为惰性气氛，阻碍活泼分子，如 $H_2O$ 分子和 $O_2$ 分子在摩擦界面的化学反应。

吉利等分别选择具有不同分子结构的 $N_2$、$CO_2$ 和 Ar 作为惰性环境气氛，研究了 a-C:H 薄膜在这三种惰性环境气氛下的摩擦学行为(摩擦配副为镀 a-C:H 薄膜的直径为 12mm 钢球，载荷 10N，速度 20cm/s，RH=2%)[57,98]，如图 5.63 所示。当通入空气时摩擦系数会迅速升高到 0.03～0.05，当通入惰性气体后摩擦系数又迅速降低到超润滑状态。a-C:H 薄膜在三种惰性气体环境下均具有超润滑性能，摩擦系数低于 0.01。特别是在干燥的 $N_2$ 和 $CO_2$ 气体中展现了更低的摩擦系数(0.005～0.006)，而干燥 Ar 中摩擦系数较高，为 0.008～0.009。

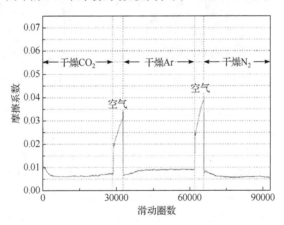

图 5.63　不同环境气氛下 DLC 薄膜的摩擦学性能[98]

针对 a-C:H 薄膜在 $N_2$、$CO_2$、Ar 等三种惰性气体中摩擦系数存在差异，提出了气体-表面相互作用模型，从气体微观分子结构方面进一步揭示了 a-C:H 的超润滑机制，如图 5.64 所示。$N_2$ 和 $CO_2$ 分子两端均具有一对孤对电子，具有一定的失电子能力。a-C:H 薄膜中含有大量的 $sp^2$ 杂化碳，其 π 分子轨道未完全饱和，具有一定的得电子能力。在干燥的 $N_2$ 或 $CO_2$ 环境下，$N_2$ 或 $CO_2$ 分子中的孤对电子会与薄膜表面的 π 键发生分子间相互作用，$N_2$ 或 $CO_2$ 分子定向地吸附在薄膜表面，而分子的另一端仍然具有一对孤对电子暴露在最外层。当发生摩擦作用时，一方面，$N_2$ 或 $CO_2$ 分子饱和了表面的 π 键，阻止了 π—π 分子间相互吸引作用；另一方面，接触界面处存在着孤对电子，它们都具有电负性，会产生库仑排斥作用，因此摩擦系数较低。在干燥的 Ar 环境下，a-C:H 薄膜中 $sp^2$ 杂化碳间会发生 π—π 分子间相互吸引作用，因此摩擦系数较高。该模型从气体分子结构和分子间相互作用的角度讨论了 a-C:H 薄膜在不同惰性气体中摩擦系数的变化，解释了 a-C:H 薄膜在干燥 $N_2$ 环境下具有最佳摩擦学性能的原因。

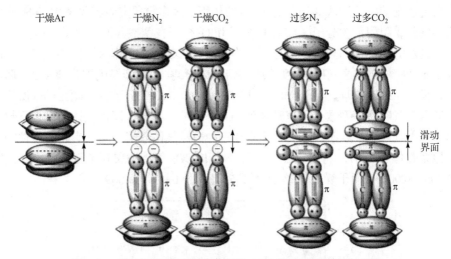

图 5.64　基于气体-表面相互作用的 DLC 薄膜摩擦机理模型[98]

2017 年，Wang 等[99]也从气体分子内部电子结构、原子电负性、薄膜表面键合状态等方面，讨论了 a-C:H 薄膜在 $N_2$ 和 Ar 中超润滑行为的差异。由于 $N_2$ 分子具有两个孤对电子的独特电子结构，其孤对电子与 a-C:H 薄膜表面的 C—H 相互作用，从而使氮气吸附在薄膜表面。当两个 $N_2$ 吸附的 a-C:H 表面彼此接近时，$N_2$ 中的其他孤对电子变得紧密，产生静电排斥，所以在干燥 $N_2$ 中 a-C:H 薄膜的摩擦系数非常低。Ar 分子包含一个 Ar 原子，并有一个非常稳定的电子云，防止电子与 a-C:H 薄膜表面相互作用，防止了 Ar 吸附到 a-C:H 薄膜表面，界面不存在静电斥力，摩擦系数较高。

3. 湿度

含氢非晶碳薄膜(a-C:H)的超润滑性能对氧元素(如 $H_2O$ 和 $O_2$)非常敏感，通常情况下，在有 $H_2O$ 和 $O_2$ 存在的环境中其摩擦系数高于真空和惰性环境中的摩擦系数[11,60,100-102]。在 $10^{-7}$Torr 的高真空中 a-C:H 薄膜具有 0.006～0.02 的超低摩擦系数，随着水蒸气分压的增加，摩擦系数逐渐升高到 0.2 左右(图 5.65)[11]。

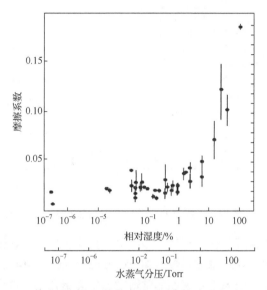

图 5.65　a-C:H 薄膜摩擦系数随着相对湿度和水蒸气分压的变化[11]

Donnet 等[100]发现少量 $H_2O$ 将 a-C:H 薄膜稳态摩擦系数从超高真空中的 0.01 增加到相对湿度为 4%时的 0.15，没有发现薄膜表面发生摩擦氧化，因此这种湿度依赖性主要归因于吸附水引起的黏着力和毛细管力，同时水蒸气会抑制碳质转移膜的生长和膜间滑动机制，从而增大摩擦系数。Andersson 等[101]也发现了 a-C:H 薄膜同样的摩擦现象，并指出，薄膜摩擦系数升高主要是因为 $H_2O$ 分子在摩擦接触表面之间引起的偶极作用和毛细作用，从而增大界面黏着力。更多的 $H_2O$ 将产生更大的黏着力和更多的毛细管力。

Kim 等[102]在高真空中测试了 a-C:H 薄膜自配副(a-C:H 薄膜/a-C:H 薄膜镀钢球，载荷 1N，转速 100r/min，21mm/s)在不同水蒸气($H_2O$(g))分压、$O_2$ 分压和 $N_2$ 分压中摩擦系数的变化，如图 5.66 所示。在 $10^{-9}$～$10^{-2}$Torr 真空下，a-C:H 薄膜表现出 0.004 的超润滑摩擦系数。当水蒸气分压超过 0.01Torr(1.3Pa)时，摩擦系数开始增加，当水蒸气分压为 10Torr($1.3\times10^3$Pa)时(约 50%相对湿度)，摩擦系数增加至 0.07。增加 $O_2$ 分压，a-C:H 摩擦系数也显著增加，但与水蒸气分压相比需要更高的 $O_2$ 分压才能引起类似的摩擦系数增加，这表明 a-C:H 薄膜对水蒸气更加敏感，$N_2$ 分压对摩擦系数几乎没有任何影响。同时发现，摩擦系数变化是可逆的。当恢复高真空后，摩擦系数会恢复到超润滑状态。因此，在水蒸气和 $O_2$ 环境中，没有发生摩擦化学反应，摩擦系数变化是由弱物理吸附气体分子引起的。在水蒸气分压下，$H_2O$ 分子吸附在膜表面，增加了界面的类偶极相互作用，导致摩擦系数增加。

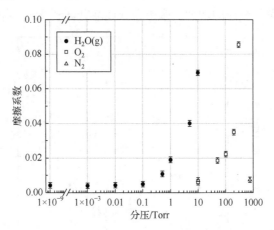

图 5.66　a-C:H 薄膜自配副在不同 $H_2O(g)$ 分压、$O_2$ 分压和 $N_2$ 分压中摩擦系数的变化[102]

　　更多的研究者发现，在水蒸气和 $O_2$ 存在的环境中，a-C:H 薄膜表面会发生明显的摩擦化学氧化，导致摩擦系数增加。Collins[103]认为，a-C:H 薄膜在惰性气氛中的低摩擦系数主要归因于其表面非常薄的碳氢类聚合层；这层类聚合层之间非常弱的范德华相互作用是薄膜低摩擦系数的主要原因。空气和湿惰性气体中，a-C:H 膜在摩擦化学反应的作用下被氧化，这种氧化非常类似于碳氢聚合物的氧化：a-C:H 表层 C—H 被打开，化学吸附 $H_2O$ 和 $O_2$ 分子，形成—COOH 或较活泼的—COOR，进而形成 C=O，碳网络被终止。此时，a-C:H 膜表层键合强度从 C—H 的 $8kJ \cdot mol^{-1}$ 升至 H 与 C=O 键合的 $20kJ \cdot mol^{-1}$。因此，与在真空中和惰性气体中相比，大多数含氢 DLC 膜在空气环境中具有较高的摩擦系数。

　　李红轩等通过系统地考察 a-C:H 薄膜的摩擦行为与对偶球以及不同环境的相互作用，构建了相应的摩擦化学反应机理(图 5.8 和图 5.9)[20,104,105]。在摩擦力的剪切作用下，a-C:H 薄膜表面的 C—C 和 C—H 发生断裂，形成自由基(R · 和 R′ · )。在空气和高湿度 $N_2$ 的环境中，自由基与 $H_2O$ 和 $O_2$ 分子发生一系列的化学反应，形成 C—O 和 C=O，导致薄膜表面的氧化。a-C:H 薄膜表面的氧化使薄膜表面化学状态从富 H 层变为富 O 层。在摩擦过程中，接触面之间的键合强度从 0.08eV 升高到 0.21eV[20,104,105]。因此，在 $H_2O$ 和 $O_2$ 分子存在的环境中，无论与何种摩擦副材料对摩，DLC 薄膜的摩擦系数都显著升高。

　　Yoon 等[106]研究了 RF-PECVD 制备的 a-C:H 薄膜与钢球对摩时在不同环境中的摩擦行为，发现环境对转移层的影响很大，进而影响薄膜的摩擦学性能；此外，$H_2O$ 分子和 $O_2$ 分子的存在会引起薄膜的氧化及薄膜和钢球之间的摩擦化学反应，导致摩擦系数升高。Park 等[107]认为 DLC 薄膜的摩擦系数与环境的依赖性归因于钢球在潮湿环境中发生的复杂化学反应。随着环境中相对湿度的增加，钢球表面化学反应加剧，因此磨屑中大量的铁掺入导致薄膜摩擦系数大幅增加。

在潮湿空气中，$H_2O$ 分子会覆盖在 a-C:H 薄膜表面。Tagawa 等[108]考虑了 a-C:H 薄膜摩擦系数增加与 $H_2O$ 分子在薄膜表面覆盖情况的关系。当 $H_2O$ 在薄膜表面吸附超过一个单分子层时，摩擦系数急剧增加。当相对湿度为 40%～60% 时，薄膜表面会吸附几个分子层的水。如果可以减少潮湿环境中吸附在薄膜表面的水量，则可能保持其低摩擦系数。

总之，a-C:H 薄膜超润滑性能对湿度非常敏感，湿度会引起 a-C:H 薄膜摩擦系数升高而失去超润滑性能，主要是原因如下：一是 $H_2O$ 分子吸附在薄膜表面引起的黏着力和偶极作用，二是摩擦过程中薄膜与 $H_2O$ 分子发生摩擦化学反应导致表面氧化，三是 $H_2O$ 分子会抑制碳转移膜的形成和层间滑动。因此，通过减少 $H_2O$ 分子吸附，避免或者合理利用摩擦化学反应，实现 a-C:H 薄膜在湿度环境中的超润滑性能一直是研究者追求的目标。其中，采用元素掺杂和特殊纳米结构薄膜是有效方法，并取得了一定进展。

Freyman 等[60]利用 S 元素掺杂，$H_2O$ 分子难以在硫化物表面吸附，降低了 a-C:H 薄膜的湿度敏感性，在 RH 为 50%的潮湿空气中可以实现 0.004 的超润滑性能。赵飞[62]、Chen 等[63]分别采用 Si 掺杂，利用 Si 元素在潮湿环境中摩擦化学反应形成硅酸溶胶，实现了薄膜在水环境和潮湿空气中的摩擦系数低于 0.01，达到了超润滑状态。

王成兵、吉利等分别报道了类富勒烯结构 a-C:H 薄膜，结构是由大量 $sp^2$ 杂化碳弯曲交织形成三维网络结构，闭合的卷状结构可以消除晶面边界处的悬键，减少了环境中的 $H_2O$ 及 $O_2$ 分子在薄膜表面上的吸附，从而降低了其环境依赖性，在潮湿的大气中摩擦系数可低至 0.009[56-58]。Gong 等[59]制备了类洋葱碳氢薄膜，洋葱状碳簇可从薄膜中移出并停于两个滑动表面之间，在摩擦过程中起到分子轴承的作用，在潮湿空气中实现了超低摩擦系数和磨损率(约 0.008 和 $6.41×10^{-18}m^3/(N·m))$。

4. 温度

根据沉积技术和沉积参数制备的不同 a-C:H 薄膜，在300～500℃的高温下，会发生氢逸出，引起结构石墨化转变。因此，a-C:H 薄膜热稳定性一般不超过 500℃。

高温下发生氢逸出，有利于转移膜更快形成，缩短达到超低摩擦系数稳定状态所需的时间。Donnet 等[109]研究了 150℃下 a-C:H 薄膜在高真空和 $H_2$ 中的超润滑行为，发现相较于室温，150℃时 a-C:H 薄膜经历更短的磨合阶段便达到超润滑状态，并且超润滑阶段摩擦系数为 0.002，明显低于室温下 0.006 的摩擦系数。

高温的作用是增强了薄膜中氢的扩散，特别是嵌入碳网络中的自由氢分子的扩散，氢扩散至表面后钝化摩擦界面，进一步降低摩擦系数。

曾群锋等研究了 a-C:H 薄膜自配副从室温到 600℃的摩擦学性能，发现薄膜在 600℃高温下可以实现 0.008 的超润滑摩擦系数[110,111]。600℃时圆盘表面原位生成了 γ-Fe$_2$O$_3$ 和 SiO$_2$ 氧化物纳米自润滑复合层，这些自润滑氧化物层和氢饱和碳网络的静电互斥作用是高温超润滑的关键。

张斌等对 FL-C:H 薄膜进行了 N$_2$ 保护气氛下的退火处理(200℃、250℃、300℃、400℃、500℃，保温 30min)，考察了退火后薄膜结构变化及对摩擦学性能的影响[112](测试条件：往复滑动，载荷 32N，频率 2Hz，配副为直径 5mm 的 GCr15 钢球，室温大气环境，湿度 RH=35%)，如图 5.67 所示。结果发现，所有薄膜均在大气环境中具有超润滑性能，其平均摩擦系数分别为 0.009(未处理)、0.008(200℃)、0.005(250℃)、0.004(300℃)、0.005(400℃)、0.004(500℃)。随着热处理温度增加，薄膜中类富勒烯特征增强，类富勒烯结构在摩擦过程中更易形成石墨烯卷状结构，起到微观滚动作用，降低平均摩擦系数。氢含量在 300℃以上热处理时开始降低，但变化不大。这项工作表明 FL-C:H 薄膜在较宽的温度范围内具有超润滑行为。

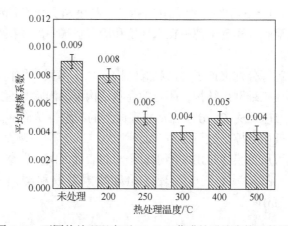

图 5.67　不同热处理温度下 FL-C:H 薄膜的平均摩擦系数[112]

### 5.2.3　a-C:H 薄膜超润滑的摩擦界面调控

#### 1. 固固界面设计

超润滑行为与摩擦表界面有密切关系。随着超润滑摩擦系数越来越低，接触表面和界面效应越来越重要。近年来，越来越多与超润滑相关的研究工作集中在固固界面设计，通过多种方式控制两个接触界面之间的相互作用，实现超润滑主动调控。

1) 摩擦界面纳米颗粒设计

最近的研究证实，高度氢化的 DLC 薄膜在与石墨烯、$MoS_2$ 等二维层状材料滑动时具有独特的触发超润滑的能力。

美国阿贡国家实验室 Berman 等[113]发现，当石墨烯与纳米金刚石颗粒和 DLC 薄膜结合使用时，可以在工程规模上实现超润滑。先将石墨烯分散在无水乙醇溶液中(浓度 1mg/L)，喷涂到 $SiO_2$ 基底上形成 3~4 层石墨烯薄片；将直径为 3~5nm 的金刚石纳米颗粒(纳米金刚石)分散在二甲基亚砜(DMSO)溶液(浓度 5g/L)，沉积在表面。根据纳米金刚石的尺寸(3~5nm)，基底上的纳米金刚石的预期数量密度在 $10^{12}$~$10^{13}$ 粒/$cm^2$。由于 $SiO_2$ 的离子性质，部分石墨烯薄片通过静电和范德华相互作用与基底牢固结合，从而形成石墨烯+纳米金刚石复合涂层。

采用石墨烯+纳米金刚石复合涂层进行摩擦测试，摩擦配副采用直径为 9.5mm 的 440C 钢球，钢球表面采用 PECVD 沉积厚度为 1μm 的 DLC 涂层，摩擦实验条件是载荷 1N，速度 3cm/s，摩擦环境为干燥 $N_2$，如图 3.74 所示。单独采用石墨烯、纳米金刚石与 DLC 球时，摩擦系数在 0.01 以上，达不到超润滑状态。当使用石墨烯+纳米金刚石复合涂层与 DLC 球时，摩擦系数降低到 0.004 的超润滑状态。磨屑 TEM 图像及电子能量损失谱(EELS)表明大部分纳米金刚石被石墨烯卷轴包裹。计算模拟表明，在时间小于 1.0ns 时，石墨烯未发生卷曲，摩擦系数较高(0.2~0.4)；在 1.5ns 时，石墨烯在纳米金刚石上发生卷曲，摩擦系数显著下降。当卷轴结构形成后随机分布在摩擦界面，减少了界面接触面积，并且于 DLC 球之间形成了非公度接触，实现超润滑。在较宽的实验条件下，DLC 球与石墨烯+纳米金刚石复合涂层均会出现稳定的超润滑状态。例如，载荷为 0.5~3N，速度为 0.6~25cm/s，温度为 20~50℃，基底为 $SiO_2$、Ni 或 Si，都可实现超润滑状态。但是，在湿空气中，DLC 球与石墨烯+纳米金刚石复合涂层摩擦系数高达 0.2~0.4，这是因为接触界面形成有序水膜，阻止了石墨烯卷轴结构形成(图 5.68(b))。

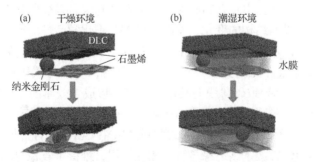

图 5.68　DLC 球与石墨烯+纳米金刚石复合涂层在不同环境对摩时计算模拟过程[113]

(a) 干燥 $N_2$ 中显示单个卷轴形成过程；(b) 湿空气中显示水分子在界面阻止石墨烯卷轴形成

石墨烯包裹纳米金刚石形成的石墨烯卷轴结构是在单纯机械力作用下发生的。随后，Berman 等采用 $MoS_2$+纳米金刚石[114]、石墨烯+Fe 纳米颗粒体系[115]，证明了通过摩擦化学途径也可以在滑动接触界面形成类洋葱状碳(onion-like carbon，OLC)卷轴结构，实现宏观超润滑性。$MoS_2$+纳米金刚石体系在高接触应力和剪切作用下，S 从 $MoS_2$ 中解离扩散，并催化分解纳米金刚石使之非晶化，最终形成 OLC 结构。在石墨烯+Fe 纳米颗粒体系中，由于 Fe 与碳有强的化学作用，石墨烯和磨屑碳聚集到 Fe 纳米颗粒上，在高接触应力和局部温升下 Fe 催化石墨烯与磨屑碳发生石墨化，并以 Fe 纳米颗粒为核形成 OLC 卷轴结构。在滑动界面处原位形成 OLC 卷轴，减小了接触面积，实现了与 DLC 球的非公度接触，达到超润滑状态。

2) 摩擦界面异质非公度接触

针对湿度下碳薄膜难以实现超润滑的难题，Sun 等[116]提出了一种利用摩擦升温诱导四硫代钼酸铵(ATTM)原位分解并在摩擦界面生成 $MoS_2$ 结构实现超润滑状态的方法。先在 9Cr18Mo 钢上制备 a-C:H 薄膜，然后喷涂 ATTM 干燥后形成 a-C:H/ATTM 体系。与 $Al_2O_3$ 对摩时，在干燥空气中载荷为 5～20N 下的摩擦系数在 0.001～0.005，均实现了超润滑状态。在大气环境中(RH=30%)，高载荷 11～20N 下摩擦系数小于 0.009，实现了超润滑状态。摩擦过程中，ATTM 分解成 $MoS_2$ 并转移到 $Al_2O_3$ 球表面，形成约 30 层高度有序 $MoS_2$ 转移膜。摩擦发生在 $MoS_2$ 与 a-C:H 薄膜之间，实现异质非公度接触并达到超润滑状态。

在此基础上，设计制备了 a-C:H/$MoS_2$ 异质配副，即分别在 GCr15 钢球表面沉积 $MoS_2$ 薄膜，在钢盘表面沉积 a-C:H 薄膜。a-C:H/$MoS_2$ 异质配副在 3N 以上的载荷下均可实现摩擦系数低于 0.01 的超润滑特性。超润滑机制(图 5.69)如下：①摩擦过程中，非晶纳米晶 $MoS_2$ 借助 a-C:H 薄膜变成了厚且有序的 2D 的 $MoS_2$(图 5.69(d)～(f))；②2D 的 $MoS_2$ 与 a-C:H 之间存在非公度接触(图 5.69(b))；③H 饱和的 a-C:H 表面进一步降低了相互作用力，实现了超润滑[117]。

3) 摩擦配副活性设计

a-C:H 薄膜在真空中具有超润滑性能但寿命有限，以往研究仅从碳薄膜方面考虑了氢含量、界面结构的变化，忽略了摩擦配副化学活性的影响。

裴露露等从调控摩擦配副化学活性的角度，研究了 a-C:H 薄膜界面结构动态演变与真空摩擦学性能的关联[118,119]。研究表明，对于与碳作用活性强的配副(Fe、Ti、Al)，可以导致碳薄膜向其连续转移，形成了较厚的疏松转移膜，且通过原位拉曼光谱实时观察到了薄膜结构被持续破坏，造成了较高的摩擦系数与磨损率(图 5.70)。对于与碳作用活性弱的配副($Al_2O_3$、Au、Cu)有利于在滑动界面形成球状碳的结构，屏蔽了碳边缘悬键的相互作用，维持了较稳定的界面结构，有助于降低薄膜的摩擦系数和磨损率。这些实验结果说明了界面化学活性对非晶碳薄膜摩擦学性能的决定性作用。

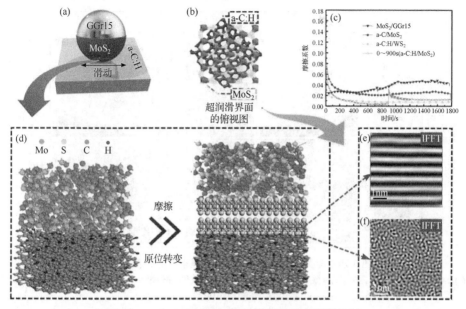

图 5.69　a-C:H/MoS₂ 异质配副的结构及超润滑机制

(a) MoS₂/a-C:H 异质配副示意图；(b) 超润滑界面 a-C:H 与 MoS₂ 的结构示意图；(c) 摩擦副 MoS₂/GGr15、
a-C/MoS₂、a-C:H/WS₂ 的摩擦系数曲线；(d) 非晶 a-C:H/MoS₂ 转变为有序 a-C/MoS₂ 的超润滑机制示意图；
(e) 接触界面中 MoS₂ 的快速傅里叶逆变换(IFFT)图；(f) 接触界面中 a-C:H 的 IFFT 图

　　研究表明，与碳作用力弱的 Au 配副对碳具有特殊的摩擦催化效应，可以在摩擦界面催化形成碳包裹 Au 的纳米卷完美复合结构，这种特殊的结构构型可以自闭合碳的边缘，屏蔽悬键相互作用，赋予了 a-C:H 薄膜超长的磨损寿命，在真空中摩擦 $2.5 \times 10^5$ 次循环后仍没有明显的磨损损失。这一现象为解决真空中非晶碳薄膜的润滑失效问题提供了思路。

　　图 5.71 给出了真空中 a-C:H 薄膜与不同配副对摩时的摩擦机理。与碳薄膜具有强相互作用力的配副(强的界面活性)，高摩擦力诱导磨痕和磨屑碳发生石墨化转变，部分碳转移至配副表面，在富含 sp²C 的转移膜和磨屑的共同作用下使碳薄膜

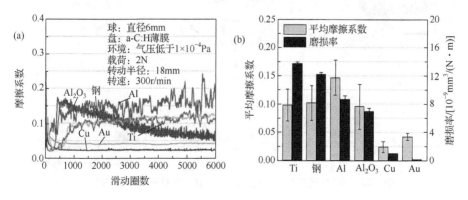

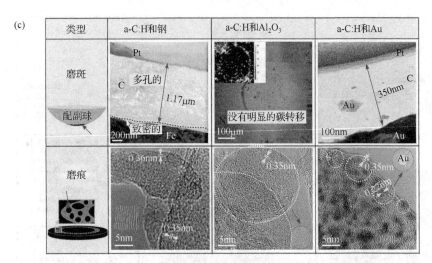

图 5.70　配副活性对 a-C:H 薄膜摩擦学性能的影响[118,119]

(a) a-C:H 薄膜与不同配副对摩的摩擦系数曲线；(b) 平均摩擦系数和磨损率；(c) a-C:H 薄膜与不同配副对摩后的摩擦界面结构

实现了低的摩擦系数。但是，石墨片边缘依旧存在悬键，且转移膜、磨痕和磨屑中的悬键不能被气体分子钝化，因此界面仍然保持了相对较高的活性。强活性诱导碳不断转移至配副，形成了疏松多孔的转移膜，造成了高摩擦系数和高磨损率。

　　当与弱作用活性的 Al₂O₃ 配副对摩时，碳转移膜不能稳定维持，配副上的碳转移膜在持续剪切作用下脱落，摩擦系数迅速增加到 0.18。反复的剪切作用诱导

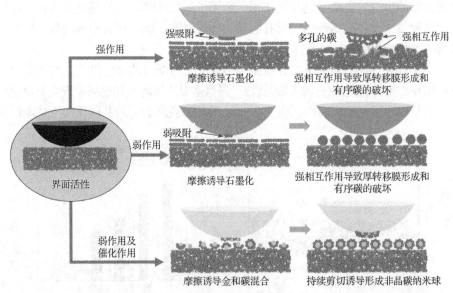

图 5.71　a-C:H 薄膜与不同活性配副的真空摩擦机理示意图[118,119]

磨屑中短的石墨片结构转变为非晶碳球，这种特殊结构能屏蔽一部分石墨片边缘的悬键，有利于维持界面的弱作用活性，即使在没有转移膜形成的情况下，也能在摩擦最终阶段实现较低的摩擦系数，但这种特殊结构形成的时间较长，所以摩擦磨合期较长。

a-C:H 薄膜与 Au 配副对摩时，界面的弱相互作用避免了碳向配副的连续转移，维持了一个稳定的摩擦界面，这是 a-C:H 薄膜在真空环境实现稳定润滑状态的前提。同时，Au 能催化碳在摩擦界面很快形成完美的碳纳米卷，这个完美的结构闭合了石墨的边缘，进一步弱化了界面活性，对实现较低的摩擦系数与磨损率有重要作用。除此之外，碳纳米卷的形成有利于在摩擦界面形成多点接触从而减小接触面积，更易实现非公度接触而减小摩擦系数。

贾倩等[120]以 a-C:H 薄膜/镀 Au 球构成滑动摩擦副，在干燥空气中摩擦系数低至 0.008。摩擦过程中 Au 在摩擦热和剪切力的作用下，原位催化诱导非晶碳发生向石墨烯的转变，石墨烯有序的结构利于形成非公度接触，可有效减小界面剪切力，从而降低摩擦系数。

4) 摩擦界面形貌设计

表面形貌设计与表面织构在 DLC 摩擦学设计中的应用越来越多。利用特殊表面织构形貌，可以减少实际接触面积，收集磨屑以充当润滑剂储存器等，从而改善 DLC 薄膜的摩擦学性能。

Azizi 等[121]将 DLC 薄膜沉积到预织构有纳米井和纳米圆形状的 Si 基底表面，在干燥的 $N_2$ 中，未织构 DLC 薄膜、纳米井 DLC 薄膜、纳米圆 DLC 薄膜均可以达到超低摩擦系数。尽管织构化没有进一步降低摩擦系数，但是可以显著降低 DLC 薄膜的磨损率，同时磨合期更短，转移膜也更少。磨损率减少可能与纳米织构 DLC 膜中的应力降低有关。

Song 等[122]采用激光织构在钢基底表面获得了不同密度的条纹织构表面，然后将 a-C:H 薄膜沉积在条纹织构表面，考察了织构化 a-C:H 薄膜的真空摩擦学性能。如图 5.72 所示，具有合适密度的织构化 a-C:H 薄膜可以在保持超润滑摩擦系数的情况下，显著延长在真空中的磨损寿命。其原因如下：第一，经过表面织构化后，薄膜在沉积过程时应力释放，减小摩擦系数过程中氢释放和应力释放导致脆性剥落和磨屑生成。第二，织构化凹槽可以减小接触面积，降低黏着磨损，及时捕获磨屑磨粒磨损。

2. 固液界面超润滑

如果能够发展非晶碳薄膜与液体润滑复合的超润滑技术无疑是极具吸引力和工程应用价值的。因此，非晶碳薄膜固液耦合超润滑研究近年来受到重视。已有的研究表明，尽管干摩擦下含氢非晶碳薄膜在真空、惰性气氛甚至空气中展现出

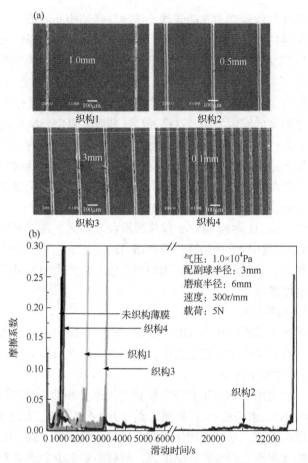

图 5.72　织构密度对 a-C:H 薄膜摩擦学性能的影响

(a) 不同织构密度 a-C:H 薄膜表面 SEM 照片；(b) 不同织构密度 a-C:H 薄膜真空摩擦曲线[122]

超润滑特性，但无氢非晶碳薄膜在液体润滑剂下展现出更低的摩擦系数。

　　Kano 等[68,69]对比研究了 ta-C 与 a-C:H 薄膜在摩擦改性添加剂——单油酸甘油酯(glycerol mono-oleate，GMO)中的摩擦学性能，如图 5.73 所示。在含有浓度 1%GMO 的聚 α-烯烃(PAO)基础油润滑剂下，当速度超过 0.1m/s 时，ta-C 与钢球配副对摩的摩擦系数为 0.006，达到超润滑状态。随后又在纯油酸润滑的条件下，对涂有 a-C:H 和 ta-C 的轴承钢摩擦副进行了摩擦实验，ta-C 具有 0.005 的超低摩擦系数，a-C:H 摩擦系数为 0.04～0.06。通过 XPS 和二次离子质谱(SIMS)分析表面表明，ta-C 表面碳原子发生羟基化，—OH 基团在摩擦表面终止悬键，降低了界面摩擦力。对于 a-C:H 薄膜，由于表面存在 H，吸附了一层油酸单分子膜，阻碍了这种羟基化效应，因此摩擦系数较高。

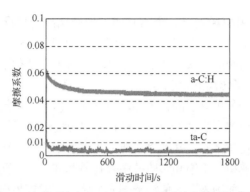

图 5.73　油酸环境中 a-C:H 和 ta-C 薄膜的摩擦系数曲线[69]

Matta 等[70,123]发现使用甘油和其他多元醇作为润滑剂时，ta-C 薄膜自配副(摩擦条件为 80℃，载荷 400N，滑动速度 0.3m/s)获得了 0.008 的超润滑摩擦系数。通过大量实验、表面分析和分子动力学模拟，提出氢键网络模型，如图 5.74 所示。润滑剂在压力和剪切力作用下发生摩擦化学反应，一部分润滑剂分子分解成 3 种酸分子(丙酸、乙酸、甲酸)和水分子。在摩擦过程中，ta-C 薄膜表面发生羟基化形成—OH。极性水分子通过氢键吸附在接触界面形成一层水膜，改变润滑剂黏压特性，进而提供极低摩擦实现超润滑。

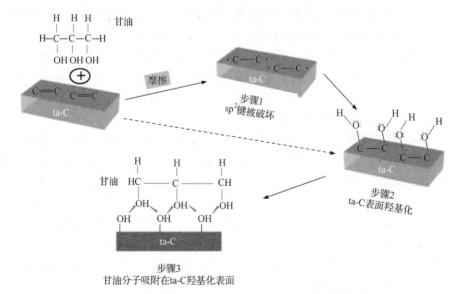

图 5.74　在含有 OH 润滑剂下 ta-C 薄膜摩擦表面可能的化学作用示意图[123]

Weihnacht 等[71]详细研究了具有相同基本化学结构的润滑剂对 ta-C 自配副超润滑行为的影响，润滑剂包括十八烷、硬脂酸、棕榈酸、油酸和甘油。对于完全非极性烷烃链(十八烷)，摩擦界面没有充分分离而直接接触，导致不稳定摩擦系数和严重磨损。如果烷烃链有一个酸基团，如硬脂酸的情况，将减少摩擦和磨损。如果润滑剂分子中至少含有两个反应中心，如羧基、羟基或双键，将使 ta-C 具有非常低且稳定的摩擦系数。特别是在油酸和甘油润滑剂下，ta-C 自配副摩擦系数为 0.008，达到了超润滑状态。

Kuwahara 等[124]利用分子静力学和动力学模拟研究了摩擦学行为机制。采用电荷密度泛函方法研究了在两个 ta-C 表面之间的烷烃、烯烃、链烷酸，以及反式和顺式链烷酸的化学反应，并通过经典分子动力学进行了验证，建立了 ta-C 超低摩擦系数的基本模型。不饱和脂肪酸中存在羧基和 C＝C 两个反应活性点，可同时吸附在 ta-C 摩擦配副表面，使润滑剂充分弥合在摩擦界面。在摩擦过程中，由于剪切力的作用，一系列分子因机械应变发生碎裂反应，在这个过程中同时将钝化的羧基、氢、羟基、烯烃和环氧基等基团释放。类似地，甘油中存在三个羟基，与 ta-C 薄膜表面发生反应，在机械剪切的作用下形成了具有超低摩擦系数的芳香钝化层。

Long 等[125]考察了在甘油中不同 $sp^2C$ 含量(32%和 44%)的 ta-C 薄膜与钢球配副的超润滑行为，发现高 $sp^2C$ 含量的 ta-C 薄膜在甘油中摩擦系数低于 0.01，达到超润滑状态。其润滑机制如下：摩擦过程中，钢球接触区域发生磨损，产生 Fe 纳米颗粒，吸附在 ta-C 表面富含 $sp^2C$ 上并作为金属催化剂，将甘油转化成酸性物质。这些酸性物质反过来侵蚀钢球去除 Fe，产生化学抛光效应，实现弹流润滑所需的光滑表面。Björling 等[126]也已经研究了滑动条件下甘油的弹流润滑。超润滑归因于甘油的低压黏度系数、高的黏度-温度依赖性以及摩擦温升效应。因此，$sp^2C$ 与甘油发生化学反应形成酸性物质，促进钢球磨斑抛光效应，在接触界面形成亚纳米厚度的膜层，实现薄膜弹流润滑(EHL)。由于甘油黏度系数低，润滑膜易于剪切而实现超润滑。

Isabel 等[127]利用高分辨同步辐射光电子能谱(HRPES)、深度分辨 X 射线近边缘光谱(XANES)以及计算模拟分析了油酸润滑下 ta-C 的超润滑表面，发现 ta-C 摩擦表面形成了 1nm 厚的氧化石墨烯。Isabel 等认为超润滑与类石墨烯氧化层的形成有关，并提出了形成机制。在磨合期间，由于相对较高的剪切应力，ta-C 摩擦界面富含 $sp^2C$，$sp^2C$ 有益于在摩擦化学作用下形成类石墨烯碳环结构。当 $sp^2C$ 含量达到某一阈值(根据模拟，可能在 60%左右)时，在摩擦接触区域优先形成石墨烯二维结构。石墨烯被油酸氧化形成氧化石墨烯层，油酸的双键也有助于芳香族氧化石墨烯层的形成。

在合适的润滑剂条件下，ta-C 薄膜具有超润滑性能，而 a-C:H 薄膜却显示出更高的摩擦系数，这是一个有意思的问题，值得深入研究。另外，还需进一步研究非晶碳薄膜与其他润滑剂的复合润滑效果与机制，以扩展固液耦合超润滑的应用范围。

## 5.3　a-C:H 薄膜的超润滑机制

### 5.3.1　表面钝化理论

通过对比不同氢含量的 a-C:H 薄膜和 a-C 薄膜在真空、$N_2$ 中的摩擦学行为，提出了氢钝化表面理论来解释 a-C:H 薄膜的超润滑行为[19,73](图 5.75)。

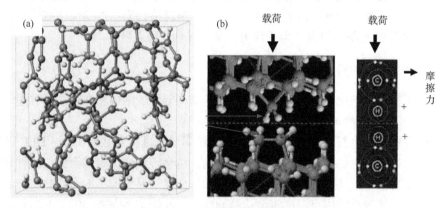

图 5.75　a-C:H 薄膜及其低摩擦界面结构示意图[19,73]
(a) 高度氢化的 a-C:H 薄膜结构示意图；(b) 氢钝化表面理论示意图

第一，当在高度氢化等离子体中制备 a-C:H 薄膜时，等离子体中的氢分子分解成离子、原子，这些电离氢达到薄膜沉积表面时，很容易与碳反应形成 C—H，从而消除自由的 σ 悬键。同时，薄膜中还有以原子和分子形式存在的未结合的游离氢，它们可以起到氢储备库的作用，可以扩散到滑动界面，持续不断地消除那些由于机械磨损和热解吸作用产生的 σ 键。这样在摩擦过程中 σ 悬键导致的强黏着作用就被消除或者降到最低程度。

第二，等离子体中含有大量的氢原子、氢离子，持续不断的氢离子轰击生长表面可有效地刻蚀 $sp^2$ 键合碳或石墨碳(正如在沉积金刚石薄膜时可以使用约 99% 体积分数 $H_2$ 的原因一样)，阻止了 C=C 的形成，更易形成 C—H，从而使由 $sp^2$ 键合碳双键引起的 π—π 相互作用减小到最小。大量 $sp^2$ 键合碳原子的存在会引起强烈的 π—π 相互作用，从而产生高摩擦系数。

第三，当在高度氢化等离子体中制备 a-C:H 薄膜时，碳原子至少是表面碳原子可以实现双氢化，即每个表面上的碳原子与两个氢原子成键。这种独特结构将导致薄膜表面上的氢密度显著升高，提供更强的屏蔽或钝化作用，实现超低摩擦系数。

第四，薄膜表面上氢原子的自由电子与表面碳原子的 σ 键配对。氢原子的电荷密度永久地转移到氢原子核的另一侧而远离表面，这种情况将导致带正电的氢离子比成对电子更靠近表面，成对电子与表面碳原子的 σ 键相连。因此，在滑动界面处这种偶极子构型产生排斥力。Dag 等[128]也证明了 H 终止的金刚石表面之间存在这种排斥力。

第五，其他弱力，如毛细管力、静电力等也可能导致高摩擦力。如果摩擦实验在潮湿环境中进行，由于水分子引起的毛细管力对摩擦的贡献可能很大。然而，在干燥的 $N_2$ 和真空环境中，毛细管力可以忽略不计，对摩擦行为的影响很小。介电固体滑动接触界面上的静电力也会影响摩擦行为。滑动面两侧的正电荷和/或负电荷的累积一般会产生排斥力，从而降低摩擦系数。

### 5.3.2　摩擦界面的高度有序化理论

除了基于氢钝化的钝化理论，界面原子重构导致的结构相变和高度有序化也是一种 DLC 超润滑理论。

摩擦界面发生石墨化是最早来解释 DLC 薄膜低摩擦系数的机制。DLC 薄膜是一种亚稳态结构的碳，如果能够克服能垒，将会转化成稳定的石墨。这种转化分为两个阶段：氢从薄膜中释放和 DLC 的剪切变形导致薄膜的石墨化。在较高的速度下，接触点的闪点温度将会达到 600℃，而 DLC 薄膜在 300℃左右就会释放出来氢[129]。摩擦产生的剪切力能够引起平行于接触表面方向的应力，此应力和能量可以引起在接触点附近 $sp^3$ 结构的 C—H 不稳定而失去氢，同时薄膜中存在于晶格空缺中的多个氢也会释放出来，进而引起 $sp^3$ 碳转化为 $sp^2$ 杂化的石墨结构[30,130]。随着进一步的石墨化，石墨层达到临界厚度，在两个接触表面的石墨层具有非常低的剪切强度(归因于低的范德华相互作用)，可以在接触表面来回不断的转移，引起低的摩擦系数。

然而，石墨化理论存在疑问。如果界面发生石墨化，意味着具有类似石墨的摩擦学性能。众所周知，石墨在真空及惰性气氛中具有高摩擦系数，这无法解释 a-C:H 薄膜在真空及惰性气氛下的超润滑行为。因此，针对摩擦剪切引起的界面原子结构转变，使用"重杂化"或者"重构"比"石墨化"更加适合 DLC 摩擦表面的变化。

研究者采用飞行时间二次离子质谱(ToF-SIMS)技术研究了 a-C:H 薄膜表面的化学本质[19]。图 5.76 是在高度氢化 a-C:H 薄膜磨痕轨迹的二维(2D)和三维(3D)的 ToF-SIMS 图像，薄膜磨痕是具有摩擦系数低于 0.01 的超润滑态的摩擦轨迹。两张分图都表明磨痕轨迹内存在明显的碳氢化合物层，进一步证实了 a-C:H 薄膜滑动接触界面主要由碳和氢组成，而非氢逸出后的 $sp^2$ 石墨碳。

Chen 等[131,132]以超润滑薄膜 a-C:H 和 a-C:H:Si 为研究对象，对超润滑态下薄膜界面的本征结构变化进行了研究，重点关注了超润滑摩擦层在应力和剪切作用

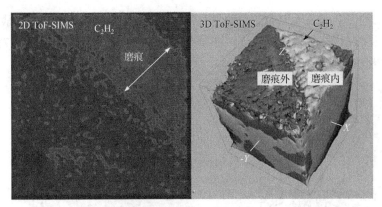

图 5.76 a-C:H 薄膜磨痕轨迹的 2D 和 3D 的 ToF-SIMS 图像[19]

下的结构演变，特别是 $sp^2$ 碳相的存在形式和氢的空间分布。对于自配副 a-C:H 薄膜，磨痕中心处 $sp^2$ 碳相沿最外层滑动界面(最外层约 3nm)发生局部团簇化和有序化。与原始薄膜中 25%的 $sp^2$ 碳含量相比，形成的有序层具有更高的 $sp^2$ 碳含量(47.5%)。因此，摩擦界面的有序剪切层可以定义为高度氢化的类石墨碳层，接触压力是影响碳氢网络结构稳定性和相变最关键的因素之一，压力越大，越易发生有序层，摩擦系数越低。

对于自配副的 a-C:H:Si 薄膜，无须经过明显的磨合阶段，很容易实现稳定的超低摩擦系数(0.001)。磨痕中心 30nm 最外层区域经历了显著的结构转变，摩擦界面上原位形成了一层非常软(硬度约为 0.25GPa)且厚(20nm)的摩擦层，该摩擦层具有较高比例的 $sp^2$ 碳相(高达 57%)，同时包含高密度的 σ 杂化键，如 C—H、C—Si 和 C—C。鉴于硬度较低，摩擦层结构更像是类聚合的碳氢化合物。而且 Si 作为成核点，可能起到催化作用，在滑动界面处促进了软的聚合物摩擦层生长，这一现象有望为实现超润滑提供途径。

近年来，研究者发现 DLC 薄膜表面可以形成类石墨烯有序层。在富含 $sp^2$ 碳的薄膜中，摩擦过程中 $sp^2$ 碳定向诱发再杂化形成六元环团簇，碎片状的石墨烯沿着滑动方向逐渐重排为规则有序的六元环基平面堆积的少层石墨烯片。由于沿滑动方向重排和滑移，则沿着滑动方向自发形成排列高度有序、剪切强度低的少层石墨烯层，并具有独特的二维纳米结构和 π—π 堆积效应，从而在 $N_2$ 气氛中摩擦系数可低至 0.005[133]。

ta-C 薄膜在液体润滑剂条件下，通过摩擦化学的诱导也可生成界面类石墨烯层。Isabel 等[127]通过实验和光谱表征发现，油酸润滑下的 ta-C 表面通过摩擦化学反应生成氧化膜石墨烯，使得摩擦系数达到 0.005。随后，Kuwahara 等[124]通过量子动力学模拟(QMD)发现 ta-C 界面在少量甘油分子作用下会发生原子结构重排，生成超薄类石墨烯的界面纳米结构(包含了五元碳环、六元碳环和七元碳环), Kuwahara 等认为界面剪切使得甘油分子发生机械-化学分解, 生成的氢和氧原子仅能钝化部分碳悬键, 从而诱导界面氧化石墨烯层的形成(图 5.77), 继而实现超润滑态。

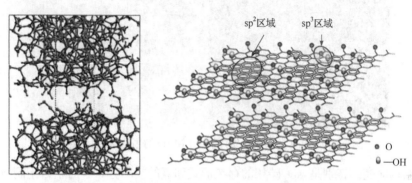

图 5.77　ta-C/ta-C 接触界面模拟图及界面形成的氧化石墨烯层[124]

在 DLC 薄膜结构调控研究过程中, 研究表明, 由交联和卷状的 $sp^2$ 石墨平面组成的类富勒烯碳薄膜(FL-C)[134]或者类洋葱碳薄膜(OL-C)[59], 特殊的结构降低了薄膜超润滑性能对环境湿度的敏感性, 在湿空气中也可实现超润滑。类富勒烯结构使石墨烯层尺寸变短(约 1nm), 取向多样, 频繁弯曲, 难以形成多层石墨烯层。摩擦过程中 FL-C 从颗粒表面向中心再杂化转变为具有类石墨外壳的球状纳米颗粒, 表面没有悬键的球状颗粒大量存在, 使得接触方式在微观尺度上由面-面接触转变为点-面接触, 实现多环境下的超润滑。

### 5.3.3 转移膜理论

当 DLC 薄膜与未涂镀 DLC 的配副材料摩擦时, 一般会在配副材料表面形成转移膜, 滑动发生在原始膜和转移膜之间, 通常会对超润滑行为产生有利影响。从化学组成上看, 转移膜主要由碳组成, 可能含有氢、氧及配副材料。与原始 DLC 薄膜相比, 转移膜中 $sp^2$ 碳含量会增加, 氢含量减少。这种 $sp^2$ 碳富集并不意味着转移膜存在某种石墨化。

配副材料上形成转移膜的动力学非常复杂, 影响因素众多, 与测试环境、测试条件以及配副材料有很大关系。Liu 等[135,136]研究了速度和载荷对 $Al_2O_3$ 球/a-C:H 薄膜摩擦体系真空摩擦学行为的影响规律, 结果发现, 速度越高, 对偶面上越难形成致密的碳转移膜, 从而极大缩短了 a-C:H 薄膜的超润滑寿命。载荷对转移膜形成的影响和实验环境有关, 研究表明, 大气环境中高载荷有利于形成转移膜, 而在真空中却截然相反, 过高载荷不利于提高超润滑持续寿命。

配副材料对转移膜的影响主要取决于配副材料与碳之间化学相互作用的强弱。与存在氧化层的钢球相比, 化学清洁的钢球表面更易快速形成转移膜。在

$Al_2O_3$、$ZrO_2$ 等氧化物基陶瓷上形成转移膜的倾向比其他金属配副差很多。Chen 等[131,132]发现，当 a-C:H 薄膜与钢球配副时，经过一段时间磨合后在 $N_2$ 中可以获得 0.004 的摩擦系数。钢球磨斑表面上存在厚度 27nm 的均匀富碳转移层，整个转移层可分为三个亚层，包括滑动界面的铁纳米粒子分散亚层、中间的富 C 低密度亚层和靠近钢球表面的 C—Fe—O 非均匀结晶亚层。铁以纳米粒子的形式聚集在最外层滑动界面，可能是通过钢表面的剪切诱导扩散造成的。转移膜表层的多层化、有序化和氢富集结构是超润滑的关键。当采用 $Si_3N_4$ 陶瓷球作为配副时，磨合阶段缩短，很快达到 0.004 的超低摩擦系数，而 $Si_3N_4$ 陶瓷球磨痕中心几乎没有发现转移膜，仅存在大约 5nm 的非静态富碳层。

研究表明，在干燥的惰性气氛和湿空气中形成转移膜有利于减少摩擦磨损，实现超润滑和长寿命。但是，在高真空中，转移膜对超润滑尤其是长寿命存在不利效应。例如，Cui 等[34]发现高真空中，a-C:H 薄膜与 SiC、$Si_3N_4$ 对摩时，SiC、$Si_3N_4$ 与碳之间存在强黏着作用，磨屑碳转移到对偶表面形成碳转移层导致高摩擦系数和高磨损率。反之，a-C:H 薄膜与 $Al_2O_3$、$ZrO_2$ 对摩时，因 $Al_2O_3$、$ZrO_2$ 与碳之间黏着作用弱，无法在对偶球表面形成转移膜，摩擦一直发生在陶瓷球-碳之间，滑动界面弱相互作用使得 a-C:H 在高真空下具有低摩擦系数和长寿命特性 (详细见 5.1.2 小节摩擦配副的影响)。裴露露等研究发现，高真空中，与碳作用活性强的配副(Fe、Ti、Al)表面形成了较厚的疏松转移膜，造成了较高的摩擦系数与磨损率[118,119]。与碳作用活性弱的配副($Al_2O_3$、Au、Cu)表面无转移膜形成，但在滑动界面形成球状碳的结构，降低薄膜的摩擦系数和磨损率(详细见 5.2.3 小节中的固固界面设计)。

### 5.3.4 滚动理论

众所周知，滚动摩擦系数要远远低于滑动摩擦系数。研究者通过在摩擦界面构建能够起到滚轴运动的微球结构，获得了超润滑性能。

Berman 等[113]利用石墨烯和纳米金刚石颗粒，在工程尺度下实现了稳定宏观超润滑，摩擦系数显著降低至 0.004。研究表明，石墨烯会自发包裹到纳米金刚石表面形成石墨烯纳米卷轴结构，一方面减小了摩擦配副之间的接触面积，另一方面纳米卷轴可作为一个个微凸体与 DLC 球形成非公度接触，在二者的协同作用下实现宏观超润滑。这种卷轴结构是否起到了分子滚轴的作用，Berman 等没有明确说明，但从原理上是可行的。Berman 等也证明了没有卷轴结构的时候，无法实现超润滑(详细见 5.2.3 小节中的固固界面设计)。

Berman 等[114]采用 $MoS_2$+纳米金刚石证明了通过摩擦化学途径也可以在滑动接触界面形成类洋葱状碳(onion-like carbon，OLC)卷轴结构，实现宏观超润滑性。在高接触应力和剪切作用下，S 从 $MoS_2$ 中解离扩散，并催化分解纳米金刚石使之非晶化，最终形成 OLC 结构。在滑动界面处原位形成 OLC 卷轴减小了接触面积，实现了与 DLC 球的非公度接触，达到超润滑状态。卷轴形成过程如图 4.23 所示。

Gong 等[137]发现，摩擦过程中 a-C:H 薄膜中无定形碳簇发生石墨化形成石墨烯，并充当核心形成石墨烯纳米卷(内部为无定形碳核，外部是石墨烯壳)。石墨烯纳米卷形成分为两个过程：①周期性剪切应力导致无定形碳向石墨烯转变；②非晶碳的悬键与石墨烯片的悬键作用形成石墨烯片包裹无定形碳结构。相应的超润滑机制包括：①形成的石墨烯片产生层层滑移；②大量的石墨烯纳米卷引发非公度接触和滚动机制(图 5.78)。

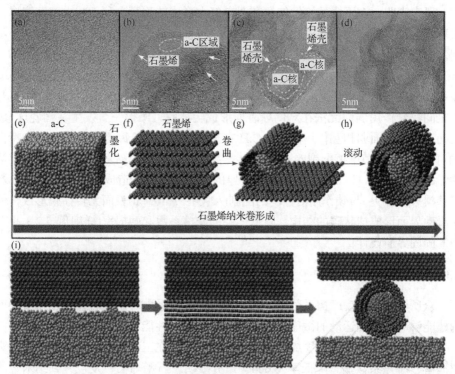

图 5.78　非晶碳薄膜摩擦界面石墨烯纳米卷形成机理和摩擦诱导转变机理[137]

(a) a-C:H 薄膜的 HRTEM 照片；(b)~(d) 磨屑纳米结构演化的 HRTEM 照片；(e)~(h) 石墨烯纳米卷形成过程及摩擦界面示意图；(i) 摩擦诱导转变机理

受纳米金刚石颗粒结构超润滑以及摩擦界面类洋葱碳滚动效应的启发，通过高频双极脉冲方法在非晶碳薄膜中引入类洋葱碳结构，得到类洋葱碳薄膜(OLC)[59,81]。在摩擦力作用下高硬度类洋葱碳颗粒从无定形碳颗粒基底中剥离出来。当类洋葱碳颗粒足够多时，类洋葱碳颗粒充当第三体分割开两个滑动表面，滚动摩擦开始起作用，在后续的摩擦过程中，类洋葱碳团簇起到分子轴承的作用,使接触面积急剧降低,产生滚动摩擦和非公度接触,从而在30%的湿度条件下实现超润滑(摩擦系数为 0.008),磨损率低至 $6.4×10^{-18}m^3/(N·m)$。

在摩擦过程中,发现越来越多富勒烯、类洋葱碳等卷轴结构的形成,卷轴结构有效减少了微观尺度上的实际接触面积,有利于非公度接触,同时起到纳米滚珠效应,从而实现超润滑。通过设计薄膜中纳米卷轴结构形成或促使薄膜摩擦界面形成纳米球状颗粒,将是实现碳薄膜宏观超润滑的一种途径。

### 5.3.5 催化超润滑

当摩擦界面存在气体、液体和固体碳源时,在高接触压力、摩擦热和摩擦力剪切作用下,界面间原子、分子会发生非常有利的摩擦催化过程,引起界面结构重构,原位形成各种纳米结构碳基摩擦膜,如无定形碳、类石墨、石墨烯、纳米类洋葱碳、碳纳米管等,以提供超低摩擦系数和磨损率(图5.79)[138]。越来越多的研究者发现了由催化反应引起的超润滑现象,并开始主动设计控制催化反应,从而实现超润滑。

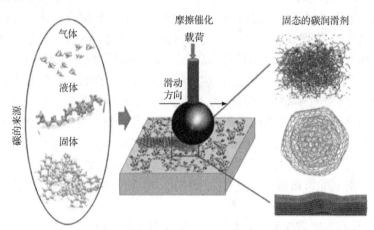

图 5.79　摩擦催化形成纳米碳薄膜实现超润滑过程示意图[138]

在 $H_2/He$ 混合气体中,完全氢化的 DLC 薄膜(也可称作"类聚合碳薄膜", polymer-like carbon,PLC)与 $ZrO_2$(氧化钇稳定氧化锆)配副时,在 2.6GPa 的重接触压力下,表现出低于 0.001 的极低摩擦系数(实际降至 0.0001),并达到稳定接近零摩擦系数状态。研究人员将这种极低摩擦系数归因于 $ZrO_2$ 球特殊催化效应,即当 $H_2$ 分子接近 $ZrO_2$ 的 Zr 和 O 原子时,$ZrO_2$ 球起催化作用,促进 $H_2$ 气体的解离反应。解离的 H 原子吸附在催化剂上,并倾向于与具有双键或三键的碳原子进行氢化反应,即将 $C_2H_2$ 转化为 $C_2H_4$,因此在 $ZrO_2$ 接触表面上形成了一层富含气泡和聚合物的摩擦膜。除了成对界面 H 原子产生的斥力外,作者还提出了一些产生摩擦化学物质的润滑效应和弹性静液压气体轴承润滑的可能性,以解释这一超低摩擦系数行为[139,140]。

在润滑油中，Erdemir 等[141]发现，具有催化活性的纳米复合涂层磨痕内形成了具有类金刚石特征的边界膜。具体如下：在钢表面溅射沉积含有催化活性 Cu 纳米团簇的 $MoN_x$ 涂层。在聚 α-烯烃油(PAO)中滑动期间，摩擦催化促进了基础油分子分解为二聚体和三聚体，吸附在摩擦配副表面形成富碳摩擦膜，分子动力学模拟进一步确定了这些摩擦膜具有类金刚石结构特征。催化驱动的摩擦膜显著降低摩擦系数并减少磨损率。另外，MeN-Cu 涂层在不同烷烃环境中表现出极大的摩擦催化活性，但烷烃分子长度和润湿特性影响摩擦膜的生长和效果。

在甘油中，Long 等[125]发现 ta-C 薄膜与钢球摩擦配副具有超润滑行为。Long 等认为，摩擦过程中，钢球接触区域由磨损产生铁纳米颗粒，这些铁纳米颗粒吸附在 ta-C 表面的富含 $sp^2$ 石墨碳上作为金属催化剂，将甘油转化成酸性物质。这些酸性物质反过来侵蚀钢球去除铁，产生化学抛光效应，实现弹性流体润滑所需的光滑表面。

即使在固体接触表面，摩擦催化诱导相变也可以使摩擦系数和磨损率降至接近零或达到超润滑状态。通过将 $MoS_2$ 与纳米金刚石颗粒混合，并与 a-C:H 薄膜摩擦来实现[114]。在滑动过程中，$MoS_2$ 层分解，随后将 Mo 和 S 释放到滑动接触区，从而催化触发金刚石纳米颗粒非晶化，并将其转化为类洋葱碳(OLC)结构。OLC 表现出非常优异的润滑性能，达到超润滑状态。在另一项研究中，采用石墨烯+铁纳米颗粒与 a-C:H 薄膜滑动，石墨烯和磨屑碳聚集到铁纳米颗粒上，在高接触应力和局部温升下铁纳米颗粒催化石墨烯与磨屑碳发生石墨化，并以铁纳米颗粒为核形成直径为 30～50nm 的 OLC 卷状结构，支撑接触载荷，并通过充当滚珠轴承分离滑动表面，降低整个滑动系统的摩擦系数和磨损率[115]。这种摩擦催化转化对氧非常敏感，因为氧会吸附碳，滑动过程中将出现高摩擦系数和高磨损率。

Au 对碳具有很强的催化能力。研究者分别发现，a-C:H 薄膜与 Au 作为摩擦副对摩时，Au 能催化诱导非晶碳和磨屑碳形成完美的碳纳米卷、石墨烯纳米带等有序结构，有利于形成非公度接触而降低摩擦系数。

基于催化诱导超润滑的机制，已有研究者通过将金属纳米颗粒(Cu、Ni 等)引入碳薄膜摩擦界面上，利用金属催化作用促使无定形碳结构向石墨烯转变，形成石墨烯包裹的金属颗粒，同时石墨化外壳对金属电子起到屏蔽效应，显著消除界面黏着力，实现了宏观超润滑(摩擦系数约为 0.008)[142]。

非晶碳薄膜催化诱导超润滑的主要思想是基于发生在摩擦界面催化金属附件的两个主要过程：①C—H 的解离和主链 C—C 的随机断裂，形成更短的碳氢化合物和碳碎片；②碳氢化合物和碳碎片重构，原位形成各种纳米结构碳基摩擦膜，降低摩擦系数。应注意的是，摩擦催化诱导膜生长的定量评估具有挑战性，因为该过程是原位和自我受限的。随着摩擦膜厚度增加，暴露的催化活性位点减少，摩擦膜生长速度将减缓甚至停止。只有当摩擦膜在滑动过程中磨损后，重新暴露出新的催化活性中心，摩擦催化效应会重新激活和发生。因此，能否持续提供催化活性位点是摩擦催化诱导膜连续生长的重要特性[138]。

综上所述，非晶碳固体超润滑薄膜的未来发展前景如下：

(1) 在非晶碳薄膜超润滑研究技术方面，发展更高精度的摩擦力测试系统，从分子、原子及电子层面研究摩擦起源，探索是否存在摩擦系数的极限。发展更精细、更高分辨率的原位观测和分析技术，对超润滑形成过程中微观结构演变进行在线分析。发展极端环境下的超润滑评价系统，建立超润滑材料及性能数据库，为超润滑实际应用提供指导。

(2) 在非晶碳薄膜超润滑理论与机制方面，目前超润滑现象多局限于实验室中特定条件下出现，超润滑机制也局限于特定结构、特定环境和特定条件。需要进一步研究非晶碳薄膜原始结构、超润滑态界面化学性质变化与微观结构演变过程，以及对超润滑性能的协同作用机制，结合计算机模拟技术，建立完善、体系、普适性的超润滑理论和设计方法。

(3) 探索和发现新型超润滑机制，创制和建立新型超润滑技术。基于摩擦界面分子卷状结构的滚动超润滑，以及催化诱导摩擦化学反应的催化超润滑，已经被研究者发现并提出，这为未来跨尺度运动系统中实现超润滑和超低磨损率提供了方向。目前，仍处于探索研究阶段，在基础科学和工业应用方面都具有重要研究价值和前景，需要进一步明确容易发生滚动超润滑的薄膜结构、容易引发催化效应的材料，高压和高速下滚动超润滑、催化超润滑的形成机制，以及如何对其进行主动调控，从而在工业应用的环境和条件下更可靠地实现超润滑。

(4) 针对非晶碳薄膜超润滑性能的环境敏感性和工况依赖性问题，深入研究非晶碳薄膜在多环境和变工况条件下的摩擦学行为、超润滑性能及失效机制，揭示宽温域、变环境气氛、多场耦合(力、电、磁、热)条件下的超润滑机制和实现方法，从而指导非晶碳薄膜普适性超润滑系统的设计，实现跨环境(低温-高温、大气-真空、干燥空气-潮湿空气、固体-液体)、变工况(变接触应力、变速、滚滑)下的超润滑性能，拓展超润滑碳基薄膜的应用范围。

(5) 进一步优化非晶碳薄膜中程有序纳米结构(类富勒烯、类石墨烯、纳米晶/非晶多元复合)的设计与调控，实现薄膜结构的可控制备。建立一体化、自动化、可控制的超润滑薄膜批量制备装备，突破超润滑薄膜在工程材料及零部件表面的制备，建立超润滑薄膜制备及检验标准，推动超润滑薄膜在工程中的应用。

(6) 要特别重视计算机模拟、人工智能/机器学习在内的新兴计算工具使用，这可以帮助我们更快速、更准确、更有效地预测和研究超润滑行为、探索超润滑机制、设计薄膜结构、选择合金化元素，从而实现更好的超润滑性能。

# 参 考 文 献

[1] BERMAN D, ERDEMIR A, SUMANT A V. Graphene: A new emerging lubricant[J]. Materials Today, 2014, 17(1): 31-42.

[2] ZHAI W Z, SRIKANTH N, KONG L B, et al. Carbon nanomaterials in tribology[J]. Carbon, 2017, 119: 150-171.

[3] ERDEMIR A, ERYILMAZ O L, NILUFER I B, et al. Synthesis of superlow-friction carbon films from highly hydrogenated methane plasmas[J]. Surface and Coatings Technology, 2000, 133-134: 448-454.

[4] HEIMANN R B, EVSVUKOV S E, KOGA Y. Carbon allotropes: A suggested classification scheme based on valence orbital hybridization[J]. Carbon, 1997, 35: 1654-1658.

[5] ROBERTSON J F R. Diamond-like amorphous carbon[J]. Materials Science and Engineering R Reports, 2002, 37(4-6): 129-281.

[6] JACOB W, MOLLER W. On the structure of thin hydrocarbon films[J]. Applied Physics Letters, 1993, 63(13): 1771-1773.

[7] SCHMELLENMEIER H. Die beeinflussung von festen oberflachen durch eine ionisierte[J]. Experimentelle Technik der Physik, 1953, 1: 49-68.

[8] AISENBERG S, CHABOT R. Ion-beam deposition of thin films of diamondlike carbon[J]. Journal of Applied Physics, 1971, 42(7): 2953-2958.

[9] HOLLAND L A, OJHA S M. Deposition of hard and insulating carbonaceous films on an r.f. target in a butane plasma[J]. Thin Solid Films, 1976, 38: L17-L19.

[10] WEISSMANTEL C, BEWILOGUA K, SCHÜRER C, et al. Characterization of hard carbon films by electron energy loss spectrometry[J]. Thin Solid Films, 1979, 61(2): L1-L4.

[11] ENKE K, DIMIGEN H, HÜBSCH H. Frictional properties of diamondlike carbon layers[J]. Applied Physics Letters, 1980, 36(4): 291-292.

[12] KING F. Datapoint thin film media[J]. IEEE Transactions on Magnetics, 1981, 17(4): 1376-1379.

[13] ERDEMIR A. Design criteria for superlubricity in carbon films and related microstructures[J]. Tribology International, 2004, 37(7): 577-583.

[14] VOEVODIN A A, ZABINSKI J S. Supertough wear-resistant coatings with 'chameleon' surface adaptation[J]. Thin Solid Films, 2000, 370(1): 223-231.

[15] VOEVODIN A A, FITZ T A, HU J J, et al. Nanocomposite tribological coatings with "chameleon" surface adaptation[J]. Journal of Vacuum Science & Technology A: Vacuum, Surfaces, and Films, 2002, 20: 1434-1444.

[16] 薛群基, 王立平. 类金刚石碳基薄膜材料[M]. 北京:科学出版社, 2012.

[17] ERDEMIR A, FENSKE G R, TERRY J, et al. Effect of source gas and deposition method on friction and wear performance of diamondlike carbon films[J]. Surface and Coatings Technology, 1997, 94-95: 525-530.

[18] DONNET C. Recent progress on the tribology of doped diamond-like and carbon alloy coatings: A review[J]. Surface and Coatings Technology, 1998, 100-101: 180-186.

[19] DONNET C, ERDEMIR A. Tribology of Diamond-Like Carbon: Fundamentals and Applications[M]. Berlin: Springer, 2007.

[20] 李红轩. 等离子体增强化学气相沉积类金刚石碳薄膜及其摩擦学性能研究[D]. 北京: 中国科学院大学, 2005.

[21] LIU H, TANAKA A, UMEDA K. Tribological characteristics of diamond-like carbon films at elevated temperatures[J]. Thin Solid Films, 1999, 346: 162-168.

[22] MEMMING R, TOLLE H J, WIERENGA P E. Properties of polymeric layers of hydrogenated amorphous carbon produced by a plasma-activated chemical vapour deposition process II : Tribological and mechanical properties[J]. Thin Solid Films, 1986, 143(1): 31-41.

[23] LI H, XU T, WANG C, et al. Annealing effect on the structure, mechanical and tribological properties of hydrogenated diamond-like carbon films[J]. Thin Solid Films, 2006, 515(4): 2153-2160.

[24] YU W, WANG J, HUANG W, et al. Improving high temperature tribological performances of Si doped diamond-like carbon by using W interlayer[J]. Tribology International, 2020, 146: 106241.

[25] OSTROVSKAYA Y L, STREL'NITSKIJ V E, KULEBA V I, et al. Friction and wear behaviour of hard and superhard coatings at cryogenic temperatures[J]. Tribology International, 2001, 34: 255-263.

[26] AGGLETON M, BURTON J C, TABOREK P. Cryogenic vacuum tribology of diamond and diamond-like carbon films[J]. Journal of Applied Physics, 2009, 106(1): 013504.

[27] 吉利, 李红轩, 裴露露, 等. 一种富勒烯/非晶碳氢复合薄膜的制备及在真空低温环境中的应用: ZL202010406255.3[P]. 2021-12-31.

[28] PENG J, LIAO J, PENG Y, et al. Enhancement of $sp^3$ C fraction in diamond-like carbon coatings by cryogenic treatment[J]. Coatings, 2022, 12(1): 42.

[29] RONKAINEN H, LIKONEN J, KOSKINEN J, et al. Effect of tribofilm formation on the tribological performance of hydrogenated carbon coatings[J]. Surface and Coatings Technology, 1996, 79(1): 87-94.

[30] LIU Y, ERDEMIR A, MELETIS E I. An investigation of the relationship between graphitization and frictional behavior of DLC coatings[J]. Surface and Coatings Technology, 1996, 86-87: 564-568.

[31] KIM D W, KIM K W. Effects of sliding velocity and normal load on friction and wear characteristics of multi-layered diamond-like carbon (DLC) coating prepared by reactive sputtering[J]. Wear, 2013, 297(1): 722-730.

[32] NA B C, TANAKA A. Tribological characteristics of diamond-like carbon films based on hardness of mating materials[C]. Jeju Island: ASIATRIB 2002 International Conference,2002.

[33] BAI L, ZHANG G, LU Z, et al. Tribological mechanism of hydrogenated amorphous carbon film against pairs: A physical description[J]. Journal of Applied Physics, 2011, 110: 033521.

[34] CUI L, LU Z, WANG L. Toward low friction in high vacuum for hydrogenated diamondlike carbon by tailoring sliding interface[J]. ACS Applied Materials & Interfaces, 2013, 5(13): 5889-5893.

[35] LI H, XU T, WANG C, et al. Tribochemical effects on the friction and wear behaviors of diamond-like carbon film under high relative humidity condition[J]. Tribology Letters, 2005, 19(3): 231-238.

[36] MELETIS E I, ERDEMIR A, FENSKE G R. Tribological characteristics of DLC films and duplex plasma nitriding/DLC coating treatments[J]. Surface and Coatings Technology, 1995, 73(1): 39-45.

[37] VLADIMIROV A B, TRAKHTENBERG I S, RUBSHTEIN A P, et al. The effect of substrate and DLC morphology on the tribological properties coating[J]. Diamond and Related Materials, 2000, 9(3): 838-842.

[38] ZHOU S, WANG L, XUE Q. Improvement in load support capability of a-C(Al)-based nanocomposite coatings by multilayer architecture[J]. Surface and Coatings Technology, 2011, 206(2): 387-394.

[39] VOEVODIN A A. Hard DLC growth and inclusion in nanostructured wear-protective coatings[M]//DONNET C, ERDEMIR A. Tribology of Diamond-Like Carbon Films: Fundamentals and Applications. Boston: Springer US, 2008.

[40] FONTAINE J, DONNET C, ERDEMIR A. Fundamentals of the tribology of DLC coatings[M]//DONNET C, ERDEMIR A. Tribology of Diamond-Like Carbon Films: Fundamentals and Applications. Boston: Springer US, 2008.

[41] MIYAKE S, TAKAHASHI S, WATANABE I, et al. Friction and wear behavior of hard carbon films[J]. Asle

Transactions, 1987, 30: 121-127.

[42] SUGIMOTO I, MIYAKE S. Oriented hydrocarbons transferred from a high performance lubricative amorphous C:H:Si film during sliding in a vacuum[J]. Applied Physics Letters, 1990, 56(19): 1868-1870.

[43] DONNET C, BELIN M, AUGÉ J C, et al. Tribochemistry of diamond-like carbon coatings in various environments[J]. Surface and Coatings Technology, 1994, 68-69: 626-631.

[44] ERDEMIR A, ERYILMAZ O L, NILUFER I B, et al. Effect of source gas chemistry on tribological performance of diamond-like carbon films[J]. Diamond and Related Materials, 2000, 9(3): 632-637.

[45] CAMPAÑÁ C E, MÜSER M H. Theoretical studies of superlubricity[M]//ERDEMIR A, MARTIN J M. Superlubricity. Amsterdam: Elsevier, 2007.

[46] 丁雪兴, 王兆龙, 张斌, 等. 含氢类富勒烯碳薄膜制备及超润滑性能研究进展[J]. 润滑与密封, 2018, 43(12): 97-103.

[47] 王永富, 白永庆, 高凯雄, 等. 工程导向碳薄膜宏观超润滑研究进展[J]. 中国科学：化学, 2018, 48(12): 1466-1677.

[48] 王康, 陈新春, 马天宝. 类金刚石薄膜固体超润滑的研究现状和挑战[J]. 表面技术, 2020, 49(6): 10-21.

[49] ZHU D, LI H, JI L, et al. Tribochemistry of superlubricating amorphous carbon films[J]. Chemical Communications, 2021, 57(89): 11776-11786.

[50] 张斌, 吉利, 鲁志斌, 等. 工程导向固体超润滑(超低摩擦)研究进展[J]. 摩擦学学报, 2023, 43(1): 3-17.

[51] FONTAINE J, DONNET C. Superlow friction of a-C:H films: Tribochemical and rheological effects[M]//ERDEMIR A, MARTIN J M. Superlubricity. Amsterdam: Elsevier, 2007.

[52] ADACHI K. Superlubricity of carbon nitride coatings in inert gas environments[M]//ERDEMIR A, MARTIN J M, LUO J. Superlubricity. 2nd ed. Amsterdam: Elsevier, 2021.

[53] VERCAMMEN K, MENEVE J, DEKEMPENEER E, et al. Study of RF PACVD diamond-like carbon coatings for space mechanism applications[J]. Surface and Coatings Technology, 1999, 120-121: 612-617.

[54] VANHULSEL A, VELASCO F, JACOBS R, et al. DLC solid lubricant coatings on ball bearings for space applications[J]. Tribology International, 2007, 40(7): 1186-1194.

[55] FONTAINE J, DONNET C, GRILL A, et al. Tribochemistry between hydrogen and diamond-like carbon films[J]. Surface and Coatings Technology, 2001, 146-147: 286-291.

[56] WANG C, YANG S, WANG Q, et al. Super-low friction and super-elastic hydrogenated carbon films originated from a unique fullerene-like nanostructure[J]. Nanotechnology, 2008, 19(22): 225709.

[57] 吉利. 超润滑复合类金刚石碳薄膜的设计、制备及性能研究[D]. 兰州: 中国科学院兰州化学物理研究所, 2009.

[58] JI L, LI H, ZHAO F, et al. Fullerene-like hydrogenated carbon films with super-low friction and wear, and low sensitivity to environment[J]. Journal of Physics D: Applied Physics, 2009, 43(1): 015404.

[59] GONG Z, BAI C, QIANG L, et al. Onion-like carbon films endow macro-scale superlubricity[J]. Diamond and Related Materials, 2018, 87: 172-176.

[60] FREYMAN C, ZHAO B, CHUNG Y W. Suppression of moisture sensitivity of friction in carbon-based coatings[M]// ERDEMIR A, MARTIN J M. Superlubricity. Amsterdam:Elsevier, 2007.

[61] FONTAINE J, LOUBET J L, MOGNE T L, et al. Superlow friction of diamond-like carbon films: A relation to viscoplastic properties[J]. Tribology Letters, 2004, 17(4): 709-714.

[62] 赵飞. 多环境适应性超润滑复合类金刚石薄膜的制备及其性能研究[D]. 北京: 中国科学院大学, 2010.

[63] CHEN X C, KATO T, NOSAKA M. Origin of superlubricity in a-C:H:Si films: A relation to film bonding structure and environmental molecular characteristic[J]. ACS Applied Materials & Interfaces, 2014, 6(16): 13389-13405.

[64] LIU X, YANG J, HAO J, et al. A near-frictionless and extremely elastic hydrogenated amorphous carbon film with self-assembled dual nanostructure[J]. Advanced Materials, 2012, 24(34): 4614-4617.

[65] 吴艳霞. 非晶碳膜的真空摩擦学行为研究及其性能改善[D]. 北京: 中国科学院大学, 2014.

[66] YU G, GONG Z, JIANG B, et al. Superlubricity for hydrogenated diamond like carbon induced by thin $MoS_2$ and DLC layer in moist air[J]. Diamond and Related Materials, 2020, 102: 107668.

[67] GONG Z, JIA X, MA W, et al. Hierarchical structure graphitic-like/$MoS_2$ film as superlubricity material[J]. Applied Surface Science, 2017, 413: 381-386.

[68] KANO M, YASUDA Y, OKAMOTO Y, et al. Ultralow friction of DLC in presence of glycerol mono-oleate (GNO)[J]. Tribology Letters, 2005, 18(2): 245-251.

[69] KANO M, MARTIN J M, YOSHIDA K, et al. Super-low friction of ta-C coating in presence of oleic acid[J]. Friction, 2014, 2(2): 156-163.

[70] MATTA C, JOLY-POTTUZ L, DE BARROS BOUCHET M I, et al. Superlubricity and tribochemistry of polyhydric alcohols[J]. Physical Review B, 2008, 78(8): 085436.

[71] WEIHNACHT V, MAKOWSKI S. The role of lubricant and carbon surface in achieving ultra- and superlow friction[M]//ERDEMIR A, MARTIN J M, LUO J. Superlubricity. 2nd ed. Amsterdam: Elsevier, 2021.

[72] DONNET C, GRILL A. Friction control of diamond-like carbon coatings[J]. Surface and Coatings Technology, 1997, 94-95: 456-462.

[73] ERDEMIR A, ERYILMAZ O. Achieving superlubricity in DLC films by controlling bulk, surface, and tribochemistry[J]. Friction, 2014, 2(2): 140-155.

[74] ERYILMAZ O L, ERDEMIR A. On the hydrogen lubrication mechanism(s) of DLC films: An imaging TOF-SIMS study[J]. Surface and Coatings Technology, 2008, 203(5): 750-755.

[75] SJÖSTRÖM H, STAFSTRÖM S, BOMAN M, et al. Superhard and elastic carbon nitride thin films having fullerenelike microstructure[J]. Physical Review Letters, 1995, 75(7): 1336-1339.

[76] AMARATUNGA G A J, CHHOWALLA M, KIELY C J, et al. Hard elastic carbon thin films from linking of carbon nanoparticles[J]. Nature, 1996, 383(6598): 321-323.

[77] JOHNSON J A, WOODFORD J B, CHEN X, et al. Insights into "near-frictionless carbon films" [J]. Journal of Applied Physics, 2004, 95(12): 7765-7771.

[78] ARENAL R, LIU A C Y. Clustering of aromatic rings in near-frictionless hydrogenated amorphous carbon films probed using multiwavelength Raman spectroscopy[J]. Applied Physics Letters, 2007, 91(21): 211903.

[79] LIU A C Y, ARENAL R, MILLER D J, et al. Structural order in near-frictionless hydrogenated diamondlike carbon films probed at three length scales via transmission electron microscopy[J]. Physical Review B, 2007, 75(20): 205402.

[80] 王成兵. 碳基薄膜材料的设计、制备与性能研究[D]. 北京: 中国科学院大学, 2008.

[81] 龚珍彬. 碳基薄膜纳米结构调控与超润滑行为[D]. 北京: 中国科学院大学, 2017.

[82] CAO Z, ZHAO W, LIANG A, et al. A general engineering applicable superlubricity: Hydrogenated amorphous carbon film containing nano diamond particles[J]. Advanced Materials Interfaces, 2017, 4(14): 1601224.

[83] SONG H, JI L, LI H, et al. External-field-induced growth effect of an a-C:H film for manipulating its medium-range nanostructures and properties[J]. ACS Applied Materials & Interfaces, 2016, 8 (10): 6639-6645.

[84] 宋惠. 多尺度结构超润滑碳基薄膜的设计,真空延寿及机理[D]. 北京: 中国科学院大学, 2016.

[85] LIU A Y, COHEN M L. Prediction of new low compressibility solids[J]. Science, 1989, 245(4920): 841-842.

[86] ERDEMIR A, FONTAINE J, DONNET C. An overview of superlubricity in diamond-like carbon films[M]//DONNET

C, ERDEMIR A. Tribology of Diamond-like Carbon Films: Fundamentals and Applications. Boston: Springer US, 2008.

[87] LI X, WANG A, LEE K R. First principles investigation of interaction between impurity atom (Si, Ge, Sn) and carbon atom in diamond-like carbon system[J]. Thin Solid Films, 2012, 520(19): 6064-6067.

[88] LI X, LEE K R, WANG A. Chemical bond structure of metal-incorporated carbon system[J]. Journal of Computational and Theoretical Nanoscience, 2013, 10: 1688-1692.

[89] LI X W, JOE M W, WANG A Y, et al. Stress reduction of diamond-like carbon by Si incorporation: A molecular dynamics study[J]. Surface and Coatings Technology, 2013, 228: S190-S193.

[90] 吴艳霞, 李红轩, 吉利, 等. a-C:H 膜在不同真空度下的摩擦学行为研究[J]. 功能材料, 2012, 43(3): 313-316.

[91] 吴艳霞, 李红轩, 吉利, 等. 真空中不同转速和对偶对 a-C:H 膜摩擦学性能的影响[J]. 中国表面工程, 2012, 25(6): 90-95.

[92] 吴艳霞, 李红轩, 吉利, 等. a-C:H 膜的高真空磨损失效机制研究: 应力的影响[J]. 摩擦学学报, 2016, 33(5): 501-506.

[93] SONG H, JI L, LI H, et al. Perspectives of friction mechanism of a-C:H film in vacuum concerning the onion-like carbon transformation at the sliding interface[J]. RSC Advances, 2015, 5(12): 8904-8911.

[94] ZHANG R, WANG L, LU Z. Probing the intrinsic failure mechanism of fluorinated amorphous carbon film based on the first-principles calculations[J]. Scientific Reports, 2015, 5(1): 9419.

[95] WANG L, ZHANG R, JANSSON U, et al. A near-wearless and extremely long lifetime amorphous carbon film under high vacuum[J]. Scientific Reports, 2015, 5(1): 11119.

[96] FAN X, WANG L. Graphene with outstanding anti-irradiation capacity as multialkylated cyclopentanes additive toward space application[J]. Scientific Reports, 2015, 5(1): 12734.

[97] QI Y, KONCA E, ALPAS A T. Atmospheric effects on the adhesion and friction between non-hydrogenated diamond-like carbon (DLC) coating and aluminum:A first principles investigation[J]. Surface Science, 2006, 600(15): 2955-2965.

[98] JI L, LI H, ZHAO F, et al. Effects of environmental molecular characteristics and gas-surface interaction on friction behaviour of diamond-like carbon films[J]. Journal of Physics D: Applied Physics, 2009, 42: 135301.

[99] WANG C, LI B, LING X, et al. Superlubricity of hydrogenated carbon films in a nitrogen gas environment: Adsorption and electronic interactions at the sliding interface[J]. RSC Advances, 2017, 7(5): 3025-3034.

[100] DONNET C, MOGNE T L, PONSONNET L, et al. The respective role of oxygen and water vapor on the tribology of hydrogenated diamond-like carbon coatings[J]. Tribology Letters, 1998, 4(3): 259-265.

[101] ANDERSSON J, ERCK R A, ERDEMIR A. Frictional behavior of diamondlike carbon films in vacuum and under varying water vapor pressure[J]. Surface and Coatings Technology, 2003, 163-164: 535-540.

[102] KIM H I, LINCE J R, ERYILMAZ O L, et al. Environmental effects on the friction of hydrogenated DLC films[J]. Tribology Letters, 2006, 21(1): 51-56.

[103] COLLINS A T. Synthetic Diamond: Emerging CVD Science and Technology[M]. Chichester: Wiley, 1994.

[104] LI H, XU T, WANG C, et al. Friction behaviors of hydrogenated diamond-like carbon film in different environment sliding against steel ball[J]. Applied Surface Science, 2005, 249(1): 257-265.

[105] LI H, XU T, WANG C, et al. Friction-induced physical and chemical interactions among diamond-like carbon film, steel ball and water and/or oxygen molecules[J]. Diamond and Related Materials, 2006, 15(9): 1228-1234.

[106] YOON E S, KONG H, LEE K R. Tribological behavior of sliding diamond-like carbon films under various environments[J]. Wear, 1998, 217(2): 262-270.

[107] PARK S J, LEE K, KO D. Tribochemical reaction of hydrogenated diamond-like carbon films: A clue to understand

the environmental dependence[J]. Tribology International, 2004, 37(11): 913-921.

[108] TAGAWA M, IKEMURA M, NAKAYAMA Y, et al. Effect of water adsorption on microtribological properties of hydrogenated diamond-like carbon films[J]. Tribology Letters, 2004, 17(3): 575-580.

[109] DONNET C, FONTAINE J, GRILL A, et al. The role of hydrogen on the friction mechanism of diamond-like carbon films[J]. Tribology Letters, 2001, 9(3): 137-142.

[110] 曾群锋, 曹倩, ALI E, 等. 类金刚石膜超低摩擦行为的研究进展[J]. 中国表面工程, 2018, 31(4):1-19.

[111] ZENG Q, ERYILMAZ O, ERDEMIR A. Superlubricity of the DLC films-related friction system at elevated temperature[J]. RSC Advances, 2015, 5(113): 93147-93154.

[112] WANG Z, GONG Z, ZHANG B, et al. Heating induced nanostructure and superlubricity evolution of fullerene-like hydrogenated carbon films[J]. Solid State Sciences, 2019, 90: 29-33.

[113] BERMAN D, DESHMUKH S A, SANKARANARAYANAN S K R S, et al. Macroscale superlubricity enabled by graphene nanoscroll formation[J]. Science, 2015, 348(6239): 1118-1122.

[114] BERMAN D, NARAYANAN B, CHERUKARA M J, et al. Operando tribochemical formation of onion-like-carbon leads to macroscale superlubricity[J]. Nature Communications, 2018, 9(1): 1164.

[115] BERMAN D, MUTYALA K C, SRINIVASAN S, et al. Iron-nanoparticle driven tribochemistry leading to superlubric sliding interfaces[J]. Advanced Materials Interfaces, 2019, 6(23): 1901416.

[116] SUN L, LAI Z, WEI X, et al. Insight into superlubricity via synergistic effects of ammonium tetrathiomolybdate and hydrogenated amorphous carbon films[J]. Applied Surface Science, 2022, 597: 153675.

[117] JIA Q, YANG Z X, ZHANGB, et al. Macro superlubricity of two-dimensional disulphide/amorphous carbon heterogeneous via tribochemistry[J]. Materials Today Nano, 2023, 21: 100286.

[118] PEI L, CHEN W, JU P, et al. Regulating vacuum tribological behavior of a-C:H film by interfacial activity[J]. The Journal of Physical Chemistry Letters, 2021: 10333-10338.

[119] 裴露露. 几种典型润滑薄膜结构设计与真空载流摩擦学性能研究[D]. 北京: 中国科学院大学, 2022.

[120] 贾倩, 张斌, 王凯, 等. 催化超润滑:金催化作用下非晶含氢碳薄膜的工程超润滑[J]. 中国科学:化学, 2021, 50(4):468-475.

[121] AZIZI A A, ERYILMAZ O, ERDEMIR A, et al. Nano-texture for a wear-resistant and near-frictionless diamond-like carbon[J]. Carbon, 2014, 73: 403-412.

[122] SONG H, JI L, LI H, et al. Improving the tribological performance of a-C:H film in a high vacuum by surface texture[J]. Journal of Physics D: Applied Physics, 2014, 47(23): 235301.

[123] MATTA C, DE BARROS BOUCHET M I, LE-MOGNE T, et al. Tribochemistry of tetrahedral hydrogen-free amorphous carbon coatings in the presence of OH-containing lubricants[J]. Lubrication Science, 2008, 20(2): 137-149.

[124] KUWAHARA T, ROMERO P A, MAKOWSKI S, et al. Mechano-chemical decomposition of organic friction modifiers with multiple reactive centres induces superlubricity of ta-C[J]. Nature Communications, 2019, 10(1): 151.

[125] LONG Y, BARROS BOUCHET M I D, RISTIC A, et al. Superlubricity of glycerol is enhanced in the presence of graphene or graphite[M]//ERDEMIR A, MARTIN J M, LUO J. Superlubricity. 2nd ed. Amsterdam: Elsevier, 2021.

[126] BJÖRLING M, SHI Y. DLC and glycerol: Superlubricity in rolling/sliding elastohydrodynamic lubrication[J]. Tribology Letters, 2019, 67(1): 23.

[127] ISABEL D B B M , MARTIN J M, AVILA J, et al. Diamond-like carbon coating under oleic acid lubrication: Evidence for graphene oxide formation in superlow friction[J]. Scientific Reports, 2017, 7(1): 46394.

[128] DAG S, CIRACI S. Atomic scale study of superlow friction between hydrogenated diamond surfaces[J]. Physical

Review B, 2004, 70(24): 241401.

[129] RACINE B, BENLAHSEN M, ZELLAMA K, et al. Hydrogen stability in diamond-like carbon films during wear tests[J]. Applied Physics Letters, 1999, 75(22): 3479-3481.

[130] LIU Y, MELETIS E I. Evidence of graphitization of diamond-like carbon films during sliding wear[J]. Journal of Materials Science, 1997, 32(13): 3491-3495.

[131] CHEN X C, ZHANG C, KATO T, et al. Evolution of tribo-induced interfacial nanostructures governing superlubricity in a-C:H and a-C:H:Si films[J]. Nature Communications, 2017, 8(1): 1675.

[132] CHEN X C, KATO T, ZHANG C, et al. Chapter 16-tribo-induced interfacial nanostructures stimulating superlubricity in amorphous carbon films[M]//ERDEMIR A, MARTIN J M, LUO J. Superlubricity. 2nd ed. Amsterdam: Elsevier, 2021.

[133] 李瑞云, 杨兴, 王永富, 等. 非晶碳薄膜固体超润滑设计的滚—滑原则[J]. 摩擦学学报, 2021, 41(4): 583-592.

[134] WANG Y, GAO K, ZHANG B, et al. Structure effects of $sp^2$-rich carbon films under super-low friction contact[J]. Carbon, 2018, 137: 49-56.

[135] LIU Y, YU B, CAO Z, et al. Probing superlubricity stability of hydrogenated diamond-like carbon film by varying sliding velocity[J]. Applied Surface Science, 2018, 439: 976-982.

[136] LIU Y, CHEN L, ZHANG B, et al. Key role of transfer layer in load dependence of friction on hydrogenated diamond-like carbon films in humid air and vacuum[J]. Materials, 2019, 12(9): 1550.

[137] GONG Z B, SHI J, ZHANG B, et al. Graphene nano scrolls responding to superlow friction of amorphous carbon[J]. Carbon, 2017, 116: 310-317.

[138] BERMAN D, ERDEMIR A. Achieving ultralow friction and wear by tribocatalysis: Enabled by in-operando formation of nanocarbon films[J]. ACS Nano, 2021, 15(12): 18865-18879.

[139] NOSAKA M, MIFUNE A, KAWAGUCHI M, et al. Friction fade-out at polymer-like carbon films slid by $ZrO_2$ pins under hydrogen environment[J]. Proceedings of the Institution of Mechanical Engineers, Part J: Journal of Engineering Tribology, 2015, 229(8): 1030-1038.

[140] NOSAKA M, MORISAKI Y, FUJIWARA T, et al. The run-in process for stable friction fade-out and tribofilm analyses by SEM and nano-indenter[J]. Tribology Online, 2017, 12(5): 274-280.

[141] ERDEMIR A, RAMIREZ G, ERYILMAZ O L, et al. Carbon-based tribofilms from lubricating oils[J]. Nature, 2016, 536(7614): 67-71.

[142] LI R, YANG X, WANG Y, et al. Graphitic encapsulation and electronic shielding of metal nanoparticles to achieve metal-carbon interfacial superlubricity[J]. ACS Applied Materials & Interfaces, 2021, 13(2): 3397-3407.

# 第6章　过渡金属硫属化合物薄膜固体超润滑材料

过渡金属硫属化合物(TMDs)是指 $MX_2$ 型化合物，其中 M 是元素周期表中第ⅣB 族、ⅤB 族、ⅥB 族和ⅦB 族的 Fe、Re 为代表的过渡金属元素，X 是指硫族元素(S、Se 和 Te)，主要包括 $MoS_2$、$WS_2$、$NbS_2$、$MoSe_2$、$WSe_2$、$NbSe_2$ 等[1]，各元素在元素周期表中的位置具体如图 6.1 所示[1]。

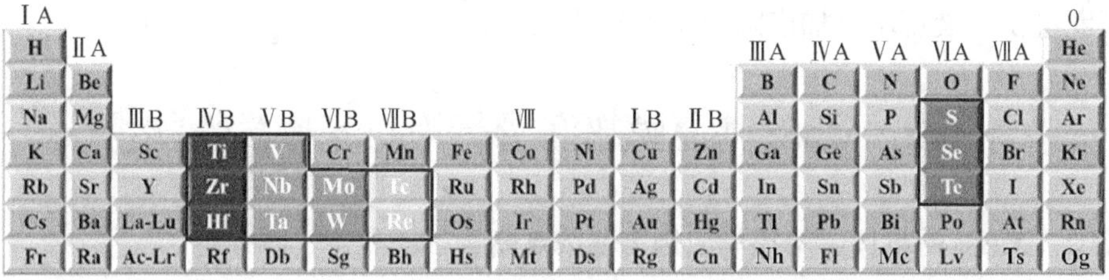

图 6.1　TMDs 过渡元素及硫族元素在周期表中的位置[1]

单层的 TMDs 属于六方晶系，晶体的单元层是由 X-M-X 三个平面层组成的三明治层状结构，即上下两层为硫族原子，中间则夹着过渡金属原子层。在这种三明治层状结构中，每个 X 原子与三个 M 原子相邻，每个 M 原子与六个 X 原子相邻。层与层之间由范德华相互作用吸引，有不同的堆垛方式，最常见的晶型是 2H、3R 和 1T 型堆垛，如图 6.2 所示[2]。2H 型是六角对称，每个重复单元有两层，呈三角棱柱结构。3R 型是棱面体对称，每个重复单元有三层。1T 型是四角对称，每个重复单元一层，八面体配位。不同晶型的晶格常数 $a$ 为 3.1~3.7Å，堆叠常数 $c$ 表示每个堆叠顺序的数目，层间距约为 6.5Å。

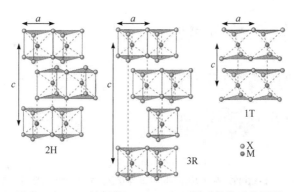

图 6.2　TMDs 材料的 2H、3R、1T 晶型结构示意图[2]

层间堆垛方式是影响 TMDs 材料性质的主要因素，不同堆垛表现出不同的电子结构以及材料特性。例如，在电学性质方面，TMDs 材料就涵盖了导体(如 $VSe_2$ 和 $NbSe_2$)、半金属(如 $TiSe_2$ 和 $WTe_2$)、半导体(如 $MoS_2$、$WS_2$、$MoSe_2$ 等)和绝缘体(如 $HfS_2$)。此外，一些 TMDs 材料还具备许多新奇的物理特性，如超导电性、莫伯德-哈伯德相变和电荷密度波等[3]。特别是当 TMDs 材料被制备成二维单层后，由于量子尺寸限制效应和强自旋轨道耦合效应等，表现出更多新奇的物理特性，TMDs 材料和石墨烯一样，已成为研究和报道最多的二维层状材料之一。

得益于独特的层状结构和新奇的物理性质，TMDs 材料被广泛应用于机械摩擦学、电子、光电子、传感器、能源和催化等领域，且随着研究不断深入和技术不断进步，展现出更加广阔的应用前景。

# 6.1　$MoS_2$ 基薄膜超润滑行为与摩擦学性能

## 6.1.1　$MoS_2$ 的结构、摩擦学应用与薄膜制备

$MoS_2$ 的分子结构如图 6.3 所示，每个二维晶体层的厚度约为 6.5Å，这些层由范德华相互作用束缚在一起，所以可用微机械剥离法获得单层的 $MoS_2$ 烯。$MoS_2$ 的每一个二维晶体层都有一个六边形排列的 Mo 原子平面夹在两个六边形排列的 S 原子平面之间，共价键合 S—Mo—S 原子呈三棱形排列，形成六角形晶体结构。$MoS_2$ 为八面体晶体对称结构，Mo—S 键长为 2.4Å，晶格常数为 3.2Å，上下 S 原子间距为 3.1Å[4]。

$MoS_2$ 粉末呈黑灰色略带蓝色，有滑腻感。天然的 $MoS_2$ 是辉钼矿的主要组分，密度为 $4.5 \sim 4.8 g/cm^3$，熔点为 1185℃，莫氏硬度 $1.0 \sim 1.5$，热膨胀系数为 $1.07 \times 10^{-5} K^{-1}$，具有一定磁性。其化学性质稳定，除王水、浓热的盐酸、硝酸和硫

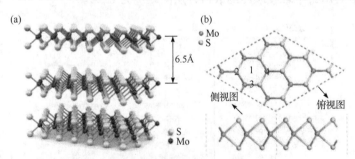

图 6.3　$MoS_2$ 的分子结构[4]

(a) $MoS_2$ 结构的三维示意图；(b) $MoS_2$ 单层优化结构中的四种吸附位点
1-空心位点；2-S 原子顶部位点；3-Mo—S 桥位点；4-Mo 原子顶部位点

酸以外，无法溶解于其他溶液、水或其他溶剂、石油产品及合成润滑剂中。$MoS_2$ 在空气中于 350℃开始发生氧化，516℃以后发生剧烈的氧化，在超高真空和惰性气体中 900℃时仍保持稳定的结构[5]。

由于 $MoS_2$ 层与层之间由较弱的范德华相互作用相连，层内原子由较强的共价键相连，使得这种材料在受到剪切力时，层与层之间易于发生滑动而得到较低的摩擦系数(图 6.4)[6]。因此，$MoS_2$ 作为优异的固体润滑材料被广泛应用，被誉为"固体润滑之王"。其应用主要有四种形式。

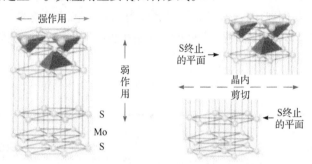

图 6.4　$MoS_2$ 材料的层状滑移结构示意图[6]

润滑油脂添加剂：$MoS_2$ 以其分散性好、不黏结的优点，可以以任意质量分数添加在各种油脂中，用于高温、高负荷、冲击负荷等工况下的油脂润滑。而且可通过控制 $MoS_2$ 纳米颗粒或片层的尺寸和形状，将其作为高接触压力和低摩擦系数的极压添加剂加入润滑油中。近年来，具有独特嵌套中空结构的无机类富勒烯 $MoS_2$ 纳米材料更是成为添加剂的研究热点。

自润滑复合材料：将 $MoS_2$ 粉末以一定比例添加到聚合物、金属、陶瓷等材料中，使复合材料具有高硬度、低摩擦系数、耐磨损等特点，可应用于高低温、高载荷等环境中。例如，含 $MoS_2$ 的金属基自润滑材料在高温环境中(室温～800℃)具有良好的摩擦学性能，可应用于燃气配器阀中。

黏结固体润滑涂层：将 $MoS_2$ 粉末以一定比例添加到有机或者无机黏合剂中并混合均匀，然后使用类似油漆的喷涂、刷涂、浸涂等工艺在零件表面形成涂层。其优点是具有与基底相同的承载能力，并兼具防腐、动密封、防污、防黏、减振、降噪等作用。可以在高温、超高真空、强辐射、高负荷、强氧化还原环境下有效润滑，减少摩擦磨损。

溅射 $MoS_2$ 薄膜：将 $MoS_2$ 粉末压制成靶材，在高真空条件下，利用某种激发源(如直流、中频、射频、激光等)，将 $MoS_2$ 蒸发或者离化，最终在零件表面沉积形成薄膜。其特点是厚度薄而均匀，特别适合高精密零件的表面润滑处理，如空间精密轴承、谐波减速器等。

本节主要介绍溅射 $MoS_2$ 薄膜的超润滑行为与摩擦学性能。1969 年，Spalvins[7]

首次利用直流溅射方法在 Nb 和 Ni-Cr 表面上制备了 $MoS_2$ 薄膜，其成分、厚度均匀，与基底结合力好，在真空下展现出低摩擦系数与长寿命，且薄膜制备和实验的可重复性好。此后在过去几十年中，溅射 $MoS_2$ 薄膜技术迅速发展，已成为制备 TMDs 薄膜的首选方法，并被广泛应用于航空航天等工业领域。

根据 $MoS_2$ 薄膜在基底表面上的晶体取向，可将其分为四种类型，如图 6.5 所示[8]。第一类是 $MoS_2$ 晶体的(002)基面垂直于基体表面，其中 $MoS_2$ 微晶的 (100)和(110)平面平行于基体表面(边缘取向)。第二类是 $MoS_2$ 晶体的(002)基面平行于基体表面(基面取向)。第三类可以看作是第一类和第二类的混合物，也称为随机取向薄膜，即薄膜中共存基面取向微晶和边缘取向微晶(随机取向)。第四类薄膜属于无定型非晶结构。

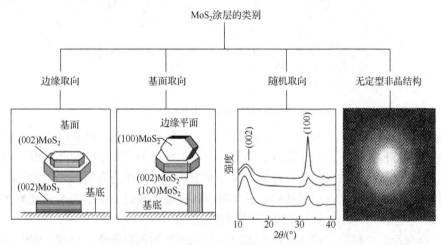

图 6.5　溅射 $MoS_2$ 薄膜的四种结构类型[8]

一般来说，大多数溅射沉积的 $MoS_2$ 薄膜呈边缘取向结构[9]。Bertrand[10]提出了活性位成核理论：在薄膜沉积过程中，基底上的活性位与等离子体中的 S 原子发生反应，而大量活性 S 原子存在于边缘平面上，容易与沉积表面的其他原子键合，由于 S 悬键的方向性，从而强制形成边缘取向薄膜。Hilton 等[11]通过 TEM 分析表明，在薄膜生长初期，$MoS_2$ 由边缘取向岛和基面取向岛组成，由于边缘取向的生长速度快于基面，因此边缘取向岛在薄膜中占主导地位，这反过来又遮蔽和抑制了基面取向岛的继续生长，薄膜最终形成边缘取向结构。

由于基面上不存在空位轨道或悬键，微晶基面与基体之间不可能形成牢固的化学键。因此，基面平行于基体表面的薄膜(基面取向)不会很好地黏附到基体上。基面取向的薄膜具有更好的凝聚态和致密度，因此耐氧和耐湿性能较好。相比之下，具有边缘取向的薄膜容易氧化，并且对湿度非常敏感。Scharf 等[6]指出，无论原始溅射 $MoS_2$ 薄膜是哪种类型，在摩擦过程中，摩擦应力可以使 $MoS_2$

晶体重新定向，在摩擦界面形成平行于滑动方向的有序(002)晶面。

大量研究表明，溅射方法(射频、直流、离子束辅助或者磁控辅助溅射等)和溅射参数(基体温度、偏压、气压等)对 $MoS_2$ 薄膜的结构和摩擦学性能有重要影响。

射频溅射是沉积 $MoS_2$ 薄膜时广泛应用的技术之一，制备的薄膜具有良好的均匀性和再现性、高的黏附力和纯度。射频溅射 $MoS_2$ 薄膜时沉积速率较低，相比之下，直流溅射特别是直流闭合场非平衡磁控溅射[12,13]，具有更高的溅射产额、更高的离子/原子比和更高的沉积能量，因此更有利于提高薄膜沉积速率、增强黏附力和致密性。

基体温度强烈影响薄膜的结晶性。Spalvins[14]研究了基体温度对 $MoS_2$ 薄膜结构、形貌和摩擦学性能的影响，当基体温度从-195℃增加到 320℃时，薄膜从非晶态转变为晶态，晶粒尺寸从 10Å 增加到 110Å，而高温沉积的薄膜润滑性能优于低温沉积的薄膜。

溅射气压对 TMDs 薄膜的晶粒取向、元素组成和生长速度有显著影响。随着溅射压力从低压(0.3Pa)增加到高压(3Pa)，薄膜由基面取向转变为边缘取向[15,16]。与 3Pa 的溅射压力相比，在 0.3Pa 时溅射 $MoS_2$ 薄膜的生长速度更快，S、Mo 原子比更低，归因于在较低溅射压力下，等离子体电位较高，加速 Ar 离子的平均自由程较大。

此外，$MoS_2$ 薄膜沉积过程中真空室残留的水汽是一个常被忽视的影响其性能的关键参数[17]。当水汽含量处于极低水平时，$MoS_2$ 薄膜结构呈润滑性较好的基面取向；水汽含量增加导致 $MoS_2$ 薄膜具有边缘取向结构。

随着研究深入和技术进步，已经通过使用直流闭合场磁控溅射、降低气体压力、降低水汽分压、提高离子轰击能量、共溅射掺杂其他元素、周期性制备多层结构等方法，实现了高致密性、高硬度、高结合力的基面取向，非晶结构 $MoS_2$ 薄膜的制备，改善了薄膜在真空、大气和潮湿环境下的润滑性能，提高了耐磨寿命。

$MoS_2$ 薄膜最重要的应用领域是空间技术，涉及超高真空、高低温交变、原子氧、强辐照等多种恶劣环境。液体润滑剂在高真空下会蒸发并可能污染设备，在高温下会分解或氧化，在低温下会凝固而无法润滑，在强辐射下会分解，而且在高承载下会从接触面挤出，难以满足空间装备的润滑需求。特别地，对于空间装备，液体润滑剂需要复杂的供油和密封装置而导致质量增加，且随长时间使用或经历长时间存储和闲置时，液体润滑剂会发生退化。$MoS_2$ 薄膜解决了上述问题，广泛应用于空间飞行器的轴承、齿轮、指向机构、滑环和释放机构等。事实上，几乎所有的卫星和航天器都使用了 $MoS_2$ 薄膜润滑处理[18]。

这里给出 $MoS_2$ 薄膜最新典型空间应用，詹姆斯-韦伯太空望远镜(JWST)。它是美国宇航局史上最复杂的项目之一，由于距离地球太遥远无法派宇航员进行维修保养，所以它的设计制造必须完美无缺，否则将功亏一篑。$MoS_2$ 薄膜被确定为 JWST 上许多精密仪器(包括近红外相机(NIRCam)和中红外仪器(MIRI))的聚焦和对准机构，精细制导传感器(FGS)上齿轮)的首选固体润滑剂[18,19]，如图 6.6 所示，选择 $MoS_2$ 薄膜作为这些高精度仪器的首选固体润滑剂，关键在于它能够在低温(30K，JWST 工作温度)下保持其润滑性能，并且能够以亚微米厚度沉积在精密轴承上，确保其稳定运行。为了确保万无一失，$MoS_2$ 薄膜润滑的轴承在地面上进行了大量的实验，评价了其在各种运行条件下的摩擦学性能，以确保其在太空中使用的可靠性。例如，在近红外相机聚焦和对准机构镀制的 $MoS_2$ 薄膜需要经历超低温环境 200000 圈的寿命测试，可重复位置精度小于 4μm，阈值电机电流增加小于30%。多种 $MoS_2$ 薄膜经历了长达 4a 的大气存储实验，以验证地面存储对其寿命的影响[20,21]。

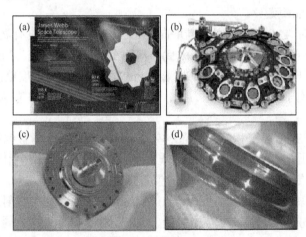

图 6.6　$MoS_2$ 薄膜在 JWST 轴承上的应用[18,19]

(a) JWST 示意图；(b) MIRI 仪器过滤轮组件；(c) 过滤轮组件轴承；(d) $MoS_2$ 薄膜润滑轴承

　　2021 年 12 月 25 日，詹姆斯-韦伯太空望远镜在圭亚那库鲁航天发射中心搭乘阿丽亚娜-5 型运载火箭发射升空，2022 年 7 月望远镜正式工作，并拍摄了著名的"创生之柱"，说明 $MoS_2$ 润滑薄膜在空间方面的又一次成功应用。

### 6.1.2　$MoS_2$ 薄膜超润滑行为与机制

　　1. $MoS_2$ 薄膜非公度接触超润滑行为

　　$MoS_2$ 薄膜的超润滑行为最早是由 Donnet 和 Martin 团队于 1993 年发现的[22]。他们建立了一台超高真空(UHV)原位薄膜制备、结构分析和摩擦试验机，如图 6.7 所示，基体通过快速锁定(9)进入薄膜制备室，用离子刻蚀(10)清洗干净，然后使用 PVD 源(14)沉积 $MoS_2$ 薄膜。薄膜沉积后，被转移到主 UHV 腔室中，开始销-盘摩擦实验(1、2、3)。摩擦前后，可以利用 XPS(17、19)和俄歇电子能谱(AES)(16)对薄膜原始结构和磨痕进行结构分析。利用该设备，实现 $MoS_2$ 薄膜在超高真空中的原位制备、摩擦测试和结构分析，从而避免了大气中水蒸气和氧气等吸附影响。Donnet 等在 Si 表面沉积了 120nm 厚的纯 $MoS_2$ 薄膜，该薄膜的 S、Mo 原子比为 2.04，基本符合 $MoS_2$ 的化学计量比。通过 TEM 分析表明，薄膜中存在(002)基面、(100)和(110)棱面，属于边缘取向结构。采用销-盘摩擦试验机考察了薄膜在超高真空中的摩擦行为，销采用曲率半径 2mm 的 α-SiC 半球，载荷 1N(接触压力 0.66GPa)，线速度 0.5mm/s，往复长度 3mm，真空度 $5×10^{-10}$Torr。结果表明，薄膜具有 0.003 的超润滑摩擦系数，比之前报道的摩擦系数低一个数量级。作者认为，摩擦过程中形成平行于滑动方向的(002)基面，摩擦力各向异性，没有受到水蒸气和氧气等污染，是实现超润滑的关键因素。

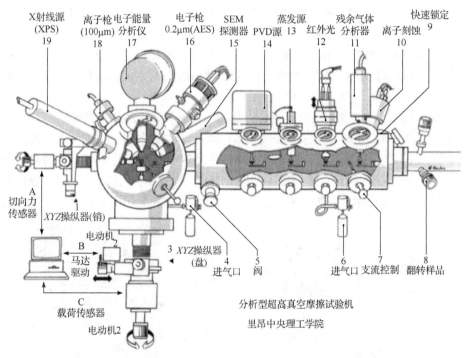

图 6.7　超高真空原位薄膜制备、结构分析和摩擦试验机示意图[22]

Martin 等[23-25]采用相同设备，在 AISI 52100 钢上制备了 120nm 厚的 $MoS_2$ 薄膜，采用销-盘摩擦试验机原位考察了薄膜在超高真空中的摩擦行为。实验条件如下：销采用曲率半径 4mm 的钢半球，载荷 1.2N(接触压力 0.4GPa)，线速度 0.5mm/s，往复长度 3mm，真空度 $5×10^{-10}$Torr。$MoS_2$ 薄膜摩擦系数变化曲线如图 6.8 所示，初始摩擦系数为 0.01，几次循环后，摩擦系数急剧下降至 0.001 左右。在某些时候摩擦系数出现负值，这可能是噪声大于传感器发出的信号。基于此，$MoS_2$ 薄膜实际上出现了摩擦力消失现象。

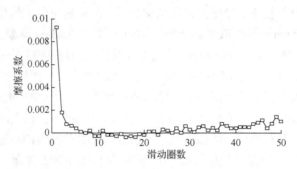

图 6.8　$MoS_2$ 薄膜摩擦系数变化曲线[23,25]

通过对比原始薄膜和磨屑的 HRTEM 照片(图 6.9、图 6.10)，可以看出，原始 $MoS_2$ 薄膜微晶呈长程有序的边缘取向结构，在薄膜平面上具有 $c$ 轴方向的无序结构，晶粒大小约为 7nm，且 $MoS_2$ 薄膜晶体存在缺陷，如平面卷曲、位错、空洞等。最后通过 XPS、AES 和卢瑟福背散射(RBS)分析表面指出薄膜纯净无任何污染，符合 $MoS_2$ 的原子化学计量比。

磨屑的 HRTEM 图像证明了 $MoS_2$ 晶粒在接触界面上的摩擦诱导取向，(002) 衍射环消失表明 $MoS_2$ 晶粒是通过摩擦定向的，其基面与滑动方向平行。此外，局部放大的高分辨图像清楚地显示了 $MoS_2$ 晶体叠加和旋转角度导致的莫尔条纹。使用图像分析仪和快速傅里叶变换(FFT)算法，获得了这两个区域的数值衍射图(如图 6.10 所示，下方 1 和 2 分别为上方区域 1 和区域 2 的放大图，旋转角

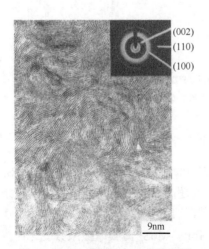

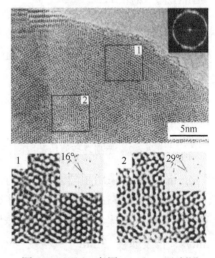

图 6.9　$MoS_2$ 薄膜 HRTEM 照片[24]　　　图 6.10　$MoS_2$ 磨屑 HRTEM 照片[25]

度由 TEM 图像中选定区域的光学傅里叶变换获得)，可以看出区域 1 和区域 2 都包含两个不同的(001)方向，失配角度分别为 16° 和 29°。结合 Hirano 和 Shinjo 提出的结构超润滑理论[26-28]，作者认为 $MoS_2$ 薄膜在摩擦过程中重新取向，产生了非公度接触，摩擦力各向异性，这是超润滑的根源。

为了进一步研究环境对 $MoS_2$ 薄膜超润滑性能的影响，Donnet 等[29,30] 和 Martin[25] 对比研究了纯 $MoS_2$ 薄膜在超高真空(UHV，$5 \times 10^{-8}$Pa)、高真空(HV，$10^{-3}$Pa)、干燥氮气($N_2$，$10^5$Pa，RH<1%)和大气($10^5$Pa，RH 约 40%)环境下的摩擦学性能，结果如图 6.11 所示。在空气中薄膜摩擦系数介于 0.15~0.20(图 6.11 中未显示)。在 HV 中摩擦系数下降到超低状态，维持在 0.015~0.018。在干燥 $N_2$ 中，摩擦系数达到超润滑状态，最后稳定在 0.003。在 UHV 中薄膜具有最低的摩擦系数，为 0.001~0.002，甚至出现摩擦力完全消失的状态。这表明，环境中的污染物对超润滑有重要影响，即使在干燥 $N_2$ 中可能含有很低的氧杂质，也会引起摩擦系数升高。在 HV 和大气环境中，污染物增多导致薄膜失去超润滑性能。

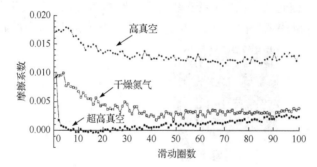

图 6.11  纯 $MoS_2$ 薄膜在不同气氛环境中的摩擦系数曲线[29,30]

基于上述研究，Martin 等[24,25]认为超润滑与四个关键过程有关：①薄膜在超高真空中制备且原位进行摩擦；②对偶与 $MoS_2$ 薄膜发生滑动摩擦时，对偶表面会形成 $MoS_2$ 转移膜；③$MoS_2$ 薄膜(包括原始薄膜和转移膜)都会在滑动方向上发生结晶取向；④在摩擦过程中引入另一种晶体取向机制：摩擦诱导微晶围绕 $c$ 轴旋转，产生晶格错配角和非公度接触。

Hirano 和 Shinjo 的结构超润滑理论认为超润滑与摩擦的原子互锁有关，当作用在每个移动原子上的力之和相对整个系统消失时，就会出现超润滑[26-28]。其理论计算表明，当两个理想晶面发生非公度接触运动时，摩擦力会完全消失。因此，两个晶体平面之间实现超润滑需要满足三个条件：①原子清洁表面；②相互作用原子之间的弱相互作用力；③两个晶面之间的非公度原子晶格接触。

由于薄膜在超高真空中制备，并且原位进行超高真空摩擦实验，薄膜没有暴露在任何污染环境中。因此条件①要求的原子清洁表面在超高真空条件下制备的无氧 MoS$_2$ 薄膜基本满足。当存在氧时，进入基面的 O 取代 S 原子，Mo—O 键长比 Mo—S 短，会产生原子级缺陷，引起能量障碍，将导致摩擦系数升高[31]。

对于纯 MoS$_2$ 薄膜，晶体结构中 S—Mo—S 层之间存在弱范德华相互作用，可以满足条件②弱相互作用力要求。即使制备的原始薄膜呈现无序结构，摩擦过程中剪切力也可以使薄膜重新结晶取向，形成平行于滑动方向的(002)基面。并且对偶表面也形成(002)基面取向的有序转移膜，因此摩擦界面发生在 MoS$_2$(002)基面层间，相互作用原子之间只存在弱范德华相互作用。同时，在超高真空和 N$_2$ 中进行摩擦时，也避免了任何强的化学反应和相互作用。

磨屑 HRTEM 分析表明，摩擦界面存在 MoS$_2$ 晶体叠加和旋转角度，旋转角度为 16° 和 29°，这满足条件③非公度原子晶格接触。尽管理论计算表明，对于两个 2H-MoS$_2$ 晶体滑动面，失配角度为 30° 时获得非公度接触(如图 6.12 所示，这些干涉图像与 MoS$_2$ 磨屑 HRTEM 图(图 6.10)非常相似[25])，实现摩擦力各向异性。Sokoloff[32]计算得出，对于非公度界面，摩擦力(或耗散应力)比公度界面小十三个数量级。因此，一旦界面接近失配角，摩擦力大幅度降低几个数量级。而且，不需要精确的失配角度(如对 MoS$_2$ 来说是 30°)就可以达到极低摩擦系数状

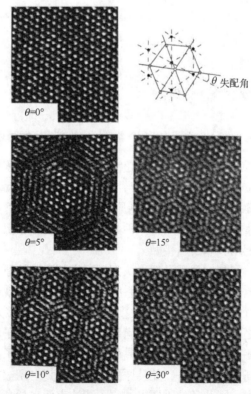

图 6.12　计算模拟显示以不同旋转角度叠加的两个单六角形晶格之间的干涉[25]

态，即使是非常小的旋转角度也足以大幅降低摩擦力[25]。

Martin 等[23]开创性的工作发现了纯净 $MoS_2$ 薄膜超润滑现象，并提出了超润滑机制。由于需要高真空原位制备、原位摩擦和原位分析等，与实际应用存在较大差距。

### 2. 特殊纳米结构 $MoS_2$ 薄膜的超润滑行为

2000 年，Chhowalla 等[33]采用局部高压电弧放电法制备了富勒烯 $MoS_2$ 纳米薄膜，在干燥 $N_2$ 和潮湿空气中(RH 约 45%)都具有小于 0.01 的摩擦系数，表现出超润滑特性。并且这种类富勒烯 $MoS_2$ 纳米薄膜的低温制备工艺易于在汽车、工具、磁盘等零部件表面沉积成膜，所以 $MoS_2$ 超润滑薄膜具有工程应用前景。

富勒烯 $MoS_2$ 纳米薄膜制备工艺具体如下：通过在 $MoS_2$ 靶材上的 1mm 孔引入 $N_2$ 产生局部高压，在高压 $N_2$ 局部区域点燃电弧(75A 和 22V)，烧蚀 $MoS_2$ 靶材，在基体表面沉积成薄膜。440C 不锈钢基体离靶材 20cm，压力保持在 10mTorr，沉积温度 200℃以下。$MoS_2$ 薄膜厚度 1.2μm±0.1μm，硬度 10GPa，结合力 25N。

局部高压电弧放电法制备富勒烯 $MoS_2$ 纳米薄膜，很容易看到直径 30nm 的圆形纳米颗粒和弯曲的 S—Mo—S 平面(图 6.13)，表明薄膜中形成形状良好的空心富勒烯"洋葱"$MoS_2$ 纳米颗粒。纳米颗粒形成的关键机制是基面的弯曲和重排。Mo 或 S 通过与电弧等离子体中的高能离子碰撞发生置换，导致原子重新排列，以保持电中性。而传统溅射制备的 $MoS_2$ 薄膜多为非晶结构，只存在局部和不完整的六角形弯曲结构(图 6.13)。

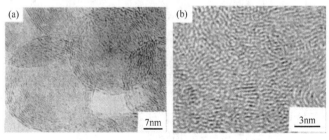

图 6.13　不同类型 $MoS_2$ 薄膜的 HRTEM 图[33]

(a) 类富勒烯 $MoS_2$ 纳米薄膜；(b) 传统溅射制备的 $MoS_2$ 薄膜

通过球-盘摩擦试验机对比考察了富勒烯 $MoS_2$ 纳米薄膜、传统溅射 $MoS_2$ 薄膜在潮湿大气(相对湿度为 45%)和 $N_2$ 中的摩擦学性能(实验条件：配副为直径 7mm 的 440C 钢球，载荷 10N，速度 50cm/s)，不同 $MoS_2$ 薄膜在不同环境中的摩擦系数曲线如图 6.14 所示。富勒烯 $MoS_2$ 纳米薄膜在 $N_2$ 中显示出 0.006 的超润滑摩擦系数(图6.14中未显示)，即使在相对湿度为45%的大气下，仍然具有0.008～

0.01 的摩擦系数，以及 $1 \times 10^{-11} mm^3/(N \cdot m)$ 的极低磨损率。对于传统溅射 $MoS_2$ 薄膜，在 $N_2$ 中摩擦系数 0.03 左右，在相对湿度为 45% 的大气下摩擦系数高于 0.10。

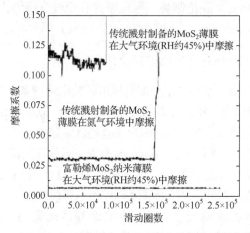

图 6.14  不同 $MoS_2$ 薄膜在不同环境中的摩擦系数曲线[33]

图 6.15 是富勒烯 $MoS_2$ 纳米薄膜在 RH 约 45% 大气中经过 $2.4 \times 10^5$ 摩擦循环后产生磨屑的 HRTEM 图像。观察结果表明，尽管弯曲的六角形平面晶格仍然保持不变，但几乎没有闭合的圆形纳米颗粒，这表明在加载摩擦条件下，大的富勒烯纳米颗粒碎裂成较小的不规则形状的弯曲微晶。

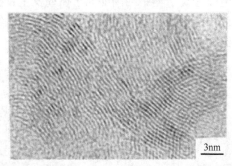

图 6.15  $MoS_2$ 纳米薄膜在 RH 约 45% 大气中经过 $2.4 \times 10^5$ 摩擦循环后形成的磨屑的 HRTEM 图像[33]

Chhowalla 等认为，除了传统易剪切层状结构、均匀转移膜形成、晶间滑移等润滑机制外，富勒烯 $MoS_2$ 纳米薄膜存在弯曲的六角形平面，六角形平面结构减少了平面边缘暴露的悬键数量，减少了 Mo 原子氧化，显著增强了薄膜在潮湿环境中的稳定性能，从而有助于更长时间保持层状结构和超低摩擦系数。

Hou 等[34]采用水热法制备了堆积的松散 $MoS_2$ 纳米片涂层，在真空中进行摩擦时(实验条件：真空度为 $3.5 \times 10^{-3} Pa$，配副为直径 3mm 的 AISI52100 钢球，载荷 0.5～2N)，发现在往复剪切应力诱导下，在摩擦界面原位形成类似卷心菜结构的球形 $MoS_2$ 纳米粒子，摩擦系数为 0.004～0.006，很容易实现超润滑状态。作者认为球形 $MoS_2$ 纳米粒子通过以下四个方面降低摩擦实现超润滑：①球形 $MoS_2$ 纳米颗粒在低应力下滚动，在高应力下滑动，这种滑动/滚动机制被认为是减少摩擦系数的关键；②弯曲结构赋予球形 $MoS_2$ 纳米颗粒机械强度和弹性，可以缓冲载荷应力；③界面接触面积的减小会削弱摩擦配副之间的相互作用；④球形 $MoS_2$ 纳米颗粒和 $MoS_2$ 薄膜之间的非公度接触导致最小滑动阻力。

### 3. 元素掺杂 $MoS_2$ 复合薄膜的超润滑行为

最早研究认为，$MoS_2$ 中引入污染物(如 O、C 及其他掺入元素)，会导致摩擦系数升高，超润滑失效[23-25,29,30]，但是在实际应用中，污染不可避免。一方面，薄膜制备过程中真空室内残余的气体(如 $O_2$、$H_2O$、$CO_2$ 等)会掺入 $MoS_2$ 薄膜中。因此，大多数真空沉积的 $MoS_2$ 薄膜结构中含有一定含量的 O(原子分数 10%～20%)；另一方面，$MoS_2$ 薄膜的应用越来越广泛，研究者希望开发能够适应不同环境的 $MoS_2$ 薄膜。即使在空间应用，发射前 $MoS_2$ 薄膜也要经历地面安装、测试、存储等，需要 $MoS_2$ 薄膜能够适应地面潮湿环境。因此，通过掺杂各种金属、非金属、氧化物等制备多元复合 $MoS_2$ 薄膜，发展自适应(变色龙)润滑薄膜受到了研究者广泛关注并取得了巨大成功[35]。掺杂后 $MoS_2$ 薄膜能否保持以及如何实现超润滑性能，也是研究者关注的焦点。

石墨碳和 $MoS_2$[36]、$Sb_2O_3$ 和 $MoS_2$[37]之间具有协同效应，可以改善 $MoS_2$ 薄膜的耐潮湿性和耐氧化性能。因此，Zabinski 等[38]采用 $MoS_2$、石墨、$Sb_2O_3$ 混合粉末(质量分数分别为 40%、20%)在 440C 钢上擦涂制备了 $MoS_2/Sb_2O_3/C$ 复合薄膜，考察了薄膜在空气(RH 约 50%)、干燥 $N_2$ 和高真空($10^{-8}$Torr)下的摩擦学性能，测试条件是，载荷 100g，转速 200r/min，配副为直径为 6.35mm 的 440C 钢球。结果表明，在潮湿大气环境中，$MoS_2/Sb_2O_3/C$ 复合薄膜相比于纯 $MoS_2$ 薄膜具有更低的摩擦系数和更长的耐磨寿命。特别是在干燥 $N_2$ 和高真空中，$MoS_2/Sb_2O_3/C$ 复合薄膜的摩擦系数均小于 0.01，达到超润滑状态(图 6.16)。在干燥 $N_2$ 中，薄膜经过 $1×10^7$ 次循环摩擦系数维持在 0.008，薄膜没有失效。摩擦过程中，$MoS_2$ 在摩擦界面最表层形成平行于滑动方向的(002)层状密堆积结构，具有耐氧化、惰性和光滑晶体表面，从而实现超润滑。在摩擦界面次表层，形成 $Sb_2O_3$ 为主的颗粒层，有效抑制裂纹的形成和扩展，并起到一定的支撑作用，这对于提高耐磨寿命非常重要。

李红轩等采用 $CH_4$ 和 Ar 反应磁控溅射 $MoS_2$ 靶和石墨靶，制备了 $MoS_2/a$-C:H 复合薄膜，考察了薄膜在真空($5×10^{-3}$Pa)下的摩擦学性能(载荷 5N、转速 300r/min，配副是直径 6mm 的 GCr15 钢球)[39]。发现在 Ar 和 $CH_4$ 体积比为 105/5

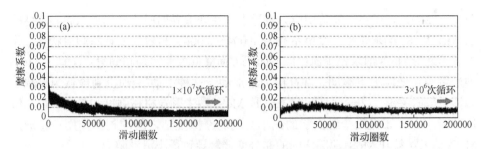

图 6.16　MoS₂/Sb₂O₃/C 复合薄膜在不同环境中的摩擦系数曲线[38]

(a) 干燥氮气; (b) 高真空

时制备的 MoS₂/a-C:H 薄膜具有典型的纳米晶/非晶复合结构, 10nm 的 MoS₂ 纳米晶镶嵌在非晶碳网络结构中, 该薄膜在真空中具有 0.002 的超润滑摩擦系数, 但没有讨论超润滑机制。

在此工作基础上, 采用共溅射 MoS₂ 和石墨靶制备了 MoS₂-C 复合薄膜[40], 薄膜结构致密, 均匀分布着 MoS₂(002)晶格。C、Mo 和 S 原子分数分别为 56%、12%、32%。真空摩擦结果表明(真空度 $5×10^{-3}$Pa, 往复滑动距离 5mm, 线速度为 10cm/s, 载荷 10N, 配副是直径 6mm 的 GCr15 钢球), 在经过短暂的磨合后, 摩擦系数降低至 0.01 以下, 三次重复实验平均摩擦系数分别为 0.0068、0.0060 和 0.0089, 达到了工程超润滑状态, 且摩擦系数稳定, 重复性好(图 6.17)。

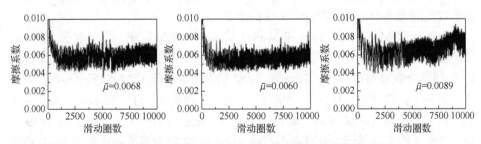

图 6.17　MoS₂-C 薄膜在真空下的摩擦曲线(三次重复实验)[40]

对薄膜磨痕和钢球磨斑进行 HRTEM 分析发现, 在磨痕表层形成了一层 20~30nm 厚度的摩擦界面层, 摩擦界面层内存在大量有序的平行于滑动方向的 MoS₂(002)晶格(图 6.18)。摩擦后钢球磨斑表面形成了一层厚度约为 10nm 的致密转移膜, 分析表明, 这层转移膜为非晶碳(图 6.18)。因此, MoS₂-C 异质复合薄膜与钢球摩擦过程中, 碳选择性转移到钢球表面形成致密的非晶碳转移膜。MoS₂-C 复合薄膜磨痕表面则形成了一层 20~30nm 的平行有序 MoS₂ 晶体, 摩擦发生在非晶碳与 MoS₂ 晶体之间。无序的非晶材料与有序晶体材料之间存在晶格常数不匹配, 非晶与晶体组成的异质结构可以在宏观尺度上形成非公度接触降低摩擦系数, 实现超润滑。

图 6.18　MoS₂-C 薄膜在真空中摩擦后磨痕的截面聚焦离子束-高分辨透射电子显微镜(FIB-HRTEM)图[40]

(a)、(b) 不同放大倍数的磨痕截面 HRTEM 图；(c)~(e) 不同放大倍数磨斑截面 TEM 图

$MoS_2/Sb_2O_3/Au$ 复合薄膜被广泛研究并应用[41-45]，其主要组分 $MoS_2$、$Sb_2O_3$、Au 的摩尔分数为82%、11%和7%。Scharf 等[44]采用磁控溅射在440C 钢上制备了1μm 厚 $MoS_2/Sb_2O_3/Au$ 复合薄膜，在干燥 $N_2$ 中，经过短暂磨合后摩擦系数为 0.006~0.007。因此，在 $MoS_2$ 中加入 Au 和 $Sb_2O_3$ 不会对其在干燥 $N_2$ 中的超润滑行为产生不利影响。磨痕表面 HRTEM 分析表明，摩擦导致 $MoS_2$ 发生非晶态到结晶转变，(002)基面平行于滑动方向排列。配副表面转移膜也由 $MoS_2$ 的(002)基面取向组成，因此摩擦主要是在自配副的"基面对基面"界面滑动，从而降低摩擦系数和磨损率。

Yin 等[46]的研究结果表明，$MoS_2$-Ag 多层复合薄膜在低温下展现出超润滑性能。采用磁控溅射和离子束辅助沉积技术在钢衬底上制备了 Ag 掺杂的 $MoS_2$ 复合多层薄膜，其复合结构为 Ag 纳米颗粒分布在 $MoS_2$ 结构中，多层结构为富 Mo 层和 $MoS_2$ 层交替(富 Mo 层厚度为 3~4nm)。考察了复合多层薄膜在轻载(1N)液氦气氛中不同温度下的摩擦学性能，以及重载(10N)液氮气氛中170K 低温下的摩擦学性能。

图 6.19(a)显示了薄膜在不同温度(10 个温度点)下测试的摩擦结果。如摩擦曲线所示，从 20~295K 所有温度点下的摩擦系数均满足超润滑状态($\mu$<0.01)。20~50K 摩擦系数最低，达到 0.0004~0.0005，作者认为是迄今为止宏观润滑系统中的最低摩擦系数。20K 时摩擦后拉曼光谱与原始薄膜相似，这表明低温有利于保护 $MoS_2$ 微晶实现超润滑。150K 和 295K 摩擦系数相对较高，为0.001~0.002，这可能与表面吸附有关。然而，研究表明，低温下 $MoS_2$ 薄膜摩擦系数普遍升高，学者认为在超低温机构中使用 $MoS_2$ 薄膜时，预计摩擦系数至少增加 2 倍[18,43,47,48]。因此，对于低温下 $MoS_2$ 薄膜的摩擦学性能仍需进一步研究。

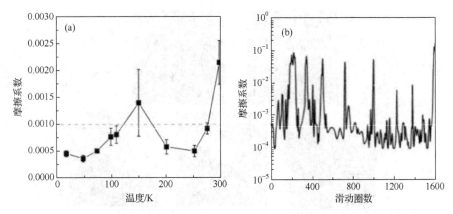

图 6.19　MoS$_2$-Ag 复合多层薄膜与钢球配副在不同条件下对摩的摩擦系数[46]
(a) 液氮中，1N 载荷，不同温度；(b) 液氮中，10N 载荷，170K 低温下

　　图 6.19(b)显示了薄膜在 10N 重载下 170K 时的摩擦曲线，复合多层薄膜可以承受超过 2GPa 的压力，在 170K 下保持低于 0.001 的平均摩擦系数。在滑动过程中，MoS$_2$ 纳米片被接触表面上的摩擦作用持续消耗。同时，嵌入膜中的 Ag 纳米粒子逐渐聚集，原位形成较大的 Ag 纳米粒子(图 6.20)，或与剥落的 MoS$_2$ 纳米片一起移除，并转移到对偶表面(图 6.21)。因此，剪切界面从裸球和 MoS$_2$ 纳米片之间转变为摩擦膜(由 MoS$_2$ 纳米粒子和 Ag 纳米粒子组成)和 Ag 纳米颗粒之间。与裸球和原始 MoS$_2$ 薄膜的摩擦界面相比，这些软纳米材料，如 Ag 纳米粒子和 MoS$_2$ 纳米片，能够将摩擦系数和磨损率降低到极低的水平。除易剪切界面的形成外，实现超润滑的另一个重要因素是多层结构。薄膜由富 Mo 层和分布在它们之间的 MoS$_2$ 纳米片组成(图 6.20)。接触后，MoS$_2$ 纳米片的滑动行为受到富 Mo 层之间的限制，这促使大多数 MoS$_2$ 纳米片沿薄膜表面的方向滑动。因此，上述两种协同效应是实现多层复合薄膜在低温环境下超润滑的关键。

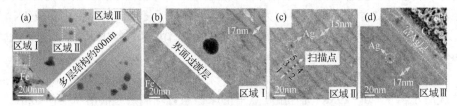

图 6.20　MoS$_2$-Ag 薄膜及磨痕表面 HRTEM 分析[46]
(a) 薄膜整体形貌；(b) 底部区域；(c)中部区域；(d) 最外层

　　Yu 等[49]发现，一定含量的 O$_2$ 可以降低 MoS$_2$/H-DLC 薄膜与 Al$_2$O$_3$ 配副的摩擦系数，实现超润滑。先采用 PECVD 技术，在 CH$_4$ 和 H$_2$ 等离子体中制备 H-DLC 薄膜。然后将 MoS$_2$ 片分散在乙醇中，喷涂到 H-DLC 薄膜表面，乙醇挥发干燥后形成 MoS$_2$/H-DLC 复合薄膜，考察了复合薄膜与 Al$_2$O$_3$ 球在不同气氛下

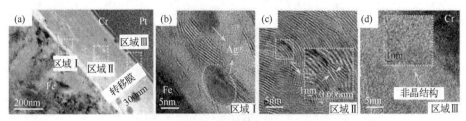

图 6.21　钢球磨斑转移膜 HRTEM 分析[46]

(a) 转移膜整体形貌；(b) 底部区域；(c) 中部区域；(d) 最外层

的摩擦学性能，如图 6.22 所示。在 Ar 气氛中，复合薄膜摩擦系数随时间延长逐渐增大，在最初的 300s 内摩擦系数小于 0.01。在 $N_2$ 气氛中，摩擦初期 60s 的时间内摩擦系数为 0.005，但随后增加到稳定阶段的 0.025。在 $O_2$ 气氛中，整个摩擦期间摩擦系数低至 0.003～0.005。

为了进一步研究 $O_2$ 在超润滑中的作用，按照一定比例，将 $O_2$ 分别通入 Ar 和 $N_2$ 中，结果发现，当 $O_2$ 体积分数达到 16.7%时，无论在 Ar 还是 $N_2$ 中，复合薄膜的摩擦系数都可以长时间稳定在 0.002～0.003，实现稳定超润滑。根据实验结果和第一性原理计算，在 Ar 和 $N_2$ 中，短时间内的超润滑归因于摩擦初期在 $Al_2O_3$ 球上形成的转移膜，但在这些惰性气氛中转移膜无法长时间稳定在 $Al_2O_3$ 球表面，导致超润滑失效。O 原子可以与 Mo、S 和 Al 原子键合，形成桥键，将

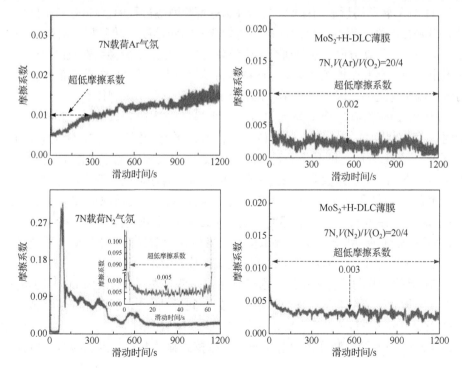

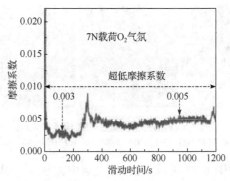

图 6.22　MoS₂/H-DLC 复合薄膜与 Al₂O₃ 球在不同气氛中的摩擦系数曲线[49]
$V$(i)-i 的体积

MoS₂ 转移膜稳定在 Al₂O₃ 球表面。摩擦实际发生在 MoS₂ 转移膜和 H-DLC 之间，在界面上形成非公度接触，从而实现稳定超润滑。

30 多年来，纯 MoS₂ 薄膜、各种元素掺杂的 MoS₂ 薄膜等已经在高真空、干燥 N₂ 及 O₂ 和潮湿空气下实现了超润滑，但实现超润滑的机制及普适性超润滑仍然是活跃的研究课题。目前，均匀转移膜形成与保持、(002)基面有序取向与晶内剪切、晶间滑移与非公度接触、弱化学相互作用等因素的结合被认为是 MoS₂ 薄膜超润滑的可能机制，主要描述如下：

(1) 均匀转移膜形成与保持。在与 MoS₂ 薄膜摩擦过程中，MoS₂ 与配副材料具有良好黏附性，而在配副表面形成均匀致密的转移膜，转移膜结构是(002)有序基面平行于滑动方向，这是研究者广泛认可的 MoS₂ 低摩擦系数机制[18,23]。转移膜由界面特性和摩擦条件决定，保持转移膜稳定存在是 MoS₂ 薄膜低摩擦长寿命的控制条件之一，因此需要深入分析摩擦界面转移膜形成规律。

(2) (002)基面有序取向与晶内剪切。很早已经认识到，MoS₂ 薄膜相对滑动时，摩擦界面处的 MoS₂ 会重新定向，形成平行于滑动方向的有序(002)基面[6,18,24]。基面方向上的晶内易剪切(层与层之间由较弱的范德华相互作用相连)被认为是 MoS₂ 摩擦系数非常低的主要原因。基面有序取向有两个特点，一是与原始薄膜是否结晶无关。研究已经证实，基面取向、棱面取向和完全非晶的 MoS₂ 薄膜，在摩擦力作用下都可以发生(002)基面重新定向，并平行于滑动方向，如图 6.23 所示[6]。二是有序取向主要发生在滑动界面，不影响薄膜整体结构，依赖于摩擦条件，有序取向的厚度大概在数十纳米。

(3) 晶间滑移与非公度接触。由于有序转移膜形成和薄膜表面(002)基面有序取向，摩擦主要是 MoS₂ "基面对基面" 的晶间滑动[6,44]，因此晶间滑移被用来解释 MoS₂ 超润滑行为[24,50]。Martin 等[23-25]发现磨屑中的 MoS₂ 晶体存在旋转角度，实现非公度接触和摩擦力各向异性，摩擦力显著减小达到超润滑。研究表

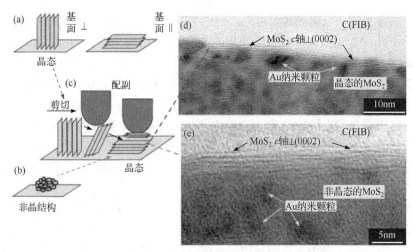

图 6.23　摩擦诱导 $MoS_2$ 薄膜结晶取向示意图[6]

(a) 边缘取向和基面取向；(b) 非晶结构；(c) 摩擦诱导取向示意图；(d)、(e) 界面 TEM 图

明，$MoS_2$ 与石墨烯的异质结构[51-53]、$MoS_2$ 与非晶碳[40,49]都可以形成非公度接触，实现超润滑。

(4) 弱化学相互作用。摩擦界面化学键相互作用会引起强烈的黏着和高的摩擦系数。O 经常以氧化钼形式或者替代 S 原子形式存在于 $MoS_2$ 薄膜中，引起晶格畸变和缺陷[31]。另外，空气中的水蒸气会破坏易剪切的层状结构，边缘位点氧化，严重增加滑动阻力[54-56]。调控界面弱化学相互作用是降低摩擦系数的一种途径。降低弱化学作用的方法包括：降低 $MoS_2$ 薄膜中的氧、水等污染物，控制 $MoS_2$ 结构减少棱边悬键和缺陷等活性位点，提供惰性环境。例如，在超高真空和干燥 $N_2$ 中 $MoS_2$ 经常表现出超润滑性能是因为真空和 $N_2$ 提供了弱化学相互作用的环境。

### 6.1.3　环境对 $MoS_2$ 薄膜摩擦学性能的影响

#### 1. 氧气和水的影响

$MoS_2$ 薄膜的摩擦学性能对环境条件极为敏感。一般而言，在高真空和干燥惰性气氛中，$MoS_2$ 薄膜展现出超低摩擦系数和磨损率。在存在 $O_2$、水等环境中，摩擦系数升高，磨损率增加。1954 年，Peterson 等[57]首次研究了 $MoS_2$ 薄膜润滑性能与湿度的依赖性，结果表明，随着湿度增加到 65%，$MoS_2$ 摩擦力先增加后减小。研究者开始重视并广泛研究 $O_2$、水等对 $MoS_2$ 薄膜摩擦学性能的影响。

由于溅射过程中薄膜会不可避免地暴露于大气环境下，真空腔室内会残存少量水和 $O_2$，所以 $MoS_2$ 薄膜中都存在一定原子分数的 O(10%～20%)，O 的掺入影响了晶体结构、取向和薄膜形态。根据 XRD 和 X 射线吸收精细结构谱(XAFS)分析[25,58,59]，MoS₂薄膜中 O 含量增加的效果有三点：①MoS$_{2-x}$O$_x$相增加(与 MoS₂结构相同，O 取代了 S)；②MoS$_{2-x}$O$_x$中 $x$ 的增加；③长程有序和短程有序结构减少。O 取代 S 形成 MoS$_{2-x}$O$_x$相，Mo—O 比 Mo—S 键长短，使得(100)晶格收缩，微晶尺寸减小，产生高致密度的薄膜，有利于提高承载能力[58]。此外，MoS$_{2-x}$O$_x$微晶虽然在(100)方向上收缩，但在(002)基面上膨胀[9,50]，基面距离的膨胀导致微晶中 S—Mo—S 三明治层层之间的剪切强度降低，因此 MoS$_{2-x}$O$_x$ 相也具有低摩擦系数[60]。Dimigen 等[61]发现，溅射沉积 MoS₂ 薄膜的摩擦系数随着真空中 O₂分压的升高而降低。

　　O 含量继续增高时，会形成氧化钼(MoO$_y$)。MoO$_y$ 硬质颗粒在摩擦过程会造成摩擦系数和磨损率升高。大气中的 O₂分子在室温下对 MoS₂薄膜的摩擦学性能影响较小[62]，但在高温下会氧化边缘活性位点和晶界，生成 MoO₂ 和 MoO₃，破坏 MoS₂ 易发生剪切的层状滑移结构，导致高摩擦系数和高磨损率[63,64]。随着温度的升高，氧化速率显著增加，摩擦学性能恶化。

　　与非晶态 MoS₂薄膜相比，具有基面取向高度有序的 MoS₂薄膜表现出更高的抗氧化性[65]。基面取向的 MoS₂薄膜只有惰性的 S 原子暴露在最外层，因此具有较高的化学惰性，将氧化限制在最表面的分子层。无定型结构的 MoS₂薄膜，被 O₂ 侵蚀的深度远高于基面取向的 MoS₂ 薄膜，因此磨合期延长，摩擦寿命降低。这表明通过控制沉积技术，降低边缘活性位点密度及制备基面取向的高度有序结构，可以显著降低 MoS₂ 薄膜的氧化，从而最大限度降低 MoS₂ 薄膜摩擦学性能对环境的敏感性。

　　在低轨道空间中原子氧(AO)是大量存在的(具有 $10^{13} \sim 10^{15}$ 个/(cm²·s)的原子通量密度和−5eV 的动能)。国内外广泛研究了 AO 对 MoS₂薄膜摩擦学性能的影响[66-68]，研究表明，原子氧长时间辐照过程中 S 原子丧失，Mo 原子氧化，破坏了 MoS₂ 的层状润滑结构，导致 MoS₂ 薄膜润滑性能退化。原子氧通量密度、辐照时间和薄膜的磨损体积、摩擦系数呈正相关性[66]。薄膜表面被氧化导致摩擦系数升高，而在高真空或者干燥惰性气氛中进行摩擦时，薄膜表面的氧化层很快被去除，仍然保持低摩擦系数。但是，表层氧化物的存在延长了磨合期，降低了摩擦寿命。

　　影响 MoS₂薄膜润滑性能的最重要因素之一是潮湿环境。多年来，水分子和 MoS₂基面边缘活性位点或不饱和键反应(图 6.24)形成 MoO₃，被认为是导致 MoS₂在潮湿环境下摩擦和磨损增加的机制。涉及的化学反应可能有两种[56,69-72]：

$$2MoS_2 + O_2 + 4H_2O \longrightarrow 2MoO_3 + 4H_2S \qquad\qquad (i)$$

$$2MoS_2 + 9O_2 + 4H_2O \longrightarrow 2MoO_3 + 4H_2SO_4 \qquad\qquad (ii)$$

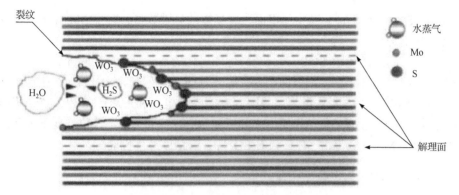

图 6.24　$MoS_2$ 薄膜与水反应机制示意图[6]

除了将 $MoS_2$ 转化为非润滑的 $MoO_3$ 之外，在反应(i)中还产生 $H_2S$ 气体，虽然 $H_2S$ 不会直接影响摩擦学性能，但它会造成 S 元素流失。在反应(ii)中，产生酸性的 $H_2SO_4$，会造成金属基底的腐蚀。这些因素综合在一起，导致 $MoS_2$ 在潮湿环境中的润滑性能和磨损寿命显著下降。

然而，一些实验研究[54,62,64,73,74]和模拟计算[73,75]表明，水在室温下不会促进 $MoS_2$ 氧化。在潮湿的 $N_2$ 环境中，薄膜磨损表面没有检测到 O 信号，这表明水没有引起薄膜氧化[54]。这一结果与 Windom 等[64]的拉曼光谱分析结果一致，与干燥的空气或 $O_2$ 环境相比，潮湿环境对氧化影响很小。另外，在潮湿空气中适当提高温度可以改善薄膜摩擦学性能，这表明水的吸附/解吸是可逆过程，即水是物理吸附而不是化学吸附[54,74]。

对 $MoS_2$ 薄膜上水吸附与解吸的计算表明[73,75,76]，边缘位置氧化的可能性比水分子吸附小得多。水分子可以解离成 ·O 和 ·OH，吸附在 $MoS_2$ 薄膜所有边缘位点和缺陷处。Levita 等[75]采用分子动力学计算模拟了水与 $MoS_2$ 双层之间的相互作用，水分子插入层间，显著抑制了层间的滑动。在给定的条件下，界面上水分子数量增加，滑动距离和速度降低，这与黏滞摩擦一致。也有学者认为，水蒸气吸附在 $MoS_2$ 薄膜缺陷处，由于毛细管凝结形成液态水，抑制基面层间的易剪切效应，增大摩擦系数[55]。

Curry 等[77]发现，具有高度取向的 $MoS_2$ 薄膜摩擦系数在干燥和潮湿的环境下几乎没有变化，而无定形 $MoS_2$ 薄膜的摩擦学行为对环境十分依赖。因此，潮湿环境中的水不会影响已有高度有序结构的 $MoS_2$ 薄膜的剪切行为，而是限制了无定形 $MoS_2$ 薄膜在摩擦过程中形成诱导性有序层状结构。这也表明，高度有序结构的存在可以显著改善 $MoS_2$ 薄膜在潮湿环境中的摩擦学性能。Chhowalla 等[33]采用局部高压电弧放电法制备了富勒烯 $MoS_2$ 纳米颗粒组成的薄膜，在潮湿环境中观察到超低摩擦系数和磨损率，这主要是富勒烯 $MoS_2$ 纳米薄膜存在弯曲的

S—Mo—S 六角形平面，减少了平面边缘暴露的悬键数量，防止 Mo 原子氧化并保持层状结构。

综上，潮湿环境中 $MoS_2$ 薄膜润滑性能恶化的主要机制包括两方面：一方面是物理作用，水分子在薄膜表面物理吸附，基面之间存在氢键[73,78]，破坏易剪切的层状结构[54,79]，增大黏着[55]，并限制摩擦膜的生长和重新定向[77]，使摩擦学性能降低；另一方面是化学作用，水分子和 $MoS_2$ 基面边缘活性位点或不饱和键反应，形成 $MoO_3$ 氧化物、$H_2S$ 和 $H_2SO_4$ 等，降低摩擦学性能。

2. 存储的影响

$MoS_2$ 薄膜在空间应用广泛，但在进入空间前 $MoS_2$ 薄膜要经历地面安装、测试、存储等。发射前 $MoS_2$ 薄膜存储在空气中易被氧化，其摩擦学性能会下降，可能会导致航天器故障，最典型的例子为 $MoS_2$ 润滑薄膜失效导致 Galileo 木星探测器高增益天线无法展开[80]。由于空间装备极其昂贵以及不可维修等特殊性，为了减少 $MoS_2$ 薄膜由于地面存储引起空间装备灾难性故障的可能性，需要开展 $MoS_2$ 薄膜在地面长期存储实验。

溅射沉积 $MoS_2$ 薄膜的长期存储寿命测试数据并不常见，早期实验主要针对纯 $MoS_2$ 薄膜[56,72,81-83]。Panitz 等[82]采用射频溅射制备了两种 $MoS_2$ 薄膜，第一种是室温下制备的 $MoS_2$ 薄膜，第二种是基底加热并随后对 $MoS_2$ 薄膜退火处理，这种薄膜具有更好的结晶性。然后考察了两种薄膜在 RH 为 35%～45%空气下存储 150d，并在 RH 为 2%或 98%空气下存储 75d 后的摩擦学性能。具有更好结晶性的 $MoS_2$ 薄膜在真空中摩擦系数为 0.06，存储于 RH=2%空气中之后摩擦系数增加至 0.085，磨损寿命降低了 67%；存储于 RH=98%空气中之后摩擦系数增加至 0.10，磨损寿命降低了 90%。结晶较差的第一种 $MoS_2$ 薄膜在潮湿环境中存储后磨损寿命反而增加。这表明薄膜微观结构对存储性能有重要影响。王均安等[56]发现，纯 $MoS_2$ 溅射膜在相对湿度 100%的潮湿空气中存储 1d 发生轻微氧化，存储 5d 后生成 $SO_4^{2-}$。$MoS_2$ 的深度氧化与金属基底腐蚀是 $MoS_2$ 溅射膜润滑性能失效的主要原因。

美国国家航空航天局(NASA)格林研究中心的 Krantz 等[21]研究评估了詹姆斯-韦伯太空望远镜(JWST)中精细制导传感器(FGS)正齿轮表面溅射沉积的 $MoS_2$ 薄膜在地面存储的效果。暴露于 RH=57%的空气中 77d 后，$MoS_2$ 薄膜的平均寿命下降了 35%。在齿轮表面产生了红棕色氧化物，推测是齿轮材料腐蚀的氧化产物，说明氧化和腐蚀是薄膜润滑寿命下降的主要原因。

目前，关于 $MoS_2$ 薄膜存储性能研究存在两个主要问题：第一，早期数据大多是针对纯 $MoS_2$ 薄膜。当前航天器中使用的薄膜是由 $MoS_2$ 与金属、$Sb_2O_3$ 等物质组成的纳米复合薄膜，对于这类特定薄膜，由于结构和组成与纯 MoS₂ 存在很大差异，它们在潮湿空气中的存储敏感性也应该不同，还缺乏地面存储时间、氧化程度以及对摩擦学性能影响的定量数据。第二，大多数关于 MoS₂ 薄膜存储性能的研究是通过提高湿度(高于 90%)和温度(超过 40℃)来加速的，尽管能够给出相对的存储敏感性，但无法准确预测实际存储的寿命变化和摩擦行为。

航空航天公司针对 MoS₂ 材料进行了非加速长期存储研究[69,70]。首先，研究了多晶 MoS₂ 粉末在不同湿度(RH 为 4%、33% 和 53%)空气中的存储性能(图 6.25(a))。研究表明，在 RH=53% 空气中，随着存储时间增长，氧化量一直增加。3a 后，约 3.4% 的 MoS₂ 被氧化为 MoO₃。在 RH 为 4%～33% 空气中，存储 1a 后约 1.3% 的 MoS₂ 被氧化；存储时间增加到 3a 氧化量没有明显增加。因此，通过将相对湿度降低到 35% 以下，可以显著提高 MoS₂ 薄膜的稳定性。

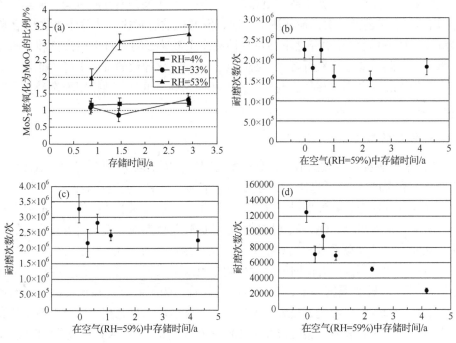

图 6.25　MoS₂ 粉末与不同类型复合薄膜存储实验[69, 70]
(a) MoS₂ 粉末；(b) Sb₂O₃-Au-MoS₂ 薄膜；(c) Sb₂O₃-MoS₂ 薄膜；(d) Ni-MoS₂ 薄膜

针对航天器应用的商业化 MoS₂ 复合薄膜，如 Sb₂O₃-Au-MoS₂ 薄膜、Sb₂O₃-MoS₂ 薄膜和 Ni-MoS₂ 薄膜，在 RH=59% 空气下存储不同时间(0～4.2a)，对比考察了存储时间对薄膜在干燥 N₂ 中摩擦学性能的影响。对于 Sb₂O₃-Au-MoS₂ 薄膜(图 6.25(b))，经过 4.2a 存储后，磨损寿命下降约 18%，其中第一年下降最大，随后基本保持稳定。Sb₂O₃-MoS₂ 薄膜经过 4.2a 存储后，同样是第一年下降最大，磨损寿命下降约 32%，(图 6.25(c))。Ni-MoS$_2$ 薄膜磨损寿命则随着存储时间增长持续下降，在 4.2a 后磨损寿命下降约 80%(图 6.25(d))。

除了耐久性，在潮湿空气中存储也会影响摩擦系数。XPS 结果表明，大部分氧化发生在薄膜表面附近。因此，暴露在潮湿空气中会导致薄膜初始摩擦系数增加。当氧化层去除后，摩擦系数下降。对于在 RH=59%空气中存储 2.3a 的 Ni-MoS$_2$ 和 Sb$_2$O$_3$-Au-MoS$_2$ 薄膜，实验开始时测得的最大摩擦系数分别为 0.25±0.005 和 0.22±0.01。经过一定时间摩擦后，摩擦系数分别下降至 0.007±0.002 和 0.003±0.001。这表明，尽管摩擦寿命随存储时间而显著变化，但稳态摩擦系数没有变化。

MoS$_2$ 薄膜长期非加速存储实验可以指导经过 MoS$_2$ 润滑处理的航天器在地面存储时间。存储导致的润滑性能下降是否对航天器应用产生不利影响，这取决于航天器具体应用要求，如摩擦力矩和循环次数。对于展开或释放机构，薄膜循环次数有限(空间运行一次，地面测试几次，发射振动引起的微动循环次数)，在典型湿度(RH<60%)空气中存储不会对其性能产生显著影响。对于扫描仪和万向节轴承等，薄膜需要运行数百万次，必须考虑存储氧化导致的寿命下降。此外，氧化产生的 MoO$_3$ 会影响转移膜的形成速度和均匀性，也会导致扭矩噪声升高和寿命降低。

### 3. 温度的影响

MoS$_2$ 薄膜提供有效润滑的最高温度在很大程度上取决于操作环境(如真空、惰性气氛和湿度)和薄膜的微观结构(如晶体结构、掺杂、密度和表面粗糙度)。

在大气环境中，高温促进了 O$_2$ 和水氧化 MoS$_2$ 边缘的活性位点、晶界和缺陷，生成 MoO$_2$ 和 MoO$_3$，氧化物破坏了 MoS$_2$ 摩擦界面容易发生剪切重排的特性，从而产生高摩擦系数和高磨损率。氧化机制被认为是 O$_2$ 和水首先物理吸附在 MoS$_2$ 表面，当温度升高时开始发生化学反应形成氧化钼。因此，存在一个转变温度[62]，在转变温度以下，温度升高引起物理吸附的氧气和水解析，摩擦系数和磨损率降低；当温度超过转变温度后，氧化速率明显升高，导致摩擦系数和磨损率增加。研究表明，转变温度在 100～300℃ [18,64,84,85]。Kubart 等[84]和 Arslan 等[85]分别发现纯 MoS$_2$ 薄膜和 MoS$_2$/Nb 复合薄膜在 100℃时具有最低的摩擦系数和磨损率。当温度超过 100℃后，摩擦系数逐渐升高，而磨损率在 300℃后急剧增大。MoS$_2$ 薄膜在大气或者氧气环境下长期润滑的使用温度上限是 350℃，短期润滑使用温度可达 500℃。

在高真空环境和惰性气氛下，MoS$_2$ 的热稳定温度大幅提升。NASA 的研究报告表明，超高真空(10$^{-9}$Torr)中 MoS$_2$ 在 930℃开始分解失重[86]。在 10$^{-6}$～10$^{-8}$Torr 高真空中进行摩擦时，500℃以下摩擦系数保持不变，超过 600℃摩擦系数显著升高。在真空度>$10^{-5}$Pa 时，温度高于 500℃时，$MoS_2$ 的热分解速率迅速增加，有效润滑的极限温度在 400～500℃，这可能是真空中仍存在一定量的 $O_2$ 和水蒸气，高温下薄膜氧化所致[18,87]。

$MoS_2$ 薄膜的润滑行为被高温限制，通过制备(002)晶面择优取向的薄膜，以及添加金属元素或氧化物制备纳米复合薄膜，可以有效提升 $MoS_2$ 基薄膜的高温润滑性能。王吉会等[88]发现工作气压介于 0.15～0.4Pa 时，制备的 $MoS_2$ 薄膜是(002)面平行于基底的基面取向结构，暴露在空气中的是惰性基面并且薄膜较为致密而不容易被氧化。这与 Curry 等[65]发现具有基面取向的高度有序 $MoS_2$ 薄膜表现出更高的抗氧化性是一致的。Alpas 等通过 Ti 掺杂制备的 $MoS_2$/Ti 复合薄膜显著提高了高温润滑性能[89,90]。在约 350℃的温度条件下，复合薄膜表现出低摩擦系数和低磨损率；当温度超过400℃后，摩擦系数和磨损率急剧升高。Paul 等[91]对比了纯 $MoS_2$、Ti-$MoS_2$、$Sb_2O_3$/Au-$MoS_2$ 薄膜的高温磨损性能，结果表明，纯 $MoS_2$ 在 30℃下具有最低的磨损率，100℃时磨损率最高；$Sb_2O_3$/Au-$MoS_2$ 薄膜在 30℃时产生磨粒磨损，而在 100℃时摩擦学性能最好；Ti-$MoS_2$ 薄膜则在 30℃和 100℃时都具有较好的摩擦学性能。

低温对 $MoS_2$ 薄膜的摩擦学性能也有重要影响，且机制与高温氧化分解不同。1976 年，Karapetyan 等[92]首先发现当温度从 250K 降至 200K 时，$MoS_2$ 的摩擦系数升高了 2 倍。最初以为可能是实验条件(非真空)引起的，但 Lince 等[93]在高真空条件下(约 $1\times10^{-8}$Torr)测量了硅酸钠黏合剂的 $MoS_2$ 涂层、溅射沉积的 Au-$MoS_2$ 薄膜(非晶态 $MoS_2$ 和纳米 Au 颗粒的纳米复合物)在 100～300K 温度下的摩擦学性能，在 220K 以上温度时，两种材料都具有较低摩擦系数，当温度降至 220K 以下时，两种材料的摩擦系数都增加了约 2 倍。Zhao 等[94]采用超高真空 AFM 测量了单晶 $MoS_2$ 表面的摩擦力($F_{摩擦}$)，当温度从 250K 降至 200K 时，摩擦系数升高了至少 30 倍，如图 6.26 所示。对比上述结果可知，在空间超低温机构中使用 $MoS_2$ 薄膜时，预计摩擦系数会增加至少 2 倍。

Curry 等[95]将 $MoS_2$ 的宏观界面剪切强度与温度关联起来，考虑了滑动能量势垒，建立了预测模型，以预测界面层间剪切强度与温度之间的关系。通过分子动力学计算模拟了 $MoS_2$ 层间剪切强度随温度的变化，结果表明，随着温度从 300K 降至 30K，层间剪切强度从 20MPa 升高到 55MPa，对应的摩擦系数从 0.08 升高至 0.16。$MoS_2$ 摩擦温度依赖性与热激活行为有关，在 220～500K 时表现出热激活行为，激活势垒约为 0.3eV。在 220K 以下，摩擦行为基本上是非热激活的。热激活摩擦行为仅限于可忽略磨损的情况，而从热激活摩擦到非热激活摩擦的转变是磨损的直接结果[93]。然而，对于 $MoS_2$ 的低温摩擦学行为(从低温状态到 150℃左右)，研究结果还存在很大分歧，一些研究认为摩擦系数随温度降低而单调增加[48,95-97]，而一些研究[43,92-94,98]则表明，存在一个临界低温，高于其时摩擦

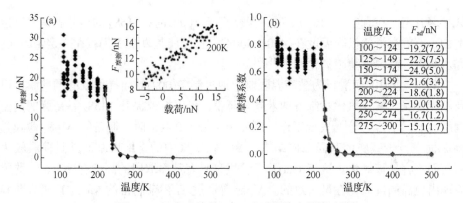

图 6.26 温度对单晶 $MoS_2$ 表面摩擦力的影响[94]

(a) $Si_3N_4$ 针尖在 $MoS_2$ 上滑动时 AFM 测量的横向摩擦力(副图为温度 $T$=200K 时摩擦力对载荷的依赖性); (b) 摩擦系数随温度的变化(附表为在每个温度范围测量的黏着力 $F_{ad}$(括号内数字为标准偏差))

系数会随温度降低而显著升高,但在临界低温下摩擦系数保持恒定。

### 6.1.4 掺杂改善薄膜摩擦学性能

几十年来,掺杂剂一直被用于改善 $MoS_2$ 薄膜的摩擦学性能。掺杂剂有许多类型,包括非金属(C、O、N、P、B 等)[36,39,58,99-101]、金属(Ti、Cr、Ni、Zr、Nb、Pb、Au 等 )[13,42,43,45,46,85,91,102-104]、氧化物($Sb_2O_3$、PbO)[37,43,105]以及稀土氟化物($LaF_3$ 等)[72,106]。掺杂剂可以通过替换晶格原子、插入晶格原子之间间隙、插入层间、独立相分散在 $MoS_2$ 薄膜中,如图 6.27 所示。

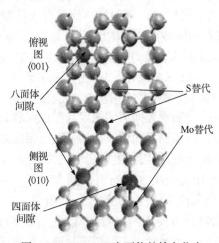

图 6.27 2H-$MoS_2$ 中可能的掺杂位点

人们很早就发现,在擦涂或者黏结 $MoS_2$ 涂层中添加石墨可显著降低该类涂层在空气中的摩擦系数,提高磨损寿命[36,107]。在空气中摩擦时,$MoS_2$ 层内发生氧化，形成氧化钼和 $SO_2$ 气体，摩尔体积收缩，氧化腐蚀导致层间不易剪切，气体吸附和体积收缩导致气泡产生，气泡大量分层剥落是 $MoS_2$ 薄膜灾难性失效的根本原因。$MoS_2$ 和石墨在空气中的协同润滑效应包括：①石墨层状结构在空气中具有较好的润滑性能，弥补了 $MoS_2$ 层状结构失效，延长了滑动界面层间剪切；②石墨晶体氧化速率很慢，在一定程度上起到了抗氧化剂和水蒸气/$O_2$ 清除剂的作用；③石墨致密的结构起到了水蒸气和 $O_2$ 扩散阻挡层的作用，有利于降低摩擦系数，提高寿命。研究表明[52,53]，石墨烯和 $MoS_2$ 烯形成的异质结，在摩擦界面形成非公度异质接触，减少摩擦磨损，这从微观角度解释了 $MoS_2$ 和石墨的协同润滑机制。

基于智能自适应(变色龙)润滑薄膜[35,108]和石墨烯/$MoS_2$ 烯二维异质复合结构超润滑[51-53]的设计方法，$MoS_2$ 与碳(非晶碳、石墨烯、碳纳米管)复合薄膜的研究受到重视，并取得了进展。例如，$MoS_2$/$Sb_2O_3$/C 复合薄膜[38]、YSZ/Au/DLC/$MoS_2$ 复合薄膜[108]利用 $MoS_2$ 在真空下的润滑性能和碳在潮湿空气下的润滑性能，实现了复合薄膜在真空和潮湿空气下的自适应润滑。石墨烯/$MoS_2$ 异质复合薄膜[3,52]在粗糙金属基底表面实现了宏观尺度具有工程应用价值的超润滑性能(摩擦系数为 0.008)。碳纳米管(CNTs)/$MoS_2$ 复合薄膜[109]在 300℃下实现了低摩擦系数(约 0.03)和低磨损率(约 $10^{-13}mm^3/(N \cdot mm)$)。

O 一般是被动掺入 $MoS_2$ 薄膜中的。原因是溅射过程中真空腔室内残存的少量水和 $O_2$，以及后续不可避免地暴露于大气环境下，导致薄膜存在一定原子分数的 O(10%～20%)。关于 O 掺杂 $MoS_2$ 薄膜的摩擦学性能，详见 6.1.3 小节氧气和水的影响。

N 掺杂研究较少，但有研究表明，N 也是改善 $MoS_2$ 摩擦学性能的有利元素[99,110,111]。氮掺入后扭曲六方结构，使薄膜致密，促进 $MoS_2$ 非晶化。N 可以取代 S，形成 Mo—N，也可形成 S—N 和 N—N。摩擦过程中，N 以 $N_2$ 分子的形式释放出来，不会影响非晶 $MoS_2$ 在摩擦力作用下形成(002)有序地剪切层状结构。所有 Mo—S—N 薄膜的硬度和抗氧化温度均高于 $MoS_2$ 薄膜，这主要是由于 Mo—N 的作用。因此，Mo—S—N 薄膜在室温、200℃和 400℃空气中具有优异的摩擦学性能[99]。

P 也可以替代 S。对 $MoS_2$ 单层膜的激光掺杂发现[100]，先产生 S 空位，然后 P 取代 S 原子，提高了光致发光的长期稳定性能。Fleischauer 等[60]预测，P 是一种没有 d 轨道可用于杂化和键合的电子受体，掺杂可导致 $MoS_2$ 在基面方向上膨胀(层间距增大)，降低摩擦力。

在所有金属掺杂剂中，Ti 和 Au 是研究和应用最为广泛的。根据薄膜 TEM 分析，Ti 掺杂后其原子均匀分布在 $MoS_2$ 中，不存在 Ti 纳米团簇或者分层，薄膜呈现均质结构[87,112,113](图 6.28(a))。Ti 原子或插在 $MoS_2$ 层之间[13]，或取代

Mo[114]，均以固溶形式存在。掺杂 Ti 后薄膜具有柱状结构，随着 Ti 含量增加，薄膜密度增加，硬度升高，抗氧化性能提升，薄膜在高温及潮湿空气中的摩擦学性能得到显著改善[13,89,90]。但是，存在一个 Ti 含量极限，原子分数在 16%～18%，超过这个含量后摩擦学性能会变差[13]。

　　Au 掺杂到 $MoS_2$ 薄膜中后以 Au 纳米颗粒(或纳米团簇)形式分散在 $MoS_2$ 基质中(图 6.28(b))，纳米颗粒大小取决于沉积温度[112,115,116]。Au 掺杂后薄膜硬度降低，因此摩擦学性能改善机制与 Ti 不同。Scharf 等[44,115]提出摩擦过程中 Au 纳米颗粒在摩擦界面次表面聚集，提供了负载支撑作用，以支撑表层 $MoS_2$ 基面层层滑动。Au 最佳含量取决于接触应力，高应力下低 Au 含量较好，以在摩擦界面形成足够的 $MoS_2$ 摩擦膜；低应力下高 Au 含量好，转移的 $MoS_2$ 膜薄而均匀[116,117]。

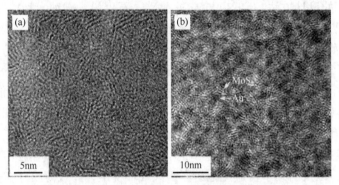

图 6.28　不同掺杂类型 $MoS_2$ 薄膜的 HRTEM 图
(a) Ti-$MoS_2$ 薄膜[87]；(b) Au-$MoS_2$ 薄膜[115]

　　其他金属，如 Cr、Ni、Zr、Nb、Pb、Ag 等也作为掺杂剂用来改善 $MoS_2$ 薄膜的摩擦学性能。Cr 具有二价和三价状态，与 $MoS_2$ 中 Mo 的四价不同，Cr 掺入会导致薄膜无序。对于提高硬度来说，Cr 原子分数最佳为 16.6%；对于改善摩擦系数和磨损率来说，Cr 最佳原子分数为 10%[118,119]。Ni 掺杂可以改善 $MoS_2$ 薄膜低温下的摩擦学性能，缓解摩擦系数随温度降低而显著增加的问题，但具体机制仍需研究[43]。Nb 具有与 Mo 相同的氧化价态和类似的离子半径，可以取代 Mo，掺入后对 $MoS_2$ 键合和电子结构几乎没有影响，但可以显著改善 $MoS_2$ 的高温摩擦学性能[85]。Pb 由于毒性问题，在很多领域已经被禁止使用。

　　$Sb_2O_3$ 是 $MoS_2$ 润滑材料中最常用的添加剂之一。掺杂 $Sb_2O_3$ 会产生晶粒细化，$MoS_2$ 微晶分散在非晶态 $Sb_2O_3$ 中，复合薄膜具有更高的密度和硬度。据报道，$Sb_2O_3$ 起到扩散障碍和抗氧化剂的作用，阻止热和 O 扩散，降低 $MoS_2$ 的氧化，因此可以改善薄膜在高温和潮湿空气中的摩擦学性能[37,43,69]。稀土氟化物($LaF_3$)也被用来改善 $MoS_2$ 薄膜的抗氧化性、耐潮湿性、耐腐蚀性和摩擦学性能[72,106]。添加 $LaF_3$ 后，$LaF_3$ 通过与 $MoS_2$ 活性棱面的竞争吸附，饱和了 $MoS_2$

的活性棱面，降低了其与空气中的水和 $O_2$ 的作用活性，提高了 $MoS_2$ 的抗氧化性和耐潮湿性。$LaF_3$ 还可以与金属表面发生某种形式的化学和物理作用，钝化金属表面，提高其耐腐蚀性能[120](图 6.29)。此外，$LaF_3$ 与 $MoS_2$ 基面形成强的界面结合，提高摩擦界面致密性，从而改善 $MoS_2$ 薄膜的耐磨性能[121,122]。

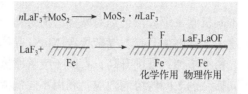

图 6.29　稀土氟化物改善 $MoS_2$ 润滑膜的作用机制[120]

多组分共同掺杂 $MoS_2$ 薄膜，可以利用不同掺杂剂之间的协同作用机制，实现更好的摩擦学性能。$Sb_2O_3$/Au 共掺杂的 $MoS_2$ 复合薄膜被广泛研究，由摩尔分数分别为 82%、11% 和 7% 的 $MoS_2$、$Sb_2O_3$ 和 Au 组成的复合薄膜具有更加优异的摩擦学性能，在室温下 $Sb_2O_3$/Au 掺杂 $MoS_2$ 薄膜的磨损率比单 $Sb_2O_3$ 掺杂低一个数量级[43]，同时在潮湿空气和干燥 $N_2$ 中都具有低摩擦系数和长寿命性能[44]。如图 6.30 所示，分析了 $MoS_2$/$Sb_2O_3$/Au 复合薄膜在不同环境中的润滑机制。在干燥 $N_2$ 中，磨痕上表面由具有(002)取向的结晶 $MoS_2$ 组成，完全覆盖在 Au 纳米团簇上，而对偶表面转移膜是具有相同(002)取向的 $MoS_2$ 基面。在空气中，磨痕界面是 Au 纳米团簇和结晶 $MoS_2$ 的复合物。其他共掺杂薄膜，如 YSZ/Au/DLC/$MoS_2$[109]、Pb/Ti/$MoS_2$[123]、$Sb_2O_3$/C/$MoS_2$[38,43]等实现了摩擦学性能的多环境适应性，$Mo_2N$/Ag/$MoS_2$[124]、Ti/$TiB_2$/$MoS_2$[87,113]等实现了室温～500℃的宽温域自润滑性能。

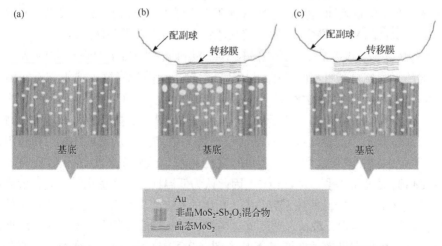

图 6.30　$MoS_2$/$Sb_2O_3$/Au 复合薄膜在不同环境中的润滑机制示意图

(a) 未磨损表面；(b) 干燥氮气中的磨损表面；(c) 50%相对湿度下空气中的磨损表面[44]

　　掺杂 $MoS_2$ 薄膜仍然受到研究者重视，阐明掺杂剂改善 $MoS_2$ 薄膜抗氧化性能和摩擦学性能的机制仍然是活跃的研究课题。在抗氧化性能方面，掺杂影响了 $MoS_2$ 晶体生长，减小晶粒尺寸，并使 $MoS_2$ 转变为非晶结构，进而增加薄膜致密性。非晶及较高的致密性可以减少晶界、缺陷、边缘活性位点等提高抗氧化性。一些掺杂剂，如 Ti 等优先与氧结合形成氧化物而保护 $MoS_2$。在摩擦学性能方面，不同学者提出了不同机制来解释掺杂剂对摩擦磨损寿命的影响，最广泛引用的机制是非晶化、密度增加和硬度升高。掺杂导致 $MoS_2$ 晶体结构畸变，薄膜由晶体转变为非晶结构，密度增加，硬度升高，有助于改善摩擦学性能。对于多元掺杂 $MoS_2$ 薄膜，不同掺杂剂之间的协同效应，利用不同润滑剂在不同环境中的润滑特性，是摩擦学性能环境适应性的机制。

# 6.2　$WS_2$ 基薄膜超润滑行为

　　$WS_2$ 是人工合成的二硫属化合物，灰黑色晶体，密度为 $7.50g/cm^3$，熔点 $1480℃$。$WS_2$ 具有与 $MoS_2$ 相似的层状晶体结构，因此摩擦学性能与 $MoS_2$ 几乎相同，作为润滑剂可以替代 $MoS_2$ 应用到几乎所有的领域。同时，$WS_2$ 具有更优的化学稳定性和热稳定性，在空气中于 $440℃$ 开始氧化，生成的 $WO_3$ 也是高温润滑剂[86]。根据研究文献，关于 $WS_2$ 的研究不如 $MoS_2$ 广泛。国内外在 $MoS_2$ 摩擦学性能方面的研究方法和研究结果，可以指导改善 $WS_2$ 的摩擦学性能。本节将重点介绍 $WS_2$ 薄膜的超润滑行为。

　　Brainard[86]采用擦涂法制备了纯 $WS_2$ 薄膜，发现在 $10^{-8}\sim10^{-6}$Torr 高真空中 $WS_2$ 薄膜在室温至 $600℃$ 温度下摩擦系数稳定在 0.04。Prasad 等[125]采用脉冲激光沉积技术在不锈钢表面制备的纯 $WS_2$ 薄膜在干燥 $N_2$ 中稳定摩擦系数也为 0.04。能否进一步降低 $WS_2$ 摩擦系数实现超润滑？研究者进行了各种探索。

　　Joly-Pottuz 等[126]采用射频溅射技术在 Si 衬底上制备了 500nm 厚的 $WS_2$ 薄膜。在超高真空环境($1\times10^{-7}$Pa)，利用销-盘摩擦试验机考察了薄膜在不同温度($-130\sim200℃$)下的摩擦学性能，如图 6.31(a)所示，$30℃$ 时薄膜摩擦系数约为 0.02，然后摩擦系数随温度降低而降低，在 $-130℃$ 时摩擦系数降低至 0.005，达到超润滑状态。当温度高于 $30℃$ 时，摩擦系数增大。从图 6.31(b)可以看出，$WS_2$ 薄膜稳定摩擦系数和温度之间的线性关系。俄歇电子能谱分析表明，在 $-130℃$ 后磨损表面几乎不含 C 和 O，因此认为低温抑制了摩擦化学反应，形成更纯的 $WS_2$ 转移膜，降低摩擦系数。需要指出的是，作者没有给出相关实验条件，如低温环境如何实现，载荷、速度等。同时，$WS_2$ 薄膜在低温下摩擦系数降低，与 $MoS_2$ 薄膜低温摩擦学性能完全相反(图 6.26)，这需要进一步研究以探明其中的原因。

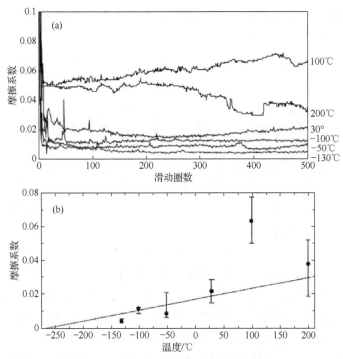

图 6.31　WS$_2$ 薄膜在不同温度下的摩擦系数[126]

(a) WS$_2$ 薄膜在不同温度下的摩擦曲线；(b) WS$_2$ 薄膜稳态摩擦系数随温度的变化

　　研究表明，对 WS$_2$ 薄膜采用 N 和 C 掺杂[127,128]，可以改善薄膜环境适应性，提高高温润滑性能，并降低摩擦系数，实现超润滑。Polcar 等[127]在 Ar/N$_2$ 混合等离子中溅射 WS$_2$ 靶，制备了 W-S-N 薄膜，其中 N、W、S、O 原子分数分别为 34%、29%、25% 和 12%。薄膜具有完全非晶结构，存在 W—N、W—S 和 W—O，纳米硬度为 7.7GPa。常温摩擦实验表明，干燥氮气中 W-S-N 薄膜在 5N 载荷下平均摩擦系数低于 0.01，在 55.8N 载荷下平均摩擦系数低于 0.003。高温摩擦实验表明，随着温度从室温升高到 400℃，薄膜摩擦系数先降低后升高，在 100℃ 和 200℃ 时达到超润滑状态。

　　Vuchkov 等[129]采用共溅射 C 靶和 WS$_2$ 靶制备了 W-S-C 薄膜，其中 C、W、S、O 原子分数分别为 40.2%、22.1%、32.5% 和 5.2%。在大气环境下考察了薄膜在室温、100℃、200℃、300℃、400℃下的摩擦学性能(实验条件：载荷为 5N，速度为 0.1m/s，配副为直径 6mm 的 100Cr6 对偶球)，结果如图 6.32 所示。室温下薄膜具有 0.14 左右的摩擦系数；随着温度升高摩擦系数逐渐降低，在 200℃ 和 300℃时具有小于 0.01 的超润滑摩擦系数；400℃时摩擦系数又缓慢升高到 0.01 左右。作者认为，温度对摩擦系数的影响有两点：一是温度升高使样品附近空气干燥，避免了湿度对摩擦的不利影响；二是升高温度促进了 WS$_2$ 结晶，降低了剪切强度,进一步有助于降低摩擦系数。超润滑主要由摩擦期间形成的 $WS_2$ 晶体控制,碳主要提供承载能力。

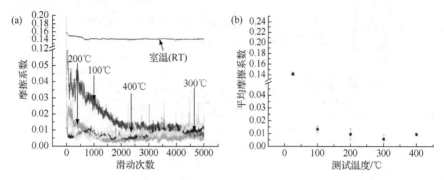

图 6.32 W-S-C 薄膜在不同温度下的摩擦学性能[129]

(a) 摩擦系数曲线;(b) 平均摩擦系数

总体来看,国内外关于 $WS_2$ 薄膜超润滑性能的研究工作并不广泛和深入,还有很大的研究空间和深度。另外,鉴于 $WS_2$ 高的热稳定性能,拓展使用温度上限和宽温域范围,弥补 $MoS_2$ 高温润滑性能不足的问题,值得关注。

综上所述,TMDs 固体超润滑薄膜的未来发展前景如下:

(1) 发展 TMDs 智能适应性润滑薄膜。基于 TMDs 薄膜优异的润滑性能,应用领域越来越广泛。即使在空间航天器应用,航天器在发射前通常会在空气和沿海环境中存储较长时间。随着应用需求不断发展,要求 TMDs 薄膜能够适应复杂的环境、更高的温度、苛刻的工况、可变的形状、多功能要求等。因此,发展环境适应性、温度适应性、工况适应性、形状适应性和多功能适应性的 TMDs 智能润滑薄膜是摩擦学领域的前沿课题和研究热点。尽管已经开展了许多研究工作,取得了重要进展,但这里面涉及众多的科学和技术难题,还需要大量研究工作去攻克。

(2) 掺杂剂主动设计与 TMDs 结构可控制备。过去几十年掺杂 $MoS_2$ 薄膜取得了巨大进展和广泛应用,但也存在新的挑战和机遇。首先,国内外已经研究了很多掺杂元素,但由于制备技术、沉积条件和摩擦学实验不同,以及保密的原因,数据之间的可比较性较差,有些研究结果甚至出现矛盾。其次,大多数研究仍然以实验为主,尚没有考虑掺杂剂原子核电子结构,以及与 TMDs 分子结构之间的微观相互作用机制,掺杂剂在 TMDs 中位置、引起的结构畸变、如何影响生长过程尚不清楚。最后,并非所有元素都可以用于掺杂,具有竞争性成键配位的元素掺杂会彻底破坏 TMDs 的层状结构而恶化润滑性能。因此,当面临未来特定应用需求的时候,还没有办法主动选择合适的掺杂剂,主动控制 TMDs 的微观结构,目前仍然以经验和实验为主。

(3) 开发并设计原位性能评价分析装备。尽管在湿度、温度、真空等对 TMDs(尤其是 MoS$_2$)摩擦学行为的影响趋势达成了一致，但机制仍存在重大差异，主要原因是难以开展单一因素(如水、氧气及其他)的影响，同时缺乏原位分析技术。因此，设计和建造新的实验装置，可以单独控制各种影响因素，提供滑动界面原位高分辨分析，可以在理解 TMDs 固体润滑机制方面取得长足进步。

(4) 进一步发展长寿命可靠性测试技术。对于新型 TMDs 润滑薄膜，在真正应用之前需要进行大量的测试，以获得足够的数据。但许多应用通常都是在极端环境中长寿命运行，如在超高真空和极端温度下进行 10～20a 的空间飞行任务。这些条件很难在实验室环境中重现。另外，在空间应用面临的真空度可以达到 $10^{-10}$Pa 以下，在实验室的真空摩擦装备很难达到 $10^{-8}$Pa，意味着实验环境中少量的水、氧气和烃类气体不可避免。已有研究表明，即使是极少量的水、氧气等污染物也会显著影响 TMDs 润滑性能和寿命。因此，在模拟超高真空和极端低温下长达 10a 的相关测试装置和技术等方面，仍然存在重大限制和挑战。

(5) 结合计算模拟技术开展研究。鉴于实验测试的局限性，计算模拟技术受到重视。通过计算模拟来描述原子间的相互作用，摩擦过程中捕捉键的形成和断裂，可以从原子分子电子层面深入了解滑动界面上发生的结构和化学变化，从而探知润滑和磨损本质。同时，通过计算模拟掺杂剂原子与 TMDs 分子之间的相互作用，预测掺杂剂对 TMDs 结构和摩擦学性能的影响，提出掺杂策略。在主动调整和选择掺杂剂以便优化特定应用场景的摩擦学性能方面，计算模拟是一种理想的探索工具，其发展将成为未来研究的一个重要方向。

## 参 考 文 献

[1] 徐易卓. MS$_2$(M=Mo, W)复合薄膜设计及摩擦学性能研究[D]. 成都: 西南交通大学, 2021.

[2] WANG Q H, KALANTAR-ZADEH K, KIS A, et al. Electronics and optoelectronics of two-dimensional transition metal dichalcogenides[J]. Nature Nanotechnology, 2012, 7(11): 699-712.

[3] 刘中流. 几种新型二维材料的构筑与物性[D]. 北京: 中国科学院大学(中国科学院物理研究所), 2020.

[4] HE Z, QUE W. Molybdenum disulfide nanomaterials: Structures, properties, synthesis and recent progress on hydrogen evolution reaction[J]. Applied Materials Today, 2016, 3: 23-56.

[5] 刘维民, 翁立军, 孙嘉奕. 空间润滑材料与技术手册[M]. 北京: 科学出版社, 2009.

[6] SCHARF T W, PRASAD S V. Solid lubricants: A review[J]. Journal of Materials Science, 2013, 48(2): 511-531.

[7] SPALVINS T. Deposition of MoS$_2$ films by physical sputtering and their lubrication properties in vacuum[J]. A S L E Transactions, 1969, 12(1): 36-43.

[8] YANG J F, PARAKASH B, HARDELL J, et al. Tribological properties of transition metal di-chalcogenide based lubricant coatings[J]. Frontiers of Materials Science, 2012, 6(2): 116-127.

[9] BUCK V. Lattice parameters of sputtered MoS$_2$ films[J]. Thin Solid Films, 1991, 198(1): 157-167.

[10] BERTRAND P A. Orientation of rf-sputter-deposited MoS$_2$ films[J]. Journal of Materials Research, 1989, 4(1): 180-184.

[11] HILTON M R, BAUER R, DIDZIULIS S V, et al. Structural and tribological studies of MoS₂ solid lubricant films having tailored metal-multilayer nanostructures[J]. Surface and Coatings Technology, 1992, 53(1): 13-23.

[12] AUBERT A, NABOT J P, ERNOULT J, et al. Preparation and properties of MoSₓ films grown by d.c. magnetron sputtering[J]. Surface and Coatings Technology, 1990, 41(1): 127-134.

[13] TEER D G. New solid lubricant coatings[J]. Wear, 2001, 251(1): 1068-1074.

[14] SPALVINS T. Tribological properties of sputtered MoS₂ films in relation to film morphology[J]. Thin Solid Films, 1980, 73(2): 291-297.

[15] BAKER M A, GILMORE R, LENARDI C, et al. XPS investigation of preferential sputtering of S from MoS₂ and determination of MoSₓ stoichiometry from Mo and S peak positions[J]. Applied Surface Science, 1999, 150(1): 255-262.

[16] MOSER J, LÉVY F. Crystal reorientation and wear mechanisms in MoS₂ lubricating thin films investigated by TEM[J]. Journal of Materials Research, 1993, 8(1): 206-213.

[17] BUCK V. A neglected parameter (water contamination) in sputtering of MoS₂ films[J]. Thin Solid Films, 1986, 139(2): 157-168.

[18] VAZIRISERESHK M R, MARTINI A, STRUBBE D A, et al. Solid lubrication with MoS₂: A review[J]. Lubricants, 2019, 7(7): 57.

[19] ROBERTS E W. Space tribology: Its role in spacecraft mechanisms[J]. Journal of Physics D: Applied Physics, 2012, 45(50): 503001.

[20] LINCE J R, LOEWENTHAL S H, CLARK C S. Degradation of sputter-deposited nanocomposite MoS₂ coatings for NIRCam during storage in air[C].Santa Clara: Proceedings of the 43rd Aerospace Mechanisms Symposium, 2016.

[21] KRANTZ T, HAKUN C, CAMERON Z, et al. Performance of MoS₂ coated gears exposed to humid air during storage[C]. Grapevine: Aerospace Mechanics Symposium, 2018.

[22] DONNET C, LE MOGNE T, MARTIN J M. Superlow friction of oxygen-free MoS₂ coatings in ultrahigh vacuum[J]. Surface and Coatings Technology, 1993, 62(1): 406-411.

[23] MARTIN J M, DONNET C, LE MOGNE T, et al. Superlubricity of molybdenum disulphide[J]. Physical Review B, 1993, 48(14): 10583-10586.

[24] MARTIN J M, PASCAL H, DONNET C, et al. Superlubricity of MoS₂: Crystal orientation mechanisms[J]. Surface and Coatings Technology, 1994, 68-69: 427-432.

[25] MARTIN J M. Superlubricity of molybdenum disulfide[M]//ERDEMIR A, MARTIN J M. Superlubricity. Amsterdam:Elsevier, 2007.

[26] HIRANO, SHINJO. Atomistic locking and friction[J]. Physical review B, 1990, 41(17): 11837-11851.

[27] SHINJO K, HIRANO M. Dynamics of friction: Superlubric state[J]. Surface Science, 1993, 283(1-3): 473-478.

[28] HIRANO M, SHINJO K. Superlubricity and frictional anisotropy[J]. Wear, 1993, 168(1-2): 121-125.

[29] DONNET C, MARTIN J M, LE MOGNE T, et al. The origin of super-low friction coefficient of MoS₂ coatings in various environments[M]//DOWSON D, TAYLOR C M, CHILDS T H C, et al. Tribology Series.Amsterdam: Elsevier, 1994.

[30] DONNET C, MARTIN J M, LE MOGNE T, et al. Super-low friction of MoS₂ coatings in various environments[J]. Tribology International, 1996, 29(2): 123-128.

[31] LINCE J R, HILTON M R, BOMMANNAVAR A S. EXAFS of sputter-deposited MoS₂ films[J]. Thin Solid Films, 1995, 264(1): 120-134.

[32] SOKOLOFF J B. Theory of energy dissipation in sliding crystal surfaces[J]. Physical Review B, 1990, 42(1): 760-765.

[33] CHHOWALLA M, AMARATUNGA G A J. Thin films of fullerene-like MoS₂ nanoparticles with ultra-low friction

and wear[J]. Nature, 2000, 407(6801): 164-167.

[34] HOU K, HAN M, LIU X, et al. In situ formation of spherical MoS$_2$ nanoparticles for ultra-low friction[J]. Nanoscale, 2018, 10(42): 19979-19986.

[35] VOEVODIN A A, FITZ T A, HU J J, et al. Nanocomposite tribological coatings with "chameleon" surface adaptation[J]. Journal of Vacuum Science & Technology A, 2002, 20(4): 1434-1444.

[36] GARDOS M N. The synergistic effects of graphite on the friction and wear of MoS$_2$ films in air[J]. Tribology Transactions, 1988, 31(2): 214-227.

[37] ZABINSKI J S, DONLEY M S, MCDEVITT N T. Mechanistic study of the synergism between Sb$_2$O$_3$ and MoS$_2$ lubricant systems using Raman spectroscopy[J]. Wear, 1993, 165(1): 103-108.

[38] ZABINSKI J S, BULTMAN J E, SANDERS J H, et al. Multi-environmental lubrication performance and lubrication mechanism of MoS$_2$/Sb$_2$O$_3$/C composite films[J]. Tribology Letters, 2006, 23(2): 155-163.

[39] WU Y, LI H, JI L, et al. Structure, mechanical, and tribological properties of MoS$_2$/a-C:H composite films[J]. Tribology Letters, 2013, 52(3): 371-380.

[40] 李煊禹, 吉利, 刘晓红, 等. MoS$_2$-C 异质复合薄膜的真空超润滑行为及其机制研究[J]. 摩擦学学报, 2023, 43(10): 1140-1150.

[41] HILTON M R, FLEISCHAUER P D. Applications of solid lubricant films in spacecraft[J]. Surface and Coatings Technology, 1992, 54-55: 435-441.

[42] ZABINSKI J S, DONLEY M S, WALCK S D, et al. The effects of dopants on the chemistry and tribology of sputter-deposited MoS$_2$ films[J]. Tribology Transactions, 1995, 38(4): 894-904.

[43] HAMILTON M A, ALVAREZ L A, MAUNTLER N A, et al. A possible link between macroscopic wear and temperature dependent friction behaviors of MoS$_2$ coatings[J]. Tribology Letters, 2008, 32(2): 91-98.

[44] SCHARF T W, KOTULA P G, PRASAD S V. Friction and wear mechanisms in MoS$_2$/Sb$_2$O$_3$/Au nanocomposite coatings[J]. Acta Materialia, 2010, 58(12): 4100-4109.

[45] SINGH H, MUTYALA K C, EVANS R D, et al. An investigation of material and tribological properties of Sb$_2$O$_3$/Au-doped MoS$_2$ solid lubricant films under sliding and rolling contact in different environments[J]. Surface and Coatings Technology, 2015, 284: 281-289.

[46] YIN X, JIN J, CHEN X, et al. A new pathway for superlubricity in a multilayered MoS$_2$-Ag film under cryogenic environment[J]. Nano Letters, 2021, 21(24): 10165-10171.

[47] KWANG-HUA C R. Temperature-dependent negative friction coefficients in superlubric molybdenum disulfide thin films[J]. Journal of Physics and Chemistry of Solids, 2020, 143: 109526.

[48] CURRY J F, BABUSKA T F, BRUMBACH M T, et al. Temperature-dependent friction and wear of MoS$_2$/Sb$_2$O$_3$/Au nanocomposites[J]. Tribology Letters, 2016, 64(1): 18.

[49] YU G, QIAN Q, LI D, et al. The pivotal role of oxygen in establishing superlow friction by inducing the in situ formation of a robust MoS$_2$ transfer film[J]. Journal of Colloid and Interface Science, 2021, 594: 824-835.

[50] HILTON M R, FLEISCHAUER P D. TEM lattice imaging of the nanostructure of early-growth sputter-deposited MoS$_2$ solid lubricant films[J]. Journal of Materials Research, 1990, 5(2): 406-421.

[51] WANG L, ZHOU X, MA T, et al. Superlubricity of a graphene/MoS$_2$ heterostructure: A combined experimental and DFT study[J]. Nanoscale, 2017, 9(30): 10846-10853.

[52] 李畔畔. 碳基二维材料宏观超润滑设计与机理研究[D]. 北京: 中国科学院大学. 2022.

[53] LI P, JU P, JI L, et al. Toward robust macroscale superlubricity on engineering steel substrate[J]. Advanced Materials,

2020, 32(36): 2002039.

[54] KHARE H S, BURRIS D L. Surface and subsurface contributions of oxidation and moisture to room temperature friction of molybdenum disulfide[J]. Tribology Letters, 2014, 53(1): 329-336.

[55] UEMURA M, SAITO K, NAKAO K. A mechanism of vapor effect on friction coefficient of molybdenum disulfide[J]. Tribology Transactions, 1990, 33(4): 551-556.

[56] 王均安, 于德洋, 欧阳锦林. 二硫化钼溅射膜在潮湿空气中贮存后润滑性能的退化与失效机理[J]. 摩擦学学报, 1994(1): 25-32.

[57] PETERSON M B, JOHNSON R L. Friction and wear investigation of molybdenum disulfide Ⅱ : Effects of contaminants and method of application[J].Technical Report Archive & Image Library, 1954, 187(4):1523-1526.

[58] LINCE J R, HILTON M R, BOMMANNAVAR A S. Oxygen substitution in sputter-deposited $MoS_2$ films studied by extended X-ray absorption fine structure, X-ray photoelectron spectroscopy and X-ray diffraction[J]. Surface and Coatings Technology, 1990, 43-44: 640-651.

[59] LINCE J R, FRANTZ P P. Anisotropic oxidation of $MoS_2$ crystallites studied by angle-resolved X-ray photoelectron spectroscopy[J]. Tribology Letters, 2001, 9(3): 211-218.

[60] FLEISCHAUER P D, LINCE J R, BERTRAND P A, et al. Electronic structure and lubrication properties of molybdenum disulfide: A qualitative molecular orbital approach[J]. Langmuir, 1989, 5(4): 1009-1015.

[61] DIMIGEN H, HÜBSCH H, WILLICH P, et al. Stoichiometry and friction properties of sputtered $MoS_x$ layers[J]. Thin Solid Films, 1985, 129(1): 79-91.

[62] KHARE H S, BURRIS D L. The effects of environmental water and oxygen on the temperature-dependent friction of sputtered molybdenum disulfide[J]. Tribology Letters, 2013, 52(3): 485-493.

[63] MURATORE C, BULTMAN J E, AOUADI S M, et al. In situ Raman spectroscopy for examination of high temperature tribological processes[J]. Wear, 2011, 270(3): 140-145.

[64] WINDOM B C, SAWYER W G, HAHN D W. A Raman spectroscopic study of $MoS_2$ and $MoO_3$: Applications to tribological systems[J]. Tribology Letters, 2011, 42(3): 301-310.

[65] CURRY J F, WILSON M A, LUFTMAN H S, et al. Impact of microstructure on $MoS_2$ oxidation and friction[J]. ACS Applied Materials & Interfaces, 2017, 9(33): 28019-28026.

[66] WANG P, QIAO L, XU J, et al. Erosion mechanism of $MoS_2$-based films exposed to atomic oxygen environments[J]. ACS Applied Materials & Interfaces, 2015, 7(23): 12943-12950.

[67] GAO X, HU M, SUN J, et al. Changes in the composition, structure and friction property of sputtered $MoS_2$ films by LEO environment exposure[J]. Applied Surface Science, 2015, 330: 30-38.

[68] TAGAWA M, YOKOTA K, OCHI K, et al. Comparison of macro and microtribological property of molybdenum disulfide film exposed to LEO space environment[J]. Tribology Letters, 2012, 45(2): 349-356.

[69] LINCE J R, LOEWENTHAL S H, CLARK C S. Tribological and chemical effects of long term humid air exposure on sputter-deposited nanocomposite $MoS_2$ coatings[J]. Wear, 2019, 432-433: 202935.

[70] LINCE J R. Effective application of solid lubricants in spacecraft mechanisms[J]. Lubricants, 2020, 8(7): 74.

[71] BUTTERY M, LEWIS S, KENT A, et al. Long-term storage considerations for spacecraft lubricants[J]. Lubricants, 2020, 8(3): 32.

[72] YU D Y, WANG J A, YANG J L O. Variations of properties of the $MoS_2$-$LaF_3$ cosputtered and $MoS_2$-sputtered films after storage in moist air[J]. Thin Solid Films, 1997, 293(1): 1-5.

[73] YANG Z, BHOWMICK S, SEN F G, et al. Microscopic and atomistic mechanisms of sliding friction of $MoS_2$: Effects

of undissociated and dissociated $H_2O$[J]. Applied Surface Science, 2021, 563: 150270.

[74] SERPINI E, ROTA A, BALLESTRAZZI A, et al. The role of humidity and oxygen on $MoS_2$ thin films deposited by RF PVD magnetron sputtering[J]. Surface and Coatings Technology, 2017, 319: 345-352.

[75] LEVITA G, RIGHI M C. Effects of water intercalation and tribochemistry on $MoS_2$ lubricity: An ab initio molecular dynamics investigation[J]. ChemPhysChem, 2017, 18(11): 1475-1480.

[76] GHUMAN K K, YADAV S, SINGH C V. Adsorption and dissociation of $H_2O$ on monolayered $MoS_2$ edges: Energetics and mechanism from ab initio simulations[J]. Journal of Physical Chemistry C, 2015, 119: 6518-6529.

[77] CURRY J F, ARGIBAY N, BABUSKA T, et al. Highly oriented $MoS_2$ coatings: Tribology and environmental stability[J]. Tribology Letters, 2016, 64(1): 11.

[78] ZHAO X, PERRY S S. The role of water in modifying friction within $MoS_2$ sliding interfaces[J]. ACS applied materials & interfaces, 2010, 25: 1444-1448.

[79] LEE H, JEONG H, SUH J, et al. Nanoscale friction on confined water layers intercalated between $MoS_2$ flakes and silica[J]. The Journal of Physical Chemistry C, 2019,123(14):8827-8835.

[80] MIYOSHI K. Aerospace mechanisms and tribology technology: Case study[J]. Tribology International, 1999, 32(11): 673-685.

[81] STEWART T B, FLEISCHAUER P D. Chemistry of sputtered molybdenum disulfide films[J]. Inorganic Chemistry, 1982, 13: 2426-2431.

[82] PANITZ J K G, POPE L E, LYONS J E, et al. The tribological properties of $MoS_2$ coatings in vacuum, low relative humidity, and high relative humidity environments[J]. Journal of Vacuum Science & Technology A, 1988, 6(3): 1166-1170.

[83] IWAKI M, OBARA S, IMAGAWA K. The effect of storage conditions on the tribological properties of solid lubricants, F, 2003[C].San Sebastián: 10th European Space Mechanisms and Tribology Symposium, 2003.

[84] KUBART T, POLCAR T, KOPECKÝ L, et al. Temperature dependence of tribological properties of $MoS_2$ and $MoSe_2$ coatings[J]. Surface and Coatings Technology, 2005, 193(1): 230-233.

[85] ARSLAN E, TOTIK Y, BAYRAK O, et al. High temperature friction and wear behavior of $MoS_2$/Nb coating in ambient air[J]. Journal of Coatings Technology and Research, 2009, 7(1): 131.

[86] BRAINARD W A. The Thermal Stability and Friction of the Disulfides, Diselenides, and Ditellurides of Molybdenum and Tungsten in Vacuum[R]. Grapevine: National Aeronautics and Space Administration, 1968.

[87] 王茹, 李红轩, 吉利, 等. $MoS_2$ 基复合薄膜真空高温摩擦学性能及其机理研究[J]. 摩擦学学报, 2023, 43(1): 73-82.

[88] 王吉会, 杨静. 磁控溅射 $MoS_2$ 薄膜的生长特性研究[J]. 润滑与密封, 2005(6): 12-14,23.

[89] BANERJI A, BHOWMICK S, ALPAS A T. Role of temperature on tribological behaviour of Ti containing $MoS_2$ coating against aluminum alloys[J]. Surface and Coatings Technology, 2017, 314: 2-12.

[90] SUN G, BHOWMICK S, ALPAS A T. Effect of atmosphere and temperature on the tribological behavior of the Ti containing $MoS_2$ coatings against aluminum[J]. Tribology Letters, 2017, 65(4): 158.

[91] PAUL A, SINGH H, MUTYALA K C, et al. An improved solid lubricant for bearings operating in space and terrestrial environments[C]. Virginia: 44th Aerospace Mechanisms Symposium, 2018.

[92] KARAPETYAN S S , SILIN A A .Temperature dependence of the coefficient of friction of molybdenum disulfide in a vacuum from 300 to 80K[J]. Soviet Physics Doklady, 1976, 21: 390-391.

[93] LINCE J, KIM H, KIRSCH J, et al. Low-temperature friction variation of $MoS_2$-based lubricants[C]. Las Vegas: Proceedings of the 71st STLE Annual Meeting & Exhibition, 2016.

[94] ZHAO X, PHILLPOT S R, SAWYER W G, et al. Transition from thermal to athermal friction under cryogenic

conditions[J]. Physical Review Letters, 2009, 102(18): 186102.

[95] CURRY J F, HINKLE A R, BABUSKA T F, et al. Atomistic origins of temperature-dependent shear strength in 2D materials[J]. ACS Applied Nano Materials, 2018, 1(10): 5401-5407.

[96] DUNCKLE C G, AGGLETON M, GLASSMAN J, et al. Friction of molybdenum disulfide-titanium films under cryogenic vacuum conditions[J]. Tribology International, 2011, 44(12): 1819-1826.

[97] BABUSKA T F, PITENIS A A, JONES M R, et al. Temperature-dependent friction and wear behavior of PTFE and $MoS_2$[J]. Tribology Letters, 2016, 63(2): 15.

[98] COLBERT R S, SAWYER W G. Thermal dependence of the wear of molybdenum disulphide coatings[J]. Wear, 2010, 269(11): 719-723.

[99] JU H, WANG R, DING N, et al. Improvement on the oxidation resistance and tribological properties of molybdenum disulfide film by doping nitrogen[J]. Materials & Design, 2020, 186: 108300.

[100] KIM E, KO C, KIM K, et al. Site selective doping of ultrathin metal dichalcogenides by laser-assisted reaction[J]. Advanced Materials, 2016, 28(2): 341-346.

[101] SUN W D, GU X L, YANG L N, et al. Effect of boron content on the structure, mechanical and tribological properties of sputtered Mo-S-B films[J]. Surface and Coatings Technology, 2020, 399: 126140.

[102] LU X, YAN M, YAN Z, et al. Exploring the atmospheric tribological properties of $MoS_2$(Cr, Nb, Ti, Al, V) composite coatings by high throughput preparation method[J]. Tribology International, 2021, 156: 106844.

[103] STOYANOV P, CHROMIK R R, GOLDBAUM D, et al. Microtribological performance of Au-$MoS_2$ and Ti-$MoS_2$ coatings with varying contact pressure[J]. Tribology Letters, 2010, 40(1): 199-211.

[104] WAHL K J, DUNN D N, SINGER I L. Wear behavior of Pb-Mo-S solid lubricating coatings[J]. Wear, 1999, 230(2): 175-183.

[105] ZABINSKI J S, DONLEY M S, DYHOUSE V J, et al. Chemical and tribological characterization of PbO-$MoS_2$ films grown by pulsed laser deposition[J]. Thin Solid Films, 1992, 214(2): 156-163.

[106] ZHANG C, YANG B, WANG J, et al. Microstructure and friction behavior of $LaF_3$ doped Ti-$MoS_2$ composite thin films deposited by unbalanced magnetron sputtering[J]. Surface and Coatings Technology, 2019, 359: 334-341.

[107] MCCAIN J W. A theory and tester measurement correlation about $MoS_2$ dry film lubricant wear (molybdenum disulfide dry film lubricant wear life as film sintering process dependent on binder, additive or atmosphere chemical effects)[J]. Sampe Journal, 1969, 6: 17-28.

[108] BAKER C C, CHROMIK R R, WAHL K J, et al. Preparation of chameleon coatings for space and ambient environments[J]. Thin Solid Films, 2007, 515(17): 6737-6743.

[109] ZHANG X, LUSTER B, CHURCH A, et al. Carbon nanotube-$MoS_2$ composites as solid lubricants[J]. ACS Applied Materials & Interfaces, 2009, 1(3): 735-739.

[110] HEBBAR KANNUR K, HUMINIUC T, YAQUB T B, et al. An insight on the $MoS_2$ tribo-film formation to determine the friction performance of Mo-S-N sputtered coatings[J]. Surface and Coatings Technology, 2021, 408: 126791.

[111] ZHANG X, QIAO L, CHAI L, et al. Structural, mechanical and tribological properties of Mo-S-N solid lubricant films[J]. Surface and Coatings Technology, 2016, 296: 185-191.

[112] SINGH H, MUTYALA K C, EVANS R D, et al. An atom probe tomography investigation of Ti-$MoS_2$ and $MoS_2$-$Sb_2O_3$-Au films[J]. Journal of Materials Research, 2017, 32(9): 1710-1717.

[113] WANG R, JI L, SUN C F, et al. Structure characters and friction behaviors of Ti/$TiB_2$/$MoS_2$ composite coatings from 25 to 500℃ in vacuum[J]. Available at SSRN, 2023: 4543050.

[114] HSU W K, ZHU Y Q, YAO N, et al. Titanium-doped molybdenum disulfide nanostructures[J]. Advanced Functional Materials, 2001, 11: 69-74.

[115] SCHARF T W, GOEKE R S, KOTULA P G, et al. Synthesis of Au-MoS₂ nanocomposites: Thermal and friction-induced changes to the structure[J]. ACS Appl Mater Interfaces, 2013, 5(22): 11762-11767.

[116] LINCE J R, KIM H I, ADAMS P M, et al. Nanostructural, electrical, and tribological properties of composite Au-MoS₂ coatings[J]. Thin Solid Films, 2009, 517(18): 5516-5522.

[117] LINCE J R. Tribology of co-sputtered nanocomposite Au/MoS₂ solid lubricant films over a wide contact stress range[J]. Tribology Letters, 2004, 17(3): 419-428.

[118] DING X Z, ZENG X T, HE X Y, et al. Tribological properties of Cr- and Ti-doped MoS₂ composite coatings under different humidity atmosphere[J]. Surface and Coatings Technology, 2010, 205(1): 224-231.

[119] TEDSTONE A A, LEWIS D J, O'BRIEN P. Synthesis, properties, and applications of transition metal-doped layered transition metal dichalcogenides[J]. Chemistry of Materials, 2016, 28(7): 1965-1974.

[120] YE Y, CHEN J, ZHOU H. Microstructure, tribological behavior, and corrosion-resistant performance of bonded MoS₂ solid lubricating film filled with nano-LaF₃[J]. Journal of Dispersion Science and Technology, 2009, 30(4): 488-494.

[121] LI B, WAN H, YE Y, et al. Investigating the effect of LaF₃ on the tribological performances of an environment friendly hydrophilic polyamide imide resin bonded solid lubricating coating[J]. Tribology International, 2017, 116: 164-171.

[122] YE Y P, CHEN J M, ZHOU H D. Influence of nanometer lanthanum fluoride on friction and wear behaviors of bonded molybdenum disulfide solid lubricating films[J]. Surface & Coatings Technology, 2009, 203(9): 1121-1126.

[123] ZHAO X, LU Z, ZHANG G, et al. Self-adaptive MoS₂-Pb-Ti film for vacuum and humid air[J]. Surface and Coatings Technology, 2018, 345: 152-166.

[124] AOUADI S M, PAUDEL Y, SIMONSON W J, et al. Tribological investigation of adaptive Mo₂N/MoS₂/Ag coatings with high sulfur content[J]. Surface and Coatings Technology, 2009, 203(10): 1304-1309.

[125] PRASAD S V, ZABINSKI J S, DYHOUSE V J. Pulsed-laser deposition of tungsten disulphide films on aluminium metal-matrix composite substrates[J]. Journal of Materials Science Letters, 1992, 11(19): 1282-1284.

[126] JOLY-POTTUZ L, IWAKI M. Superlubricity of tungsten disulfide coatings in ultra high vacuum[M]//ERDEMIR A, MARTIN J M. Superlubricity. Amsterdam: Elsevier, 2007.

[127] POLCAR T, CAVALEIRO A. Self-adaptive low friction coatings based on transition metal dichalcogenides[J]. Thin Solid Films, 2011, 519(12): 4037-4044.

[128] POLCAR T, CAVALEIRO A. Review on self-lubricant transition metal dichalcogenide nanocomposite coatings alloyed with carbon[J]. Surface and Coatings Technology, 2011, 206(4): 686-695.

[129] VUCHKOV T, EVARISTO M, YAQUB T B, et al. Synthesis, microstructure and mechanical properties of W-S-C self-lubricant thin films deposited by magnetron sputtering[J]. Tribology International, 2020, 150: 106363.

# 第 7 章　新型超润滑材料

前几章描述了几种典型固体润滑材料，由此可知，多数固体润滑剂主要是通过固体表面非公度接触及固体内部弱的甚至相斥的相互作用来实现超润滑的，其摩擦状态与表面结构紧密相关，所以固体超润滑通常也称为结构超润滑。固体超润滑材料结构一般受环境影响较大，因此研究人员开始转向新的超润滑材料领域，希望探索出不同的超润滑材料、机理及新应用。随着测试表征手段的不断进步，一些新型超润滑材料逐渐被发掘并研发。例如，仿生超润滑材料、量子超润滑材料、自组装超润滑材料、3D 打印超润滑材料、陶瓷基超润滑材料以及含油超润滑材料等。新型超润滑材料的组成及其相关分类如图 7.1 所示。未来超润滑技术将在传统机械工程领域以及微纳米机械工程领域实现巨大的应用价值，发展传统固体超润滑材料以及新型超润滑材料能够缩短超润滑与实际应用的距离，从而使人类逐渐摆脱摩擦的困扰。

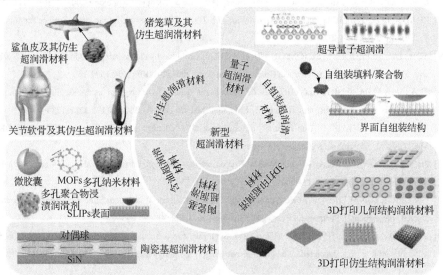

图 7.1　新型超润滑材料的组成及其相关分类
MOFs-金属有机骨架化合物；SLIPs-注入润滑剂的多孔表面

## 7.1　仿生超润滑材料

自然界中的生物为了生存，经过亿万年的进化，已经演变出一些特殊的生理结构，用来适应环境并延续生命。生物的狩猎捕食、游泳奔跑等行为都与摩擦学息息相关。就摩擦环境中的润滑、耐磨及黏着等方面的问题而言，生物界已给出趋于完善的解决方案[1,2]。因此，深入了解这些生物体优异摩擦学性能的结构、材料、性状、原理、行为等，将其运用到工程仿生中，可以为减摩耐磨的摩擦学设计提供新的设计思想、工作原理及创新方法。

### 7.1.1　关节软骨及其仿生超润滑材料

关节是人体的重要组成部分，健康人体的膝关节能够承载 7～9 倍的人体质量[3,4]。已有相关测试结果表明，在局部接触应力高达 18MPa 时，人体膝关节处的摩擦系数可低至 0.001～0.03[5,6]。关节软骨由软骨细胞(<5%)、间隙流体(60%～85%)、胶原纤维以及蛋白质多糖组成，并以分层组织纤维的结构有序存在[7-10]，其结构如图 7.2(a)所示。当关节摩擦时，表层的胶原纤维能够承受运动剪切力[11]，中间层的软骨细胞和随机分布的胶原纤维具有承担载荷并将其均衡地传递到深层区的作用[7]，深层区的结构起到提高整体抗压能力的作用[12]。这种独特结构使得人工关节具有低摩擦系数、高承载、长耐磨的独特功效。受关节软骨的

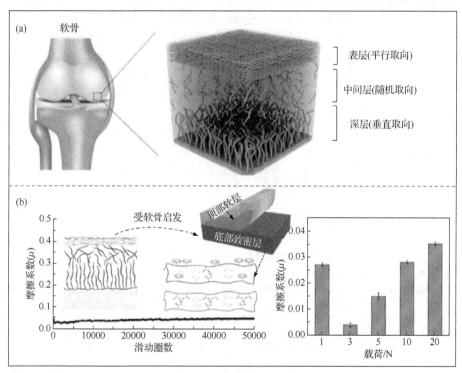

图 7.2　人体关节中软骨的仿生设计

(a) 人体关节中软骨的高度有序结构示意图[9]；(b) 水凝胶仿生人工关节双层结构设计示意图及其碱处理后的摩擦学性能[15]

启发，研究人员开展了仿生材料的设计与制备。高分子水凝胶是一种具有三维网络结构的亲水性黏弹性聚合物，且独特地整合了固体和液体的性质[13]。作为一种与生物体内软组织结构相似的材料，其高度水合的三维骨架可以在结构上模拟生物组织，目前已经开展了大量用于可替换人工软骨材料的研究[14]。例如，Qu等[15]通过采用碱诱导的网络解离策略，设计了一种多层结构水凝胶材料。上层是软而多孔的，用于储存润滑剂，下层则是坚固的，用于承载应力，其结构如图 7.2(b)所示。因此，在表面润滑和底部承载的协同作用下，该材料实现了0.0045 的极低摩擦系数(3N 载荷，NaOH 处理 5min)，并表现出优异的耐磨性能。

多数水凝胶材料表现出优异的摩擦学性能，但它们同时具有强度较低、服役寿命不足以及低滑动速度下摩擦系数较高的缺点。常见的具有低摩擦系数的水凝胶材料如图 7.3 所示，主要包括聚乙烯醇水凝胶、聚丙烯酰胺/聚乙烯醇复合水凝胶、聚(2-丙烯酰胺-2-甲基丙磺酸)水凝胶、聚丙烯酸/Fe$^{3+}$/聚丙烯酰胺复合水凝胶等[16-21]，这些水凝胶材料在长期的使用实践中已经显示出较低的摩擦系数，但研究难点在于润滑性能与机械强度难以兼顾，以及无法在较宽的速度范围内保持低摩擦系数的状态。

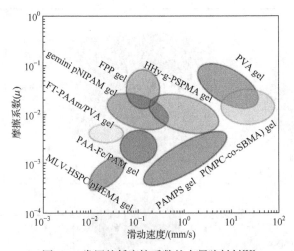

图 7.3　常用的低摩擦系数的水凝胶材料[22]

PVA gel-聚乙烯醇水凝胶；FT-PAAm/PVA gel-由聚丙烯酰胺/聚乙烯醇复合水凝胶；PAMPS gel-聚(2-丙烯酰胺-2-甲基丙磺酸)水凝胶；PAA-Fe/PAM gel-由聚丙烯酸/Fe$^{3+}$/聚丙烯酰胺复合水凝胶；HHy-g-PSPMA gel-由透明质酸(HA)/聚磺酸甜菜碱(PSPMA)复合水凝胶；FPP gel-纤维蛋白原/果胶复合水凝胶；gemini pNIPAM gel-表面活性剂/聚(N-异丙基丙烯酰胺）复合水凝胶；MLV-HSPC/pHEMA gel-由多层囊泡(MLV)/氢化大豆磷脂酰胆碱(HSPC)/聚甲基丙烯酸羟乙酯(PHEMA)复合水凝胶；P(MPC-co-SBMA) gel-由 2-甲基丙烯酰氧乙基磷酰胆碱(MPC)与磺基甜菜碱甲基丙烯酸酯(SBMA)共聚形成的水凝胶

基于此，Chen 等[22]通过将非离子表面活性剂 Tween80 引入生物友好型聚乙烯醇水凝胶(PVA-H$_2$O)中，构建了具有超润滑性能的复合水凝胶。这种组合结构使 PVA 水凝胶能够在极低的滑动速度(0.01mm/s)下实现理想的边界润滑效果，从而实现超低摩擦系数($10^{-4}$～$10^{-3}$)。该水凝胶材料的摩擦系数通过图 7.4(a)所示应力控制的混合流变仪测量装置进行测试，其中滑动速度通过半径变化来调节，采用几何边缘速度 $v(v=\omega_a R)$ 表示，由扭矩 $T$ 和载荷 $N_a$ 计算得到摩擦系数，$\mu=4T/(3RN_a)$[23]。在摩擦过程中，具有优异柔韧性以及拉伸性能的复合水凝胶材料能够表现出长期稳定的低摩擦系数状态，分析原因，主要是 Tween80 胶束和聚集体与疏水性表面结构能够一起在水凝胶表面诱导粗糙表面和高碳含量，从而促进复合水凝胶的优异润滑性能。且该水凝胶具有优异的可回收性，图 7.4(b)以及图 7.4(c)显示水凝胶碎片经过加热及重塑后依然表现出低的摩擦系数。

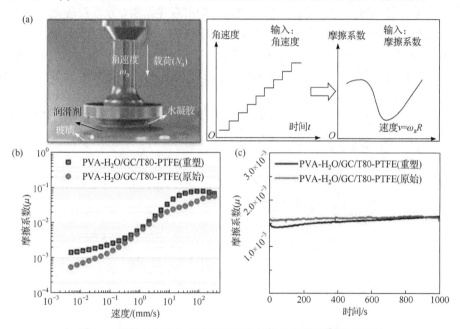

图 7.4　原始的以及加热重塑后的水凝胶的摩擦学性能研究[22]

(a) 水凝胶摩擦系数的测试装置及其测试原理；(b) 原始的以及加热重塑后的水凝胶随速度变化的摩擦系数；
(c) 原始的以及加热重塑后的水凝胶随时间变化的摩擦系数
PVA-H$_2$O-聚乙烯醇水凝胶；GC-甘油；T80-聚氧乙烯脱水山梨醇单油酸酯；PTFE-聚四氟乙烯

这种水凝胶材料的研究重点在于开发具有低摩擦系数的水凝胶材料，其摩擦条件一般为微观刺激，而开发在宏观机械刺激下依然生成良好边界润滑膜的人工润滑材料仍然是一个很大的挑战。对于实现制备工程应用背景下的超润滑材料来说，这种转变趋势是必然的。受关节软骨渗漏润滑现象的启发，Zhang 等[24]合成了一种结合超分子网络和双聚合物网络的仿生水凝胶，该仿生水凝胶具有独特的剪切响应润滑性能。具有优异宏观摩擦学性能的水凝胶制备中一般涉及两个关键因素：一个在剪切过程中提供动态润滑能力，另一个提供高的机械支撑。本小节利用触变性超分子水凝胶在外界刺激下的凝胶-溶胶转变提供润滑剂[25,26]，即通过剪切力调节超分子 *N*-芴甲氧羰基-*L*-色氨酸(FT)水凝胶的黏度，当水凝胶在剪切力的作用下发生解聚时，它将从凝胶状态转变为溶胶状态，从而产生润滑剂的渗漏。同时，利用双网络聚丙烯酰胺/聚乙烯醇(PAAm/PVA)水凝胶的高机械强度承担支撑。这样一来，触变性 FT 超分子水凝胶和坚韧的PAAm/PVA水凝胶的复合将用来制备剪切力触发的超分子润滑人工水凝胶，其结构及相关润滑机制如图 7.5(a)和图 7.5(b)所示。该双网络复合水凝胶的摩擦学性能在图 7.5(c)所示的球-盘摩擦试验机上进行测试。在剪切之前和之后收集表面摩擦数据。当陶瓷球与水凝胶表面接触时，在外加载荷作用下，水凝胶表面会产生微小变形，且当球开始移动时，剪切力就开始出现并作用在水凝胶表面。但是，随着剪切力的连续作用，水凝胶表面结构出现解体，凝胶态 FT 转变成溶胶态并渗入表面形成润滑层，对应的摩擦力(从 1.86mN±0.03mN 减小到 1.17mN±0.10mN)和摩擦系数(从 0.0372±0.0007 下降到 0.0233±0.0021)都发生显著降低，且

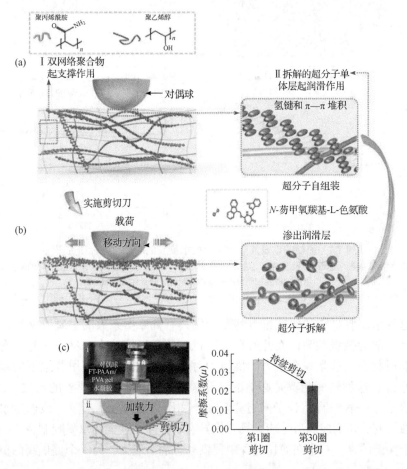

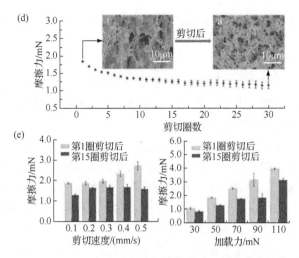

图 7.5　PAAm/PVA 复合水凝胶的结构设计及其摩擦学性能研究[24]

(a) PAAm/PVA 复合水凝胶的结构；(b) 触变性 FT 超分子水凝胶在摩擦过程中生成润滑层的示意图；(c) FT-PAAm/PVA 复合水凝胶上的摩擦学性能测试；(d) 水凝胶的摩擦系数及 SEM 形貌随着剪切的变化；(e) 摩擦力随剪切速度及加载力的变化图

在不同的剪切速度和加载力下都有明显的润滑作用。

基于关节润滑的水凝胶仿生材料在近 20 年已经得到了发展，但是目前大多数水凝胶材料还处于研究阶段，且多数只能在微观摩擦实验中实现 $10^{-3}$ 数量级的摩擦系数，寿命和服役稳定性也不能满足实际应用的要求。对于宏观摩擦下的水凝胶材料，仍然具有摩擦系数较高和寿命不足的问题，研发具有高机械强度和良好边界润滑效果的水凝胶材料才是未来研究的重点。总体来说，这种基于关节软骨的仿生材料对于新型固体超润滑材料体系的设计具有一定的借鉴作用，有望提供理论基础和实践支撑。

### 7.1.2　鲨鱼皮及其仿生超润滑材料

在长期的自然选择过程中，大多数鱼类能够依靠自身表皮结构实现润滑减阻，降低运动时的能量消耗，从而实现快速移动。研究表明，鲨鱼的表皮覆盖形成了一种大面积的微沟槽型盾鳞，盾鳞上有脊状凸起的肋条状结构，而肋条之间形成的纵向圆弧形沟槽能有效减少液体产生的涡流，从而能达到良好的减阻效果[27,28]。

对海洋航行器、船舶、潜艇等设备的研究还集中在减小其运行时的流体阻力，从而降低能源消耗，提升航行速度[2]。尽管鲨鱼皮和水之间的界面交互机制尚未被完全理解，但是实践证明对鲨鱼盾鳞肋条状结构进行仿生设计能够有效减小水的阻力，如 Dai 等[29]通过 3D 打印制备了具有鲨鱼皮表面仿生结构的丙烯腈丁二烯苯乙烯(ABS)，受技术限制，该纹理表面只是具有系列取向尺度，并使用流变仪评估了流体的阻力性能，发现种纹理表面具有优异的润滑减阻性能，且当鳞片取向为 90°时，表现出最大的降黏效果。可以合理认为鲨鱼皮状表面的减阻效果主要是由于低速梯度，这种机理可以作为未来相关表面设计的指导。

同样地，韩鑫等[30]通过热压印法直接复刻鲨鱼皮表面形貌，在试样表面设计制备了同样形貌的织构，当减阻样件被投入实验时，在水流速为 2～10m/s 的水洞实验条件下，相比于光滑的表面，具有鲨鱼皮沟槽仿生结构试样的最高减阻率达到 8.25%，平均减阻率高达 6.91%。

在船舶等海洋设备上进行鲨鱼皮结构仿生设计已经取得了很好的减阻效果，此外，在飞机表面上加工具有特殊形状和排列规律的织构，也能取得较好的减阻效果。模仿鲨鱼皮的沟槽结构在流体中的减阻、减摩和减振效果十分显著，但是很少见到其应用于机械运动中的摩擦副之间。对于宏观条件下的摩擦实践，如在摩擦严重的机械结构和装置中，各种形状的凹槽织构已经被证实具有一定改善摩擦学性能的作用。在干摩擦的条件下，表面凹槽能够捕捉和容纳磨屑[31-33]，从而有效减少犁沟效应和黏着摩擦。在边界润滑的条件下，随着表面织构凹坑的磨损，凹槽中储存的润滑剂能够逐渐溢出，起到持续的润滑作用[34-36]。此时，每个凹坑都可以形成局部流体动压润滑，同时摩擦副在摩擦过程中产生了液体动压薄膜，促进了流体动压润滑的产生，提高了摩擦副的承载能力[37-38]。

与沟槽在流体中减少湍流的接触面积和减少壁面剪切压力的减阻机理有所不同，在宏观机械摩擦中这种仿生结构表现出截然不同的机理。例如，周刘勇等[38]通过对 45 钢表面进行了鲨鱼皮沟槽结构的仿生织构，随后在 MM-P2 型摩擦磨损试验机上探究了面面接触下的摩擦学性能，并与未织构的光滑面进行对比。结果如图 7.6 所示。在转速为 420r/min、载荷为 200N、实验时间为 4min 的摩擦条件下，边界润滑和混合润滑条件下，织构表面的摩擦系数和磨损量都呈现一定程度的降低。这是因为沟槽结构既可以存储润滑油，又可以捕捉和容纳磨损过程中产生的磨屑。边界润滑条件下，织构磨损的过程同时伴随着沟槽中润滑油的不断溢出，在摩擦界面中形成挤压油膜，起到润滑效果；对于混合润滑，不断添加润滑油会使织构沟槽中形成局部流体动压润滑，从而减小摩擦系数。

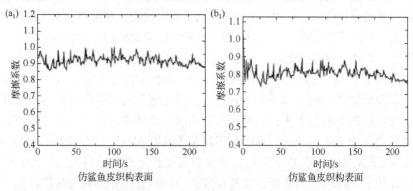

仿鲨鱼皮织构表面　　　　　　　　　　仿鲨鱼皮织构表面

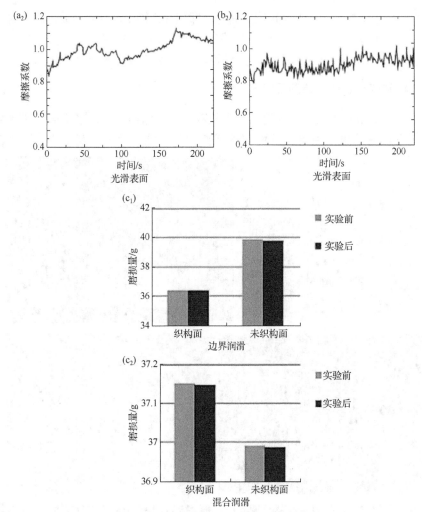

图 7.6　鲨鱼皮沟槽仿生织构钢材与光滑表面的摩擦学性能对比[38]

(a₁)、(a₂)边界润滑条件下的摩擦系数；(b₁)、(b₂)混合润滑条件下的摩擦系数；(c₁)、(c₂)磨损量的对比

杨海龙等[39]对 $Ti_6Al_4V$ 材料的表面结构进行了设计，模拟鲨鱼皮盾鳞沟槽进行仿生织构。$Ti_6Al_4V$ 材料通常作为骨科和牙科植入材料，在干摩擦实验条件下，仿生 $Ti_6Al_4V$ 材料的摩擦系数降低 0.035，降幅达 70%，其在不同的摩擦条件下都呈现出了不同程度的下降，说明该仿生织构对该材料的表面摩擦学性能有很大的改善。

基于以上研究，模仿鲨鱼皮表面的织构结构虽然在材料表面摩擦学性能的改善方面具有巨大的潜力，能够有效地降低摩擦系数、减小磨损率、改善润滑以及提高承载力，但是这种仿生织构还只能在流体中实现显著的减阻、减摩以及减振的效果，通过高精度工艺完美复刻这种表面结构的试件甚至可以实现超润滑状态。当该织构表面应用于机械运动的摩擦副之间时，即使在沟槽中添加润滑油，试样的摩擦系数依然处于较高数量级，实现宏观摩擦的超润滑还需进一步深入研究。当前对鲨鱼皮盾鳞仿生结构的减阻机理可以作为固体超润滑表面设计的指导依据。

### 7.1.3　猪笼草及其仿生超润滑材料

在空气潮湿及土壤贫瘠的地区，生长着一种食肉植物，即猪笼草，其独特的结构使得黏附昆虫易滑落，从而实现捕食[40,41]。猪笼草的微观结构如图 7.7 所

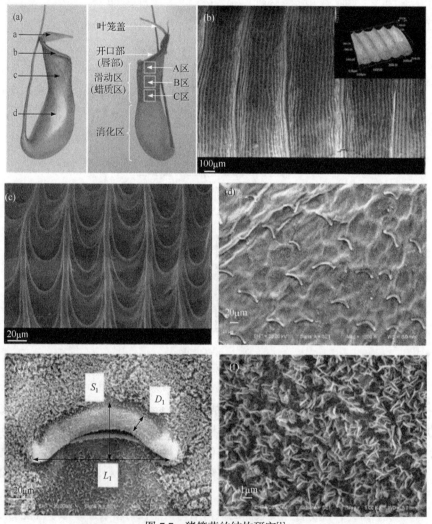

图 7.7　猪笼草的结构研究[1]

(a) 猪笼草外观形貌及区域划分；(b) 猪笼草唇部双层径向脊的结构；(c) 第二级径向脊的沟槽放大图；(d) 蜡质区向下弯曲的新月状细胞；(e) 单个新月细胞放大图；(f) 片状蜡质晶体

a-叶笼盖；b-开口部；c-滑动区；d-消化区；$S_1$、$D_1$、$L_1$ 为描述月牙结构尺寸三个参数

示，主要由叶笼盖、唇部、蜡质区以及消化区组成。其中，唇部表面分布着高度规则的双层径向脊，一级径向脊的高度、跨度和形状各异[42]；二级径向脊较窄，每条沟槽中分布着鸭嘴状楔形孔阵列结构，且有着弧形外轮廓[43]。这种微观形貌能够利用毛细作用力使得液体完全润湿表面[44]，因此潮湿环境中的猪笼草唇部表面一般具有一层均匀的水膜并结合自身分泌的花蜜膜层以实现减摩效果。猪笼草的蜡质区表面分布着一层微米级的向下弯曲的新月细胞，同时还不规则地分布着纳米级三维片状蜡质晶体，并相互交叉形成网络状结构[45]。这种微纳复合结构有效实现低表面能和低黏着性能，从而阻止昆虫沿着内壁爬行。

猪笼草的表面形态学一直吸引着研究人员的注意，依据其捕虫机理，艾森伯格(Aizenberg)团队在 2011 年首次开发了猪笼草仿生液体注入表面(liquid infused surfaces，LIS)之后，相关研究已经得到广泛开展[46]。本质上来说，LIS 表面是通过固体基底上的微纳结构将低表面能的液体润滑剂锁定，使织构中的空气被润滑剂取代，形成稳定的固体–液体复合层[47-49]。基底表面的微纳纹理对润滑剂的毛细作用可以有效防止液体的渗漏。因此，固体–固体摩擦界面就能被固体–液体摩擦界面取代，利用液体膜极低的剪切力和基底材料的承载能力，实现显著的减摩降磨效能。此外，底层固体表面也提供了一定的润滑能力，特别是在注入润滑油的协同作用下，因此，LIS 表面在润滑系统中有很大的应用潜力。

基于此，Manabe 等[50]构筑了基于液体吸附的 LIS 涂层(图 7.8(a))，即通过基底表面的 π—COOH 作用将油酸分子稳定地捕获，从而形成了稳定的液体膜，结构如图 7.8(a)所示。与裸露基底相比，油酸润滑层能够将摩擦系数降低至 1/10。为了实现超润滑，Manabe 等在油酸润滑层上放置一滴水，然后在单个水滴存在的条件下，通过在水滴头部施加垂直载荷进行往复摩擦和旋转摩擦的摩擦实验。摩擦实验结果显示，硅硼酸盐固体玻璃棒对偶的摩擦系数在旋转模式下可以实现 0.0098 的超低摩擦系数(1.8MPa，0.5Hz，5mm)，液滴存在拉普拉斯压力，并且通过发生自主移动进行表面能优化，使得在与载荷相反方向上的力能够保持流体润滑状态，从而防止了表面与摩擦材料之间的接触，导致摩擦系数的显著降低(图 7.8(b))。目前，只有在特定条件下使用大量矿物油或使用石墨烯材料，才能达到宏观摩擦条件下超润滑水平的减摩效果。这项研究中使用的液体是油酸和水，油酸作为一种随处可得的廉价植物油，通过这种 LIS 结构的设计，该涂层在空气中也能达到超润滑。基底表面可以适应钢、铁等材料，并有望应用于摩擦学性能更重要的材料表面。

以猪笼草为灵感的 LIS 结构能够实现液体的超润滑，然而，它们对固体的摩擦系数要高于传统的液体润滑剂表面。例如，Sun 等[51]制备了磷酸锆/环氧树脂/氟化石墨/聚四氟乙烯(ZrP/EP/GrF/PTFE)基底的复合涂层，并采用杜邦全氟聚醚(PTPE)油作为润滑剂制得 LIS 结构。氟化石墨中 F 原子的引入能够赋予石墨材

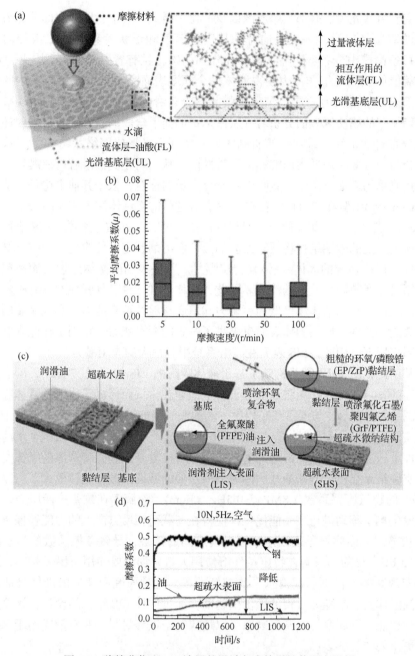

图 7.8　猪笼草仿生 LIS 涂层的设计与摩擦学性能研究[50,51]

(a) 液滴在油酸作润滑剂的 LIS 结构上的摩擦示意图；(b) 30μL 水滴存在时的平均摩擦系数；(c) PTPE 作润滑剂的复合结构示意图；(d) 摩擦系数曲线的对比

更优异的润滑性能和极低的表面能[52,53]，可作为固体润滑剂；ZrP 作为一种合成无机二维层状材料，同时也是一种具有优异机械性能的固体润滑剂，能够通过羟基官能团与聚合物基底 EP 树脂产生良好的相容性[54-56]。因此，在 LIS 表面的 PTPE 液体层和环氧树脂基体中固体润滑剂 GrF 和 ZrP 的协同作用下，结合固体润滑和液体润滑的优点，实现有效的减摩降磨。摩擦实验表明该 LIS 涂层在 10N(140MPa)5Hz 的摩擦条件下测得的摩擦系数低至 0.022，且磨损率相比钢对钢直接接触条件降至 1/3(图 7.8)。

　　显然，目前对于仿生超润滑材料的研究，其超润滑性能的实现一般是限于极低接触应力下的摩擦。但是，这类材料可以对与低摩擦系数相关的自然界生物生理特征进行复制，从而有效实现低黏着与超润滑。该类材料目前大多数被应用于油气运输、降低风阻、水阻等领域，对于宏观的大接触应力下的固体摩擦，其摩擦系数相对于成熟的碳材料及二硫属化合物薄膜类润滑材料来说仍然相对较高。因此，需要对这一类材料进行进一步的研究，以实现工业上可大规模应用的摩擦系数低于 0.01 的超润滑性能。基于猪笼草结构仿生涂层的研究结果能为固体超润滑材料的研究提供良好的基础，将促进固体超润滑的研究和实际应用。

　　仿生摩擦学能够在一定程度上改善机械运动部件的摩擦学性能，由于缺乏系统性的理论支持，同时受技术和成本限制，也缺乏有效的从生物摩擦学特性向工程领域转移的平台，即无法完美地将生物的摩擦学特征结构复制到工程样件上。因此，摩擦学学者们对仿生摩擦学的工程应用研究仍处于个案研究阶段，且仿生效果不尽理想，目前鲜有成功实现工程应用上的仿生超润滑案例。

　　进一步的工作重点是对仿生摩擦学的一些机理和技术进行深入研究。对生物具有的摩擦学特性进行科学理论的解释，为建立仿生相似性规则提供技术支持。然而，生物优异的摩擦学特性及其拓扑结构并非可以直接复制，大多数情况下，将生物系统直接复制在工程系统几乎是不可行的。大多研究是通过数字建模结合 3D 打印技术进行复制的，但往往也存在精度不足的缺陷。因此，未来仿生摩擦学需要朝着产品数字化、智能化、高效化等方向发展，这将有助于减轻工程仿生设计难度，并促进固体超润滑的理论研究和实际应用。

## 7.2　自组装超润滑材料

　　自组装润滑技术是继传统润滑油、润滑脂、固体润滑剂等以后发展起来的新型润滑技术之一[57]。目前，自组装材料通过自下而上的方法将构件自主组装成规则形状或结构，为界面处的摩擦学特性的研究提供了途径。自组装材料通常具有纳米级别的厚度，能够在任意形状和刚度的表面或界面进行改性；同时，有序稳定的结构以及较好的热稳定性使其能够对界面黏着和摩擦进行可控调节。通过自组装材料实现超润滑的材料体系被称作自组装超润滑材料。

### 7.2.1 自组装填料

纳米尺度的自组装材料可以作为固体润滑涂层的填料。自组装技术具有操作简单、环境友好、实验条件温和以及重复性好等优点[58]。固体润滑涂层润滑填料的分散特性及与基质之间的相容性是影响其摩擦学特性的关键因素，而自组装技术可以对这些特性进行有效调节，因此在固体润滑涂层的填料领域具有较广的应用前景。

Yang 等[59]通过将带正电荷的镁铝层状双氢氧化物(MgAl-LDH)纳米颗粒分散液，以及带负电的复合聚 2-丙烯酰胺-2-甲基-1-丙磺酸(PAMPA)溶液，通过简单的层层(layer by layer，LBL)自组装，利用静电相互作用沉积在纤维织物表面。这一设计使复合纳米粒子致密均匀地修饰在纤维表面，与原始织物相比，表面润湿性和粗糙度显著提高，从而有效提升了纤维与树脂的拉伸强度和黏结强度(图 7.9(a)和(b))。根据组装循环次数的不同，得到的改性织物分别记作 LBL-$n$。实验结果表明改性后的复合材料的结合强度比原始复合材料提高了 40.8%。且摩擦磨损实验结果表明，合适比例的 MgAl-LDH/PAMPA 改性纤维织物复合材料具有较好的摩擦学性能，具体表现在摩擦系数和磨损率的同时降低(图 7.9(c)和(d))。

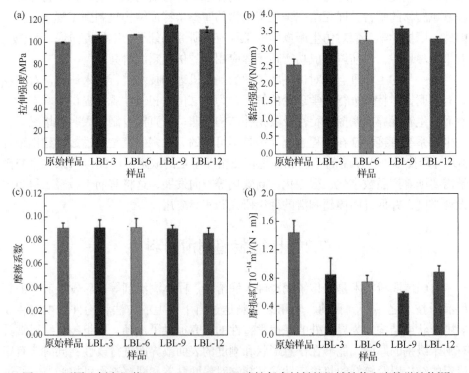

图 7.9　不同比例自组装 MgAl-LDH/PAMPA 改性复合材料的机械性能和摩擦学性能[59]

(a) 拉伸强度；(b) 黏结强度；(c) 摩擦系数；(d) 磨损率

Yang 等[60]将剥离型二维 MXene(具有类石墨烯结构的二维层状材料，由过渡金属碳化物、氮化物或碳氮化物构成)纳米片，$Ti_3C_2$ 通过自组装法装载于聚四氟乙烯(PTFE)纳米颗粒，形成具有核壳结构的 pMXene@PTFE(pMXene 为层间含有聚二烯丙基二甲基铵水溶液(PDDA)的 Mxene 材料)纳米填料，然后将其引入环氧树脂制备润滑涂层，制备流程见图 7.10(a)。MXene 纳米片具有和石墨烯相似的晶体结构，但是单层 MXene 薄片在潮湿空气或含水环境中容易氧化。因此，采用静电自组装法制备以 PTFE 纳米粒子为核的核壳杂化材料能够有效抑制 MXene 材料的氧化，且在环氧树脂基体中具有良好的分散性和黏附力。MXene 片材和具有核–壳结构的 PTFE 混合添加剂的协同润滑作用能够实现多环境下环氧基复合涂层的稳定润滑性能，且在大气、真空和湿度等不同摩擦条件下都表现出很大的润滑潜力。图 7.10(b)所示的复合涂层的摩擦系数是纯环氧树脂的 1/14，且图 7.10(c)所示的磨损率是纯环氧树脂的 1/19，显示出极显著的抗磨减摩效果。

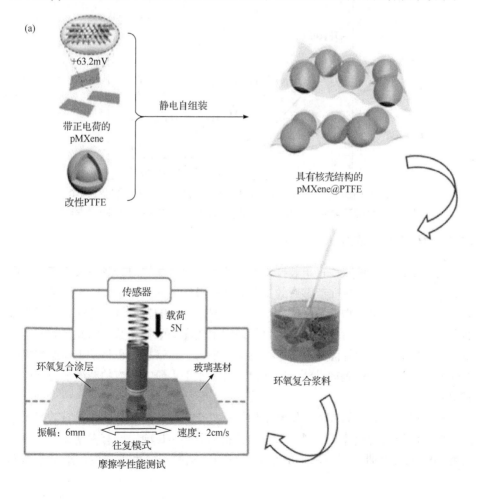

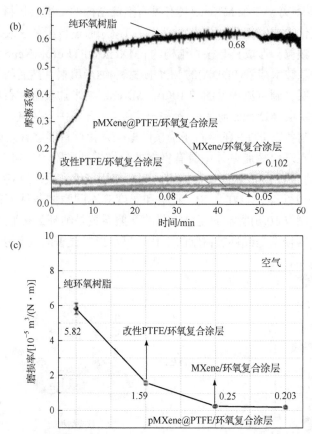

图 7.10　自组装 pMXene@PTFE 纳米涂层的制备及其摩擦学性能研究[60]

(a) 自组装 pMXene@PTFE 纳米填料的制备流程；(b) 复合涂层的摩擦系数；(c) 复合涂层的磨损率

## 7.2.2　界面自组装结构

由 7.2.1 小节可知，自组装技术构筑的纳米填料在解决分散性及相容性方面起到了显著的作用，从而能够有效提升固体润滑涂层的摩擦学性能。但是，目前通过常规的有机聚合物涂层无法实现宏观摩擦条件下的超润滑，即使在涂层中添加自组装填料，改性后的复合涂层仍然表现出较高的摩擦系数。因此，研究者们将目光投向微观摩擦界面的分子摩擦行为。本质上，摩擦过程是发生在摩擦界面上的分子行为的宏观表现[61-63]。因此，在分子水平上研究相应的摩擦学行为也具有重要意义。

石墨烯原子光滑的表面和层状结构使其具有良好的剪切性能，可有效降低摩擦系数，已经成为固体超润滑的潜在候选材料[64,65]。目前，已有大量文献从原子尺度和宏观尺度研究了石墨烯的摩擦学行为。从原子尺度上来说，纳米摩擦学研究已经证明石墨烯具有减少摩擦磨损的能力,其超润滑特性是非公度接触引起的[66-69]。但是,对于宏观尺度的研究具有更大的实际意义,能够为解决摩擦磨损导致的能量耗散问题提供有意义的解决方案。基于此,如图 7.11 所示,Wu 等[70]通过一种基于马兰戈尼效应的自组装技术制备了大面积的石墨烯薄膜,通过石墨烯与石墨烯的相互滑动,实现了宏观接触中的低摩擦系数。其显著的抗磨减摩性能可以归因于石墨烯相邻片层间的低剪切阻力,更重要的是,通过自组装技术制备的石墨烯能够对摩擦副进行全覆盖。如图 7.11 所示,在低法向载荷下的滑动过程中,两个摩擦副表面都被石墨烯完全覆盖,从而使得摩擦系数降低。随着载荷的增加,石墨烯会逐渐磨损,从而导致摩擦系数增大。

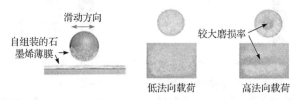

图 7.11 自组装石墨烯薄膜中 $Si_3N_4$ 球上的石墨烯与 Si 基地石墨烯的摩擦磨损示意图[70]

文献报道的实验中,在宏观接触的摩擦条件下,石墨烯薄膜作为固体润滑剂而不使用任何其他润滑剂时,上述润滑系统的摩擦系数属于较小的数量级,但是依然没有达到 $10^{-3}$ 数量级,这种制备方式对于制备大面积的二维层状材料润滑剂涂层具有一定的借鉴作用。此外,离子凝胶作为一种新型润滑材料被研究。离子凝胶是由凝胶分子在离子液体中超分子组装而成的一种软质材料[71,72]。因此,离子液体(IL)可以被固定在凝胶三维(3D)网络中,从而抑制离子液体的自由流动。近年来,具有触变性的离子凝胶被发现是潜在的高性能半固体润滑剂。因此,Chen 等[73]设计并制备了一种新的基于 D-葡萄糖醛酸缩醛的凝胶因子(PB8),其烷基侧链带有脲基团。PB8 与离子液体具有良好的亲和性,且能够形成透明的离子凝胶,并表现出适当的机械强度、高黏弹性和高效的自修复性能。其中,离子液体中的凝胶因子能够通过氢键、π—π 堆积和含脲侧链之间相互作用的协同效应实现自组装。该离子凝胶的摩擦学性能可通过高温摩擦磨损试验机(SRV-IV)进行测试,结果显示 PB8 基离子凝胶在钢对钢的接触条件中是一种显著的润滑材料,表现出优异的润滑性能(图 7.12)。与纯的离子液体相比,该自组装形成的离子凝胶不仅摩擦磨合期短,摩擦系数低,而且磨损体积小。

显然,自组装离子凝胶虽然也能够有效提供减摩耐磨的效果,但摩擦系数仍然相对较高。目前,通过自组装技术实现的超润滑往往是通过在界面上进行分子自组装实现的。界面自组装结构主要包括分子自组装及超分子自组装[74]。对于分子自组装,摩擦主要通过其分子之间的剪切实现,此时,组装单分子层的强共

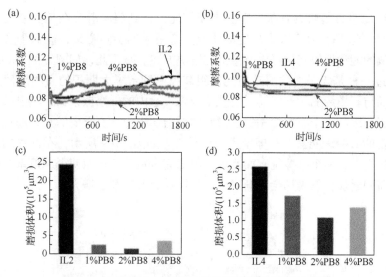

图 7.12　不同的 PB8 基离子凝胶的摩擦学性能研究[73]

(a) 不同浓度 PB8 的离子液体 IL2 和在 IL2 中形成的离子凝胶的摩擦系数；(b) 不同浓度 PB8 的 IL4 和在 IL4 中形成的离子凝胶的摩擦系数；(c) 由 IL2 和不同浓度 PB8 的 IL2 中形成的离子凝胶的磨损体积；(d) IL4 和不同浓度 PB8 的 IL4 中形成的离子凝胶的磨损体积

价键能够抵抗剪切强度。例如，Godlewski 等[75]在云母片上组装聚 2-(甲基丙烯酰氧基)-乙基磷酰胆碱，并利用表面力天平在平均压力高达 7.5MPa 的水介质中获得了极低的摩擦系数(0.001)，这是因为高度水合的磷酰胆碱类单体的影响。Zhang 等[76]利用聚乙烯膦酸(PVPA)在钛合金(Ti₆Al₄V)表面自组装，如图 7.13 所示，该复合涂层在磷酸缓冲盐溶液(PBS)中实现了摩擦系数为 0.006 的超润滑状态(44.2MPa)。但是，当该复合涂层在干摩擦条件下进行实验时，表面自组装结构使其摩擦系数略有降低，降至 0.12。显然，利用分子自组装可以有效改善界面摩擦学性能。但是，分子自组装过程是不可逆的，这导致最终结构难以控制；目前这种分子自组装多用在液体介质的润滑中，系统种类较少，使得其摩擦学应用范围较窄[77]。

对于超分子自组装，其利用物理吸附的分子之间的非共价相互作用，能够实现材料表面可控的超分子自组装。氢键的方向性和选择性使其成为超分子最主要的相互作用之一。Shi 等利用 1,2,4-苯三酸酐(TMA)及 1,3,5-均苯三羧酸(BTB)在庚酸-高定向热解石墨(HOPG)上进行自组装，并利用原子力显微镜研究了其纳米摩

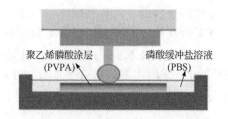

聚乙烯膦酸涂层　　　　磷酸缓冲盐溶液
(PVPA)　　　　　　　(PBS)

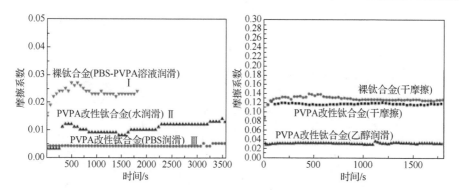

图 7.13　钛合金 Ti₆Al₄V 表面自组装 PVPA 复合涂层的摩擦学性能研究[76]

擦学性质，研究表明，实现了 0.016 的超低摩擦系数。此外，该团队还制备了以范德华相互作用诱导的模板网络：六苯基苯-高定向热解石墨(HPB-HOPG)复合材料，同样地，通过原子力显微镜测试其纳米摩擦学特性，结果显示实现了 0.013 的超低摩擦系数[78]。富勒烯作为一种典型的碳材料，其超润滑性也可以通过超分子自组装实现。通过将富勒烯衍生物 C₇₀、三聚茚(Truxene-60)分子与 4,7-二噻吩基-2,1,3-苯并噻二唑(BTTh2)和三苯胺(TPA)基团通过乙炔连接的共轭大环进行主客体复合，再将其于高定向热解石墨表面进行自组装。原子力显微镜测试的纳米摩擦学性质显示，这种组装结构能够实现稳定的超润滑(摩擦系数均小于0.01)[79]。同时，液晶作为一种在润滑应用中很有前景的分子材料，能够通过构建多个液晶的均匀有序自组装实现微尺度固体超润滑。Tan 等合成了热解高定向石墨表面的液晶分子的超分子组装结构，其纳米摩擦学性质也显示实现了摩擦系数低于 0.01 的微超润滑(图 7.14)。这一工作揭示了氢键和范德华相互作用如何诱导液晶结构，以及纳米尺度下的摩擦系数与超分子组装的相互作用强度呈正相关这一结论。液晶作为润滑剂的良好候选材料，已显示出显著的降低滑动表面摩擦系数和磨损率的能力。分子水平的研究已证明液晶的自组装结构和超润滑性能。

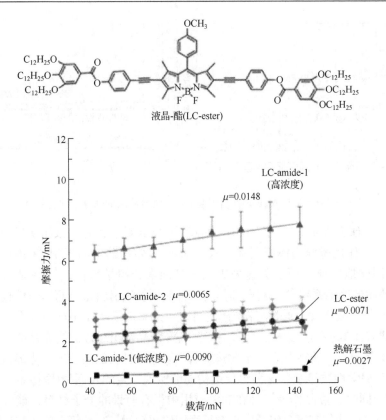

图 7.14　热解高定向石墨上的超分子自组装液晶结构的摩擦学性能[79]

　　目前，对自组装材料固体超润滑性能的研究还限于微纳尺度，主要通过原子力显微镜对其超润滑摩擦界面进行考察，其应用也仅限于各种微纳尺度的机电系统。一些现象和结果并不能得到圆满的解释，系统的微观摩擦学理论(如摩擦、磨损和润滑理论)尚待建立。但是，自组装润滑技术将对纳米摩擦学的基础理论研究和应用研究起到巨大的推动作用。对于自组装材料的宏观超润滑性能的实现，应在目前纳米摩擦学的基础理论研究和应用研究的基础上进行进一步的探索，寻找性能稳定、制备简单、工况条件较宽及摩擦学性能优异的自组装润滑膜体系，为其在高负载条件下的应用奠定基础。

## 7.3　3D 打印超润滑材料

　　3D 打印技术的快速发展为各种多尺度润滑结构的设计提供了巨大的机遇，即 3D 打印能够制备任意的复杂结构并使样品快速成型，这为实现有效润滑提供了途径。目前，对超润滑的实践大多限于原子级光滑的清洁表面，限定操作条件，以及纳米或微尺度。通常，在纳米尺度下较容易制备出完全平坦和清洁的接触层。宏观尺度上的材料很少能够在非公度接触时具有原子级平整度的单晶刚性表面，且随着滑动接触面积的增加，表面变形和结构缺陷也会增加，这会严重限制其在多摩擦环境下的可靠性和稳定性。此外，材料的超润滑性能通常只在特定条件下实现，如超低水平的施加载荷、相对滑动速度、短滑动距离和环境温度。在结构超润滑研究中，大多数实验过于简化实际摩擦条件，只能为宏观尺度的滑动接触提供理论模型和有意义的参考。因此，如何在宏观尺度上降低摩擦系数和磨损率仍然是一个亟待解决的问题。

随着 3D 打印润滑材料技术的深入探索，从微观尺度到宏观尺度的精细尺寸的多功能 3D 结构的构建越来越被认为是实现超润滑的重要手段，并引起了科学界的极大兴趣。结构设计是一种在宏观尺度上改善摩擦学性能时被广泛采用的策略。结构的存在可以在干滑动条件下储存润滑剂和磨屑，同时在流体动力润滑的条件下能增强润滑膜的承载能力[80]。3D 打印技术从数字模型着手，通过离散逐点、逐行或者逐层的方法构建 3D 模型，能够有效制备高度复杂精确的结构[81]；同时，快速成型的 3D 技术能够实现润滑材料与结构一体化，从而避免二次加工的负面影响[82]。因此，逐渐发展的 3D 打印技术通过构造从微细到宏观的精细尺寸，进而能够为各种多尺度超润滑结构的设计寻找巨大机遇。

### 7.3.1  3D 打印几何结构润滑材料

具有不同几何结构阵列的 3D 打印样品的摩擦学性能已经被广泛地进行了探究。例如，Wang 等[83]通过对 Cu 纳米颗粒进行光纤激光烧结，制备出具有圆盘和环阵列的微米结构表面(图 7.15(a))，并且在油润滑的摩擦条件下使用销-盘摩擦试验机对其进行摩擦测试。摩擦结果如图 7.15(b)所示，引入几何结构的表面具有更低的摩擦系数，且相对于环形纹理来说，圆盘纹理拥有更好的润滑效果，这与更多量的储存在微坑中的润滑剂有关。同时，Wang 等[84]也通过同样的方法制备了凹凸方形结构的 Cu 薄膜表面(图 7.15(c))。图 7.15(d)所示的摩擦结果显示，在不同的载荷和速度下，凸纹理结构具有比凹纹理结构更低的摩擦系数。上述实验证明了几何结构化表面具有一定的润滑效果，具体体现在其储存润滑剂和磨屑，减少颗粒在滑动面上的切割或犁削，进一步抑制黏着磨损。

Hong 等[85]采用喷墨打印(IJP)制备了具有圆形和方形凹凸体的 VisiJet-M3(一种丙烯腈-丁二烯-苯乙烯共聚物，可用于 3D 打印注塑成型)晶体塑性材料，并对其摩擦学性能进行研究。结果显示，圆凸纹理结构能够实现 0.08 的低摩擦系数(10N)以及 0.06mm³ 的低磨损体积。Costa 等[86]利用选择性激光熔融法(SLM)打印

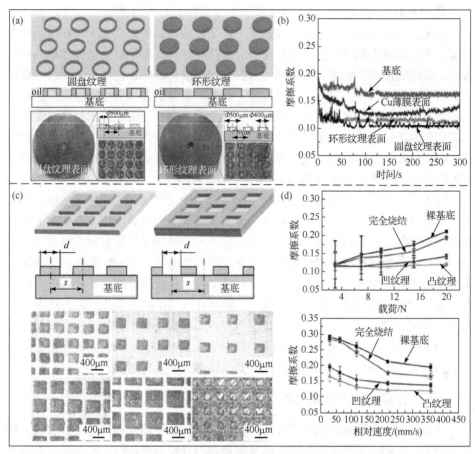

图 7.15　微米级几何润滑结构在机械润滑系统中的应用[83,84]

(a) 具有圆盘和环形纹理的 3D 打印 Cu 纳米颗粒的模型和显微照片；(b) 印刷的结构化 Cu 纳米颗粒样品的摩擦
系数；(c) 具有凹纹理和凸纹理的 3D 打印 Cu 纳米颗粒的模型和显微照片；(d) 印刷的结构化 Cu 纳米颗粒样品
的摩擦系数
oil-润滑油

了具有蜂窝结构的 Ti$_6$Al$_4$V 材料，并利用 $\beta$-磷酸三钙浸渍作为润滑剂，结果显示
这种印刷结构可以促进连续润滑，有效降低摩擦系数至 0.1。Zhao 等[87]通过数字
光处理技术 3D 打印制备了具有圆心立方/六边形蜂窝拓扑结构的 MoS$_2$/MoSe$_2$ 异
质结构(图 7.16)，摩擦结果显示复合材料能够实现 5N 下 0.09 的超低摩擦系数及
2.5×10$^{-5}$mm$^3$/(N · m)的低磨损率。显然，设计合理的结构可以有效降低摩擦系数
和磨损率，但是目前对 3D 打印润滑材料抗磨减摩的研究仍然聚焦于超低摩擦系
数。随着滑动接触面积的增加，由钉扎效应引起的残余摩擦力会加速结构材料的
磨损。通过对材料以及结构的合理设计和调整，有望实现宏观尺度上的超润滑。

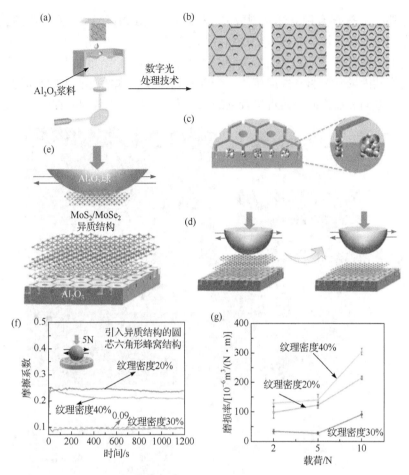

图 7.16　3D 打印制备的蜂窝状 MoS₂/MoSe₂ 异质结构的摩擦学性能研究[87]
(a) 样品制备过程示意图；(b) 制备的仿生表面的形貌；(c) 润滑剂及磨屑的存储；(d) 薄膜自定向过程示意图；
(e) 通过异质结构实现超低摩擦系数；(f) 摩擦系数曲线；(g) 不同载荷下的磨损率

## 7.3.2　3D 打印仿生结构润滑材料

目前，3D 打印技术的发展主要集中在构建几何润滑结构及仿生润滑结构。自然中广泛存在的生物构造使得 3D 打印的结构设计不再局限于简单的几何结构。自然结构是复杂的交织结构体系，涉及纳米到宏观尺度的形态，而人工模仿仍然是传统工程制造的巨大挑战。3D 打印允许在构建高精度微结构时实现极大的自由度，而具有生物启发的润滑结构目前也表现出显著的减摩耐磨性能。例如，Holovenko 等[88]通过 SLM 构筑了壁虎纤维仿生结构的不锈钢，结果显示在 103N 的重载条件下也能实现 0.2 的低摩擦系数，这主要归因于相邻结构单元之间的空间可以储存磨屑，避免了滑动面上的切割和犁削。

此外，Ji 等[89]利用立体光刻数字光处理技术(DLP)打印了由刚性丙烯酸树脂钩状脊柱结构和柔性 PDMS 支撑层组成的整体材料(图 7.17(a)和(b))，其中钩状脊柱结构的灵感来源于豚鱼表面。对其进行摩擦学实验，结果如图 7.17(c)和(d)所示，与刚性丙烯酸树脂支撑层相比，带有 PDMS 柔性支撑层的 3D 打印钩状脊柱结构在正方向和负方向均表现出较低的摩擦力，但摩擦力各向异性较大。这是因

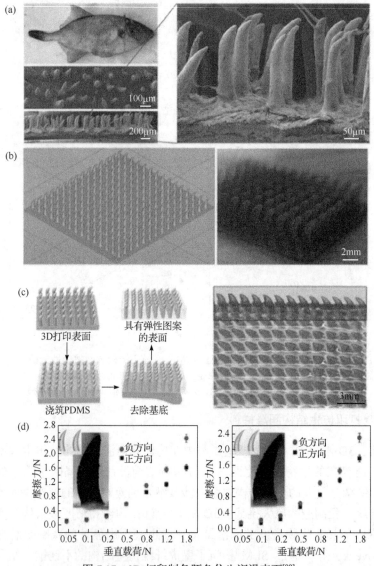

图 7.17　3D 打印制备豚鱼仿生润滑表面[89]

(a) 豚鱼的光学图片和扫描电镜图像；(b) 带有柔性支撑基底的 3D 打印钩状棘的光学显微镜照片；(c) 嵌入刚性支撑基质的钩状棘的示意图和照片；(d) 嵌入柔性支撑基底的不同弯曲程度(见副图)的钩状刺的摩擦特性

为柔性支撑层与丙烯酸支撑层相比具有不同的刚性。同时，包埋在柔性 PDMS 中的钩状棘突结构的摩擦力随着包埋深度、法向载荷和棘突密度的变化在正方向上稳定在约 0.20N 的最小值，且摩擦力各向异性还表现出独特的定向驱动潜力，作为特定摩擦学应用的候选材料有非常广的前景。

基于以上研究可得，3D 打印仿生结构最常用的材料是聚合物，其有利于仿生结构的精细打印，并能够提供良好的润滑性能。仿生结构与材料的结合有利于提高润滑性能，从结构-性能的角度看，3D 打印仿生结构能够通过接触滑动面的变形和调整实现摩擦力的诱导和控制，从而调控不同的摩擦学特性。总之，3D 打印技术能够通过不同跨尺度的结构设计，实现无限接近宏观尺度的超润滑性。但是，目前的材料种类、结构特性以及 3D 打印技术的局限性使得该类材料在宏观工程应用上的研究还停留在超低摩擦系数实现的阶段。此外，对于微动润滑或表面水滴、油滴等轻质材料的传输，3D 打印超润滑也已经取得一些成果。例如，模仿猪笼草的几何梯度结构、柱状纳米结构、受加利福尼亚灯笼草启发的阵列微观结构以及模仿香蒲的复杂结构在实际机械系统中提供了超低摩擦系数甚至超润滑性[90-95]，这也为推进该系统在宏观尺度上的超润滑性能的发展提供了无限可能。

尽管多种多样的 3D 打印技术不断涌现，但要通过 3D 打印结构的多样化和精细化设计，将纳米尺度的超润滑性延伸到宏观尺度，还有很多工作要做。迄今为止，3D 打印结构润滑材料的工作还主要集中在构筑几何凹凸结构图案，如凹坑、圆形、正方形及蜂窝状孔隙等形状。这些结构在实践中都表现出程度不一的润滑效果，主要原因是来自微观形式的几何图案纹理能够通过存储碎片减少摩擦和磨损。对于仿生结构而言，3D 打印的生物结构在摩擦学上的研究大多还是基于在特定方向上的摩擦力各向异性研究，从而使摩擦系数最小化[96]。基于前人的研究成果，刚性层状材料在非公度接触时，可以获得结构超润滑性，可以设想通过将 3D 打印结构尺寸从宏观尺度调整到微米尺度甚至纳米尺度，同样可以获得宏观尺度的超润滑性。因此，发展先进的 3D 打印技术和表征技术，能够促进纳米级精细结构的制造，从而有望实现超润滑性。

图 7.18 对当前 3D 打印技术制备的润滑材料的研究现状进行了简单的总结，目前所制备的宏观尺度上的 3D 打印润滑材料已经能够有效实现减摩耐磨，摩擦系数依然处于较高数量级。当前的微米级 3D 打印结构在实际接触中已经能够提供相对较低的摩擦系数，而 3D 打印技术已经开始向亚微米级的精细制造发展，因此未来对于宏观超润滑的设计应该从设计更小的微纳尺度的表面结构出发。经过这种设计，纳米级的多触点配置能够有效降低弹性效应，从而为宏观超润滑的实现提供了潜在可能性。同时，应结合多种 3D 打印技术发展具有自润滑特性材料的结构印刷，进一步扩大结构和润滑材料的结合度。随着 3D 打印技术的进步，宏

观可调润滑将在高性价比、高速度的基础上向超微细结构、多材料选择、高性能方向发展，预计3D打印多尺度和多类型结构润滑将引领材料实现宏观超润滑[97]。

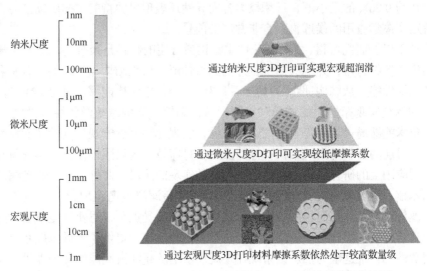

图 7.18　多种结构尺度下的 3D 打印技术制备的润滑材料的润滑特性[80]

# 7.4　含油超润滑材料

相较于固体超润滑，对液体超润滑的理论研究较早，但其研究进展相对缓慢。尽管液体超润滑与固体超润滑的机制、理论有所不同，但它们的目标一致：均希望尽可能地降低摩擦系数，减少磨损率。经过多年的发展，液体超润滑体系已由最初的水基润滑扩展到溶液基(酸、碱、盐)、油基、醇基和生物基润滑，真正成为超润滑领域的一个重要分支。在理论上，也逐渐形成了液体动压作用、双电层作用和水合作用三大超润滑机制。对于液体超润滑来说，其耐高低温性较差，承载能力较低，且使用工况有限，目前还很难走向大规模应用。相反地，固体超润滑材料在承载能力、耐高低温性等方面具有明显优势，但其受环境因素影响较大，超润滑实现条件较为苛刻，且制备成本较高，磨损后又难以补充，因而很难实现大面积的宏观尺度超润滑。总之，目前对超润滑的研究还处于积极探索之中，工艺简便、性能稳定长效、多功能化、智能化的新型超润滑材料的研制和工程化应用仍是未来摩擦学发展的主要方向之一[98-100]。

随着我国从制造大国向制造强国的发展目标迈进，产业和机械装备加速升级，制造业、航空航天、地面交通、能源、海洋等技术领域的发展对机械设备的减摩和耐磨性能提出了越来越高的要求，依赖单一的固体润滑或流体润滑显然难以满足需要，固-液复合润滑涂层的出现正逢其时，作为一种新型润滑材料，这也是实现大面积宏观超润滑及推进超润滑材料工程化应用的最佳途径之一。一方面，固-液复合润滑涂层克服了单一固体/液体润滑局限，既能凸显液体润滑相易形成边界润滑膜、自我修补性强、噪声小、对环境敏感性低等特点，又能保持固体润滑相挥发性低、承载能力高、耐腐蚀等优点，使两者能够实现优势互补。另一方面，在固-液复合润滑条件下，一些固体润滑机制还能被液体润滑过程中的摩擦化学反应激活，发挥协同润滑作用。因此，固-液复合涂层势必能够大幅提高摩擦副的减摩耐磨性能，延长其使用寿命。

国内外的研究人员在固-液复合润滑材料的研究方面已开展了探索性的理论和实验研究。在已发表的文献中，将液体润滑剂嵌于固相基底中制备的固-液复合材料目前已实现有效润滑。目前，对于含油润滑材料的研究主要集中在以下 2 个方向：润滑油灌注自润滑材料和液体润滑剂嵌入复合材料。

### 7.4.1　润滑油灌注自润滑材料

多孔聚合物自润滑材料能够通过内部相互连通的多孔结构储存和释放液体润滑剂，使释放的液体润滑剂在磨损表面形成润滑膜，最终达到良好的润滑效果[101-104]。目前，大部分研究是通过多孔聚合物浸渍润滑油制备复合材料以实现减摩自润滑效果，且这种多孔含油材料一般以高强度、耐高温的聚酰亚胺(PI)、聚醚醚酮(PEEK)或超高分子量聚乙烯(UHMWPE)等整体材料为载体。例如，汪怀远等制备了 PEEK 基固-液复合润滑材料，实现 0.034 的低摩擦系数，且耐磨性增加 30 倍[105,106]；Zhu 等[107]以高热稳定性、低熔点的离子液体为润滑剂，使多孔 PEEK 自润滑材料的摩擦系数降低至 0.0197，且在高速重载摩擦条件下，表现出更优异的低摩擦系数和抗磨性能。此外，如图 7.19 所示，Mu 等[108]制备了具有超高机械强度的聚酰亚胺气凝胶作为多孔自润滑材料的基体材料，随后将液体润滑剂灌注于内。摩擦实验显示，添加润滑剂的聚酰亚胺气凝胶具有优异的摩擦学性能，其耐磨性相比干摩擦提高了 69.52%，且摩擦系数相比纯聚酰亚胺降低了 43.72%，聚酰亚胺气凝胶基体的机械性能越好，其摩擦学性能也随之提升。

同样地，Ruan 等[109]通过冷压和热烧结工艺制备了具有单层小孔的聚酰亚胺，通过在聚酰亚胺表面微织构化大孔制备具有分级孔结构的多孔聚酰亚胺材料。与常规含油材料相比，多级孔含油材料具有较高的含油率，同时由于大孔和小孔的协同作用，保持了优异的力学性能和较高的保油性能。此外，储存在具有多级孔洞结构的聚酰亚胺中的润滑剂在热刺激和机械力刺激下可释放到界面，释放的润滑剂可通过多孔通道提供的毛细作用力重新吸收到多级多孔聚酰亚胺中。该多级多孔含油聚酰亚胺显示出 0.057 的低摩擦系数及 1069 次润滑循环(每次循环 1h)。

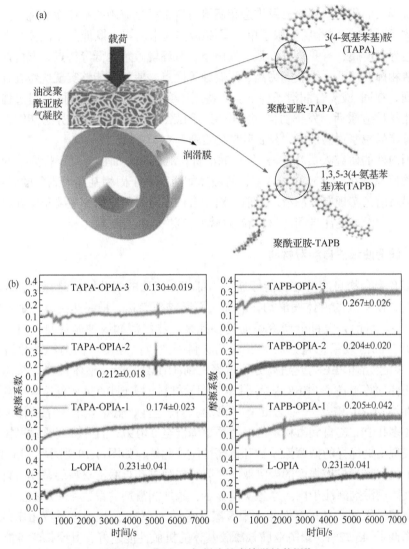

图 7.19　含油 PI 气凝胶的摩擦学性能[108]

(a) 摩擦实验示意图；(b) 不同添加量分子交联结构的含油聚酰亚胺气凝胶的摩擦系数
OPIA-油浸聚酰亚胺气凝胶；L-OPIA-线性结构的油浸聚酰亚胺气凝胶

　　基于以上研究可知，这类润滑油灌注自润滑材料的润滑机制如下：样品在热、力刺激下，含油自润滑材料能够释放液体润滑剂到界面，形成较厚的润滑油膜，减少了基体与基体的固-固接触，从而起到减摩耐磨的作用。显然，该类材料的摩擦系数仍然处于 $10^{-2}$ 数量级，且开放的多孔结构存在润滑油泄漏的可能。此外，先制备多孔结构，然后再将润滑剂填充到孔隙中，这不仅需要特定的设备，而且耗时长，润滑剂分布不均，孔隙率高，容易导致润滑性能和机械性能较差。

### 7.4.2　液体润滑剂嵌入复合材料

为解决上述问题，研究人员利用微胶囊或纳米器件包裹液体润滑油，再与聚合物涂层进行复合制备含油复合材料。Guo 等[110]通过在环氧树脂中添加包覆液体润滑油的微胶囊制备复合材料，能够使摩擦系数减小 75%，磨损率下降 98.3%；Zhang 等[111]将油胺注入铜基均苯三甲酸(Cu-TBC)金属-有机物骨架(指金属有机骨架化合物，metal organic framework，MOFs)材料中，并与环氧树脂复合，最终实现了 0.03 的低摩擦系数。

Xiong 等[112]合成了单分散、壳层厚度薄、粒径均匀的中空介孔碳纳米球(hollow mesoporous carbon nanospheres，HMCNs)。随后，采用浸渍法制备了含油纳米胶囊 (oil@HMCNs)。该方法制备的 oil@HMCNs 呈单分散性，含油率(质量分数)可达 45%。将该中空介孔材料作为添加剂应用于环氧树脂中，能够实现较好的自润滑性能，该纳米容器的结构如图 7.20(a)和(b)所示。对该复合材料进行摩擦学实验，结果显示，在干摩擦条件下，其摩擦系数低至 0.084(图 7.20(c))，磨损率为 $2.7 \times 10^{-7} mm^3/(N \cdot m)$。该复合材料在干摩擦条件下的摩擦学性能优于外加润滑油。根据对摩擦副的分析，纳米胶囊释放的液体润滑剂自动变速器油(automatic transmission fluid，ATF)ATF6，其能够起到有效减摩作用，同时，ATF6 的存在能有效抑制疲劳磨损，同时抑制抗压强度和表面硬度下降引起的塑性变形和机械抛光。

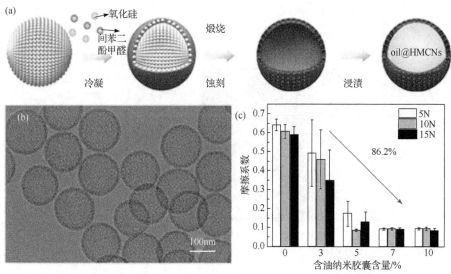

图 7.20　含油纳米胶囊(oil@HMCNs)的形貌以及其对环氧树脂的减摩效果[112]

(a) 制备流程；(b) SEM 图片；(c) 不同含量含油纳米胶囊的复合材料摩擦系数

Xu 等[113]通过将润滑剂液体石蜡浸渍棉纤维预埋在聚合物光敏丙烯酸聚氨酯树脂基体中，采用一锅法获得了具有优异自润滑性能和力学性能的油浸聚合物(图 7.21(a))。这种将浸油棉纤维预先包埋的方法，能够一步制得含油率达42.86%的浸油棉纤维/聚合物复合材料。这样，浸渍的液体润滑油几乎没有发生泄漏。合成的复合材料的平均摩擦系数降低了98.63%(图 7.21(c))，抗压强度提高了 367.74%。摩擦过程中，棉纤维中储存的液体润滑剂能够很容易地渗漏到摩擦界面，并在摩擦界面之间形成润滑膜以减少摩擦系数，降低磨损率。首先，复合材料的摩擦界面在载荷作用下发生变形，覆盖在棉纤维表面聚合物也被破坏，导致储存在棉纤维中的润滑剂开始释放。释放出的润滑油能随着摩擦副的往复运动在磨损表面上铺展并形成润滑膜，从而提高了复合材料的润滑性能。此外，棉纤维可在聚合物基体中形成网状结构，从而提升复合材料的抗压强度，抑制界面变形并降低摩擦系数。

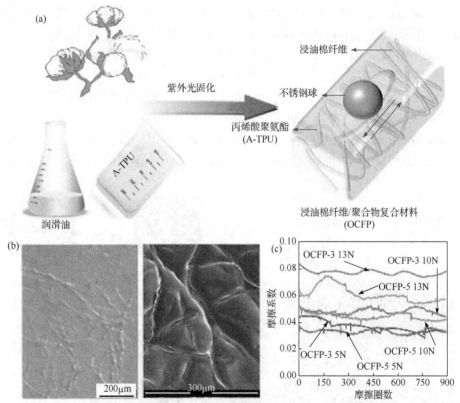

图 7.21　浸油棉纤维包埋润滑材料的制备及摩擦学性能研究[113]

(a) 油浸纤维包埋于丙烯酸聚氨酯树脂中制备复合材料；(b) 复合材料的形貌；(c) 不同摩擦条件下的摩擦系数

微胶囊是这类含油复合材料中最常用的纳米容器，如 Yang 等[114]将 SiO$_2$ 包覆离子液体(1-丁基-3-甲基咪唑六氟磷酸盐)的微胶囊分散于聚氨酯涂层中，微胶囊在摩擦过程中受到挤压和剪切力的共同作用，液体润滑剂溢流到摩擦面形成润滑膜，使得聚氨酯涂层的摩擦系数明显降低至 0.09，且磨损率有了极大改善。此外，Chen 等[115]采用溶剂蒸发法制备的热强聚酰亚胺(PI)为壳材料，聚 α-烯烃(PAO)为包容物的微胶囊。并将其浸泡在盐酸多巴胺溶液中进行处理，通过聚多巴胺改性以增强其在基体中的分散性能，利用聚多巴胺的强静电斥力使微胶囊更好地分散在环氧树脂中(图 7.22(a))。对其进行摩擦学测试(图 7.22(b))，结果显示该复合材料的摩擦系数可低至 0.038，这是聚多巴胺改性的微胶囊在环氧树脂基体中的良好分散性能引起的，这也是传统微胶囊的优势所在。此外，该复合材料在不同高温下能够长时间保持很低的摩擦系数(0.065～0.074)，表现出良好的润滑性能。

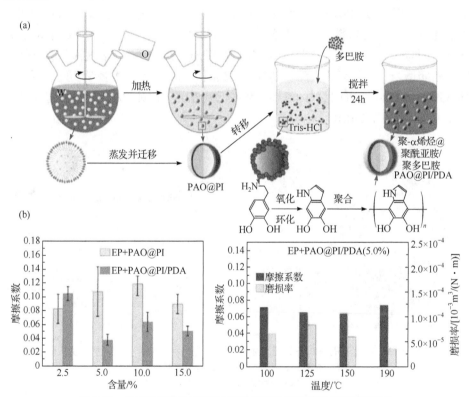

图 7.22 含油微胶囊包埋润滑材料的制备及摩擦学性能研究[115]

(a) 聚酰亚胺包覆聚 α-烯烃微胶囊的制备流程；(b) 不同含油量复合材料的摩擦系数及不同使用温度下的摩擦系数
Tris-HCl-三羟甲基氨基甲烷盐酸盐

采用微容器包裹液体润滑剂再与聚合物树脂进行复合的复合润滑材料表现出较好的润滑效果，通常摩擦系数处于 $10^{-2}$ 数量级，且材料体系也可以扩展至涂层，从而适应更多的工业摩擦部件。这种含油微容器与树脂结合的体系依然存在一些缺陷，其体系多集中在环氧树脂，且微容器的制备较为繁琐、成本较高，其引入后会不可避免地降低材料的机械性能、耐久性和使用稳定性。同时，微容器的分散性也是需要考虑的问题。此外，对于微容器的诱导破壁过程具有选择性，且润滑剂存在无法及时脱出并补充至摩擦界面的困难，难以控制[116]。

已有研究结果表明，当固相聚合物中的液相处于无束缚的状态，液体润滑剂更容易脱出表面，到达摩擦界面，起到润滑的作用。因此，目前发展出通过一锅法制备液体润滑剂嵌入的复合材料，此时液体润滑剂与固相树脂处于分相状态，特定的摩擦条件会诱导超润滑状态的产生。例如，Mu 等[117]通过乳液模板法制备了含液体石蜡的聚氨酯(PU)材料，通过将聚四氢呋喃(PTMEG)、甲苯二异氰酸酯(TDI)、4,4′-亚甲基二(2-氯苯胺)(MOCA)、嵌段共聚物表面活性剂 P-123、溶剂 N,N-二甲基甲酰胺(DMF)，以及液体石蜡混合后进行乳化，经过聚合后再利用一锅法实现了自润滑材料的成功制备。将疏水液体石蜡作为油包油(O/O)乳液的分散相，同时作为聚氨酯自润滑材料(PU)的润滑剂，此时，液体石蜡圈闭在基体材料的密闭槽内，无须后续去除，制备过程如图 7.23(a)所示。摩擦学实验表明，添加 35%液体石蜡的 PU 材料的摩擦系数降低到 0.05，比纯 PU 材料的摩擦系数降低了 93.06%(图 7.23(b))。

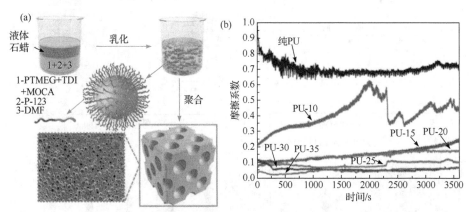

图 7.23　通过一锅法制备的润滑油嵌入的复合材料及其摩擦学性能研究[117]
(a) 制备流程；(b) 不同润滑油含量的复合材料的摩擦系数
PU-i 表示液体石蜡的含量为 i%

Li 等[118]利用简单的一步湿法设计合成了硅油嵌入聚氨酯的固-液复合涂层。通过改性氧化石墨烯实现了对聚氨酯涂层基体的本体强化，结合硅油的超声乳化实现液相在树脂体系中的均态分布和有效迁移[119]，氧化石墨烯起到了强化润滑转移膜的作用，提高了聚氨酯基复合涂层的摩擦学性能；液态硅氧烷链段从树脂基体内部向固相表面迁移，进入摩擦界面起到润滑作用；通过固体润滑和液体润滑的结合实现了低摩擦系数(摩擦系数<0.03)，在一定的低速低载的摩擦条件下可

以诱导超润滑状态的出现(图 7.24)。

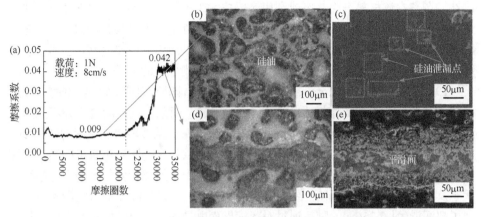

图 7.24　特定摩擦条件下诱导硅油嵌入聚氨酯的固-液复合涂层的超润滑状态[118,119]

(a) 摩擦系数；(b)~(e) 不同润滑状态的表面和磨痕形貌

Aizenberg 团队在 2011 年首次开发了猪笼草仿生液体注入表面(LIS)之后，液体注入表面得到了广泛的研究。作为含油润滑材料的重要分支，LIS 在 7.1.3 小节已经详细介绍。

目前，含油润滑材料面临着机械性能下降明显，耐久性和性能稳定性不足的缺陷。液相与固相之间的匹配性规律还不明确，两者之间还存在相互掣肘的可能，在某些情况下，液体润滑剂的存在甚至会加速固体润滑相的磨损。此外，可以预见，固-液复合润滑还应该具有不同于单一固体润滑或液体润滑的摩擦润滑机制，但当前固-液协同效应、界面膜演变等对复合润滑体系摩擦学特性的影响规律(润滑机制)还不明确，尚缺乏系统和深入的研究。因此，在深入理解固-液复合润滑材料摩擦磨损机理的基础上，使固体润滑与液体润滑两者在复合涂层中实现相互促进，避免相互掣肘，提高超润滑态的持久性和稳定性，是发展固-液复合超润滑技术需要着力研究的重要课题。

## 7.5　陶瓷基超润滑材料

陶瓷材料具有许多优异的性能，如高熔点、高强度、高导热性、高硬度、高刚度、良好的耐化学腐蚀性、良好的导电性和显著的耐磨性。因此，陶瓷材料可适用于各种摩擦学应用场景。然而，多种陶瓷材料(SiC、SiN、$Al_2O_3$ 等)通常在无润滑滑动接触下表现出不良的摩擦特性，极大地降低了摩擦系统的耐久性和可靠性[120]。传统的陶瓷基润滑材料的设计主要针对控制陶瓷材料的微观结构特征进行调控，如通过降低晶粒尺寸，获得细长晶粒，降低晶界/晶间相含量以及晶间相硬化等途径，从而改善陶瓷材料的摩擦学性能。通过适当的表面处理或表面改性，调整本体材料表面状态或利用涂层技术改善陶瓷材料的摩擦学性能。这些途径虽然在一定程度上改善了陶瓷材料的摩擦学性能，但实现超润滑还有一定的距离。将陶瓷材料与水润滑相结合，已经广泛实现宏观尺度上的超润滑。本章将详细介绍陶瓷材料的水基超润滑，并探索其在固体润滑领域的可行性。

1987 年，日本学者 Tomizawa 等[121]发现 $Si_3N_4$ 陶瓷在用水作润滑剂时，经过一段磨合期，其最后的摩擦系数可以小于 0.002，而采用油基润滑剂并不能达到超润滑的效果。$Si_3N_4$ 陶瓷以及 SiC 陶瓷在水中的摩擦系数随滑动速度的变化(5N)如图 7.25(a)所示，可见当运动速度高于 6cm/s 时，$Si_3N_4$ 陶瓷对摩可以实现超润滑状态。自这一有趣现象被发现，广泛的研究集中在探究陶瓷材料的水基超润滑状态及其对应的超润滑机制。例如，Xu 等在 5N 及 120mm/s 的水润滑条件下实现了超润滑(图 7.25(b))，随后通过对摩擦界面电导率、组分结构以及界面颗粒组成进行探究，进一步得出其超润滑机制[122]。陶瓷材料在摩擦过程中经过一段时期的磨合期后，陶瓷会与水分子发生水合摩擦化学反应：

$$Si_3N_4+6H_2O \Longrightarrow 3SiO_2+4NH_3(1) \tag{ⅰ}$$

$$SiO_2+2H_2O \Longrightarrow Si(OH)_4 \tag{ⅱ}$$

$$Si(OH)_4 \Longrightarrow H^++H_3SiO_4^- \tag{ⅲ}$$

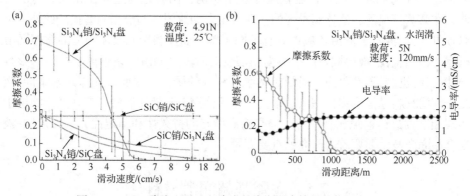

图 7.25　$Si_3N_4$ 陶瓷以及 SiC 陶瓷的水润滑摩擦学性能研究[121,122]

(a) $Si_3N_4$ 陶瓷以及 SiC 陶瓷在水中的摩擦系数随滑动速度的变化；(b) $Si_3N_4/Si_3N_4$ 摩擦副在水润滑的条件下摩擦系数变化曲线及电导率曲线

这样一来，摩擦界面上的摩擦副表面就形成了一层带电的硅胶。在电荷作用下，硅胶表面会形成斯特恩(Stren)层和双电层[123,124]。当硅胶之间相互接触时，其剪切强度很低，从而使得边界润滑的摩擦系数很小。由于存在液体动压效应，硅胶之间还会形成一层水膜。水的黏度很低，所以形成的流体动压润滑的摩擦系数也很小[125]。陶瓷摩擦副形成超润滑时位于混合润滑区域(边界润滑和流体润滑的混合区域),这样一来,利用陶瓷的水基润滑就可以实现超润滑[126,127]。

随后,多种陶瓷材料在水中对摩的摩擦系数也被一一探究。研究表明,经过一段时间的磨合后,随着摩擦化学反应的逐渐发生,$Si_3N_4$ 与 $Al_2O_3$ 对摩、$Si_3N_4$ 与氧化锆增韧的氧化铝陶瓷(ZTA)对摩、$Si_3N_4$ 与 SiC 对摩、SiC 与 $Al_2O_3$ 对摩以及 $ZrO_2$ 与 SiC 对摩都能实现低于 0.01 的摩擦系数,这证明这种水基超润滑机制在陶瓷材料领域具有普适性[128]。

目前,对于陶瓷基底料在水中的超润滑性能进一步的研究重点在于添加纳米颗粒对超润滑性能的进一步改进,以期实现高负载和低滑动速度下的超润滑。例如,Lin 等[129]制备了多种尺寸的改性纳米 $SiO_2$,利用其与纯水以及 $Si_3N_4$ 的协同润滑作用,实现了在 60N 的高载下的超润滑性能(图 7.26)。与仅使用水做润滑剂相比,使得摩擦系数降低了 82.9%,且磨合期也有一定缩短。分析其超润滑原理,认为体系在磨合过程中,$SiO_2$ 纳米颗粒能够在高负荷下与磨损表面上的硅胶形成均匀的膜,从而减少磨损并在极端条件下保持超润滑性。

在这种含纳米颗粒的水润滑过程中,纳米颗粒首先会填充在陶瓷材料摩擦界面处的微坑处,并包围凸起处以使表面光滑。在磨合过程中,纳米颗粒会被吸附在表面并积聚在沟槽中;在稳定润滑过程中,纳米颗粒会填充到凹槽中呈现动态平衡。

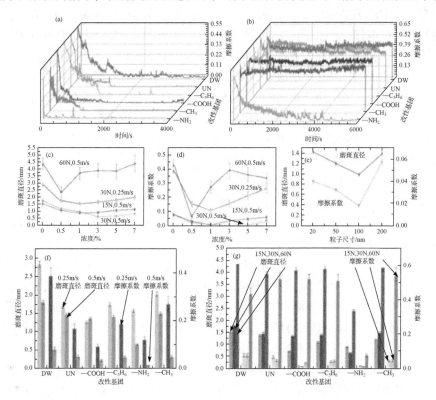

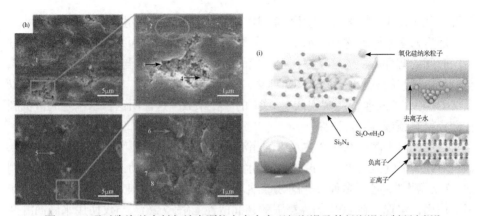

图 7.26　通过陶瓷基底料与纳米颗粒在水中实现超润滑及其超润滑机制研究[129]

(a) 不同的含水润滑剂在 30N 载荷下的摩擦系数曲线；(b) 不同的含水润滑剂在 60N 载荷下的摩擦系数曲线；
(c) 不同浓度—NH₂ 改性水润滑剂的磨痕深度；(d) 不同浓度—NH₂ 改性水润滑剂的摩擦系数；(e) 含有不同粒径
的 SiO₂ 纳米颗粒的—NH₂ 改性水润滑剂的摩擦学性能；(f) 不同含水润滑剂在不同的滑动速度下的摩擦系数；
(g) 不同含水润滑剂在不同的负载下的摩擦系数；(h) 磨损表面形貌；(i) 成膜机理与双电层的协同效应
DW-去离子水；UN-未改性 SiO₂ 纳米颗粒；(f)中每个改性基团对应的柱状图从左向右依次为滑动速度为
0.25m/s、0.5m/s 的磨斑直径和滑动速度为 0.25m/s、0.5m/s 的摩擦系数；(g) 中每个改性基团对应的柱状图从左
向右依次为负载为 15N、30N、60N 的磨斑直径和负载为 15N、30N、60N 的摩擦系数

填充在沟槽中的纳米颗粒数量几乎是恒定的，但随着润滑剂的流动，纳米颗粒会不断地被新颗粒取代。纳米颗粒会与摩擦化学反应形成的硅胶相结合，在陶瓷表面形成保护膜。这种保护膜黏附在陶瓷表面，与硅胶形成均匀膜，并与硅胶产生协同润滑作用。研究表明，在超光滑表面的流体动力润滑是形成超润滑表面的关键因素之一。摩擦化学反应的中间产物 Si(OH)₄ 的 Si—OH 键会广泛分布在陶瓷表面。同时，润滑剂中的氢离子能够吸附在摩擦表面，导致表面质子化。陶瓷表面将形成较强的稳定双电层，而双电层的斥力和电黏度增强了表面状态，能够维持流体动力润滑的条件[130-132]，从而有助于减少摩擦系数和磨损率，并实现超润滑[133,134]。

　　综上，要想实现陶瓷材料的超润滑特性，则必须保证实现界面摩擦化学反应和流体动力润滑。目前，研究人员也在探究通过浸泡或者实验前滴加液体的陶瓷材料在空气中的摩擦学性能。例如，Ge 等[135]通过在摩擦实验前在接触面注射50μL 的离子液体，依靠界面处少量的液体实现了超润滑，结果如图 7.27(a)所示。在摩擦界面反应的诱导下，Si₃N₄ 与 Si₃N₄ 对摩的界面中出现了由六氟磷酸锂(LiPF₆)和乙二醇(EG)形成的离子液体([Li(EG)]PF₆)，其具有最佳的超润滑和抗磨性能。通过膜厚计算和表面分析，超润滑时期的润滑方式为混合润滑，由磷酸盐、氟化物、二氧化硅(SiO₂)和含氨化合物组成的复合摩擦化学层、水化层和流体膜共同起到了超润滑和磨损保护作用。此外，Deng 等[136]通过在摩擦实验前向接触面滴加 10μL 的磷酸溶液，在磷酸溶液的润滑下，Si₃N₄ 球与蓝宝石板之间达到了 0.003 的超低摩擦系数。磨损主要发生在磨合期，达到超润滑状态后磨损消

失。在 0.076m/s 的恒定速度下，摩擦系数从 0.3 有效降低到 0.003，并形成了厚度为 12nm 的薄膜(图 7.27(b))。磨合期的边界润滑向超润滑期的弹流动力润滑转变，摩擦系数与滑动速度的关系也证实了这一点，表明磷酸对超润滑有显著的流体动力效应。

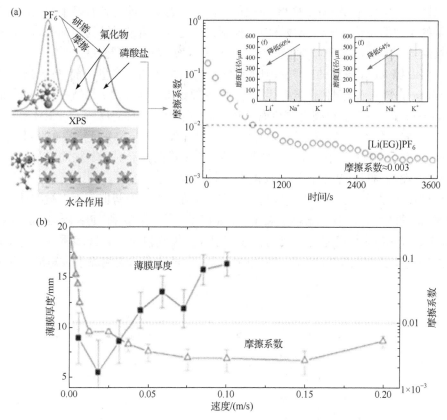

图 7.27 通过摩擦化学反应和流体动力润滑实现陶瓷材料的超润滑性能[135,136]
(a) Si₃N₄ 与 Si₃N₄ 对摩的摩擦化学反应示意图及其对应的摩擦系数和磨斑直径；(b) Si₃N₄ 球与蓝宝石板摩擦界面间的润滑层薄膜厚度及其对应的摩擦系数

综上所述，界面摩擦化学反应和流体动力润滑效应对于实现固体超润滑是必不可少的。不论是通过提前浸泡或是体外注射添加，在合适的润滑剂加持下，都可以取得与在水溶液中同样的摩擦效果。因此，未来的研究重点应当在拓展可选择液体润滑剂的范围以及固定流体层在陶瓷材料界面，避免使用前再次添加，从而实现宏观条件下大气环境中的超润滑和超低磨损率，扩展其在工程领域的应用。

# 7.6　量子超润滑材料

现代摩擦在纳米和原子尺度上的大多数研究都是通过原子力显微镜进行的。在摩擦研究中使用 AFM 的基本原理是这样一种观点，即对具有多个凹凸面宏观接触的摩擦的完整理解以及最终对其控制，这是可以通过对结构明确的单一凹凸面接触的摩擦的基本理解来实现的，如 AFM 尖端表示的摩擦状态[137]。

对摩擦 AFM 研究的力学基础理论的理解是由大约一个世纪前 Prandtl[138]和 Tomlinson[139]的开拓性工作提供的，这些理论共同形成所谓的一维 Prandtl-Tomlinson(PT)模型。该模型简单而直观地描述了当一个质点(对应于 AFM 实验中的尖端)被一个固定在具有恒定速度移动的支撑(对应于 AFM 悬臂的底部)上的弹性弹簧(表示系统的整体横向刚度)在样品表面上横向拖动时，其在周期势面上的运动(由尖端与样品表面在原子尺度上的相互作用引起)[140]。为了简单，该模型可以假设将原子尺度的摩擦实验近似为点质量在一维正弦势能剖面上被拖动。经过修正和发展，在 Frenkel-Kontorova(FK)[141,142] 模型和 Frenkel-Kontorova-Tomlinson(FKT)[143]模型的框架内，该模型被扩展到包含接触区多质点。这些模型之间的差异如图 7.28 所示，模型中大的实心球体表示尖端原子，矩形板代表

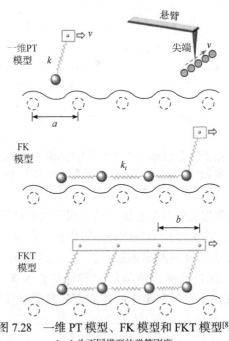

图 7.28　一维 PT 模型、FK 模型和 FKT 模型[8]

$k$、$k_t$为不同模型的弹簧刚度

滑动支撑，这些模型主要强调 AFM 尖端/悬臂和简单的质量-弹簧模型之间关系。FK 模型和 FKT 模型能够预测摩擦随晶格间距、大小以及移动质点阵列的刚度变化而发生的演变[144]。

对系统中摩擦现象的理解，即使在少数原子水平上也仍然知之甚少[145]。特别是黏滑摩擦，这是纳米尺度能量耗散和磨损的主要模式，主要起源于晶格链钉扎，并被认为与 Aubry 的钉扎阶段密切相关，其中使晶格链越过 PN 势垒(通常出现在 P 型和 N 型半导体的交界处)所需的力即为摩擦力[146]。因此，在临界晶格深度以下，即 PN 势垒不存在的情况下，Aubry 滑动相应动态地表现为晶格上链的平滑平移，即超润滑[10]，也就是黏滑摩擦消失导致的无摩擦传输。

分析和数值研究预测 FK 或 FKT 行为可以在光学晶格(如驻波)中用冷却离子链实验观察到[147-150]。例如，Bylinskii 等[151]最近研究了俘获的 Yb+离子链和光学晶格之间的摩擦。在凝聚态物质系统中无法实现原子对原子的控制[151,152]，因此激光冷却的 Yb+离子链被保持在线型保罗阱(Paul trap)中，在光学驻波的正弦电势中移动。利用这种方法，证明了超润滑性可以通过离子链与光学晶格的结构不匹配来实现。研究了摩擦系数的速度和温度依赖性，确定了黏滑摩擦受有限温度影响最小的区域。通过该工作可以观察到随着晶格深度的增加，保罗阱相对于光学晶格的移动从超润滑性到黏滑性的转变(超润滑性破裂)。

该实验方法为研究超润滑性开辟了一条独特的途径，其性能与简单的 FK 模型/FKT 模型一致。当两种晶格间距完美失配时，可实现超润滑性。该理论在两个离子的系统中被进一步探究，实验的速度范围超过 5 个数量级。研究结果表明：当势垒远大于 $K_B T$($K_B$ 为玻尔兹曼常数，$T$ 为温度)时，结构具有超润滑性；当势垒接近 $K_B T$ 时，结构超润滑以热润滑为主[152]。基于该研究，探索了一种摩擦受温度影响最小的状态，因此可以观察到纯结构超润滑。这些测量被用来重现理论上预测的 Aubry 跃迁。在跃迁之上，原子链足够灵活，可以与下面的电位保持一致(被固定)，从而导致黏滑。在跃迁以下，原子链过于刚性从而引起平滑滑动和超润滑性[145]。这类研究也超出了单次滑动的范围，以再现多次滑动的摩擦趋势[153]。

上面涉及的许多研究成果表明，这种方法可以用来证明量子超润滑。量子超润滑描述的概念如下：如果粒子能够穿过能量势垒，而不是跳过它们，就可以发生平滑滑动，也就是超润滑。如图7.29所示，虽然这个想法还没有被实验证明，但 Zanca 等[154]研究发现，如果粒子足够冷，用冷阱俘获粒子进行实验应该是可能的，如果量子超润滑在实验上得以实现，这将为摩擦控制和超润滑领域开辟全新的途径。虽然量子超润滑在传统摩擦系统中的作用可能很小，但探索如何在特定条件下(如超低温环境)控制摩擦是一个值得探索的基础研究方向。

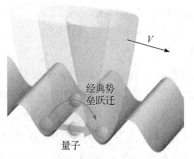

经典势
垒跃迁

量子

图 7.29　量子润滑概念的示意图[154]
V-滑动速度

　　研究人员进行了很多超低温下摩擦的探索工作，与量子超润滑不同的是，更多的工作集中在通过对微观能量耗散的控制来调控摩擦行为，从而实现超润滑。目前，对于摩擦的能量耗散主要分为以下两种：一种是摩擦界面晶格振动产生的声子耗散，另一种是界面传导电子相互作用导致的电子耗散[154]。在超低温环境下，声子的激发变得困难，而且电子的传导在到达临界温度时，能够被有效削弱，这就能产生更低的能量耗散和更小的摩擦系数。基于以上理论可知，当超低温环境下材料实现超导时，其内部传导电子的电阻为零，这就使得摩擦界面无电荷存在，从而有效降低电子耗散。这样一来，调控金属材料在超低温环境下的声子耗散就能有效降低其摩擦系数，有望实现超润滑。

# 参 考 文 献

[1] 黄钜斌. 食肉植物猪笼草的减摩机理研究及仿生制备[D]. 长春: 吉林大学, 2018.

[2] 刘晓敏, 赵登超, 陈亮, 罗林辉. 仿生物体摩擦学发展现状及应用前景[J]. 中国工程机械学报, 2019, 17(2): 95-101.

[3] KLEIN J. Chemistry: Repair or replacement-a joint perspective[J]. Science, 2009, 323(5910): 47-48.

[4] NEU C P, KOMVOPOULOS K, REDDI A H. The inter-face of functional biotribology and regenerative medicine in synovial joints[J]. Tissue Engineering Part B, Reviews, 2008, 14(3): 235-247.

[5] HODGE W A, FIJAN R S, CARLSON K L, et al. Contact pressures in the human hip joint measured in vivo[J]. Proceedings of the National Academy of Sciences of the United States of America, 1986, 83(9): 2879-2883.

[6] FORSTER H, FISHER J. The influence of loading time and lubricant on the friction of articular cartilage[J]. Proceedings of the Institution of Mechanical Engineers part H, Journal of Engineering in Medicine, 1996, 210(2): 109-119.

[7] MOW V C, HOLMES M H, MICHAEL LAI W. Fluid transport and mechanical properties of articular cartilage: A review[J]. Journal of Biomechanics, 1984, 17(5): 377-394.

[8] MA P X, LANGER R. Morphology and mechanical function of long-term in vitro engineered cartilage[J]. Journal of Biomedical Materials Research, 1999, 44(2): 217-221.

[9] ZHAO Z G, FANG R C, RONG Q F, et al. Bioinspired nanocomposite hydrogels with highly ordered structures[J]. Advanced Materials, 2017, 29(45): 1703045.

[10] GE Z G, LI C, HENG B C, et al. Functional bio-materials for cartilage regeneration[J]. Journal of Biome-Dical Materials Research Part A, 2012, 100A(9): 2526-2536.

[11] CLARKE I C. Articular cartilage: A review and scanning electron microscope study[J]. The Journal of Bone and Joint Surgery British Volume, 1971, 53-B(4): 732-750.

[12] KLEIN J. Molecular mechanisms of synovial joint lubrication[J]. Proceedings of the Institution of Mechanical Engineers, Part J: Journal of Engineering Tribology, 2006, 220(8): 691-710.

[13] QIU Y, PARK K. Environment-sensitive hydrogels for drug delivery[J]. Advanced Drug Delivery Reviews, 2001, 53(3): 321-339.

[14] SU T, ZHANG M, ZENG Q, et al. Mussel-inspired agarose hydrogel scaffolds for skin tissue engineering[J]. Bioactive Materials, 2021, 6(3): 579-588.

[15] QU M H, LIU H, YAN C Y, et al. Layered hydrogel with controllable surface dissociation for durable lubrication[J]. Chemistry of Materials, 2020, 32(18): 7805-7813.

[16] WANG Z, LI J, LIU Y, et al. Synthesis and characterizations of zwitterionic copolymer hydrogels with excellent lubrication behavior[J]. Tribology International, 2020, 143: 106026.

[17] WANG Z, LI J, LIU Y, et al. Macroscale superlubricity achieved between zwitterionic copolymer hydrogel and sapphire in water[J]. Materials & Design, 2020, 188: 108441.

[18] LI K, PANDIYARAJAN C K, PRUCKER O, et al. On the lubrication mechanism of surfaces covered with surface-attached hydrogels[J]. Macromolecular Chemistry and Physics, 2016, 217(4): 526-536.

[19] RONG M, LIU H, SCARAGGI M, et al. High lubricity meets load capacity: Cartilage mimicking bilayer structure by brushing up stiff hydrogels from subsurface[J]. Advanced Functional Materials, 2020, 30(39): 2004062.

[20] LIN W, KLUZEK M, IUSTER N, et al. Cartilage-inspired, lipid-based boundary-lubricated hydrogels[J]. Science, 2020, 370(6514): 335-338.

[21] BAI Y, HE S, LIAN Y, et al. Self-lubricating supramolecular hydrogel for in-depth profile control in fractured reservoirs[J]. ACS Omega, 2020, 5(13): 7244-7253.

[22] CHEN L, HU W X, DU M, et al. Bioinspired, recyclable, stretchable hydrogel with boundary ultralubrication[J]. ACS Applied Materials & Interfaces, 2021, 13(35): 42240-42249.

[23] GONG J P, KAGATA G, OSADA Y. Friction of gels. 4. Friction on charged gels[J]. The Journal of Physical Chemistry B, 1999, 103(29): 6007-6014.

[24] ZHANG X, WANG J, JIN H, et al. Bioinspired supramolecular lubricating hydrogel induced by shear force[J]. Journal of the American Chemical Society, 2018, 140(9): 3186-3189.

[25] CAI Y, SHEN H, ZHAN J, et al. Supramolecular "Trojan Horse" for nuclear delivery of dual anticancer drugs[J]. Journal of the American Chemical Society, 2017, 139(8): 2876-2879.

[26] ZHAN J, CAI Y, JI S, et al. Spatiotemporal control of supramolecular self-assembly and function[J]. ACS Applied Materials & Interfaces, 2017, 9(11): 10012-10018.

[27] DOMEL A G, SAADAT M, WEAVER J C, et al. Shark skin-inspired designs that improve aerodynamic performance[J]. Journal of the Royal Society, Interface, 2018, 15(139): 20170828.

[28] PU X, LI G, LIU Y. Progress and perspective of studies on biomimetic shark skin drag reduction[J]. ChemBioEng Reviews, 2016, 3(1): 26-40.

[29] DAI W, ALKAHTANI M, HEMMER P R, et al. Drag-reduction of 3D printed shark-skin-like surfaces[J]. Friction, 2019, 7(6): 603-612.

[30] 韩鑫, 张德远, 李翔, 等.大面积鲨鱼皮复制制备仿生减阻表面研究[J]. 科学通报, 2008, 53(7): 838-842.

[31] ETSION I. State of the art in laser surface texturing[J]. Journal of Tribology, 2005, 127(1): 248-253.

[32] BORGHI A, GUALTIERI E, MARCHETTO D. Tribological effects of surface texturing on nitriding steel for high-performance engine applications[J]. Wear, 2008, 265(7-8): 1046-1051.

[33] 胡天昌, 胡丽天, 丁奇. 45#钢表面激光织构化及其干摩擦特性研究[J]. 摩擦学学报, 2010,30(1): 46-52.

[34] 王晓雷, 王静秋, 韩文非. 边界润滑条件下表面微细织构减摩特性的研究[J]. 润滑与密封, 2007,32(12): 36-39.

[35] 沈殿, 王文中, 孔凌嘉. 表面微织构对球盘点接触润滑摩擦性能的影响[J]. 摩擦学学报, 2012,32(6): 570-576.

[36] 李珊珊, 王文中, 孔凌嘉. 供油量对点接触表面微织构润滑性能的影响[J]. 摩擦学学报, 2012, 32(5): 444-451.

[37] 项欣, 陈平, 李俊玲. 圆凹坑织构对线接触摩擦副摩擦学性能的影响[J]. 中国表面工程, 2015, 28(4): 33-38.

[38] 周刘勇, 刘政, 张伟等. 边界和混合润滑下仿鲨鱼皮织构的减摩性能[J]. 机械设计与制造, 2019, 344(10): 166-169.

[39] 杨海龙, 郑宇, 王远.Ti$_6$Al$_4$V 表面仿鲨鱼皮形貌的生物摩擦学特性[J]. 热加工工艺, 2016, 45(16): 119-122.

[40] LLOYD F E. The Carnivorous Plants[M]. New York: Chronica Botanica Company, 1942.

[41] ADAMS R M, SMITH G W, AN S E M. survey of the five carnivorous pitcher plant genera[J]. American Journal of Botany, 1977, 64(3): 265-272.

[42] BAUER U, BOHN H F, FEDERLE W. Harmless nectar source or deadly trap: Nepenthes pitchers are activated by rain, condensation and nectar[J]. Proceedings of the Royal Society of London B: Biological Sciences, 2008, 275(1632): 259-265.

[43] CHEN H, ZHANG L, ZHANG Y, et al. Uni-directional liquid spreading control on a bio-inspired surface from the peristome of Nepenthes alata[J]. Journal of Materials Chemistry A, 2017, 5(15): 6914-6920.

[44] GORB E V, GORB S N. Physicochemical properties of functional surfaces in pitchers of the carnivorous plant Nepenthes alata Blanco (Nepenthaceae)[J]. Plant Biology. 2006, 8(6): 841-848.

[45] 毕可东, 宋小闯, 王玉娟, 等. 猪笼草蜡质滑移区表面反黏附特性的研究[J]. 机械工程学报,2015, 51(23): 103-109.

[46] WONG T S, KANG S H, TANG S K Y, et al. Bioinspired self-repairing slippery surfaces with pressure-stable omniphobicity[J]. Nature, 2011, 477: 443-447.

[47] WANG W, TIMONEN J V I, CARLSON A, et al. Multifunctional ferrofluid-infused surfaces with reconfigurable multiscale topography[J]. Nature, 2018, 559 (7712): 77-82.

[48] LOU X D, HUANG Y, YANG X, et al. External stimuli responsive liquid-infused surfaces switching between slippery and nonslippery states: Fabrications and applications[J]. Advanced Functional Materials, 2020, 30(10): 1901130.

[49] GULFAM R, ZHANG P. Power generation and longevity improvement of renewable energy systems via slippery surfaces-A review[J]. Renewable Energy, 2019, 143: 922-938.

[50] MANABE K, NAKANO M, NORIKANE Y. Green superlubricity enabled by only one water droplet on plant oil-infused surfaces[J]. Langmuir, 2021, 37(51): 14878-14888.

[51] SUN H, LEI F, LI T, et al. Facile fabrication of novel multifunctional lubricant-infused surfaces with exceptional tribological and anticorrosive properties[J]. ACS Applied Materials & Interfaces, 2021, 13(5): 6678-6687.

[52] SUN H, JIANG F, LEI F, et al. Graphite fluoride reinforced PA6 composites: Crystallization and mechanical properties[J]. Materials Today Communications, 2018, 16: 217-225.

[53] SUN H, LI T, LEI F, et al. Graphite fluoride and fluorographene as a new class of solid lubricant additives for high-performance polyamide 66 composites with excellent mechanical and tribological properties[J]. Polymer International, 2020, 69(5): 457-466.

[54] SUN H, FANG Z, LI T, et al. Enhanced mechanical and tribological performance of PA66 nanocomposites containing

2D layered α-zirconium phosphate nanoplatelets with different sizes[J]. Advanced Composites and Hybrid Materials, 2019, 2: 407-422.

[55] LI T, SUN H, LEI F, et al. High performance linear low density polyethylene nanocomposites reinforced by two-dimensional layered nanomaterials[J]. Polymer, 2019, 172: 142-151.

[56] XIAO H, LIU S. Zirconium phosphate (ZrP)-based functional materials: Synthesis, properties and applications[J]. Materials & Design, 2018, 155: 19-35.

[57] 张剑. 现代润滑技术[M]. 北京: 冶金工业出版社, 2008.

[58] SKORB E V, ANDREEVA D V. Layer-by-layer approaches for formation of smart self-healing materials[J]. Polymer Chemistry, 2013, 4(18): 4834-4845.

[59] YANG M, ZHANG Z, WU L, et al. Enhancing interfacial and tribological properties of self-lubricating liner composites via layer-by-layer self-assembly MgAl-LDH/PAMPA multilayers film on fibers surface[J]. Tribology International, 2019, 140: 105887.

[60] YANG Y, YANG G, HOU K, et al. Environmentally-adaptive epoxy lubricating coating using self-assembled pMXene@ polytetrafluoroethylene core-shell hybrid as novel additive[J]. Carbon, 2021, 184: 12-23.

[61] FILIPPOV M, ORDESHOOK P C, SHVETSOVA O. Designing Federalism: A Theory of Self-Sustainable Federal Institutions[M]. Cambridge:Cambridge University Press, 2004.

[62] SOCOLIUE A, BENNEWITZ R, GNECCO E, et al. Transition from stick-slip to continuous sliding in atomic friction: Entering a new regime of ultralow friction[J]. Physical Review Letters, 2004, 92(13): 134301.

[63] SCHWARZ U D, HÖLSCHER H. Exploring and explaining friction with the Prandtl-Tomlinson model[J]. ACS Nano, 2016, 10(1): 38-41.

[64] LEE C, WEI X, KVSAR J W, et al. Measurement of the elastic properties and intrinsic strength of monolayer graphene[J]. Science, 2008, 321: 385-388.

[65] STANKOVIGH S, DIKIN D A, DOMMETT G H, et al. Graphene-based composite materials[J]. Nature, 2006, 442: 282-286.

[66] ZENG X, PRNG Y, LANG H, et al. Controllable nanotribological properties of graphene nanosheets[J]. Scientific Reports, 2017, 7(1): 41891.

[67] LI S, LI Q, CARPICK R W, et al. The evolving quality of frictional contact with graphene[J]. Nature, 2016, 539: 541-545.

[68] FILLETER T, MCCHESNEY J L, BOATWICK A, et al. Friction and dissipation in epitaxial graphene films[J]. Physical Review Letters, 2009, 102(8): 086102.

[69] KAWAI S, BENASSI A, GNECCO E, et al. Superlubricity of graphene nanoribbons on gold surfaces[J]. Science, 2016, 351(6276): 957-961.

[70] WU P, LI X, ZHANG C, et al. Self-assembled graphene film as low friction solid lubricant in macroscale contact[J]. ACS Applied Materials & Interfaces, 2017, 9(25): 21554-21562.

[71] MARR P C, MARR A C. Ionic liquid gel materials: Applications in green and sustainable chemistry[J]. Green Chemistry, 2016, 18(1): 105-128.

[72] LE BIDEAU J, VIAU L, VIOUX A. Ionogels, ionic liquid based hybrid materials[J]. Chemical Society Reviews, 2011, 40(2): 907-925.

[73] CHEN S, ZHANG N, ZHANG B, et al. Multifunctional self-healing ionogels from supramolecular assembly: Smart conductive and remarkable lubricating materials[J]. ACS Applied Materials & Interfaces, 2018, 10(51): 44706-44715.

[74] LI G L, ZUO Y Y. Molecular and colloidal self-assembly at the oil-water interface[J]. Current Opinion in Colloid &

Interface Science, 2022, 62: 101639.

[75] GODLEWSKI S, TEKIEL A, PISKORZ W, et al. Supramolecular ordering of Ptcda molecules: The key role of dispersion forces in an unusual transition from physisorbed into chemisorbed state[J]. ACS Nano, 2012, 6: 8536-8545.

[76] ZHANG C, LIU Y, WEN S, et al. Poly (vinylphosphonic acid)(PVPA) on titanium alloy acting as effective cartilage-like superlubricity coatings[J]. ACS Applied Materials & Interfaces, 2014, 6(20): 17571-17578.

[77] QIAN L, TIAN F, XIAO X. Tribological properties of self-assembled monolayers and their substrates under various humid environments[J]. Tribology Letters, 2003, 15(3): 169-176.

[78] SHI H, LU X, LIU Y, et al. Nanotribological study of supramolecular template networks induced by hydrogen bonds and van der waals forces[J]. ACS Nano, 2018, 12(8): 8781-8790.

[79] TAN S, SHI H, FU L, et al. Superlubricity of fullerene derivatives induced by host-guest assembly[J]. ACS Applied Materials & Interfaces, 2020, 12(16): 18924-18933.

[80] ZHAO Y, MEI H, CHANG P, et al. Infinite approaching superlubricity by three-dimensional printed structures[J]. ACS Nano, 2020, 15(1): 240-257.

[81] CHANG P, MEI H, TAN Y, et al. A 3D printed stretchable structural supercapacitor with active stretchability/flexibility and remarkable volumetric capacitance[J]. Journal Materials Chemistry A, 2020, 8: 13646-13658.

[82] HU Y, CONG W. A review on laser deposition-additive manufacturing of ceramics and ceramic reinforced metal matrix momposites[J]. Ceramic International, 2018, 44: 20599-20612.

[83] WANG X, LIU J, WANG Y, et al. Fabrication of friction reducing texture surface by selective laser melting of ink-printed (SLM-IP) copper (Cu) nanoparticles (NPs)[J]. Applied Surface Science, 2017, 396: 659-664.

[84] WANG M, WANG X, LIU J, et al. 3-Dimensional ink printing of friction-reducing surface textures from copper nanoparticles[J]. Surface & Coatings Technology, 2019, 364: 57-62.

[85] HONG Y, ZHANG P, LEE K H, et al. Friction and wear of textured surfaces produced by 3D printing[J]. Science China Technological Sciences, 2017, 60: 1400-1406.

[86] COSTA M M, BARTOLOMEU F, ALVES N, et al.Tribological behavior of bioactive multi-material structures targeting orthopedic applications[J]. Journal of the Mechanical Behavior of Biomedical Materials, 2019, 94: 193-200.

[87] ZHAO Y, MEI H, CHANG P, et al. 3D-printed topological $MoS_2/MoSe_2$ heterostructures for macroscale superlubricity[J]. ACS Applied Materials & Interfaces, 2021, 13(29): 34984-34995.

[88] HOLOVENKO Y, ANTONOV M, KOLLO L, et al. Friction studies of metal surfaces with various 3D printed patterns tested in dry sliding conditions[J]. Proceedings of the Institution of Mechanical Engineers, Part J: Journal of Engineering Tribology, 2018, 232: 43-53.

[89] JI Z, YAN C, MA S, et al. 3D printing of bioinspired topographically oriented surfaces with frictional anisotropy for directional driving[J]. Tribology International, 2019, 132: 99-107.

[90] SHI G Q, WANG Y T, DERAKHSHANFAR S, et al. Biomimicry of oil infused layer on 3D printed poly(dimethylsiloxane): Non-fouling, antibacterial and promoting infected wound healing[J]. Biomaterials Advances, 2019, 100: 915-927.

[91] ZHANG C, ZHANG B, MA H, et al. Bioinspired pressure-tolerant asymmetric slippery surface for continuous self-transport of gas bubbles in aqueous environment[J]. ACS Nano, 2018, 12: 2048-2055.

[92] CERA L, GONZALEZ G M, LLI Q, et al. A bioinspired and hierarchically structured shape-memory material[J]. Nature Materials, 2020, 20: 242-249.

[93] CHEN H, ZHANG L, ZHANG D, et al. Bioinspired surface for surgical graspers based on the strong wet friction of

tree frog toe pads[J]. ACS Appllied Materials Interfaces, 2015, 7: 13987-13995.

[94] LIU X, GU H, DING H, et al. 3D bioinspired microstructures for switchable repellency in both air and liquid[J]. Advanced Science, 2020, 7(20): 200878.

[95] XUE L, SANZ B, LUO A, et al. Hybrid surface patterns mimicking the design of the adhesive toe pad of tree frog[J]. ACS Nano, 2017, 11: 9711-9719.

[96] STRATAKIS E, BONSE J, HEITZ J, et al. Laser engineering of biomimetic surfaces[J]. Materials Science and Engineering: R: Reports, 2020, 141: 100562.

[97] SONG Y, QU C, MA M, et al. Structural superlubricity based on crystalline materials[J]. Small, 2020, 16: 1903018.

[98] 孙磊, 贾倩,张斌, 等. 碳相关材料超滑行为研究进展[J]. 真空与低温, 2020, 26(5) : 392-401.

[99] 杨丽雯, 张永宏, 房东明. 固体涂层与油脂复合润滑现状及发展趋势[J]. 现代技术陶瓷, 2014, 35(4):39-41.

[100] 吴德权, 张达威, 刘贝, 等. 超滑表面(LIS/SLIPS)的设计与制备研究进展[J]. 表面技术, 2019, 48(1): 90-101.

[101] YAND C, JIANG P, QIN H, et al. 3D printing of porous polyimide for high-performance oil impregnated self-lubricating[J]. Tribology International, 2021, 160: 107009.

[102] XU X, SHU X, PEI Q, et al. Effects of porosity on the tribological and mechanical properties of oil-impregnated polyimide[J]. Tribology International, 2022, 170: 107502.

[103] YE J, LI J, QING T, et al. Effects of surface pore size on the tribological properties of oil-impregnated porous polyimide material[J]. Wear, 2021, 484-485(15): 204042.

[104] SHI T, LIVI S, DUCHET R, et al. Enhanced mechanical and thermal properties of ionic liquid core/silica shell microcapsules- filled epoxy micro-composites[J]. Polymer, 2021, 233: 124182.

[105] 汪怀远. 新型聚醚醚酮自润滑耐磨复合材料及其制备方法: CN200910072321.1[P]. 2012-09-26.

[106] 李美玲. 树脂基复合材料的减摩耐磨性能及其有限元模拟研究[D]. 大庆: 东北石油大学, 2017.

[107] ZHU Y, LIN S, WANG H, et al. Study on the tribological properties of porous sweating PEEK composites under ionic liquid lubricated condition[J]. Journal of Applied Polymer Science, 2015, 131(21): 1284-1287.

[108] MU B, YU Z, CUI J, et al. Tribological properties of oil-containing polyimide aerogels as a new type of porous self-lubricating material[J]. Industrial & Engineering Chemistry Research, 2022, 61(38): 14222-14231.

[109] RUAN H W, ZHANG Y, SONG F, et al. Efficacy of hierarchical pore structure in enhancing the tribological and recyclable smart lubrication performance of porous polyimide[J]. Friction, 2023, 11: 1014-1026.

[110] GUO Q B, LAU K T, ZHENG B F, et al. Imparting ultra-low friction and wear rate to epoxy by the incorporation of microencapsulated lubricant[J]. Macromolecular Materials and Engineering, 2009, 294(1): 20-24.

[111] ZHANG G, XIE G, SI L, et al. Ultralow friction self-lubricating nanocomposites with mesoporous metal-organic frameworks as smart nanocontainers for lubricants[J]. ACS Applied Materials & Interfaces, 2017, 9(43): 38146-38152.

[112] XIONG W, LI X, CHEN X, et al. Preparation and tribological properties of self-lubricating epoxy resins with oil-containing nanocapsules[J]. ACS Applied Materials & Interfaces, 2022, 14(16): 18954-18964.

[113] XU X, GUO R, SHU X, et al. One-pot fabrication of ultra-high oil content rate self-lubricating polymer via pre-embedding oil-impregnated fibers[J]. Composites Communications, 2022, 31: 101102.

[114] YANG M, ZHU X, REN G, et al. Tribological behaviors of polyurethane composite coatings filled with ionic liquid core/silica gel shell microcapsules[J]. Tribology Letters, 2015, 58: 9.

[115] CHEN H, ZHANG L, LI M, et al. Ultralow friction polymer composites containing highly dispersed and thermally robust microcapsules[J]. Colloids and Surfaces A: Physicochemical and Engineering Aspects, 2022, 634: 127989.

[116] CHEN D Z, QIN S Y, TAUI G C P, et al. Fabrication, morphology and thermal properties of octadecylamine-grafted

graphene oxide-modified phase-change microcapsules for thermal energy storage[J]. Composites Part B: Engineering, 2019, 157: 239-247.

[117] MU B, CUI J, YANG B, et al. One-pot synthesis and tribological properties of oil-containing self‑lubricating polyurethane materials[J]. Macromolecular Materials and Engineering, 2021, 306(1): 2000509.

[118] LI F Y, MA Y J, CHEN L, et al. In-situ polymerization of polyurethane/aniline oligomer functionalized graphene oxide composite coatings with enhanced mechanical, tribological and corrosion protection properties[J]. Chemical Engineering Journal, 2021, 425: 130006.

[119] LI F Y, CHEN L, JU P F, et al. Ultralow friction and corrosion resistant polyurethane/silicone oil composite coating reinforced by functionalized graphene oxide[J]. Composites Part A: Applied Science and Manufacturing, 2021, 148: 106473.

[120] ZHANG W, YAMASHITA S, KITA H. Progress in tribological research of SiC ceramics in unlubricated sliding-A review[J]. Materials & Design, 2020, 190: 108528.

[121] TOMIZAWA H, FISCHER T E. Friction and wear of silicon-nitride and silicon-carbide in water: Hydrodynamic lubrication at low sliding speed obtained by tribochemical wear[J]. Asle Transactions, 1987, 30: 41-46.

[122] XU J G, KATO K. Formation of tribochemical layer of ceramics sliding in water and its role for low friction[J]. Wear, 2000, 245: 61-75.

[123] ZHOU F, ADACHI K, KATO K. Friction and wear property of a-CN$_x$ coatings sliding against ceramic and steel balls in water[J]. Diamond and Related Materials, 2005, 14: 1711-1720.

[124] CHEN M, KATO K, ADACHI K. Friction and wear of self-mated SiC and Si$_3$N$_4$ sliding in water[J]. Wear, 2001, 250: 246-255.

[125] 李津津, 雒建斌. 人类摆脱摩擦困扰的新技术: 超滑技术[J]. 自然杂志, 2014, 36(4):248-255.

[126] ZHOU F, WANG X L, KATO K J, et al. Friction and wear property of a-CN$_x$ coatings sliding against Si$_3$N$_4$ balls in water[J]. Wear, 2007, 263: 1253-1258.

[127] ZHOU F, ADACHI K, KATO K. Sliding friction and wear property of a-C and a-CN$_x$ coatings against SiC balls in water[J]. Thin Solid Films, 2006, 514: 231-239.

[128] NATHAN F S, ROG'ERIO R, CHERLIO S. Superlubricity and running-in wear maps of water-lubricated dissimilar ceramics[J]. Wear, 2022, 198-499(15): 204328.

[129] LIN B, DING M, SUI T Y, et al. Excellent water lubrication additives for silicon nitride to achieve superlubricity under extreme conditions[J]. Langmuir, 2019, 2019, 35(46): 14861-14869.

[130] KAILER A, AMANN T, KRUMMHAUER O, et al. Influence of electric potentials on the tribological behaviour of silicon carbide[J]. Wear, 2011, 271: 1922-1927.

[131] YAN S, WANG A, FEI J, et al. Hydrogen ion induced ultralow wear of PEEK under extreme load[J]. Applied Physics Letters, 2018, 112: 101601.

[132] PRIEVE D C, BIKE S G. Electrokinetic repulsion between two charged bodies undergoing sliding motion[J]. Chemical Engineering Communications, 1987, 55: 149-164.

[133] LI J, ZHANG C, DENG M, et al. Investigations of the superlubricity of sapphire against ruby under phosphoric acid lubrication[J]. Friction, 2014, 2: 164-172.

[134] CHEN M, KATO K, ADACHI K. The comparisons of sliding speed and normal load effect on friction coefficients of self-mated Si$_3$N$_4$ and SiC under water lubrication[J]. Tribology International, 2002, 35: 129-135.

[135] GE X Y, LI J J, ZHANG C H, et al. Superlubricity and antiwear properties of in situ-formed ionic liquids at ceramic

interfaces induced by tribochemical reactions[J]. ACS Applied Materials Interfaces , 2019, 11(6):6568-6574.

[136] DENG M M, ZHANG C H, LI J J, et al. Hydrodynamic effect on the superlubricity of phosphoric acid between ceramic and sapphire[J]. Friction, 2014, 2(2): 173-181.

[137] HUANG X, LI T, WANG J, et al. Robust microscale structural superlubricity between graphite and nanostructured surface[J]. Nature Communications, 2023,14: 2931.

[138] PRANDTL L. Ein Gedankenmodell zur kinetischen Theorie der festen Körper[J]. ZAMM - Journal of Applied Mathematics and Mechanics, 1928, 8(2): 85-106.

[139] TOMLINSON G A. A molecular theory of friction[J]. The London, Edinburgh, and Dublin Philosophical Magazine and Journal of Science, 1929, 7(46): 905-939.

[140] MÜSER M H. Theoretical aspects of superlubricity[M]//GNECCO E, MEYER E. Fundamentals of Friction and Wear. Heidelberg: Springer Berlin, 2007.

[141] FRENKEL J, KONTOROVA T. On the theory of plastic deformation and twinning[J]. Journal of Physics, 1939, 1: 137-149.

[142] BRAUN O M, KIVSHAR Y S. The Frenkel-Kontorova Model: Concepts, Methods, and Applications[M]. Berlin: Springer, 2004.

[143] WEISS M, ELMER F J. Dry friction in the Frenkel-Kontorova-Tomlinson model: Static properties[J]. Physical Review B, 1996, 53(11): 7539.

[144] DONG Y, VADAKKEPATT A, MARTINI A. Analytical models for atomic friction[J]. Tribology Letters, 2011, 44: 367-386.

[145] BYLINSKII A, GANNGLOFF D, COUNTS, et al. Observation of Aubry-type transition in finite atom chains via friction[J]. Nature Materials, 2016, 15(7): 717-721.

[146] SHINJO K, HIRANO M. Dynamics of friction: Superlubric state[J]. Surface Science, 1993, 283(1-3): 473-478.

[147] GARCÍA-MATA I, ZHIROV O V, SHEPELYANSHY D L. Frenkel-Kontorova model with cold trapped ions[J]. The European Physical Journal D, 2007, 41: 325-330.

[148] BENASSI A, VANOSSI A, TOSATTI E. Nanofriction in cold ion traps[J]. Nature Communications, 2011, 2(1): 236.

[149] PRUTTIVARASIN T, RAMM M, TALUKDAR I, et al. Trapped ions in optical lattices for probing oscillator chain models[J]. New Journal of Physics, 2011, 13(7): 075012.

[150] MANDELLI D, VANOSSI A, TOSATTI E. Stick-slip nanofriction in trapped cold ion chains[J]. Physical Review B, 2013, 87(19): 195418.

[151] BYLINSKII A, GANGLOFF D, VULETIC V. Tuning friction atom-by-atom in an ion-crystal simulator[J]. Science, 2015, 348: 1115-1119.

[152] GANGLOFF D, BYLINSKII A, COUNTS I, et al. Velocity tuning of friction with two trapped atoms[J]. Nature Physics, 2015, 11: 915-919.

[153] COUNTS I, GANGLOFF D, BYLINSKII A, et al. Multislip friction with a single ion[J]. Physical Review Letters, 2017, 119(4): 043601.

[154] ZANCA T, PELLEGRINI F, SANTORO G E, et al. Frictional lubricity enhanced by quantum mechanics[J]. Proceedings of the National Academy of Sciences, 2018, 115(14): 3547-3550.

# 第8章 固体超润滑材料潜在应用领域

摩擦作为生活中一种常见的现象，每年都会造成巨大的经济损失。超润滑技术的应用可以显著减少机械部件之间的摩擦，从而降低能源消耗，减少机械部件的损坏，并延长运动部件的使用寿命。超润滑技术不仅为实现极低的摩擦系数和磨损率提供了可能性，也为实现节能减排的目标提出了可行的解决方案。超润滑领域越来越多的突破加深了人们对超润滑机制的认识，为今后的应用打下了坚实的基础。超润滑技术带来的潜在应用领域主要分为两个方面：一方面是直接利用其优异的润滑性能降低机械装备的软磨损；另一方面是利用材料超润滑的特性来实现信息存储、防冰、纳米发电等特殊功能。超润滑的应用研究取得了许多进展，其潜在应用如图 8.1 所示。下面将从机械装备、生物医药、防冰、微机电、信息存储五个领域的应用进行介绍。

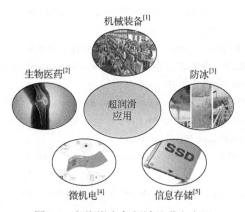

图 8.1 超润滑在各领域的潜在应用

## 8.1 机 械 装 备

机械装备在现代工业和经济发展中具有重要意义。它们不仅是生产制造的核心工具，还推动了产业升级和技术进步，提高了生产效率和产品质量，同时也带来了显著的社会效益和经济效益。机械设备是工业生产的重要载体，但是良好的机械运行离不开设备的润滑。润滑是保障机械装备平稳运行，提高传动效率，减少能源消耗的关键技术，对节省能源和资源具有重要的作用[6]。随着科技的进一步发展，对于精度、可靠性和寿命的要求越来越高，这对润滑技术提出更大的挑战，超润滑技术的应用将为机械装备的高效运行和节能减排提供新的策略。目前，超润滑技术已经在航天、航空、核能、汽车、精密机床、刀具、干气密封、微纳机械等重要工业领域获得初步应用。

### 8.1.1　航天

#### 1. 惯导系统

惯导系统是决定航天装备定位精度的关键，可以通过感知运动状态进行相应的调整，用于保证导航和定位的精度，因此需要小且稳定的摩擦力矩和高精度的配套轴承。然而轴承摩擦力矩是稳定轴上干扰力矩的主要来源，其大小和波动值直接影响系统工作的稳定性和可靠性，因此惯导系统对控制轴承摩擦力矩要求极高[7]。其中，气浮轴承在正常高速运转时，其运动对偶表面处于气浮状态，没有直接接触，但在启动和停止过程中，运动对偶会发生直接的摩擦。在轴承启动时只有在非常小的启动力矩下(相当于摩擦系数 0.03 以下)才能进入正常工作状态，降低表面的摩擦系数是技术关键。因此，为保证动压马达正常工作，必须对气浮轴承摩擦面施行高精度、稳定、可靠和有效的预先润滑薄膜保障，以保证轴承具有超低摩擦系数、长使用寿命和运行平稳可靠的性能。

中国科学院兰州化学物理研究所研发的超润滑碳薄膜技术解决了半球转子、止推板等关键部件在 0.02 以下的极小摩擦系数下 10000 次启停难题，无故障启停 2 万次以上，6 块陀螺仪工作时间达到 75438h，较进口技术延寿 2 倍以上，通过了启动、正弦振动、随机振动及冲击实验。在卫星等航天器的惯导系统半球轴承、止推板等部件上获得应用。

#### 2. 对接机构

空间对接技术是载人航天的一项基本技术，是实现空间站建造和长期运营的先决条件，主要通过对接机构来实现飞行器(如飞船、航天飞机、空间站等)在宇宙空间中的连接。由于运载火箭的运输能力有限，大型空间站无法一次发射升空，构建大型空间工作站必须依靠空间对接的方式来完成。因此，保障对接机构的长久和可靠运行至关重要。

空间对接机构运行过程中通常面临航天器的捕获、碰撞缓冲、密封以及安全可靠分离等问题[8]，而金属部件在高真空环境下存在冷焊现象，对其防冷焊及润滑性能提出了严苛的要求。例如，对接过程中，空间对接机构的导向部件、捕获锁等需要进行精确的相对运动，以确保对接的成功率。这就要求润滑剂能够提供稳定、精确的润滑效果。任何微小的润滑不良都可能导致对接偏差，甚至对接失败。在对接的瞬间，对接机构的部分部件将会承受较大的载荷。在对接后的长期运行过程中，由于温度变化或航天器姿态调整，一些部件又会出现微动现象。这种重载与微动磨损相结合的情况，使得润滑材料不仅要能够承受高负荷，还要能够有效防止微动磨损。此外，由于太空任务的成本高昂，并且很难进行现场维护，因此对接机构的润滑系统必须保证长期可靠的性能。异体同构周边式对接装置如图 8.2 所示。

图 8.2　异体同构周边式对接装置[9]

(a) 主动对接机构；(b) 被动对接机构

　　中国科学院兰州化学物理研究所研发了系列二硫化钼基固体黏结润滑涂层材料和技术，通过地面模拟和空间真实暴露环境在轨测试，展现出极低的摩擦系数和优异的耐空间环境综合性能，成功应用于对接框的润滑防护。同时，利用真空气相沉积技术，发明了"外场催化诱导生长"和"脉冲生长与退火"构筑中程有序结构的原理和方法，便捷地将富勒烯、碳纳米管等独特的纳米结构引入非晶碳薄膜中来，这种独特的纳米结构可以将碳网络的二维键合强度扩展到三维，通过键角的变化或键的扭曲等方式释放力的作用，使其中的化学键不发生断裂，增加了碳网络键架结构的强度与韧性，提高了碳薄膜材料强韧一体化性能和承载能力，突破了 3GPa 耐承载能力的超润滑碳薄膜技术，在对接机构的高精密关重件上获得应用。此外，哈尔滨工业大学利用离子注入与沉积技术发展了碳基薄膜，实现了硬度与成分双梯度过渡复合表面强化层的制备，获得了太空环境下的高抗磨损、自润滑和防冷焊等性能，并研制了离子注入与沉积工业化装备，在空间对接机构 50 余个核心零件上应用。

### 3. 卫星天线

　　气象和导航卫星在气候观测、通信、精确制导、救援等方面有着举足轻重的作用，其中作为信号接收和发射的装置——天线往往需要具备大的展开口径，这样能更多地接收和分辨电磁信号。目前，这类天线的展开口径在 12~15m，通常利用电机牵引绳索将力传递到各活动关节。由于绳索与滑轮以及各关节本身的摩擦，展开的口径越大，传递到远端的有效驱动力越少，因此难以实现更大口径天线的展开[10]，如图 8.3 所示。如果在天线各关节处安装马达以驱动更大口径的天线，则需要增加卫星的质量和体积，这会提高造价成本。因此，在各个滚轮轴上实现超润滑可以大幅降低展开所需的驱动力，提高星载天线的展开口径，实现更高的信号分辨。

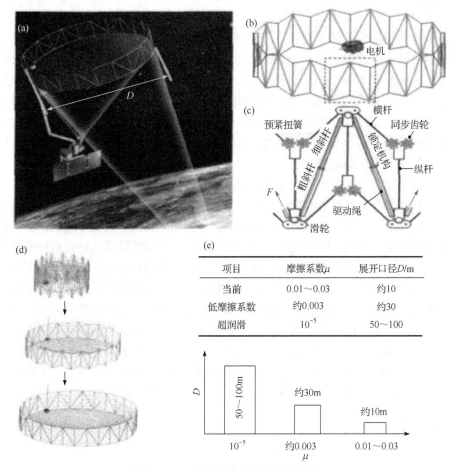

| 项目 | 摩擦系数$\mu$ | 展开口径$D$/m |
|---|---|---|
| 当前 | 0.01～0.03 | 约10 |
| 低摩擦系数 | 约0.003 | 约30 |
| 超润滑 | $10^{-5}$ | 50～100 |

图 8.3　大型环形网状可展开天线[10]

(a) 天线总体示意；(b) 天线展开传力示意；(c) 单跨展开原理图；(d) 展开过程示意；(e) 展开口径与摩擦系数的关系

　　为了满足空间服役工况需求，张凯锋等[11]制备了一种镀覆超润滑固体薄膜的滚动传动装置，由滚动传动装置本体和镀覆在滚动接触面中一面或双面的 a-C:H 超润滑固体薄膜组成。实验表明，该装置能够达到 0.003 的超低摩擦系数，可以大幅度降低运转的摩擦力矩，增加转动的平稳性，降低能量损耗。除此之外，兰州空间技术物理研究所 Cui 等[12]和美国 Kumara 等[13]也报道了具有超润滑性能的碳薄膜，在空间环境中具有优异的稳定性和长久的磨损寿命，未来有望在空间润滑部件上实现应用。

4. 轴承与齿轮

轴承和齿轮作为工业领域中不可或缺的基础零部件，其在各类机械装备和系统中发挥着至关重要的作用。迄今为止，空间轴承故障导致的空间惯性执行机构失效已经影响了多次航天任务的顺利完成。例如，美国 EchoStar V 号卫星的轴承故障引发动量轮异常，导致轨道位置变化，燃料消耗增加，缩短了 2a 的寿命。NASA 的远紫外分光探测器(FUSE)曾在两周内两台飞轮连续发生轴承故障而失效[14]。单台飞轮或控制力矩陀螺(CMG)造价可达数百万，单台航天器造价更是以亿计，一旦空间轴承在轨发生故障不仅直接影响航天器性能及任务的顺利实施，严重故障甚至可以导致航天器失效[15]。因此，减少轴承间的摩擦磨损对其稳定性具有重要意义。

为解决这类零部件在负载运动过程由于摩擦磨损、振动冲击和疲劳等产生的服役可靠性和寿命缩短的问题，主要从零件结构设计、原材料选择和表面改性技术等方面着手。目前，高耐磨、低摩擦系数、高硬度和强韧性的非晶碳薄膜的开发及其在轴承、齿轮等表面应用得到广泛关注，其可显著降低运动过程中的摩擦功耗，降低启停阶段润滑不足时导致的严重损伤。中国科学院兰州化学物理研究所基于纳米晶/多层/非晶复合结构和多元多相复合设计的环境自适应特性，发展了一类具有超润滑特性的类金刚石碳基薄膜技术，并与多家企业开展合作，在一些轴承和齿轮等润滑部件上得到了应用。例如，中国科学院兰州化学物理研究所与中国航天科技集团有限公司五院 502 所合作，在轴承内外圈表面成功制备了超润滑碳薄膜，通过系统实验表明，承载能力不小于 1.0GPa，较原有水平提高近 10 倍；滑动摩擦系数不高于 0.005，较原有水平减小 50%[16]。

## 8.1.2　航空

1. 燃油泵

航空燃油泵是发动机燃油系统关键动力部件，功能是向发动机燃烧室持续、精确压力地输运燃油，以保证飞机在起飞、巡航及降落阶段均获得适合的动力。操纵杆是航空发动机燃油泵的核心部件，用于将发动机控制动作通过传动轴传导进入燃油调节器内部，进行燃油流量的高精度控制和反馈。操纵杆失效会直接导致燃调的开关和预调功能失灵，飞行员无法控制发动机燃油流量，会造成严重的航空事故。燃油泵形状复杂，涉及内孔、齿面、尖端等，运行环境苛刻(燃油气等腐蚀介质)，同时还兼具多种功能要求。其中，操纵杆的花键部位用于连接发动机控制索，指针用于指示旋转角度，内孔用于安装蜗杆，对旋转角度进行高灵敏度的精细调节，因此要求在花键、内孔等传动部位必须具有超低摩擦系数和高耐磨损的功能，来保障其高精度调控要求；要求所有部位必须具有耐腐蚀的功能，来保障其在长期腐蚀介质环境中运行稳定性要求。之前使用的化学热处理与电镀复合工艺(渗碳+镀锡)在长寿命使用过程中，会出现卡滞、磨损严重等故障，该类故障随机性大，严重影响整机的控制精度和可靠性。

中国科学院兰州化学物理研究所在超润滑机制、碳薄膜结构设计等大量基础研究的基础上，通过金属催化诱导纳米有序团簇结构的设计与调控，研发了 WC/C 纳米复合润滑薄膜技术，满足了薄膜摩擦系数在燃油、大气等多环境条件下小于 0.01、结合强度大于 50N、硬度大于 1000HV 等关键性能指标，已完成60h 运转实验验证；解决了操纵杆零件内孔等复杂表面牢固均匀成膜等关键技术瓶颈，在发动机燃油泵操纵杆零件上应用，大幅提高了服役寿命。

### 2. 柱塞泵

我国在研大型客机的液压系统主要依赖国外进口，而液压系统中最关键最复杂的部件就是柱塞泵[17]。柱塞泵的工作原理是依靠柱塞在缸体中的往复运动，通过这种往复运动使密封工作腔的容积发生变化，从而实现吸油和压油的过程。这种转换使得柱塞泵能够为液压系统提供稳定且高效的能量，确保飞机各部件的正常运作。在飞机上，柱塞泵的应用非常广泛，不仅用于主液压系统中，还在一些特定情况下作为应急或辅助液压源。例如，当主液压泵损坏或供油量不足时，柱塞泵可以作为应急液压源提供必要的动力。此外，在地面停放时，飞机还可以利用柱塞泵向系统供油，确保飞机在静止状态下各系统的正常运作。由此可见，柱塞泵的高效稳定运行对飞机有着至关重要的作用。

高压柱塞泵是《科技日报》列出的我国 35 项"卡脖子"技术之一，其中柱塞等关键摩擦副部件在高载(吉帕级接触应力)、贫油条件下的摩擦熔焊问题是制约其整体寿命和可靠性的关键。传统润滑耐磨材料技术已无法满足高性能润滑要求，超润滑碳薄膜技术由于超低的摩擦系数(与流体润滑同水平的摩擦系数)被寄予厚望，但碳薄膜的承载问题是关键瓶颈，核心科学问题是碳薄膜非晶网络抑制结构存在的硬度与韧性之间的矛盾。中国科学院兰州化学物理研究所成功实现了碳薄膜中石墨烯、富勒烯、碳纳米管三种中程有序纳米结构的可控制备，突破了碳薄膜强韧一体化特性(硬度 10GPa 以上，弹性恢复可达 90%)以及高承载下超低摩擦系数瓶颈(3GPa 接触应力下摩擦系数小于 0.02)。在 28MPa 高压航空柱塞泵进行装泵试车实验，进口润滑技术 50h 出现卡滞问题，而该超润滑碳薄膜技术实现了 100h 顺畅运行、无磨损。

## 8.1.3　核能

控制棒驱动机构是反应堆中的关键设备。其采用滚轮螺母-丝杠传动型机构，将滚轮螺母的旋转运动转化为丝杠的提升和下插，从而带动控制棒组件在堆芯内上下运动，完成反应堆的启动、功率调节和停堆等重要功能。滚轮和丝杠是驱动机构中的核心零件，其耐磨性和耐腐蚀性能直接影响机构的使用寿命和整机的安全性。然而滚轮和丝杠的工作条件相当恶劣，长期承受高温、高压、反应堆冷却剂的腐蚀(去离子水蒸气)、辐照、冲击振动等作用。当滚轮发生严重磨损时，会导致转动不灵、卡棒、断裂等故障时有发生，使反应堆不能正常运行和停堆，严重影响整机的安全性和作战能力。国外成功经验表明，表面润滑、耐磨、防腐处理是解决反应堆驱动部件磨损问题行之有效的手段。

目前，主要采用真空气相沉积 $MoS_2$ 薄膜和非晶碳薄膜技术对表面进行润滑、耐磨处理。例如，英国的龙高温气冷堆传动机构中轴承的滚珠和内外滚道采用 $MoS_2$ 薄膜进行润滑，摩擦系数可保持在 0.003，磨损量较小；德国实验反应堆工作组(AVR)高球球床堆，美国的圣·符仑堡高温气冷堆的传动机构也都是应用 $MoS_2$ 薄膜进行轴承润滑。中国科学院兰州化学物理研究所则采用了超润滑碳薄膜进行表面处理，该碳薄膜在高温气冷堆氦气条件下展现出 0.01 以下的摩擦系数和超长寿命，已经通过了 2000 万圈轴承热态实验(等效 80a)，超过设计寿命 1 倍，为 200MW 高温气冷堆核电站工程提供了 40a 超长寿命润滑的有力技术保障，并推广至 600MW 核电站建设。

### 8.1.4　汽车

随着汽车保有量的持续增长和工业技术的不断进步，市场规模不断扩大。车润滑油是保持汽车发动机等部件正常运转不可或缺的"血液"，其需求量占润滑油总需求量的一半以上。传统的方式是在轴承或齿轮表面进行镀膜等工艺处理和添加润滑油，然而大多数油基润滑剂容易对环境造成污染，不利于长久的可持续发展。在这种情况下，发展超润滑材料，对于实现节能降碳，实现可持续发展具有重要意义。

高压共轨技术是一种通过精确控制燃油喷射的压力和时间的供油方式，可以优化发动机的工作效率，在现代汽车发动机中得到了广泛的应用，特别是柴油发动机中。然而，随着《轻型汽车污染物排放限值及测量方法(中国第五阶段)》(GB 18352.5—2013)(简称"国五标准")、《轻型汽车污染物排放限值及测量方法(中国第六阶段)》(GB 18352.6—2016)(简称"国六标准")的实施及未来发展的需要，高压共轨喷油器偶件间隙进一步减小，压力更高，由此带来的摩擦磨损问题严重制约了高压共轨系统的发展。下一代共轨压力将会高达 220MPa，且需要稳定运行 4500h，这就要求偶件配合间隙≤1.5μm，喷射速度约 2000 次/min，这种条件下会引起黏着磨损甚至发生冷焊，导致系统崩溃。因此，摩擦磨损问题成为制约发动机效率提升的关键难题。

非晶碳薄膜作为一种兼具高硬度和优异润滑性能的薄膜材料，其在发动机和液压系统中的零部件表面可靠制备，可有效减少摩擦磨损，延长使用寿命，同时也有利于降低能量损失和燃油的损耗。此外，非晶碳薄膜因其具有低的摩擦系数，能够显著降低系统启动初期零部件表面的摩擦功耗，有利于解决零部件早期的异常磨损问题。中国科学院兰州化学物理研究所与中国一汽集团合作，在高压共轨关键部件柱塞表面沉积了超润滑碳薄膜，将偶件配合间隙降低至 3μm 以下，压力突破了 220MPa，极大地缓解了高速高压下精密配合偶件的摩擦磨损问题。将装配低摩擦系数的高压共轨应用于一汽解放汽车有限公司无锡柴油机厂 6DL 柴油机，与原机(配装弗里茨·维尔纳(FW)机械式油泵)相比，燃油消耗降低 20.1%，排气污染物 CO 下降 42.5%[16]。超润滑碳薄膜在发动机上的工程应用如图 8.4 所示。

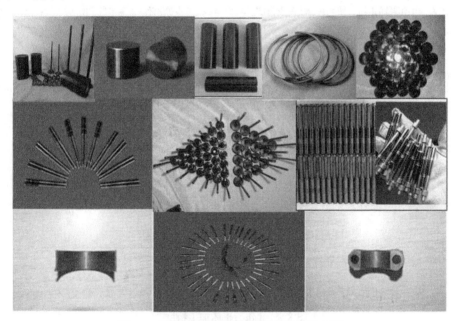

图 8.4　超润滑碳薄膜在发动机上的工程应用

### 8.1.5　精密机床

我国正处于飞速发展的时代，桥梁、铁路、航天等领域的发展更是离不开机械制造。然而，目前我国的机械制造业与发达国家相比仍有一定的差距，其中数控机床的技术水平是衡量一个国家国民经济发展和工业制造整体水平的重要标志之一，几十年来一直受到世界各国的重视，并得到了迅速的发展[18]。机床的精度决定了加工产品的精度，要想实现微小器件的精密制造，就需要发展高加工精度的加工机床。目前，我国机床制造业的发展有起伏，虽然对数控技术和数控机床给予了较大的关注并已具有较强的市场竞争力，但在中、高档数控机床方面，与国外一些先进产品与技术相比，仍存在较大差距，大部分处于技术跟踪阶段，需要依靠国外进口。

要想实现高的加工精度，其中一个核心因素便是导轨的定位精度，图 8.5 为导轨与机床加工精度示意图。导轨在启动时需要克服静摩擦力，而机械系统具有一定的刚度，因此滑块产生周期性的跳跃和停顿间隔的爬行现象。爬行是机床运动部件慢速行动时的不平稳现象，表现出有规律的一停一跃，会导致刀具无法精确到达指定位置，从而影响工件的尺寸[19]。在长时间工作后，磨损导致导轨表面发生变形和质量恶化，使得移动的精度变差，从而进一步影响工件的误差。导轨的摩擦力大小决定着重复定位精度偏差，摩擦力越大，传动系统的刚度问题就越会引起定位误差，长此以往，数控机床的定位精度偏差逐渐变大，造成零件的不匹配和磨损问题。如果在导轨和滑块之间实现超润滑，不仅可以降低导轨的磨损率，同时也可提高机床的加工精度和使用寿命。

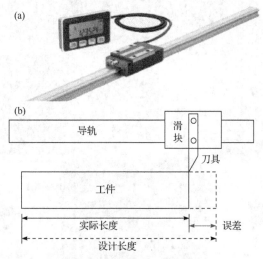

图 8.5　导轨与机床加工精度[19]

(a) 典型的导轨照片；(b) 机床导轨定位误差带来加工工件的尺寸误差

$MoS_2$ 薄膜和碳基薄膜因其低能垒的相邻层易滑移而表现出优异的润滑特性[20]，在摩擦学领域受到广泛关注。然而，目前开放气氛下宏观尺度超润滑的实现被限制于非常光滑的衬底表面，如硅衬底上的硅掺杂碳薄膜[21,22]，这与实际应用存在相当大的差异。因此，在表面粗糙度为几十纳米或几百纳米的钢基体上设计超润滑系统，对于推动超润滑技术的实用化和工业化应用具有重要意义。Wang 等[23]对粗糙轴承钢表面 a-C:H 薄膜的润滑机制进行了研究。结果表明：表面有 a-C:H 膜的粗钢可达到超润滑状态，摩擦系数可低至 0.005。在 16 万次循环滑动后，摩擦系数仍然可以保持在超润滑状态。这种粗糙表面上涂覆的 a-C:H 膜在超润滑状态下可承受 4.85～6.76GPa 的接触压力。如果将其喷涂在导轨表面便可大大降低磨损导致的精度降低问题，提高仪器的加工精度，推动我国从制造大国向制造强国迈进。

传统变面积式电容位移传感器虽然能够实现绝对测量，且制造简单、生产成本低，但在实际应用中非常困难，这是因为极板之间的摩擦会带来磨损问题。因此，必须在两极板之间留有一定的空气间隙(约 200μm)，然而在极板运动过程中难以保证间隙不变，使得因极板间隙造成电容变化而产生大的测量误差[10]。郑泉水院士等研制了一种超高精度大量程位移传感技术——超润滑容栅(图 8.6)[24]。这种电容位移传感器利用一堆由二维层状材料制成的超润滑运动副代替了空气，将极板之间的间隙降低为 0，大大提高测量的位移精度和可靠性，有望在精密机床的直线导轨上得到应用。

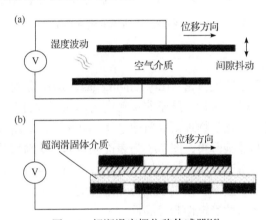

图 8.6 超润滑容栅位移传感器[10]

(a) 传统的以空气为介质的变面积式电容位移传感器，电容测量值易受空气湿度波动和电极板间隙抖动的影响；
(b) 新型的采用超润滑固体介质的电容位移传感器

### 8.1.6 刀具

随着制造业的迅猛发展，切削加工领域对刀具的要求越来越高，常见的刀具表面防护是以金属氮化物硬质薄膜为主，其具有良好的耐磨性能和高温抗氧化性能，能够显著提高刀具的使用寿命。然而，这种硬质薄膜缺乏润滑性，摩擦系数比较高，在铝合金、铜合金等低硬度、低熔点金属材料和玻璃纤维、印刷电路板、亚克力等非金属材料的加工过程中会出现排屑不畅、严重黏刀现象，很大程度上限制了其应用。

非晶碳薄膜具有极低的摩擦系数和良好的耐磨性，能够有效改善切削碎屑黏刀问题，并提高加工表面的质量。美国 IBM 公司采用镀非晶碳薄膜的微型钻头在印刷电路板上钻微细的孔，可使钻孔速度提高 50%，寿命增加 5 倍，钻孔加工成本降低 50%。可见非晶碳薄膜在特殊切削加工领域中的应用极具前景。中国科学院兰州化学物理研究所研制的超润滑碳薄膜在微钻和铣刀表面成功应用，由于其极低的摩擦系数和磨损率，大大提高了刀具的使用寿命。表面制备非晶碳薄膜的微钻和铣刀照片如图 8.7 所示。

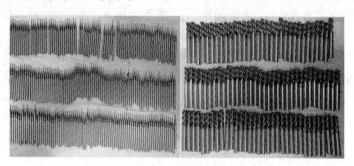

图 8.7　表面制备非晶碳薄膜的微钻和铣刀照片

### 8.1.7　干气密封

干气密封，即干运转气体密封(dry running gas seals)，是将开槽密封技术用于气体密封的一种新型轴端密封，属于非接触密封。为了改善密封环材料的摩擦学性能，中国科学院兰州化学物理研究所通过激光在密封环基材表面加工微织构或气槽，然后再制备非晶碳薄膜，图 8.8 为表面制备非晶碳薄膜的碳化硅基底密封环照片。非晶碳薄膜由于其超低的摩擦系数和高的耐磨损性能，显著降低了摩擦副之间的摩擦系数和磨损率，减少了能耗和维修成本，并增强了密封端面之间的气膜效应，提高了密封的稳定性和可靠性。

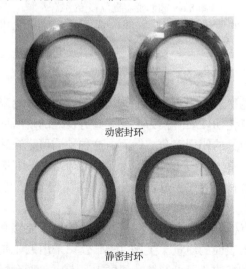

动密封环

静密封环

图 8.8　表面制备非晶碳薄膜的碳化硅基底动密封环和静密封环照片

**8.1.8　微纳机械**

微纳机械系统又称微型机电系统(micro-electro-mechanical systems，MEMS)，主要有微型传感器、微型驱动机构、微型光/电学元器件等，具有体积小、质量轻、功耗低、性能优等优点，广泛应用于医疗、航空航天、工业自动化、消费电子等领域。其中，在微纳机械系统中的传动、驱动组件需要综合考虑其耐磨性、润滑性、耐腐蚀性以及表面清洁等多个方面，因此表面加工和处理技术非常关键，对其性能和使用寿命至关重要。非晶碳薄膜因其高硬度、低摩擦系数、耐磨损、抗划伤性、耐腐蚀性以及化学稳定性等优良特性，并且厚度可控，不影响尺寸精度，成为这类微小器件表面防护处理的理想选择之一。如图 8.9 所示，计时器中骑马轮、驱动轮，以及表芯中的小齿轮、连接件等表面采用非晶碳薄膜作为防护材料，能够有效提高使用性能和延长服役寿命。

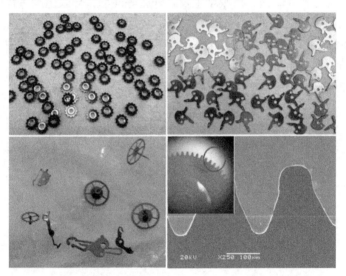

图 8.9　表面制备非晶碳薄膜的计时器、表芯传动零部件照片

# 8.2　生 物 医 药

除了机械部件，生物体内也存在各种摩擦系统，如膝盖、臀部、牙齿、皮肤等部位。生物体内的摩擦系统具有优良的润滑性能，在部分条件下甚至可以达到超润滑状态，可以说是在亿万年的优胜劣汰中进化的结果。然而，疾病、意外伤害等情况可能会对这些摩擦系统造成不可逆的损伤，从而导致人们的日常活动受阻。现代医学技术的飞速发展，人们对生命质量的要求也随之提高。目前，通过人造器官来替换人体由于病变或外伤而受损的器官的技术已日趋成熟，然而，其

中的润滑问题往往是这些人造器官发挥作用的瓶颈问题。因此，超润滑技术对于未来生物医药领域具有广阔的发展前景。

### 8.2.1　滑膜关节

肘部和膝盖是重要的生物摩擦学系统，承受着人体的大部分负荷，其主要通过滑膜关节来支撑和分散身体的作用力，从而减少关节之间的摩擦磨损。滑膜关节主要包括关节软骨、关节润滑液、关节骨骼等几大部分[25]，其结构如图 8.10所示。在关节中起润滑作用的主要是关节软骨和滑液。关节软骨是一种软组织，覆盖在关节骨连接处和关节的末端，主要由平行于软骨表面排列的胶原纤维组成。健康的关节软骨在运动时表现出超低的摩擦系数，特别是在生理高压下，其摩擦系数甚至可以低至 0.001。当关节软骨发生病变时，其组织和结构改变，会引起关节表面的软骨缺损、滑膜增生及骨外露等问题，导致运动过程中出现润滑不足，增加了关节之间的磨损[26]。关节滑液主要由透明质酸、蛋白多糖以及糖蛋白等水溶性生物大分子组成，呈现出"试管刷"型结构。在运动中，糖蛋白以及蛋白多糖依靠这种特殊的结构与透明质酸组装形成一种多级结构，从而在高/低载荷下都可以形成一层润滑膜，起到减少摩擦磨损的作用。

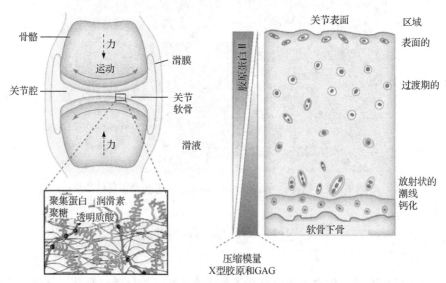

图 8.10　滑膜关节的结构示意图，软骨的结构及其在关节表面的分子排列[25]

GAG-糖胺聚糖

1. 水凝胶

水凝胶是一种具有高含水量和低模量的透水三维聚合物网络，类似于生物组织，因此成为生物医学设备和再生医学等领域的首选材料。修复骨关节软骨病变可以通过使用基于水凝胶的"人工软骨"来填充病变或用于软骨组织工程，即将合并细胞的水凝胶支架粘到病变中。在这两种情况下，重要的是水凝胶表面要充分润滑，以便关节在反复接触、变形和滑动时不会将其剪切分层。海藻酸钠是一种天然多糖，具有药物制剂辅料所需的稳定性、溶解性、黏性和安全性，目前已经在食品工业和医药领域得到了广泛应用。然而，其力学性能较差，难以满足特殊工况的需求。李晗等[27]通过向海藻酸钠中加入聚丙烯酰胺制备了一种双网络水凝胶，在增强力学性能的同时进一步降低摩擦系数。这种聚丙烯酰胺/海藻酸钠双网络水凝胶在十二烷基硫酸钠溶液中表现出超润滑性，主要是因为低速下这种双网络水凝胶在压力作用下发生变形，嵌入玻璃表面的凹槽中。由于两者都带有负电荷发生排斥，降低了水凝胶与基底的摩擦系数；同时十二烷基硫酸钠在水中电解产生的离子被吸附到接触界面间，从而形成了一层润滑膜，降低了自由分子链的剪切，极大地降低了摩擦系数，进一步提高了其使用寿命。Iuster 等[28]在云母基底上构建了几十纳米厚的内交联和非交联聚[2-(甲基丙烯酰氧基)乙基磷酰胆碱](PMPC)刷层，如图 8.11 所示。虽然交联 PMPC 层具有非常低的摩擦系数(摩擦系数为 $10^{-4} \sim 10^{-3}$)，但其摩擦系数与速度密切相关，存在一定的局限性，还需进一步进行优化。

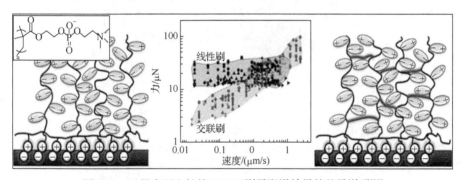

图 8.11　云母表面生长的 PMPC 刷子润滑效果的差异说明[28]

双网络(DN)水凝胶是一类由相对刚性的聚电解质作为第一网络(由于带电单体之间的强烈排斥和更高的交联而变得坚硬)和柔性的中性聚合物作为第二网络组成的一类坚韧凝胶。相比于单一的水凝胶体系，其具有更好的力学性能。然而，DN 水凝胶具有较大的摩擦系数(约为 $10^{-1}$)，如何进一步降低其摩擦系数是实现关节长期润滑的关键。Kaneko 等[29]制备了一种三重网络(TN)水凝胶，其摩擦系数为 $10^{-4} \sim 10^{-3}$。这是因为线性聚合物链(DN-Ls)和松散交联聚合物(TNs)可以通过提供更具流动性的聚合物表面相来降低摩擦系数。与用其他化学性质相同的材料制备的水凝胶相比，TN 水凝胶的摩擦系数低 1~2 个数量级[30-33]，具有更低的磨损率和很好的生物相容性，有望在关节软骨中得到应用。

在活软骨中，嵌入的软骨细胞不断合成脂质，并使这些脂质在表面积聚。受此启发，Lin 等[34]通过在水凝胶体系中加入微量脂质，创造了一个能够持续更新的分子级厚度的脂质边界层，如图 8.12 所示。这个边界层不断地向表面渗出，形成一层光滑的膜，从而表现出良好的润滑性。这种设计不仅模仿了自然材料的润滑机制，还为水凝胶的应用开辟了新的可能性。这种特性使得水凝胶在生物医学和其他领域具有广泛的应用前景，如在人工关节、医疗器械以及其他需要减少摩擦系数和磨损率的应用中，这种水凝胶能够提供持久的润滑，从而提高设备的性能和使用寿命。

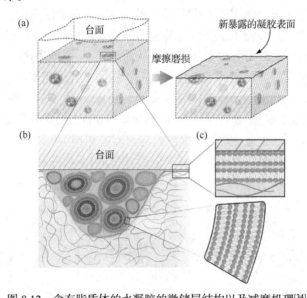

图 8.12　含有脂质体的水凝胶的微储层结构以及减摩机理[34]

(a) 微储层中的脂质小泡在摩擦磨损作用下释放脂质边界层；(b) 脂质边界层示意图；(c) 高度水合的脂质头基之间的水合润滑机制

### 2. 黏蛋白

黏蛋白是一类主要由黏多糖组成的复杂糖蛋白，常见于膝盖滑膜液，分子量可达数千[35]，由于其优异的生物润滑性能，在近些年的医药研究中受到研究人员的广泛关注。研究表明，黏蛋白的疏水结构对于吸附和进一步润滑疏水表面至关重要[36]。由于人体中的几个组织表面具有疏水特性，黏蛋白通过与这些疏水表面相互作用，在体内提供边界润滑。然而，当黏蛋白分子被剥夺其疏水结构时，这种在疏水表面上的润滑将不再发生。在亲水和疏水表面上，黏蛋白可以聚集成水合大分子层，阻止了两个相对表面的直接接触，这一过程使黏蛋白或类似黏蛋白的分子在人体中的许多组织起到润滑作用。与使用简单缓冲液的润滑相比，基于黏蛋白设计的润滑剂能够将摩擦系数降低多达 2 个数量级，这使得黏蛋白在关节润滑中受到极大关注。Seror 等[37]在云母表面制备了一层刷型聚合物结构，这种聚合物主要以透明质酸作为主链，蛋白聚糖作为侧链。制备的这种云母表面层的边界润滑摩擦系数明显低于单独透明质酸的摩擦系数，大约为0.001，润滑效果优异。这是因为糖蛋白侧链上的大量糖分子在水中发生水化，形成了一层边界润滑膜。这种新型的超润滑黏蛋白润滑剂未来有望解决人工关节的磨损问题。

### 3. 脂质体

虽然人体骨组织具有自我修复的能力，但晚期骨性关节炎、骨肿瘤、交通事故、过度运动等引起的严重骨缺损是不可逆的，因此关节置换手术成为治疗这类损伤的最后手段。然而，由于关节界面的摩擦学行为复杂，其润滑失效问题会严重影响关节假体的治疗效果和使用寿命[38]。随着对脂质体超润滑性研究的深入，脂质体也被认为是一种很有前途的人工关节润滑剂。

脂质体是一种球形囊泡，包括至少一个脂质双层，它由胆固醇和天然磷脂的结合产生。其中磷脂是两亲性分子，主要包括亲水的头部基团和高度疏水的尾部烃链，因此很容易自组装形成双层胶束或囊泡。一般认为磷脂的头部基团通过氢键、水介导、静电作用等方式与透明质酸和蛋白质相互作用，从而表现出优异的润滑性能[39-41]。同时，磷脂是所有细胞膜的主要成分，因此具有优良的生物相容性，在各种生物医学应用中显示出巨大的潜力。

1965 年，Bangham 等[42]提出了脂质体作为润滑剂的作用。后来，Sivan 等[43]发现多层囊泡更有可能保留在软骨表面，从而获得 0.01 的超低摩擦系数。2008年，Trunfio-Sfarghiu 等[44]发现了脂质双层在玻璃和甲基丙烯酸羟乙酯表面间具有超低的摩擦系数($0.002\pm0.008$)。随后，Goldberg 等测量了生理盐浓度($0.15mol/L\ NaNO_3$)中云母表面的法向力和剪切力[45-47]，如图 8.13 所示。通过低温扫描电镜观察，发现每一层云母表面都覆盖着一层紧密堆积的氢化大豆磷脂酰胆碱-小磷脂囊泡。当接触压力达到 6MPa 时，摩擦系数在 0.008～0.0006 波动。作者认为脂质体外表面高度水化的磷脂酰胆碱头部基团具有的水化润滑机制是其实现超润滑的主要原因。在压力高达 18MPa 的情况下，摩擦系数更低，约为 $10^{-4}$ 数量级。在剪切和压缩下，脂质体表现出可逆性和重复性。与双层结构相比，这种自封闭、紧密包装的脂质体结构增加了机械稳定性。为了获得更加柔软的生物相容性表面，Gaisinskaya-Kipnis 等[48]在摩擦实验之前，在云母表面预吸附了一层柔软的聚合物层(海藻酸盐-壳聚糖)，发现吸附有氢化大豆磷脂(HSPC)脂质体的表面更加稳定，在 35MPa 的高载荷下，摩擦系数可以达到 $10^{-4}$。由此可见，超润滑脂质体的出现有望解决传统金属关节磨损大而导致寿命短暂的问题。

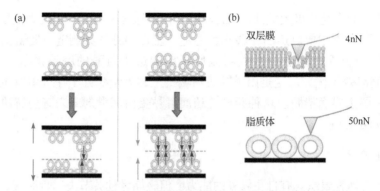

图 8.13　脂质体润滑模型示意图[47]

(a) 基底上不同拓扑结构的脂质体团簇的接触点数量不等；(b) 脂质体和双层膜的机械特性对比

　　之前的研究虽然在高载荷(超过20MPa)下实现了脂质体的超润滑，但是在材料的选择上仍然与实际情况存在一定的差异。钛合金具有良好的生物相容性和力学性能，是目前常用的假体材料。如果可以实现钛合金($Ti_6Al_4V$)表面的超润滑，那么对现代医学将有重要的意义。在此之前，Duan 等[49]发现吸附在钛合金/超高分子量聚乙烯($Ti_6Al_4V$/UHMWPE)表面的脂质体可以有效减少两个表面的磨损，在31MPa 的压力下可以达到 0.015 的摩擦系数。由于 UHMWPE 表面粗糙度大，脂质体的超润滑状态没有实现。为了减少粗糙度的影响，更好地了解脂质体的界面行为。随后，利用原子力显微镜在纳米尺度上研究了脂质体在 $Ti_6Al_4V$/聚合物表面的摩擦学性能[50]，如图 8.14 所示。在最大压力为 15MPa 的条件下，在 $Ti_6Al_4V$ 表面预吸附的脂质体获得了 0.007 的超低摩擦系数，达到了天然接头的润滑条件。这项工作揭示了脂质体的界面行为，为将来的临床应用提供了更多的指导。

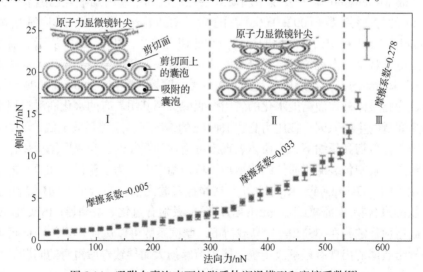

图 8.14　吸附在囊泡表面的脂质体润滑模型和摩擦系数[50]

### 4. 二硫化钼

二硫化钼($MoS_2$)作为一种典型的层状化合物，层内的硫原子与钼原子通过共价键紧密结合，层与层之间的主要作用力为范德华相互作用，使得层间容易发生滑移。因此，$MoS_2$ 具有优异的固体润滑性能，广泛应用于高负荷下的轴承、滑轨等工业领域。此外，其特殊的比表面积和空隙结构使其成为药物负载和表面功能化的优良载体[51,52]，这些优势赋予了 $MoS_2$ 在生物医学领域广阔的应用潜力。不幸的是，在生理环境中，$MoS_2$ 可被氧化为水溶性物质，如 $MoO_4^{2-}$，使其层状结构崩溃，从而被人体清除[53,54]。因此，解决 $MoS_2$ 在生理环境中的稳定性问题是使 $MoS_2$ 能够在生物体内长期服务的关键问题。

为了解决这些问题，Qiu 等[55]受滑雪板滑动机理的启发，通过用仿生磷脂聚合物聚(多巴胺甲基丙烯酰胺-co-2-甲基丙烯酰氧乙基磷酸胆碱(PDMPC))修饰 $MoS_2$ 并负载抗炎药物双氯芬酸钠(diclofenac sodium，DS)，合成了一种"纳米滑雪板"($MoS_2$-PDMPC-DS)。利用 $MoS_2$ 的层状结构和光热特性，作为固体润滑剂和药物载体。同时，仿生磷脂聚合物在 $MoS_2$ 表面的修饰避免了 $MoS_2$ 在生理环境中的氧化变性，两者形成了固液复合润滑，提高了 $MoS_2$ 在关节腔中的润滑性和稳定性。体内外实验表明，该药物可在关节腔内滞留一周以上，并发挥持久的润滑和抗炎作用，有效治疗骨关节炎。此外，$MoS_2$-PDMPC-DS 还具有远程控制药物释的特点。因此，$MoS_2$-PDMPC-DS 在骨关节炎治疗中具有良好的应用潜力，可作为关节内注射材料有效治疗骨关节炎。这种固体-液体复合润滑纳米滑雪板为骨关节炎的协同抗炎和润滑治疗提供了新思路[55]。

### 5. 非晶碳薄膜

当关节破坏伴有中度至重度持续性的关节疼痛和功能障碍时，通过其他各种非手术治疗都不能得到缓解，或患有严重的类风湿性关节炎、强直性脊柱炎病人，已出现全身多关节疼痛、僵直、功能障碍等症状时，往往需要进行人工关节置换术。传统采用超高分子量聚乙烯(UHMWPE)、钴铬钼(CoCrMo)合金和钛合金等作为关节植入物材料，这些材料虽然具有良好的生物相容性，但其摩擦学性能往往较差，在长期的关节运动中会产生严重磨损，从而导致种植体过早失效。通过对人工关节摩擦副进行表面处理来减少运动中的摩擦磨损问题不失为一种有效的手段。

非晶碳的化学稳定性高，在生物体内不易发生化学反应，不会释放出对人体有害的物质，从而降低了引发免疫反应和炎症的风险。与传统的金属或聚合物材料相比，非晶碳涂层更加接近人体组织的特性，能够更好地与关节环境融合，为患者提供更加安全和有效的治疗。针对细胞毒性、细胞生长、致突变性、血液相容性、血栓形成性和细胞生长的研究表明，DLC 涂层是可植入生物材料应用的可行候选者[56,57]。

除了上述的化学稳定性和生物相容性外，DLC 涂层还有望缓解体内的腐蚀过程。CoCrMo 合金是目前主要的关节替代生物材料之一；但是，CoCrMo 合金的磨损和腐蚀较为严重，这可能会将金属离子释放到生理环境中，并导致关节植入手术失败。在模拟体液环境中，DLC 涂层在骨科级 CoCrMo 上的腐蚀速度比无涂层的低 4～5 个数量级[58]。在其他在生物环境中使用 DLC 对 CoCrMo、Ti 合金或不锈钢基体的摩擦腐蚀研究也证实了 DLC 的耐腐蚀性[57,59]。DLC 涂层的这些特性能够保证其在体内的稳定性和耐久性，延长治疗的效果和使用寿命。

如果将 DLC 涂层镀在人工关节的表面，不仅会降低关节间的磨损率，同时也能保护人工关节不被腐蚀。Rothammer 等[60]将 DLC 涂层镀在 UHMWPE 和金属基材表面，实验表明，DLC 涂层与基材具有良好的结合强度，能够通过连续但缓慢的磨损来承受摩擦应力，大大降低了基材的磨损率，且 DLC 涂层没有较大磨损颗粒的突然失效或剥落。虽然未达到超润滑状态，但高的耐磨性能和低的摩擦系数仍然证明了 DLC 涂层在关节置换术中的巨大潜力。

### 8.2.2　医用导管

医用导管是现代医疗中最常用且必不可少的留置医疗设备，一般将其插入所需区域进行治疗，医用导管照片如图 8.15 所示。随着老龄化社会的快速发展，对慢性病和微创治疗的需求不断涌现，侵入性医用导管的舒适性和安全性受到了广泛的关注[61,62]。医用导管通常插入气管、尿道、血管或胃肠道中以治疗疾病或进行外科手术，因此对导管表面的润滑性能要求较高。合成的聚合物具有良好的人体器官短期可比性和成本效益，长久以来被广泛用于生产医用导管[63,64]。然而，大多数医用导管由高分子材料制备而成，其表面往往是疏水的，在进入人体时容易与周围的组织产生较大摩擦力，造成病人的疼痛。此外，医用导管在病人身体的时间短则几分钟，长则数年；由于其长久内置于生物体内，生物活性分子会通过疏水/离子相互作用黏附在导管表面上[65]；同时浮游细菌通过布朗运动、范德华相互作用、重力等其他作用力也会迁移到导管表面，并依附在其上面。这

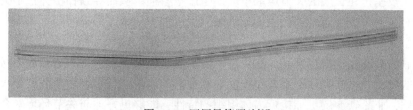

图 8.15　医用导管照片[66]

些长期黏附在导管表面的细胞、生物大分子等会引起免疫反应甚至病菌感染，对患者造成二次伤害。

在医用导管上涂覆惰性和水溶性润滑层可有效减少摩擦力和细胞黏附[67]。然而，制备不同功能的导管所需的原材料是不同的，因此将润滑层完全涂覆在所有材料上极具挑战，这将导致涂覆层和导管表面之间的结合力不足。临床应用中通常将甘油、硅油等润滑剂涂覆在医用导管的表面来减小摩擦力，然而这种涂覆并不适合长久的内置，且润滑剂的残留可能会引起细菌感染。因此，现在大多采用聚合物亲水润滑涂层来降低导管与人体组织间的摩擦力，以减少对人体的进一步伤害和微生物的吸附。

Wei 等[68]制备了一种由聚多巴胺和聚磺基甜菜碱甲基丙烯酸酯(PDA-PSBMA)组成的超低摩擦系数涂层，如图 8.16 所示。在这种 PDA-PSBMA 二元涂层中，PDA 主要充当聚合物引发剂和黏合位；PSBMA 用作润滑组件来减少界面摩擦系数。在纯水和磷酸盐缓冲盐(PBS)水溶液中，所制备的 PDA-PSBMA 涂层表现出优异的润滑性能，摩擦系数为 0.003。此外，由于两性离子聚合物的防污性能，PDA-PSBMA 涂层可以在生理盐水和蛋白质溶液中保持润滑性能，这对于防止涂层在生物流体中被污染至关重要。这种涂层的多功能性使得制造具有不同亲水性单体和不同材料表面的多种润滑聚合物涂层成为可能。进一步实验发现这种低摩擦系数涂层显著提高了医用导管表面的润湿性，并降低了导管外表面的摩擦系数。这种具有多功能性和优异的润滑性能的涂层，在生物医学设备和植入物中有着广阔的应用前景。

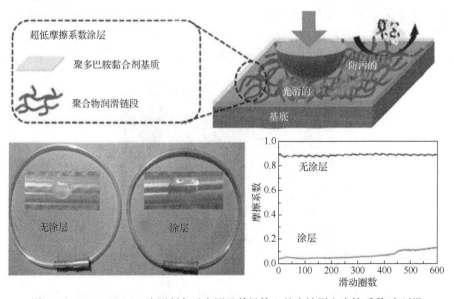

图 8.16　PDA-PSBMA 涂层制备示意图及其导管上的光镜图和摩擦系数对比[68]

# 8.3　防　　冰

除了在摩擦磨损领域具有广阔应用前景外，利用超润滑材料通过其特殊的物理和化学性质，能够在结冰条件下提供优异的防冰效果。这种材料通常具有超疏水和超润滑的特性，能够有效地减少水滴在表面的停留时间，从而减少结冰的可能性。此外，超润滑材料还能提供自清洁功能，即使在水滴冻结时，也能通过减少冰与表面的黏附力，使得冰层易于从表面脱落，进一步减少结冰现象。

### 8.3.1　防冰在船舶中的应用

进入 21 世纪，全球海洋的战略地位空前提高。航运业作为海洋经济的重要支撑，已成为许多国家海洋战略中不可或缺的一部分。随着北极冰层融化的加剧，开辟新的北极航道成为可能。新的航道不仅将减少许多国家对传统航线的依赖，而且将大大缩短海运时间，降低海运成本。此外，全球资源竞争激烈，北极地区拥有丰富的石油和天然气资源[69]，海上船舶和钻井平台的活动也将更加频繁。

然而，蓬勃发展的航运业、石油和天然气行业受到寒流等恶劣甚至极端天气条件的阻碍，尤其是在北极地区。北极地区寒冷(温度在 –43～–26℃，平均为 –34℃)，海气交换强烈，湿度高(相对湿度大部分时间在 95%以上)。在这种极端气候下形成的积冰会带来相当大的危害，这给海上船舶的稳定性和船员的安全带来了风险[70]。具体来说，积冰的危害包括雷达、天线、桅杆和电缆等通信天线故障；湿滑的扶手、梯子、走廊或甲板；电力系统、救生设备、消防设备等无法使用的设备；船舶的不稳定和完整性丧失。图 8.17 为海上船只上的积冰。因此，有必要采取防冰/除冰措施来降低结冰风险。

图 8.17　海上船只上的积冰[71]

世界范围内已经有数十种防冰/除冰技术，其中一些仍处于研究阶段。这些技术可以分为两个系列,主动的和被动的。主动的是指借助外力(如机械和加热)的方法,而被动的则不需要外力(如涂层)。尽管船员在寒冷天气下及时采取措施,船只仍然会受到积冰的困扰。这不仅是因为结冰速度快和结冰量大,而且因为现有技术的效率低下。因此,新的防冰/除冰技术仍然是研究人员关注的问题,旨在提高效率、节约能源并进一步确保安全。

　　Sun 等[72]研发的一种具有超润滑界面的还原氧化石墨烯/液态金属异质层状纳米复合材料,不仅具有优异的电磁屏蔽性能,还兼具抗结冰和除冰功能。该薄膜在 1 个太阳光照功率($100mW/cm^2$)下表面温度在 40s 内可达 47.5℃,在 1.75V 的超低驱动电压下其表面温度可在 10s 内达到 179℃的超高值。这种优异的加热能力使其在−15℃的低温环境下,44s 内可以融化并去除冻结的冰块,在 150s 内可完全融化并去除覆盖于其上的雪堆。此外,在 1 个太阳光照功率下,其表面在−15℃的环境中可长时间保持不结冰。这种材料的开发,为解决船舶结冰问题提供了新的思路。

### 8.3.2　防冰在飞机中的应用

　　积冰现象的形成主要与低温环境和过冷水滴的冻结有关。积冰现象的形成是一个复杂的过程,其类型依赖于多种气象因素,包括气温、露点以及相对湿度。当云中的过冷水滴或降水中的过冷水滴碰到机体后冻结,或者在机体表面直接由水汽凝华而成,就会形成积冰。根据积冰发生的部位可分为结构性积冰和非结构性积冰。结构性积冰大多发生在飞机的外部表面,如机翼、机身、尾翼等,这种积冰会导致飞机产生失速、控制失灵等严重后果。非结构性积冰通常发生在飞机的内部部件或机载设备上,如引擎进气口、传感器等,这种积冰会影响飞机的性能,通常不会导致直接的飞行安全问题[73]。根据飞机的前进方向可分为纵向积冰和横向积冰。纵向积冰是沿飞机前进方向积累的冰,通常在机翼前缘和机身前部形成,这种积冰会影响气动特性,增加飞机的阻力和失速风险。横向积冰为在飞机的横向表面上形成的冰层,如机翼和尾翼的上表面,横向积冰会影响升力和控制性能,导致飞机不稳定或难以控制。

　　积冰的形成不仅与气温有关,还与机体表面的温度有关。只要气温、机体表面温度低于 0℃,且存在低于 0℃的水滴,就可能产生积冰。因此,积冰现象并不局限于寒冷的冬季,即使在温暖的季节,如果环境条件满足,也会出现积冰现象。飞机积冰是指遇到超冷水滴等冰冻天气条件的飞行过程中,有冰层在飞机表面形成的现象。这种积冰可以严重影响飞机的空气动力性能,如降低升力、增加阻力,甚至导致飞机控制系统失灵,从而极大地威胁飞行安全。尽管现代航空技术已经在积冰防控上取得了显著进展,但在极端气候条件下,积冰仍然是一个不可忽视的风险。飞机积冰如图 8.18 所示。

图 8.18　飞机积冰照片[74]

　　潘瑞等利用超快激光微纳制造结合化学氧化方法，制备出独特的三级微纳米结构超疏水表面，具有优异的超疏水稳定性和与冰的低黏附性能，其冰黏附强度最低为 1.7kPa，是目前已报道的最低冰黏附强度的超疏水防除冰表面，应用前景十分广阔[75]。对超疏水表面的疏冰性能测试结果表明，冰在自身重力的作用下就可脱离表面(可以认为是超润滑状态)。经过 10 次推冰测试后，该表面的冰黏附强度依然不高于 10kPa，表明三级微纳超疏水表面具有较好的推冰机械耐久性。超低冰黏附强度超疏水表面依靠自身的不沾水防冰性能和冰自动脱落的优异疏冰性能，可以在不消耗能量、不增加复杂结构的情况下提升防除冰能力，有效减缓结冰危害，更具发展潜力，有望降低飞机因结冰导致的能耗增加以及飞行事故的发生概率。

### 8.3.3　防冰在电力设备中的应用

　　高纬度和高海拔地区的输电线路经常发生线路覆冰，这将使得电力系统的安全性和稳定性降低。输电线路具有跨度大，经过的地形复杂多变等特点，因此输电线路的覆冰难以防范和消除。与电力系统的一般瞬时性故障相比，输电线路覆冰对电网的危害性更大，甚至可使得电网解列，导致电力大面积瘫痪，是电力系统的一大隐患。输电线路冰产生正值我国的春运时期，供电中断将给国民生产和社会经济带来极大的损失[76]。

　　当输电线路覆冰过厚时，会增加杆塔的机械荷重，可能导致杆塔折断或倒塌。如果导线上的覆冰不均匀或不同期脱落，可能导致导线迅速上升或跳跃，造成相间短路，使线路开关跳闸，供电中断。绝缘子串覆冰后，绝缘性能大大降低，可能形成冰柱，导致绝缘子串短路，造成接地事故。此外，线路覆冰后，负重增加，受风面积增大，遇到大风天气，线路会发生舞动，导致线路的稳定性和安全性受到威胁，可能产生断股、断线，甚至倒塔、断杆等严重后果。输电线路结冰如图 8.19 所示。

图 8.19　输电线路结冰照片[77]

超润滑表面是通过将润滑油注入多孔结构中制备，并在表面形成一层均匀的油膜。大量的研究表明，超润滑表面可以延迟结霜，表现出优异的防霜性能。然而，在结霜过程中，表面的润滑油往往会快速流失，这不利于超润滑表面防霜性能的维持。贵州电网有限责任公司发明了一种超润滑防霜防冰表面，该发明通过草酸溶液中的草酸根离子与铝表面发生反应，形成氧化铝的纳米孔洞结构[78]。在阳极氧化过程中，铝表面的氧化速率与溶液中草酸根离子的扩散速率不一致，导致在铝表面形成了许多草酸纳米孔，增加了润滑油的储存量。这些草酸纳米孔的孔径较小，可以提供更多的储存空间来吸附和储存润滑油，同时减少润滑油的损耗速率。

# 8.4　微　机　电

微机电系统是一种集微型机械结构、微型传感器、微型执行器以及信号处理和控制电路等于一体的微型集成系统，其具有广阔的应用前景和巨大的发展潜力。从技术角度来看，微机电系统融合了微电子技术和微纳机械加工技术，具有高度的集成性和智能化；可以实现微型化、低功耗、高精度的测量和控制，为各种应用提供了可靠的解决方案。从应用角度来看，微机电系统已经在航空航天、汽车、生物医学、通信等领域得到了广泛的应用，并取得了显著的成效；为这些领域的发展带来了新的功能和性能，提高了设备的可靠性和智能化水平。然而，由于微机电系统的尺寸效应，流体的流动特性和润滑机制与宏观尺度有很大不同，传统的润滑方式难以适用。因此，研究新型润滑技术和材料来改善微纳器件的摩擦磨损问题变得尤为重要。

## 8.4.1　纳米摩擦发电机

随着能源紧缩和环境污染，人们一直致力于探索清洁和可再生能源，以满足社会和工业的需求。一些清洁能源，如太阳能、风能和潮汐能被认为是解决能源危机最有效的方案。然而，成本高、操作复杂、建造时间长等因素对从可再生能源中获取能量提出了更高的要求。近年来，纳米摩擦发电机(TENG)因其能量转换效率高、输出电压高、成本低等优点，引起了广泛的关注。纳米摩擦发电机的原理是通过摩擦带电和静电感应，将不规则的各种机械能转化为电能[79]。它不仅可以用来收集天然的绿色能量，还具有收集人类生活中常见的运动和摩擦能量的强大能力。然而，TENG 的摩擦磨损和长期稳定性也受到摩擦副材料摩擦磨损状况的影响，这是 TENG 从界面摩擦中收集能量实现应用的关键。在连续的接触分离运动或长期剪切过程中，摩擦副材料，特别是聚合物基摩擦层，将不可避免地磨损，导致 TENG 能量收集效率下降和工作寿命短。严重的磨损行为甚至会导致摩擦层磨穿，甚至电极短路，这对 TENG 来说是一场灾难。因此，应首先解决长期摩擦过程中的磨损问题，以确保 TENG 能够长时间高效工作。使用具有宏观超润滑性能的材料来设计具有超低摩擦系数(COF)和磨损率的 TENG 是一种有效的解决方案。

### 1. 冰基纳米摩擦发电机

包括冰在内的水资源是最常见的天然资源，储量丰富，覆盖面广[80]。因此，从水资源中获取电能是纳米摩擦发电机最有价值的研究项目之一。由于地球上冰的面积大、数量多，开发冰源具有重要意义。特别是在寒冷或高寒地区，冰随处可见，储量丰富。冰清洁环保，对环境的污染和破坏可以忽略。除此之外，冰与其他摩擦副之间的摩擦系数很小，冰的超润滑性导致摩擦副的磨损率低，这使得纳米摩擦发电机在能量收集方面具有很长的使用寿命，而且冰与水的相变赋予其良好的自愈性能，通过控制环境温度，水可以冻结成冰，冰可以融化成水。如果利用这种天然冰来制作冰基纳米摩擦发电机，不仅可以解决寒冷天气下的用电问题，还可以提供一种构造自供电系统的方法，以满足极端环境下的各种实际应用[81]。冰的摩擦学和摩擦电行为受环境因素影响显著，还存在吸热相变或摩擦过程中冰表面形成的水膜等诸多问题，此外，冰的表面状态，如粗糙度、硬度等也易受温度、湿度影响。这些因素对冰的摩擦电特性有巨大的影响。因此，冰基纳米摩擦发电机的研究仍面临诸多挑战，而外部环境的稳定性是探索冰基纳米摩擦发电机可能性的关键前提。

Luo 等[82]研究了一种新型的冰基纳米摩擦发电机(ICE-TENG)，该发电机通过将冰层和 PTFE 微结构膜结合在冰面上获取能量，具有超低摩擦系数(最低摩擦系数 0.008)和自修复特性，如图 8.20 所示。冰与 PTFE 的界面可达到超润滑状态，降低了磨损率，大大延长了使用寿命。在实验中发现 ICE-TENG 可以保持近12000s 的稳定输出性能，没有任何明显的下降，显示了它在能量收集方面的潜力。为了满足多种实际应用中的不同要求，该发明采用了接触分离模式和单电极模式。根据电力输出与冰态之间的关系，建立了实时危险识别和报警系统。这项工作不仅提出了一种在寒冷环境下获取能量的新方法，而且为解决冰面上的潜在危险提供了一种有希望的策略。

图 8.20　基于 PTFE 和具有面对面摩擦的冰层的往复运动示意图[82]

### 2. 微型肖特基超润滑发电机

随着纳米技术和微加工技术的快速发展，微型传感器不断涌现；然而，这些微型传感器和设备大多由电池和外部充电设备供电，这严重限制了其发展和进一步应用[83]。对于一些独立、可持续的微型器件，如植入式生物传感器、远程和移动环境传感器、纳米/微型机器人、便携式/可穿戴个人电子设备等，外部供电的方式限制了区域内的移动，难以满足便携、长久使用的需求[84]。小型或微型发电机可以有效地将弱的机械能转化为电能，同时结构尺寸小，适用范围广，具有较大潜力，能解决分布式设备的供电问题。

Huang 等[85]最近提出了基于相对滑动的肖特基结产生直流电原理的肖特基发电机。与先前提出的纳米发电机相比，肖特基发电机具有更简单的结构，并且显示出更高的电流密度。该发电机利用滑动过程中耗尽层的建立和破坏形成的非平衡漂移电流来产生电流，通过微型片状石墨和原子级平整的 n-硅之间的超润滑状态来实现稳定发电，其结构如图 8.21 所示。相比于现有报道的微型发电机，该肖特基超润滑发电机具有高的电流密度($210A/m^2$)和功率密度($7W/m^2$)，在 5000 个循环过程中，保持了稳定的高电流密度($119A/m^2$)。在该过程中并未发现电流衰减和磨损，这说明肖特基发电机可以实现长时间甚至几乎无限时间的发电。

虽然上述肖特基超润滑发电机证明了超润滑在电力输出的可行性。然而，由于摩擦副在现实中受到机械互锁、黏着和表面相互作用的限制，TENG 在宏观尺度上的超润滑设计仍然是一个挑战。特别地，球对平面接触中的许多宏观摩擦过

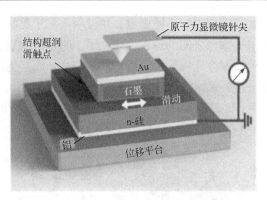

图 8.21　石墨/n-硅肖特基超润滑发电机的结构[85]

程都是在高速和高法向载荷下进行的，并且需要承受高接触应力，这面临着摩擦学的挑战。目前，一些碳材料的设计为实现超润滑纳米摩擦发电机(SL-TENG)提供了可能性，特别是宏观尺度超润滑的巨大潜力。Zhang 等[86]基于氢化 DLC 涂层制备了一种新型的宏观 SL-TENG 用于机械能收集和摩擦状态检测。在宏观球盘接触模式下，该 SL-TENG 可以实现 60nA 的电流和高达 $5.815W/m^2$ 的功率密度，此外，从摩擦界面收集的能量可以直接使用，无须整流，并且可以直接点亮多个绿色发光二极管(LED)。基于球-盘摩擦模式的 SL-TENG 制造如图8.22所示。

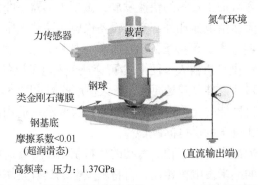

图 8.22　基于球-盘摩擦模式的 SL-TENG 制造示意图[86]

### 3. 摩擦电-电磁混合纳米发电机

在传统的获取转动能量的纳米摩擦发电机中，两种摩擦电材料之间的接触大多是摩擦力非常大的刚性材料接触，这限制了它们的实际应用。纳米摩擦发电机几乎可以将各种机械能转换为电能，且输出电压高[87]；电磁发电机(EMG)虽然可以将各种机械能转化为电能，但其输出电压较低[88]。因此，许多研究将电磁发电机和纳米摩擦发电机结合在一起，试图将它们在获取机械能和自身动力方面的优势结合起来。虽然前期报道了一些具有很高输出性能的混合纳米发电机，但旋转是由电机、水或风的大外力和高流速驱动的。如果驱动力很小，这些混合纳米发电机将不能工作，因为此时两种摩擦电材料之间的摩擦力太大[89,90]。为了获得低摩擦力和高输出性能，需要设计一种更合适的混合动力摩擦发电机。

Wang 等[91]报道了一种超低摩擦系数的摩擦电-电磁混合纳米发电机(NG)，如图 8.23 所示。该装置将独立式纳米摩擦发电机和旋转电磁发电机集成在一起，实现了优势互补。纳米摩擦发电机中两种摩擦电材料非常柔软和弹性的接触产生了非常小的摩擦力。从理论到实验，作者系统地研究了介质材料的类型和尺寸对纳米摩擦发电机性能的影响。结果表明，随着转速的增加，电极的开路电压和转移电荷增加，这与传统的旋转电极有很大的不同，主要是因为接触面积的增加。在此之后进行了优化，优化后的纳米摩擦发电机在 1000r/min 转速下的最大负载电压为 65V，单位质量最大负载功率为 438.9mW/kg，旋转电磁发电机的最大负载电压为 7V，最大负载功率密度为 181mW/kg。实验表明，当风速为 5.7m/s 时，混合天然气可以将风能转化为电能，为湿度/温度传感器供电。同时，它还可以作为一个自驱动风速传感器来检测低至 3.5m/s 的风速。由此可见，这种超低摩擦系数的摩擦电-电磁混合纳米发电机不仅可以清除各种旋转能量，还可以用作自供电风速传感器。

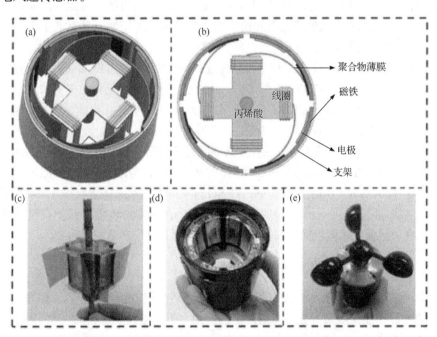

图 8.23　摩擦电-电磁混合纳米发电机的装置示意图[91]

(a)、(b) 摩擦电-电磁混合纳米发电机的示意图；(c) 具有手工线圈和聚合物薄膜的转子；(d) 具有分离的铜电极和磁体的定子；(e) 具有风杯的组装摩擦电-电磁混合纳米发电机的光学照片

### 4. 分段摆动结构纳米发电机

随着工业化的不断发展，大量的化石燃料被消耗，造成的污染问题日益严重，减少碳排放已成为国际社会的关键问题，用可再生能源替代化石燃料已成为当前的首要任务。海洋含有丰富、清洁的可再生蓝色能源，包括海洋波浪能、潮汐能等。作为海洋能发展的重点方向，海洋波浪能的采集在海洋信息获取和智能海洋环境监测等领域具有广阔的应用前景[92,93]。因此，大规模的水波能量采集引起了世界各国研究者的广泛关注。波浪能的电流转换器主要依靠电磁发电机(EMG)[94]。然而，EMG 在低输出电压和低频水波下的能量转换效率很低，这限制了其实际应用。因此，开发适合低频波浪能的新型高效收获技术和装置是非常必要的。

已经设计了各种 TENG 结构来收集水波能量，然后通过多个集成单元来构建 TENG 网络以进行更大范围的波能转换[95,96]。对于普通的接触分离 TENG，由于材料的磨损，长时间运行后其输出性能会降低，而非接触式独立式 TENG 的表面摩擦电荷在没有电荷补充的情况下逐渐衰减。已有的报道[97,98]介绍了一种具有软接触介质刷设计的摆动结构 TENG，在收集低频水波能量时具有更优异的耐用性和更高的能量转换效率。摆动结构可以通过延长一次触发后的操作时间来实现倍增的输出频率。尽管如此，这种 TENG 的输出电流仍然很低。因此，需要进一步对 TENG 结构优化，以实现更高的输出性能和更强的耐用性，并有利于 TENG 单元的大规模联网集成。

Pang 等[99]利用柔性兔毛刷和分段结构进一步对摆动结构 TENG 进行了优化，有效延长了能量采集时间和 TENG 的寿命，从而提高了总能量转换效率，如图 8.24 所示。在常规触发下，新的 TENG 可以达到 74.0μA 的最大输出电流，通过使用超润滑陶瓷轴承，一次触发后的摆动时间进一步延长至 5min 以上。此外，在 1.1Hz 和 10cm 的水波触发下，基于毛皮的分段摆动结构的纳米摩擦发电机(SSF-TENG)，可以提供 6.2mW 的最大峰值功率和 0.74mW 的平均功率，与改进前的 TENG 相比，分别提高了 11.1 倍和 7.0 倍。通过 SSF-TENG 阵列的有效水波能量收集，成功展示了自供电海洋环境应用系统，包括远程海洋环境信息监测和金属保护系统，表明 TENG 在大规模收集蓝色能量和实现智慧海洋方面具有广阔的应用前景。

### 8.4.2　超润滑电谐振器和振荡器

微尺度谐振器可分为电谐振器和声谐振器两种，其在机电滤波器、陀螺仪、谐振加速度计和能量收集等领域有着广泛的应用，引起了人们极大的兴趣[100,101]。所有的电谐振器(L-C 谐振器)都是基于电路中的电子振荡。声谐振器主要包括微机电系统(MEMS)、纳米机电系统(NEMS)和石英谐振器，是基于机械运动与热或声子的相互作用[92]。通常，电谐振器比声谐振器在与制造集成电路(IC)工艺的

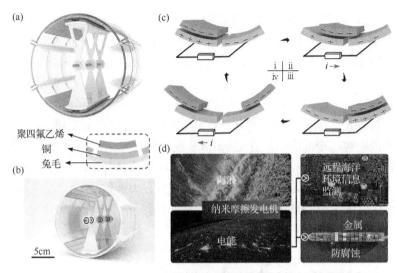

图 8.24　分段摆动结构 TENG 的结构、工作原理及应用[99]

(a) SSF-TENG 的结构和材料组成的三维概览，其中部分放大图显示了摆动部件和互补电极之间 1.5mm 的气隙；
(b) 制造完成的 SSF-TENG 装置的照片；(c) SSF-TENG 的一个基本单元的原理图；(d) 通过构建自供电海洋环境
应用系统实现的智能海洋示意图

集成方面具有更好的性能，而声谐振器比电声谐振器具有更高的品质因数($Q$ 因子)和更低的能量损耗，因此声谐振器在许多应用中得到了广泛的应用，包括苹果手机中的硅 MEMS 时钟振荡器。

谐振频率的大范围可调性是谐振器最理想的功能之一。例如，对于新兴的无线通信系统，极高的谐振频率可调性使得单个谐振器能够覆盖宽范围的频率。这样的谐振器可以替代一系列频率固定的谐振器，这将降低成本以及设备的尺寸，从而提供更好的适用性[102,103]。此外，极高的谐振频率可调性保证了非常宽的能量收集范围，因为这种装置的谐振频率将能够适应外部能量激励频率，这意味着比固定或小范围谐振频率谐振器可以有效地收集更多的能量。尽管现有的谐振器可以在固有谐振频率附近调谐一定范围的频率，但是调谐范围并不广，并且调谐技术包含额外的结构，这对于集成制造来说是不方便的。

Wu 等[104]提出了一种超润滑电弹簧，其恢复力之间的两个接触的滑动固体表面的结构超润滑状态线性依赖于平衡位置的滑动位移，超润滑电弹簧的基本结构及等效电路图如图 8.25 所示。这种超润滑电弹簧的刚度与施加的电偏压的平方成正比，有利于微尺度或纳米尺度谐振器分别从零到几兆赫或千兆赫的连续调谐。此外，Wu 等还提出了一种通过改变一对谐波电压来操作的超润滑电振荡器。谐振频率、谐振幅度、品质因数和最大谐振速度都可以通过外加电压和偏置来连续调节。结果表明，超润滑在电谐振器和振荡器的应用中有很大的潜力。常规的 MEMS 谐振器由高灵敏度、高分辨率和低成本的机械谐振器构成，且大多数 MEMS 谐振器是悬臂梁的，悬臂梁允许的最大相对位移较小，由于拉入现象，通常小于 1/10 悬臂梁的长度。这在很大程度上限制了 MEMS 在一些重要设备中的应用范围，如能量收集设备和微陀螺仪。相比之下，超润滑电振荡器允许更大的相对滑动位移。实际上，所允许的最大位移(LC–$a$)/2(LC 表示电液分离器的尺寸或长度；$a$ 表示电液分离器的最小间隙)，这与电液分离器的大小是同一阶的。这种特性使得基于静电力和超润滑机制的振荡器技术(ESL)振荡器在能量收集装置和微陀螺仪中的应用具有比 MEMS 更好的性能。第二，ESL 弹簧的恢复力是严格线性的，这使得 ESL 振子在任何电压下都具有良好的谐振动态特性。相比之下，常见的可调谐振器和振荡器的附加恢复力通常是非线性的，这导致非谐振的产生且经常影响谐振器和振荡器的性能。

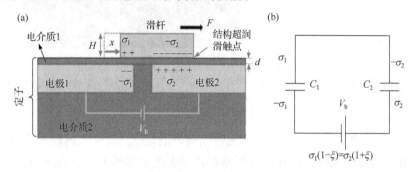

图 8.25　超润滑电弹簧的基本结构及等效电路图[104]

(a) 基本结构；(b) 等效电路图

$H$-高度；$x$-平衡位置的位移；$\sigma_i$-电导率；$F$-线性恢复力；$d$-厚度；$V_b$-电偏压；$\xi$-无量纲等效势能

### 8.4.3　石墨烯纳米带晶体管

硅是元素周期表中的第 14 号元素，是电子芯片的核心材料。半导体器件的极限性能主要取决于半导体材料中载流子的迁移率。然而，由于硅材料的载流子迁移率不够高，与硅处在相同主族的第 6 号元素碳的一种二维新结构——石墨烯，为高性能电子器件的开发带来了曙光。石墨烯中的电子为无质量的狄拉克费米子，能以极快的速度穿梭，石墨烯的载流子迁移率可达硅的 100 倍以上。基于石墨烯的 "碳基纳米电子学" 有望开启人类信息社会的新时代。

二维石墨烯没有带隙，无法直接用来制作晶体管器件，理论物理学家提出可以通过把二维石墨烯裁剪成准一维纳米条带的方式，通过量子限域效应来引入带隙。石墨烯纳米带(GNR)的带隙大小与其宽度成反比，宽度小于 5nm 的石墨烯纳米带具备与硅相当的带隙大小，适合用来制造晶体管。这种同时具备带隙和超高迁移率的石墨烯纳米带是碳基纳米电子学的理想候选材料之一，有望解决本征二维石墨烯缺乏带隙，难以直接用于制作晶体管器件的缺憾，GNR 是未来高性能电子器件与芯片的理想候选材料。现有的实验方法在制备 GNR 的过程中容易受到晶格缺陷、应变、表面粗糙度以及衬底中电荷杂质等无序效应的影响，尚无法制备出可用于半导体器件的高质量 GNR，难以满足未来先进微电子产业发展的需要。

　　针对这一问题，Lyu 等[105]开发出一种全新的制备方法，实现了 GNR 在六方氮化硼层间的超长(亚毫米级)、超窄(小于 5nm)和单手性生长(之字型)。之字型 GNR 在六方氮化硼层间滑移时呈现超润滑性质(近零摩擦系数和磨损率)，且相对于其他手性的 GNR，之字型 GNR 在六方氮化硼层间滑动的摩擦力要低很多，最终导致超长 GNR 的单手性生长。此外，由于这种 GNR 在生长的同时就被六方氮化硼"原位封装"，其结构和性质可以免受外界环境因素和微纳加工的影响，基于此层间 GNR 制备的场效应晶体管展现出优异的性能：载流子迁移率达 $4600cm^2/(V \cdot s)$，开关比可达 106，是目前在超窄 GNR 中实现的最高纪录。这些出色的性能表明制备的层间 GNR 有望在未来的高性能碳基纳米电子器件中扮演重要的角色。由嵌入式 GNR 制成的场效应晶体管(FET)器件如图 8.26 所示。

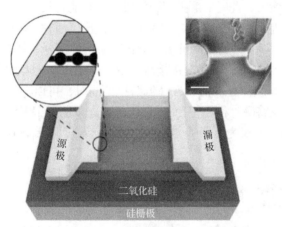

图 8.26　由嵌入式 GNR 制成的 FET 器件示意图[105]

## 8.5　信 息 存 储

　　随着互联网的飞速发展，进入了信息爆炸的时代，大量的数据对信息存储提出了更高的要求。大数据时代对数据存储的挑战包括高并发读写需求、高效率存储和访问需求以及高扩展性。对于实时性、动态性要求较高的社交网站，往往需要每秒上万次的读写请求，这对数据库的并发负载要求极高。同时，动态交互网站每天产生的数据量巨大，传统的关系数据库在处理海量数据时存在磁盘输入输出(I/O)瓶颈，效率低下。此外，关系数据库难以实现水平扩展，当数据量和访问量增加时，需要停机维护和数据迁移，这对 24h 不停服务的网站是不可接受的。由此可见，传统的存储方式已经无法满足需求，亟须开发具有更高并发读写能力、更高存储和访问效率以及更高扩展性的存储设备。

### 8.5.1 硬盘存储

　　传统固态硬盘主要采用读写磁头模式，利用磁头和盘之间的磁感应来实现数据的读写，由于存储量和读写速度的限制，难以满足当今大数据的存储需求。如果磁头与磁盘直接接触，在高的转速下容易发生磨损导致损坏。因此，磁头与磁盘之间并不是直接接触的，存在一定的飞行高度 $H$，这个高度由磁盘上的非晶碳薄膜厚度、磁盘薄膜上润滑膜的厚度、磁头上的保护薄膜和润滑膜间的空气层厚度三部分组成。研究表明，硬盘的整体容量与磁头和磁盘的工作高度 $H$ 有关，当高度降低 0.3～0.5nm 时，存储过程中的错误率会降低 50%[106]。现有技术所能达到的飞行高度在 2～6nm。磁头和磁盘上非晶碳薄膜在 2nm 厚度下能保证良好的保护和润滑性能，因此只有当完全接触时(飞行高度 $H$=0nm)，才能进一步提高硬盘的数据存储能力，此时的磨损问题将成为硬盘能否长久工作的关键。

　　郑泉水院士等[10]在 2010 年和 2014 年相继提出了两种超润滑机械硬盘技术，如图 8.27 所示。第一类超润滑机械硬盘将磁头上的部分非晶碳薄膜变成石墨烯或其他二维晶体材料，让两者直接接触，取消了磁头与磁盘间的空气层和润滑层，利用非晶碳薄膜的超润滑特性降低磨损的同时，可以将飞行高度降至 0nm 或 2nm；第二类是将磁头和磁盘上的非晶碳薄膜全部改成石墨烯或其他二维晶体，这种结构的飞行高度仅为石墨烯的厚度，可以将高度降低至 1nm 以下。若这两

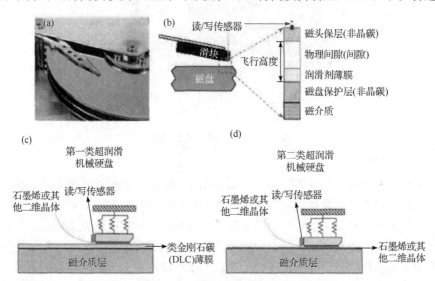

图 8.27　超润滑机械硬盘技术[10]

(a) 机械硬盘 HDD 实物；(b) 机械硬盘读写结构示意；(c) 第一类超润滑机械硬盘的磁头磁盘结构示意图；(d) 第二类超润滑机械硬盘的磁头磁盘结构示意图

HDD-硬盘驱动器

种结构在工作条件下实现了超润滑，则可以大大提高现有硬盘的存储能力。目前，已经在低速下实现了第一类超润滑机械硬盘的制备和应用。

Peng 等[107]将微米尺度石墨片粘在探针前端，通过纳米操纵手操纵石墨片与一块盘片上的原子级光滑的 DLC 薄膜接触，利用石墨和 DLC 薄膜构成的结构超润滑体系，在大气环境和 2.5m/s 的相对滑动速度下，实现了长达 100km 的无磨损接触滑动，如图 8.28 所示。由于石墨烯内部 π 电子的存在，石墨薄片表面与 DLC 之间的相互作用主要是弱的范德华相互作用，这是低摩擦应力和摩擦系数的原因之一。为了检验超低摩擦系数和无磨损现象的普遍性，测量了石墨片与蓝宝石、云母、非晶碳、硅、氧化铪、氧化铝、氧化硅间的摩擦系数，结果显示摩擦系数均在千分之一数量级。此外，摩擦系数与材料本身的粗糙度并没有直接关系。这种全接触式的无损摩擦保证了长久的超润滑状态，有望大大提高磁盘的存储能力。

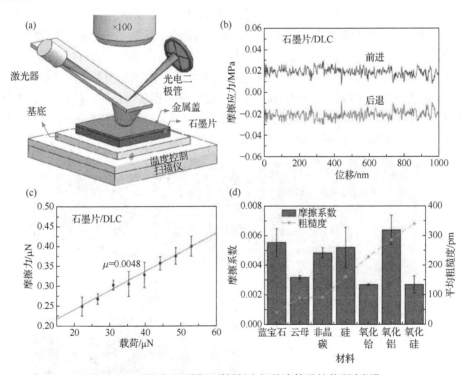

图 8.28　石墨片和不同配副材料之间的摩擦学性能研究[107]

(a) 测量石墨片与不同基体之间摩擦的实验装置示意图；(b) 石墨片与 DLC 之间的摩擦应力；(c) 石墨片与 DLC 之间的摩擦系数为 0.0048；(d) 石墨片与 7 种非范德华层状材料的摩擦系数及材料表面的平均粗糙度($R_a$)

## 8.5.2　光伏随机存储器

20 世纪 50 年代集成电路问世以来，电子系统的集成水平得到了显著的发展和革新。一方面，摩尔定律成功实现了将数十亿个固态器件集成到一个芯片中；另一方面，多个功能子模块可以集成到一个芯片或封装中，即所谓的片上系统或封装中系统。鉴于摩尔定律潜在的物理极限，高级系统集成技术受到了前所未有的关注。非冯·诺依曼架构受神经形态计算的启发，将内存模块和处理模块放在一起，有望减少数据流量、时间延迟和能源成本。此外，基于二维层状材料的浮栅器件通过光子诱导的阱电荷释放实现了传感、存储和处理功能，并提出了构建用于运动检测的人工视网膜硬件系统的方案。

　　未来，具有可控物理特性和对外部刺激的可重构响应的智能材料是构建功能性电子系统的合适候选者。铁电性通过外部电压偏置产生可逆的自发极化，是在电子设备中实现内存的最优选策略之一。探索铁电体的新形式，充分发挥其记忆功能，迎接当前人工智能时代电子学的挑战具有重要意义。Sun 等[108]提出一种基于压电和超润滑的新型铁电效应。该新型铁电效应不依赖于晶格的双稳态系统，它源于范德华界面的超润滑性和 $WS_2$ 纳米管非对称结构的压电性，并利用介观滑动铁电性在 $WS_2$ 纳米管中产生可编程和非易失性光电效应的特性，发展了一种新型的光伏随机存储器。该系统实现了感知、记忆、计算和电源的同步多功能，且有标签的监督学习和无标签的强化学习均可植入光电随机存取存储器(PV-RAM)系统，该器件可同时实现可见光范围内的感应和存储功能，并能够进一步在硬件层面构建"传感-计算-存储-驱动"一体化的人工视觉系统，如图 8.29 所示。对于构建未来高速、低功耗甚至自驱动的智能化物联网平台有着重要的参考意义。

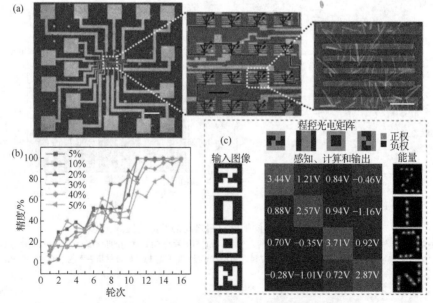

图 8.29　嵌入 PV-RAM 阵列的人工视觉系统演示模型[108]

(a) PV-RAM 阵列；(b) 不同程度背景噪声下的学习精度曲线；(c) 人工视觉系统演示识别 Z、I、O、N 英文字母

　　总体而言，超润滑已经在一些场合获得了工程应用，并展现出许多电学、信息存储、纳米发电等独特功能以及潜在的应用价值。然而，面向大范围的工程应用，仍然存在很多的瓶颈问题，如发展简便易行、大面积制备的超润滑技术，发展多环境适应性的超润滑技术，发展宽工况条件(载荷、速度)耐受性超润滑技术，还需要从事超润滑相关研究的学者们共同努力，使超润滑技术服务于科技进步和国民经济发展的各个方面。

## 参 考 文 献

[1] 人民日报数字河南. 28 个项目被推荐! 郑州公示先进制造业发展专项资金申报名[N/OL]. (2018-07-17)[2024-11-15]. https://www.sohu.com/a/241634709_100084787.

[2] 人民资讯. 走路时，膝盖突然"软"一下，是啥情况? 医生告诉你答案，要留心[N/OL]. (2021-10-06)[2024-11-15]. https://yangsheng.eastday.com/mobile/211006133543207713354.html.

[3] 张祎轩, 刘涛, 刘耀虎, 等. 极地航行船舶防覆冰涂层研究进展[J]. 表面技术, 2024, 53(6): 1-10.

[4] 张传禹, 蔡新霞, 常凌乾, 等. 中国生物微机电系统技术发展现状与展望[N]. 前瞻科技, 2024, 3(3): 19-31.

[5] 宋玲. 固态硬盘存储技术在安防行业的应用[J]. 中国安防, 2021, 6: 95-98.

[6] 石新发, 贺石中, 谢小鹏, 等. 摩擦学系统润滑磨损故障诊断特征提取研究综述[J]. 摩擦学学报, 2023, 43(3): 241-255.

[7] 姜绍娜, 陈晓阳, 顾家铭, 等. 航天仪表轴承极低速下保持架摩擦力矩分析[J]. 宇航学报, 2014, 35(1): 47-53.

[8] 马帅, 冯欣, 孔宁, 等. 空间交会对接机构综述及发展展望[J]. 火箭推进, 2022, 48(3): 1-15.

[9] 张崇峰, 姚建, 刘志, 等. 我国载人航天器对接机构技术发展[J]. 航天器工程, 2022, 31(6): 205-212.

[10] 郑泉水, 欧阳稳根, 马明, 等. 超润滑: "零"摩擦的世界. 科技导报[J]. 2016, 34(9) : 12-26.

[11] 张凯锋, 刘兴光, 周晖, 等. 一种镀覆超润滑固体薄膜的滚动传动装置: CN111156255A[P]. 2020-05-15.

[12] CUI L C, ZHOU H, ZHANG K F, et al. Bias voltage dependence of superlubricity lifetime of hydrogenated amorphous carbon films in high vacuum[J]. Tribology International, 2018, 117: 107-111.

[13] KUMARA C, LANCE M J, QU J. Macroscale superlubricity by a sacrificial carbon nanotube coating[J]. Materials Today Nano, 2023, 21: 100297.

[14] BIALKE W, HANSELL E. A newly discovered branch of the fault tree explaining systemic reaction wheel failures and anomalies[C]. Hatfield: 17th European Space Mechanisms and Tribology Symposium, 2017.

[15] 刘艳辉. 轴承故障诊断技术及其在空间轴承中的应用思考[J]. 科技风, 2021, 30: 178-180.

[16] 张斌, 吉利, 鲁志斌, 等. 工程导向固体超滑(超低摩擦)研究进展[J]. 摩擦学学报, 2023, 43(1): 3-17.

[17] 李玉龙, 何永勇, 雒建斌. 航空柱塞泵关键摩擦副表面改性与性能增强[J]. 清华大学学报(自然科学版), 2021, 61(12): 1405-1422.

[18] 廖泉. 超精密机床原位测量关键技术研究[D]. 长沙: 国防科技大学, 2017.

[19] 李亚辉. 机床导轨爬行机理及抑制方法研究[D]. 秦皇岛: 燕山大学, 2015.

[20] YU G M, ZHANG Z X, TIAN P, et al. Macro-scale superlow friction enabled when $MoS_2$ flakes lubricate hydrogenated diamond-like carbon film[J]. Ceramics International, 2021, 47(8): 10980-10989.

[21] WANG K, YANG B P, ZHANG B, et al. Modification of a-C:H films via nitrogen and silicon doping: The way to the superlubricity in moisture atmosphere[J]. Diamond and Related Materials, 2020, 107: 107873.

[22] CHEN X C, KATO T, NOSAKA M. Origin of superlubricity in a-C:H:Si films: A relation to film bonding structure and environmental molecular characteristic[J]. ACS Applied Materials & Interfaces, 2014, 6(16): 13389-13405.

[23] WANG Y H, DENG W L, QI W, et al. Understanding the interfacial behaviors during superlubricity process of a-C:H film coated on the rough bearing steel surface[J]. Tribology International, 2022, 171: 107558.

[24] 林立, 张冬冬, 郑泉水. 电容式接触型位移测量传感器及传感系统: CN201610390990.3[P]. 2019-09-17.

[25] JAHN S, SEROR J, KLEIN J. Lubrication of articular cartilage[J]. Annual review of biomedical engineering, 2016, 18(1): 235-258.

[26] 牟怡平, OTTO M, NICOLAS W. 生物力学测量系统测量软骨损伤后滑膜关节的摩擦性能[J]. 中国组织工程研究, 2013, 17(26): 4833-4840.

[27] 李晗, 黄大华, 李坚, 等. PAAm 增强 SA 水凝胶在表面活性剂溶液中的超润滑研究[C].成都: 2014 年全国高分子材料科学与工程研讨会, 2014.

[28] IUSTER N, TAIRY O, DRIVER M J, et al. Cross-linking highly lubricious phosphocholinated polymer brushes: Effect on surface interactions and frictional behavior[J]. Macromolecules, 2017, 50(18): 7361-7371.

[29] KANEKO D, TADA T, KUROKAWA T, et al. Mechanically strong hydrogels with ultra-low frictional coefficients[J]. Advanced Materials, 2005, 17(5): 535-538.

[30] GONG J P, KUROKAWA T, NARITA T, et al. Synthesis of hydrogels with extremely low surface friction[J]. Journal of the American Chemical Society, 2001, 123(23): 5582-5583.

[31] MEIER Y A, ZHANG K, SPENCER N D, et al. Linking friction and surface properties of hydrogels molded against materials of different surface energies[J]. Langmuir, 2019, 35(48): 15805-15812.

[32] PITENIS A A, MANUEL URUEÑA J, NIXON R M, et al. Lubricity from entangled polymer networks on hydrogels[J]. Journal of Tribology, 2016, 138(4): 042102.

[33] MILNER P E, PARKES M, PUETZER J L, et al. A low friction, biphasic and boundary lubricating hydrogel for cartilage replacement[J]. Acta Biomaterialia, 2018, 65: 102-111.

[34] LIN W F, KLUZEK M, IUSTER N, et al. Cartilage-inspired, lipid-based boundary-lubricated hydrogels[J]. Science, 2020, 370(6514): 335-338.

[35] KÄSDORF B T, WEBER F, PETROU G, et al. Mucin-inspired lubrication on hydrophobic surfaces[J]. Biomacromolecules, 2017, 18(8): 2454-2462.

[36] HARVEY N M, YAKUBOV G E, STOKES J R, et al. Normal and shear forces between surfaces bearing porcine gastric mucin, a high-molecular-weight glycoprotein[J]. Biomacromolecules, 2011, 12(4): 1041-1050.

[37] SEROR J, MERKHER Y, KAMPF N, et al. Articular cartilage proteoglycans as boundary lubricants: Structure and frictional interaction of surface-attached hyaluronan and hyaluronan-aggrecan complexes[J]. Biomacromolecules, 2011, 12(10): 3432-3443.

[38] HETZER M, HEINZ S, GRAGE S, et al. Asymmetric molecular friction in supported phospholipid bilayers revealed by NMR measurements of lipid diffusion[J]. Langmuir, 1998, 14(5): 982-984.

[39] NORIMATSU Y, HASEGAWA K, SHIMIZU N, et al. Protein-phospholipid interplay revealed with crystals of a calcium pump[J]. Nature, 2017, 545(7653): 193-198.

[40] HILLS B A, BUTLER B D. Surfactants identified in synovial fluid and their ability to act as boundary lubricants[J]. Annals of the Rheumatic Diseases, 1984, 43(4): 641-648.

[41] HILLS B A. Boundary lubrication in vivo[J]. Proceedings of the Institution of Mechanical Engineers, Part H: Journal of Engineering in Medicine, 2000, 214(1): 83-94.

[42] BANGHAM A D, STANDISH M M, WATKINS J C. Diffusion of univalent ions across the lamellae of swollen phospholipids[J]. Journal of Molecular Biology, 1965, 13(1): 238-252.

[43] SIVAN S, SCHROEDER A, VERBERNE G, et al. Liposomes act as effective biolubricants for friction reduction in human synovial joints[J]. Langmuir, 2010, 26(2): 1107-1116.

[44] TRUNFIO-SFARGHIU A M, BERTHIER Y, MEURISSE M H, et al. Role of nanomechanical properties in the tribological performance of phospholipid biomimetic surfaces[J]. Langmuir, 2008, 24(16): 8765-8771.

[45] GOLDBERG R, SCHROEDER A, BARENHOLZ Y, et al. Interactions between adsorbed hydrogenated soy phosphatidylcholine (HSPC) vesicles at physiologically high pressures and salt concentrations[J]. Biophysical Journal, 2011, 100(10): 2403-2411.

[46] GOLDBERG R, SCHROEDER A, SILBERT G, et al. Boundary lubricants with exceptionally low friction coefficients based on 2D close-packed phosphatidylcholine liposomes[J]. Advanced Materials, 2011, 23(31): 3517-3521.

[47] TANG L Y, WINKELJANN B, FENG S F, et al. Recent advances in superlubricity of liposomes for biomedical applications[J]. Colloids and Surfaces B: Biointerfaces, 2022, 218: 112764.

[48] GAISINSKAYA-KIPNIS A, KLEIN J. Normal and frictional interactions between liposome-bearing biomacromolecular bilayers[J]. Biomacromolecules, 2016, 17(8): 2591-2602.

[49] DUAN Y Q, LIU Y H, ZHANG C X, et al. Insight into the tribological behavior of liposomes in artificial joints[J]. Langmuir, 2016, 32(42): 10957-10966.

[50] DUAN Y Q, LIU Y H, LI J J, et al. AFM study on superlubricity between $Ti_6Al_4V$/polymer surfaces achieved with liposomes[J]. Biomacromolecules, 2019, 20(4): 1522-1529.

[51] DEOKAR G, VIGNAUD D, ARENAL R, et al. Synthesis and characterization of $MoS_2$ nanosheets[J]. Nanotechnology, 2016, 27: 075604.

[52] DALILA R N, MD ARSHAD M K, GOPINATH S C B, et al. Current and future envision on developing biosensors aided by 2d molybdenum disulfide ($MoS_2$) productions[J]. Biosensors & Bioelectronics, 2019, 132: 248-264.

[53] HAO J L, SONG G S, LIU T, et al. In vivo long-term biodistribution, excretion, and toxicology of pegylated transition-metal dichalcogenides $MS_2$(M = Mo, W, Ti) nanosheets[J]. Advanced Science, 2016, 4(1):1600160.

[54] GUINEY L M, WANG X, XIA T. Assessing and mitigating the hazard potential of two-dimensional materials[J]. ACS Nano, 2018, 12(7): 6360-6377.

[55] QIU W J, ZHAO W W, ZHANG L D, et al. A solid-liquid composite lubricating "nano-snowboard" for long-acting treatment of osteoarthritis[J]. Advanced Functional Materials, 2022,32: 2208189.

[56] DEARNALEY G, ARPS J H. Biomedical applications of diamond-like carbon (DLC) coatings: A review[J]. Surface Coating Technology, 2005, 200: 2518-2524.

[57] DOWLING D P, KOLA P V, DONNELLY K, et al. Evaluation of diamond-like carbon-coated orthopaedic implants[J]. Diamond and Related Materials, 1997, 6: 390-393.

[58] SHEEJA D, TAY B K, LAU S P, et al. Tribological characterisation of diamond-like carbon coatings on Co-Cr-Mo alloy for orthopaedic applications[J]. Surface Coating Technology, 2001, 146-147: 410-416.

[59] TIAINEN V M. Amorphous carbon as a bio-mechanical coating-mechanical properties and biological applications[J]. Diamond and Related Materials, 2001, 10: 153-160.

[60] ROTHAMMER B, MARIAN M, NEUSSER K, et al. Amorphous carbon coatings for total knee replacements-part Ⅱ: Tribological behavior[J]. Polymers, 2021, 13(11):1880.

[61] GUGGENBICHLER J P, ASSADIAN O, BOESWALD M, et al. Incidence and clinical implication of nosocomial

infections associated with implantable biomaterials-catheters, ventilator-associated pneumonia, urinary tract infections[J]. GMS Hygiene and Infection Control, 2011, 6(1):1-19.

[62] MILO S, NZAKIZWANAYO J, HATHAWAY H J, et al. Emerging medical and engineering strategies for the prevention of long-term indwelling catheter blockage[J]. Proceedings of the Institution of Mechanical Engineers, Part H: Journal of Engineering in Medicine, 2019, 233(1): 68-83.

[63] KOHNEN W, JANSEN B. Polymer materials for the prevention of catheter-related infections[J]. Zentralblatt für Bakteriologie, 1995, 283(2): 175-186.

[64] RAMAKRISHNA S, MAYER J, WINTERMANTEL E, et al. Biomedical applications of polymer-composite materials: A review[J]. Composites Science and Technology, 2001, 61(9): 1189-1224.

[65] TEODORESCU M, BERCEA M, MORARIU S. Biomaterials of PVA and PVP in medical and pharmaceutical applications: Perspectives and challenges[J]. Biotechnology Advances, 2019, 37(1): 109-131.

[66] 郭楠, 陈永振, 程玲玲, 等. 医用导管扭曲度测试方法的设计和开发[J]. 工程塑料应用, 2024, 52(10): 124-129.

[67] DE RIDDER D J M K, EVERAERT K, FERNÁNDEZ L G, et al. Intermittent catheterisation with hydrophilic-coated catheters (speedicath) reduces the risk of clinical urinary tract infection in spinal cord injured patients: A prospective randomised parallel comparative trial[J]. European Urology, 2005, 48(6): 991-995.

[68] WEI Q B, LIU X Q, YUE Q Y, et al. Mussel-inspired one-step fabrication of ultralow-friction coatings on diverse biomaterial surfaces[J]. Langmuir, 2019, 35(24): 8068-8075.

[69] GAUTIER D L , BIRD K J , CHARPENTIER R R, et al. Assessment of undiscovered oil and gas in the arctic[J]. Science, 2009, 324(5931): 1175-1179.

[70] ZHOU L , LIU R , YI X .Research and development of anti-icing/deicing techniques for vessels: Review[J]. Ocean Engineering, 2022, 260: 112008.

[71] 黄昱翔. 极地环境下船舶表面结冰及热力除冰实验研究[D]. 哈尔滨: 哈尔滨工程大学, 2022.

[72] SUN Y, HAN X, GUO P, et al. Slippery graphene-bridging liquid metal layered heterostructure nanocomposite for stable high-performance electromagnetic interference shielding[J]. ACS Nano. 2023, 17(13): 12616-12628.

[73] 孟子靖. 气候变暖对中国区域飞机积冰的影响研究[D]. 成都: 中国民用航空飞行学院, 2024.

[74] 陆林杰. 飞机结冰影响与除防冰技术综述[J]. 科技创新与应用, 2020(16): 136-138.

[75] PAN R, ZHANG H, ZHONG M. Triple-scale superhydrophobic surface with excellent anti-icing and icephobic performance via ultrafast laser hybrid fabrication[J]. ACS Applied Materials And Interfaces, 2021, 13(1):1743-1753.

[76] FROHBOESE P, ANDERS A. Effects of icing on wind turbine fatigue loads[J].Journal of Physics: Conference Series, 2007, 75(1): 012061.

[77] 李自强. 输电线路防冰涂层的研制及性能评测[D]. 北京: 华北电力大学, 2021.

[78] 贵州电网有限责任公司. 一种超润滑防霜防冰表面及制备方法: CN202311170241.6[P]. 2024-01-02.

[79] YANG H, PANG Y K, BU T Z, et al. Triboelectric micromotors actuated by ultralow frequency mechanical stimuli[J]. Nature Communications, 2019, 10(1): 2309.

[80] AHMED A, SAADATNIA Z, HASSAN I, et al. Self-powered wireless sensor node enabled by a duck-shaped triboelectric nanogenerator for harvesting water wave energy[J]. Advanced Energy Materials, 2017, 7(7): 1601705.

[81] NGHIEM S V, STEFFEN K, NEUMANN G, et al. Mapping of ice layer extent and snow accumulation in the percolation zone of the Greenland ice sheet[J]. Journal of Geophysical Research, 2005, 110(F2): F02017.

[82] LUO N, XU G P, FENG Y G, et al. Ice-based triboelectric nanogenerator with low friction and self-healing properties for energy harvesting and ice broken warning[J]. Nano Energy, 2022, 97: 107144.

[83] WANG Z L, WU W Z. Nanotechnology-enabled energy harvesting for self-powered micro-/nanosystems[J]. Angewandte Chemie International Edition, 2012, 51(47): 11700-11721.

[84] PROTO A, PENHAKER M, CONFORTO S, et al. Nanogenerators for human body energy harvesting[J]. Trends in Biotechnology, 2017, 35(7): 610-624.

[85] HUANG X Y, XIANG X J, NIE J H, et al. Microscale schottky superlubric generator with high direct-current density and ultralong life[J]. Nature Communications, 2021, 12(1): 2268.

[86] ZHANG L, CAI H, XU L, et al. Macro-superlubric triboelectric nanogenerator based on tribovoltaic effect[J]. Matter, 2022, 5(5):1532-1546.

[87] ZHU G, CHEN J, ZHANG T J, et al. Radial-arrayed rotary electrification for high performance triboelectric generator[J]. Nature Communications, 2014, 5(1): 3426.

[88] ZI Y L, GUO H Y, WEN Z, et al. Harvesting low-frequency (<5 Hz) irregular mechanical energy: A possible killer application of triboelectric nanogenerator[J]. ACS Nano, 2016, 10(4): 4797-4805.

[89] ZHANG H L, YANG Y, ZHONG X D, et al. Single-electrode-based rotating triboelectric nanogenerator for harvesting energy from tires[J]. ACS Nano, 2014, 8(1): 680-689.

[90] TANG W, ZHANG C, HAN C B, et al. Enhancing output power of cylindrical triboelectric nanogenerators by segmentation design and multilayer integration[J]. Advanced Functional Materials, 2014, 24(42): 6684-6690.

[91] WANG P H, PAN L, WANG J Y, et al. An ultra-low-friction triboelectric-electromagnetic hybrid nanogenerator for rotation energy harvesting and self-powered wind speed sensor[J]. ACS Nano, 2018, 12(9): 9433-9440.

[92] WANG Z L. Catch wave power in floating nets[J]. Nature, 2017, 542:159-160.

[93] BAI Y, XU L, HE C, et al. High-performance triboelectric nanogenerators for self-powered, in-situ and real-time water quality mapping[J]. Nano Energy, 2019, 66: 104117.

[94] HENDERSON R. Design, simulation, and testing of a novel hydraulic power take-off system for the Pelamis wave energy converter[J]. Renewable Energy, 2006, 31(2): 271-283.

[95] YANG X D, XU L, LIN P, et al. Macroscopic self-assembly network of encapsulated high-performance triboelectric nanogenerators for water wave energy harvesting[J]. Nano Energy, 2019, 60: 404-412.

[96] ZHONG W, XU L, YANG X D, et al. Open-book-like triboelectric nanogenerators based on low-frequency roll-swing oscillators for wave energy harvesting[J]. Nanoscale, 2019, 11(15): 7199-7208.

[97] JIANG T, PANG H, AN J, et al. Robust swing‑structured triboelectric nanogenerator for efficient blue energy harvesting[J]. Advanced Energy Materials, 2020, 10(23): 2000064.

[98] LIN Z M, ZHANG B B, GUO H Y, et al. Super-robust and frequency-multiplied triboelectric nanogenerator for efficient harvesting water and wind energy[J]. Nano Energy, 2019, 64: 103908.

[99] PANG H, FENG Y W, AN J, et al. Segmented swing-structured fur-based triboelectric nanogenerator for harvesting blue energy toward marine environmental applications[J]. Advanced Functional Materials, 2021, 31(47): 2106398.

[100] VAN BEEK J T M, PUERS R. A review of MEMS oscillators for frequency reference and timing applications[J]. Journal of Micromechanics and Microengineering, 2012, 22(1): 013001.

[101] HARNE R L, WANG K W. A review of the recent research on vibration energy harvesting via bistable systems[J]. Smart Materials and Structures, 2013, 22(2): 023001.

[102] ENTESARI K, REBEIZ G M. A differential 4-bit 6.5-10-GHz RF MEMS tunable filter[J]. IEEE Transactions on Microwave Theory and Techniques, 2005, 53(3): 1103-1110.

[103] PIAZZA G, ABDOLVAND R, HO G K, et al. Voltage-tunable piezoelectrically-transduced single-crystal silicon

micromechanical resonators[J]. Sensors and Actuators A: Physical, 2004, 111(1): 71-78.

[104] WU Z H, HUANG X Y, XIANG X J, et al. Electro-superlubric springs for continuously tunable resonators and oscillators[J]. Communications Materials, 2021, 2(1): 104.

[105] LYU B, CHEN J, WANG S. et al. Graphene nanoribbons grown in hBN stacks for high-performance electronics[J]. Nature, 2024, 628: 758-764.

[106] WOOD R W, MILES J, OLSON T. Recording technologies for terabit per square inch systems[J]. IEEE Transactions on Magnetics, 2002, 38(4): 1711-1718.

[107] PENG D L, WANG J, JIANG H Y, et al. 100 km wear-free sliding achieved by microscale superlubric graphite/DLC heterojunctions under ambient conditions[J]. National Science Review, 2022, 9(1): 17-24.

[108] SUN Y, XU S T, XU Z Q, et al. Mesoscopic sliding ferroelectricity enabled photovoltaic random access memory for material-level artificial vision system[J]. Nat Commun,2022,13: 5391.